中国房地产估价师与房地产经纪人学会

地址：北京市海淀区首体南路 9 号主语国际 7 号楼 11 层

邮编：100048

电话：(010) 88083151

传真：(010) 88083156

网址：http：//www. cirea. org. cn

　　　http：//www. agents. org. cn

全国房地产估价师职业资格考试辅导教材

# 房地产开发经营与管理

（2021）

中国房地产估价师与房地产经纪人学会　编写

刘洪玉　主编

中国建筑工业出版社

图书在版编目（CIP）数据

房地产开发经营与管理. 2021 / 中国房地产估价师
与房地产经纪人学会编写；刘洪玉主编. — 北京：中
国建筑工业出版社，2021.7
全国房地产估价师职业资格考试辅导教材
ISBN 978-7-112-26304-2

Ⅰ. ①房… Ⅱ. ①中… ②刘… Ⅲ. ①房地产开发－
中国－资格考试－自学参考资料②房地产管理－中国－资
格考试－自学参考资料 Ⅳ. ①F299.233

中国版本图书馆 CIP 数据核字(2021)第 134880 号

责任编辑：毕凤鸣　封　毅
责任校对：赵　颖

全国房地产估价师职业资格考试辅导教材
**房地产开发经营与管理**
**（2021）**
中国房地产估价师与房地产经纪人学会　编写
刘洪玉　主编

\*

中国建筑工业出版社出版、发行（北京海淀三里河路 9 号）
各地新华书店、建筑书店经销
北京红光制版公司制版
天津安泰印刷有限公司印刷

\*

开本：787 毫米×960 毫米　1/16　印张：24¾　字数：466 千字
2021 年 8 月第一版　2021 年 8 月第一次印刷
定价：**58.00** 元
ISBN 978-7-112-26304-2
（37609）

# 目　　录

# 第一章　房地产投资及其风险

## 第一节　投资与房地产投资

在经济生活中，人们往往希望通过各种合法的手段，不断增加自己的财富或收益。这样，就会经常碰到或使用"投资"这个词。

### 一、投资概述

#### （一）投资的概念

投资是指经济主体（个人或单位）以获得未来资金增值或收益为目的，预先垫付一定量的资金或实物，经营某项事业的经济行为。在商品经济中，投资是普遍存在的经济现象。

对投资的通俗理解，是用钱来获取更多的钱。从金融角度理解，投资是购买金融资产以期获得未来收益或资产升值后将其以更高价格卖出的行为。从经济角度理解，投资是利用资源或通过购买资本货物，以增加未来产出或财富的行为。

相对于投机来说，投资所经历的时间一般较长，趋向在未来一定时期内获得某种比较持续稳定的收益。

#### （二）投资的分类

投资活动非常复杂，可以从不同的角度进行分类。投资的几种主要类型包括：

1. 短期投资和长期投资

按投资期限或投资回收期长短，可将投资分为短期投资和长期投资。预期在短期（通常是一年内）能收回的投资，属于短期投资。长期投资是指投资期限在一年以上的投资。一般来说，短期投资资金周转快，流动性好，风险相对较小，但收益率也较低。长期投资回收期长，变现能力较差，风险较高，但通常盈利能力也更强。

在一定条件下，短期投资和长期投资之间是可以转化的。如购买股票是一种长期投资，无偿还期限；但股票持有者可以在二级市场进行短线操作，卖出股票，这又是短期投资。选择短期投资还是长期投资，主要取决于投资者的投资偏好。

2. 直接投资和间接投资

按投资人能否直接控制其投资资金，可将投资分为直接投资和间接投资。直接投资是指投资人直接将资金用于开办企业、购置设备、收购和兼并其他企业等，通过一定的经营组织形式进行生产、管理、销售活动以实现预期收益。直接投资的特点是资金所有者和资金使用者为同一个人或机构。这样，投资人能有效控制资金的使用，并能实施全过程的管理。间接投资主要是指投资人以购买外国或本国股票、债券等金融资产的方式所进行的投资。投资人按规定获取红利或股息，但一般不能直接干预和有效控制其投资资金的运用状况。间接投资的主要特点是资金所有者和资金使用者分离，在资产的经营管理上不直接体现投资人的意志。

3. 金融投资和实物投资

按投资对象存在形式的不同，可将投资分为金融投资和实物投资。金融投资是指投资者为获取预期收益，预先垫付货币以形成金融资产的经济行为。在现实经济生活中，金融投资不仅有资本市场的股票、债券、基金、期货、信托、保险等投资形式，还有货币市场的存款、票据、外汇等投资形式，还可以包括风险投资、彩票投资等。实物投资是指投资者为获取预期收益或经营某项事业，预先垫付货币或其他资产（有形资产或无形资产）以形成实物资产的经济行为。实物投资大致可分为固定资产投资、流动资产投资等。金融投资与实物投资的主要区别在于：前者通过金融资产投资获得增值收益，后者通过实物投资产生盈利实现社会财富增长。

4. 生产性投资和非生产性投资

按投资的经济用途，可将投资分为生产性投资和非生产性投资。生产性投资是指投入到生产、建筑等物质生产领域，形成各种类型的生产性企业资产的投资。它一般又分为固定资产投资和流动资产投资。生产性投资通过循环和周转，不仅能收回投资，而且能实现投资的增值和积累。非生产性投资是指投入到非物质生产领域，形成各种类型的非生产性资产的投资。其中，对学校、政府办公楼、国防工程、社会福利设施等的投资不能收回，是纯服务性投资，其再投资依靠社会积累。

此外，投资还可以按照国内投资和国际投资等方式进行分类。房地产投资领域几乎涉及各种投资形式，尤其是房地产金融创新的不断发展，使得传统上不适合在房地产投资领域使用的短期投资、间接投资和金融投资形式越来越得到普遍的应用。

（三）投资的特性

（1）投资是一种经济行为。从静态的角度来说，投资是现在垫支一定量的资金；从动态的角度来说，投资则是为了获得未来的收益。

（2）投资具有时间性。即投入的价值或牺牲的消费是现在的，而获得的价值或消费是将来的，也就是说，从现在支出到将来获得收益，总要经过一定的时间间隔，表明投资是一个行为过程。一般来说，这个过程越长，未来收益的获得越不稳定，风险就越大。

（3）投资目的是获取收益。投资活动是以牺牲现在价值为手段，以赚取未来价值为目标。未来价值超过现在价值，投资者方能得到正收益。投资收益可以是利润、利息、股息等各种形式的收入，可以是资本利得，也可以是资本增值，还可以是各种资产或权利。

（4）投资具有风险性。现在投入的价值是确定的，而未来可能获得的收益是不确定的，这种收益的不确定性就是投资风险。

（四）投资的作用

1. 投资是一个国家经济增长的基本推动力

首先，增加投资可以为经济发展提供必要的要素和动力。由于反映国家经济总量的国内生产总值（GDP）由消费、投资、政府支出和进出口净值构成，增加投资一方面可以直接为 GDP 增长做出贡献，另一方面则通过投资的乘数效应，导致收入和消费增加，并通过社会再生产的内在关联效应，最终引致 GDP 的进一步增长。其次，投资是国民经济持续健康发展的关键因素。主要表现在：合理引导投资流向可以优化资金投向，改善经济结构；通过政策调整增大投资比重可以确保关键产业和重点项目的投资。例如，为了应对亚洲金融危机的影响，1998年中国政府实行积极的财政政策和稳健的货币政策，在增加政府投资的同时，加大了城镇住房制度改革和住宅建设投资支持力度，提出将住宅建设培育为国民经济新的增长点。

2. 投资与企业发展密切相关

企业是国民经济的细胞，而投资是社会和经济生活的血液，二者的关系极为密切。从生产力角度来考察，投资是企业发展的第一原动力，因为企业的建立和发展都离不开投资，企业的运行也离不开投资活动。

3. 投资可以促进人民生活水平提高

一方面，投资为改善人民物质文化生活水平创造了条件。生产性投资可以扩大生产能力，促进生产发展，直接为改善人民生活水平提供物质条件；非生产性投资可以促进社会福利和服务设施建设，从文化、教育、卫生、娱乐等方面提高人民生活水平。另一方面，投资可以创造更多的就业机会，增加劳动者收入，从而使人民生活水平得到改善和提高。

4. 投资有利于国家的社会稳定和国际交往

经济良性发展必然有利于国家政治局面的稳定发展，最终使社会呈现出安定团结的局面。此外，随着世界经济一体化以及科学技术、交通和通信手段的迅速发展，投资已不再是一个狭小的国内概念，而是逐渐趋于国际化，国际投资成为现代国际交往的主要形式。通过直接或间接的国际投资，各国可以共同利用国际市场，利用国际经济资源，还可以学习国际上的先进技术和管理经验，并使本国经济融入世界经济体系，融入国际经济大循环，从而大大加快本国经济发展进程，在国际交往和竞争中树立本国形象。

**二、房地产投资概述**

**（一）房地产投资的概念**

房地产投资是指经济主体以获得未来的房地产收益或资产增值为目的，预先垫付一定数量的资金或实物，直接或间接地从事或参与房地产开发经营与管理活动的经济行为。

由于土地和房屋空间可以承载人类的生产和生活等社会经济活动，土地资源又是稀缺的资源，因此围绕持有房地产或房地产权益的投资活动是人类最早的投资活动之一，不管这种投资活动是源于自用还是出租经营目的。

**（二）房地产投资的分类**

房地产投资可以根据不同的标准进行分类，不同投资类型既相互联系又有一定的区别。房地产投资除了与一般投资行为一样划分为短期投资和长期投资、直接投资和间接投资、金融投资和实物投资外，还可以按照如下标准分类。

1. 按投资主体划分

根据房地产投资主体不同，房地产投资可分为政府投资、非营利机构投资、企业投资和个人投资。不同投资主体的投资目的有显著差异，政府投资和非营利机构投资更注重房地产投资的社会效益和环境生态效益，如公共租赁住房投资、绿色住宅示范项目投资等。企业投资和个人投资则更注重经济效益，如写字楼投资、商品住宅投资等。

2. 按经济活动类型划分

根据房地产业经济活动类型的不同，可以将房地产投资划分为从事土地开发活动的土地开发投资、从事各类房屋开发活动的房地产开发投资和从事各类房地产出租经营活动的房地产资产和运营投资。房地产业的中介服务和物业管理活动等也涉及投资行为，但通常不属于房地产投资研究的范畴。

3. 按物业用途类型划分

按照物业用途类型划分，房地产投资可以分为居住物业投资、商用物业投资、工业物业投资、酒店与休闲娱乐设施投资和特殊物业投资等。

（1）居住物业投资

居住物业是指供人们生活居住的房地产，包括政策性住房和商品住房。政策性住房又可细分为公共租赁住房、经济适用住房、人才住房和共有产权住房等多种类型。商品住房又可细分为普通住宅、高档住宅、出租公寓和别墅等。

居住物业投资主要表现为开发投资，将建成后的住房出售给购买者，而购买者大都是以满足自用为目的，也有少量购买者将所购买的住房作为投资，出租给租户使用。由于人人都希望拥有自己的住房，而且在这方面的需求随着人们生活水平的提高和支付能力的增强不断向更高的层次发展，所以居住物业的市场最具潜力，投资风险也相对较小。

值得指出的是，随着政府住房保障制度的完善以及政策性住房需求的增加，通过与政府部门或机构合作开发建设政策性住房用于出租或出售，将逐步成为房地产开发投资者的重要投资选择。

（2）商用物业投资

商用物业又称经营性物业、收益性物业或投资性物业，是指能出租经营、为投资者带来经常性现金流收入的房地产，包括写字楼、零售商业用房（如店铺、超市、购物中心）等。

随着房地产市场的发展，商用物业投资的"开发－出售"模式，即将建成后的商用物业分割产权销售的模式越来越缺乏生命力，而"开发－持有"或整体出售给机构投资者统一持有经营模式越来越成为一种趋势。由于商用物业投资的收益主要来自物业出租经营收入和物业资产升值，因而更适合作为长期投资，且收益水平与投资者管理商用物业的能力密切相关。

商用物业市场的繁荣除了与当地整体社会经济状况相关，还与工商贸易、金融保险、咨询服务、旅游等行业的发展状况密切相关。这类物业交易涉及的资金数量巨大，所以常在机构投资者之间进行。物业的使用者多用其提供的空间进行商业经营，并用部分经营所得支付物业租金。由于商用物业内经营者的效益在很大程度上受其与市场或客户接近程度的影响，所以位置对于这类物业有着特殊的重要性。

（3）工业物业投资

工业物业是指为人类生产活动提供空间的房地产，包括工业厂房、仓储物流、高新技术产业用房、研究与发展用房（又称工业写字楼）、数据中心用房等。工业物业投资既有开发—出售市场，也有开发—持有出租经营市场。将有限的资金集中用于生产经营环节而不是用于购置工业物业，是许多现代企业运营的潮流和趋势。用于出租经营的工业物业常常出现在工业开发区、工业园区、科技园区和高新技术产业园区、物流园区等。

一般来说，重工业厂房由于其建筑物的设计需要符合特定工艺流程的要求和设备安装的需要，通常只适合特定用户使用，因此不容易转手交易。高新技术产业用房和研究与发展用房则有较强的适应性。轻工业厂房介于上述两者之间。随着物流行业的发展，传统的以自用为主的仓储物流设施也越来越多地用于出租经营，成为工业物业的重要组成部分。

（4）酒店和休闲娱乐设施投资

酒店和休闲娱乐设施是为人们的商务或公务旅行、会议、旅游、休闲、康体娱乐活动提供入住空间的建筑，包括酒店、休闲度假中心、康体中心、赛马场、高尔夫球场等。严格地说，这类物业投资也属于商用物业投资，但其在经营管理服务活动上的特殊性，又使得其成为一种独立的物业投资类型。对酒店和休闲娱乐设施而言，其开发投资活动和经营管理活动的关联更加密切。以酒店为例，在其初始的选址和规划设计阶段，负责未来运营管理的酒店管理公司就会成为开发队伍的重要成员。

（5）特殊物业投资

特殊物业是指物业空间内的经营活动需要得到政府特殊许可的房地产，包括汽车加油站、飞机场、车站、码头、高速公路、桥梁、隧道等。特殊物业的市场交易很少，这类物业投资多属长期投资，投资者靠日常经营活动的收益来回收投资、赚取投资收益。

值得指出的是，按照区域分类的房地产投资，越来越受到业界重视。因为即便是同一种物业类型，在不同的市场区域，其投资特性也会有显著差异。以2017年初的中国住房市场为例，一线城市和热点二线城市，由于供给不足导致的价格上涨压力非常大，但普通二线城市和大部分三、四线城市，则面临需求不足、供给过剩的去库存压力。因此，按区域差异对房地产投资进行分类，也是非常有意义的。目前，除了一、二、三四线城市的投资区域划分，还有东中西部、城市群内和城市群外等划分方式。随着中国投资者走出去速度的加快，国内和国际的划分也越来越重要。据世邦魏理仕（CBRE）统计，2016年中国境外房地产投资规模达到280亿美元，排在前3位的投资目的地依次是美国、中国香港和英国，按金额排序的投资物业类型依次是写字楼、酒店、工业、商业零售和居住物业等。

（三）房地产投资的特性

受制于房地产的不可移动性、异质性和弱流动性等特性，形成了房地产投资区别于其他类型投资的重要特性。

1. 区位选择异常重要

房地产的不可移动性，决定了房地产投资的收益和风险不仅受地区社会经济发展水平和发展状况的束缚，还受到其所处区位及周边市场环境的影响。

人们常说位置决定了房地产的投资价值，房地产不能脱离周围的环境而单独存在，就是强调了位置对房地产投资的重要性。只有当房地产所处的区位对开发商、置业投资者和租户都具有吸引力，即能使开发商通过开发投资获取适当的开发利润、使置业投资者获取合理稳定的经常性租金收益、使租户方便地开展经营活动以赚取正常的经营利润并具有支付租金的能力时，这种投资才具备了基本的可行性。

房地产所处的宏观区位或区域对投资者也很重要。一宗房地产的投资价值高低，不仅受其当前租金或价格水平的影响，而且与其所处区域的物业整体升值潜力及影响这种升值潜力的社会经济和环境等因素密切相关。很显然，投资者肯定不愿意在经济面临衰退、人口不断流失、城市功能日渐衰退、自然环境日益恶化的区域进行房地产投资。因此，投资者在进行投资决策时，不仅关心某宗房地产及其所处位置的地理特性，而且十分重视分析和预测区域未来环境的可能变化。对于大型房地产投资者，还需要考虑房地产投资的区域组合，以有效管理和控制投资风险。

2. 适于进行长期投资

土地不会毁损，投资者在其上所拥有的权益通常在 40 年以上，而且拥有该权益的期限还可以依法延长；地上建筑物及其附属物也具有很好的耐久性、良好的维护管护还能进一步延长建筑物的寿命。因此，房地产投资非常适合作为一种长期投资。

房地产同时具有经济寿命和自然寿命。经济寿命是指地上建筑物对房地产价值持续产生贡献的时间周期。对于收益性房地产来说，其经济寿命就是从地上建筑物竣工之日开始，在正常市场和运营状态下，出租经营收入大于运营费用，即净收益大于零的持续时间。自然寿命是指从地上建筑物竣工之日开始，到建筑物的主要结构构件和设备因自然老化或损坏而不能继续保证建筑物安全使用为止的持续时间。

自然寿命一般要比经济寿命长得多。从理论上来说，当物业维护费用高到不能用其所得租金收入支付时，干脆就让它空置在那里。但实际情况是，如果物业维护状况良好，其较长的自然寿命可以使投资者从一宗房地产投资中获取几个经济寿命，因为如果对建筑物进行一些更新改造，改变建筑物的使用性质或目标租户的类型，投资者就可以用比重新购置另外一宗房地产少得多的投资，继续获取可观的收益。

因此，许多房地产开发商都把房地产投资作为一项长期投资，从开发建设开始就重视其长期投资价值的创造、维护和保持，以使得房地产投资项目的全寿命周期利益最大化。

3. 需要适时的更新改造

从持有房地产作为长期投资的角度出发，必须努力使所投资的房地产始终能在激烈的市场竞争中处于有利的地位。这就要求投资者适时调整房地产的使用功能，以适应市场环境的变化。房地产的收益是在使用过程中产生的，投资者通过及时调整房地产的使用功能，使之适合房地产市场的需求特征，不仅能增加房地产投资的当前收益，还能保持甚至提升其所投资房地产的价值。例如，写字楼的租户需要更方便的网络通信服务，那就可以通过升级现有网络通信设施来满足这种需求；购物中心的租户需要改善消费者购物环境、增加商品展示空间，那就可以通过改造购物中心的空间布局来满足这些需求；公寓内的租户希望获得洗衣、健身、会议、办公服务，那就可以通过增加自助洗衣房、健身中心、共享办公空间来满足这些需求。

按照租户的意愿及时调整或改进房地产的使用功能十分重要，这可以极大地增加对租户的吸引力。对投资者来说，如果不愿意进行更新改造投资或者其所投资房地产的可改造性很差，则意味着投资者会面临较大的投资风险。

4. 易产生资本价值风险

异质性是房地产的重要特性，市场上没有两宗完全相同的房地产。由于受区位和周围环境的影响，土地不可能完全相同。两幢建筑物也不可能完全一样，即使是在同一条街道两旁同时建设的两幢采用相同设计形式的建筑物，也会由于其内部附属设备、临街状况、物业管理情况等的差异而有所不同，而这种差异往往最终反映在两宗房地产的租金水平和出租率等方面。

房地产的异质性，也导致每宗房地产在市场上的地位和价值不可能一致。这就为房地产市场价值和投资价值的判断带来了许多困难，使投资者面临着资本价值风险。因此，房地产投资者除了需要聘请专业房地产估价师帮助其进行价值判断以外，还要结合自身的眼光、能力和经验进行独立判断，因为相同市场价值的房地产也会有因人而异的投资价值。

5. 变现性差

变现性差是指房地产投资在短期内无损变现的能力差，这与房地产资产的弱流动性特征密切相关。虽然房地产资产证券化水平在逐渐提高，但也不能从根本上改变房地产资产流动性差的弱点。

房地产资产流动性差的原因，与房地产和房地产市场的本质特性密切关联。一方面，由于房地产的各种特征因素存在显著差异，购买者也会存在对种种特征因素的特定偏好，因此通常需要进行多次搜寻才能实现物业与购买者偏好的匹配；另一方面，对于同一物业而言，不同卖方和买方的心理承受价格都存在差异，因此只有经过一段时间的搜寻和议价，实现买卖双方心理承受价格的匹配，才有可能达成交易。而房地产价值量大所导致的买卖双方交易行为的谨慎，以及房地产市场的交易分散、信息不完备程度高等特点，又进一步延长了搜寻时间。房地产的变现性差往往会使房地产投资者因为无力及时偿还债务而破产。

6. 易受政策影响

房地产投资容易受到政府宏观调控和市场干预政策的影响。由于房地产在社会经济活动中的重要性，各国政府均对房地产市场倍加关注，经常会有新的政策措施出台，以调整房地产开发建设、交易、持有和使用过程中的法律关系和经济利益关系。而房地产不可移动等特性的存在，使房地产投资者很难避免这些政策调整所带来的影响。政府土地供给、公共住房、房地产金融、财政税收和市场规制等政策的调整，都会对房地产的市场价值，进而对房地产投资意愿、投资效果产生影响。

7. 依赖专业管理

房地产投资离不开专业化的投资管理活动。在房地产开发投资过程中，需要投资者在获取土地使用权、规划设计、工程管理、市场营销、项目融资等方面具有专业管理经验和能力。房地产置业投资，也需要投资者考虑租户、租约、维护维修、安全保障等问题，即使置业投资者委托了专业物业资产管理公司，也要有能力审查批准物业资产管理公司的管理计划，与物业资产管理公司一起制定有关的经营管理策略和指导原则。此外，房地产投资还需要房地产估价师、房地产经纪人员、财务顾问、法律顾问等提供专业服务，以确保置业投资总体收益的最大化。

8. 存在效益外溢和转移

房地产投资收益状况受其周边物业、城市基础设施与市政公用设施和环境变化的影响。政府在道路、公园、博物馆等公共设施方面的投资，能显著提高附近房地产的市场价值和收益水平。例如城市快速轨道交通线的建设，使沿线房地产资产由于出租率和租金水平的上升而大幅升值；城市棚户区改造、城中村改造等大型城市更新项目的实施，也会使周边房地产的市场价值大大提高。从过去的经验来看，能准确预测到政府大型公共设施建设并在附近预先投资的房地产投资者，都获得了较大成功。

（四）房地产投资的作用

房地产投资的作用，可以从全社会及投资者自身两个角度来理解。

从社会的角度看，房地产投资尤其是房地产开发投资，对一个国家或地区的经济增长、就业机会创造以及相关产业发展，均具有重要的带动作用，对增加政府财政和税收收入、改善人民居住水平和社会福利、提高城市公共服务质量和城市空间使用效率等，均能做出重要贡献。

从投资者的角度看，由于房地产投资具有收益、保值、增值和消费四个方面的特性，投资者可以通过房地产投资，获得经常性的租金收入和资本增值，降低其投资组合的总体风险，抵御通货膨胀的影响。因此，房地产投资通常被投资者视为进行财富积累、实现财富价值最大化的重要途径，是最理想的投资渠道之一。此外，投资者通过房地产投资，还可以成为房地产业主。

# 第二节  房地产投资的形式和利弊

房地产投资的形式，通常可分为直接投资和间接投资两类，不同的房地产投资形式各有利弊。

## 一、房地产直接投资

房地产直接投资是指投资者直接参与房地产开发或购买的过程，参与有关管理工作，包括从取得土地使用权开始的开发投资和面向建成物业的置业投资两种形式。

（一）房地产开发投资

我国房地产开发投资统计中，房地产开发投资指房地产开发法人单位统一开发的住宅、厂房、仓库、饭店、度假村、写字楼、办公楼等房屋建筑物，配套的服务设施，土地开发工程（如道路、给水、排水、供电、供热、通信、平整场地等基础设施工程）和土地购置的投资。

产业界所称的房地产开发投资，是指投资者从取得土地使用权开始，通过在土地上的进一步开发投资活动，即经过规划设计和工程建设等过程，建成可以满足人们某种需要的房地产产品，然后将其推向市场进行销售，转让给新的投资者或使用者，并通过这个转让过程收回投资、获取开发利润的过程。也可以将房地产开发投资理解为在这个过程中所投入的资金。房地产开发投资通常属于中短期投资，它形成了房地产市场上的增量供给。当房地产开发投资者将建成后的房地产用于出租（如写字楼、公寓、仓储用房等）或经营（如商场、酒店等）时，短期开发投资就转变成了长期置业投资。

随着我国土地收购储备制度的建立和政府出让国有建设用地使用权方式的改革，以土地一级开发为主的土地开发投资活动，已经逐步发展为房地产开发投资的一种独立形式。在土地开发投资过程中，政府土地储备机构或政府授权委托的企业，经过土地征收、地上物征收补偿、人员安置补偿、市政基础设施和公共配套设施建设，使土地达到可供政府出让的条件，并在政府通过招标、拍卖或挂牌方式成功出让土地后，以获得的土地开发补偿费收回投资、获取投资收益。但随着政府土地储备机构能力的提升，越来越多的土地开发投资活动开始直接由该机构组织实施。

（二）房地产置业投资

房地产置业投资，是指面向已具备了使用条件或正在使用中的房地产，以获取房地产所有权或使用权为目的的投资。其对象可以是市场上的增量房地产（开发商新竣工的商品房），也可以是市场上的存量房地产（旧有房地产）。

房地产置业投资的目的一般有两个：一是满足自身生活居住或生产经营的需要，即自用；二是作为投资将购入的房地产出租给最终使用者，获取较为稳定的经常性收入。这种投资的另外一个特点，是在投资者不愿意继续持有该项物业时，可以将其转售给另外的置业投资者，并获取转售收益。

随着房地产市场的发展，对房地产置业投资的需求不断增长，许多房地产企业，正在从单一的房地产开发业务模式发展为开发投资和置业投资相结合的业务模式，以提升企业投资经营活动的稳定性，降低单一开发业务模式可能给企业带来的潜在风险。

此外，金融和保险等机构投资者的发展，尤其是房地产投资信托基金（REITs）的出现，使得房地产置业投资活动日益频繁，交易金额也越来越大型化。对于房地产机构投资者而言，缺乏房地产投资管理经验且具有低风险偏好的投资者，往往倾向于购买处于黄金地段的优质成熟物业，这类物业的购买价格高、收益水平较低但风险也低；而具备房地产投资管理经验的机构投资者，则更倾向于购买处于优良区位的新竣工甚至尚未竣工的物业，这类物业初始价值和收益水平较低，但随着投资者的持续资源投入和培育，物业价值和收益能力逐步提升，当达到成熟物业的状况时，投资者可能继续持有，也可能转让给前一类投资者。

**二、房地产间接投资**

房地产间接投资主要是指将资金投入与房地产相关的权益或证券市场的行为，间接投资者不需直接参与房地产开发经营工作。

（一）投资房地产企业股票或债券

为了降低融资成本，越来越多的大型房地产开发投资企业希望通过资本市场直接融资，以支持其开发投资计划。房地产企业通过资本市场直接融资，有首次公开发行（IPO）、配股、公开增发或定向增发、发行可转换债券等形式。例如，碧桂园2007年4月通过IPO在中国香港发行24亿股股票，募集资金148.5亿元；万科地产于2007年8月通过公开增发3.17亿股，募资权益资本100亿元；招商蛇口于2006年8月发行面值为100元的5年期可转换公司债券1 510万张，募集资金15.1亿元；首开集团2021年3月发行7.5亿元公司债券，期限5年，票面利率3.80%；2016年6月，碧桂园成功发行以购房尾款应收款为基础资产的资产支持证券62亿元，期限2年，融资成本区间介于4.5%～6.0%之间。上述房地产企业的直接融资行为，不仅解决了企业发展面临的资金短缺问题，也为投资者提供了很好的间接投资房地产的机会，使其分享了房地产投资的部分收益，成为房地产间接投资者。

（二）投资房地产投资信托基金

房地产投资信托基金（REITs），是购买、开发、管理和出售房地产资产的金融工具。REITs的出现，使投资者可以把资金投入到由专业房地产投资管理者经营管理的房地产投资组合中，REITs将其收入现金流的主要部分分配给作为投资者的股东，其本身仅起到一个投资代理的作用。

投资者将资金投入REITs有很多优越性：第一，收益相对稳定，因为REITs的投资收益主要来源于其所拥有物业的经常性租金收入；第二，REITs投资的流动性很好，投资者很容易将持有的REITs股份转换为现金，因为REITs股份可在主要的证券交易所交易，这就使得买卖REITs的资产或股份比在市场上买卖房地产更容易。

按资产投资的类型划分，REITs分为权益型、抵押型和混合型三种形式。REITs选择投资的领域非常广泛，其投资涉及许多地区的各种不同类型的房地产权益和抵押资产。由于有专业投资管理者负责经营管理，其收益水平也大大高于一般的股票收益，因而REITs股票往往成为个人投资者以及大型机构投资者（包括退休基金、慈善基金、保险公司、银行信托部门和共同基金等）间接投资房地产的重要工具。

　　中国房地产市场的发展急需拓展房地产直接融资渠道，以摆脱过分依赖商业银行间接融资的局面。而 REITs 作为一种创新的房地产金融工具，越来越得到政府和产业界的认同。2008 年 12 月 20 日《国务院办公厅关于促进房地产市场健康发展的若干意见》（国办发〔2008〕131 号）中明确表示要"开展房地产投资信托基金试点"，2009 年 3 月 18 日中国人民银行等部门发布《关于进一步加强信贷结构调整促进国民经济平稳较快发展的指导意见》（银发〔2009〕92 号）进一步提出支持资信条件较好的房地产企业开展房地产投资信托基金试点。2016 年国务院办公厅发布《关于加快培育和发展住宅租赁市场的若干意见》（国办发〔2016〕39 号），提出"稳步推进房地产投资信托基金（REITs）试点"以支持专业化机构化租赁企业发展。2020 年中国证监会和国家发展改革委联合发布了《关于推进基础设施领域不动产投资信托基金（REITs）试点相关工作的通知》（证监发〔2020〕40 号），随后，与试点相关的政策规则指引等技术文件迅速完善，以基础设施类资产为基础的 REITs 将率先突破。预计随着相关法律制度的完善，REITs 将会逐渐成为中国投资者现实的投资工具。

　　（三）购买住房抵押支持证券

　　住房抵押贷款证券化，是把金融机构所持有的个人住房抵押贷款债权转化为可供投资者持有的住房抵押支持证券，以达到筹措资金、分散房地产金融风险等目的。购买住房抵押支持证券的投资者，也就成为房地产间接投资者。主要做法是：银行将所持有的个人住房抵押贷款债权，出售给专门设立的特殊目的公司（SPV），由该公司将其汇集重组成抵押贷款集合，每个集合内贷款的期限、计息方式和还款条件大体一致，通过政府、银行、保险公司或担保公司等担保，转化为信用等级较高的证券出售给投资者。购买抵押支持证券的投资者可以间接地获取房地产投资的收益。

　　住房抵押贷款证券化兴起于 20 世纪 70 年代，现已成为美国、加拿大等市场经济发达国家住房金融市场上的重要筹资工具和手段，新兴国家和地区如泰国、韩国、马来西亚、中国香港等也开始了住房抵押贷款证券化的实践，使住房抵押支持证券成为一种重要的房地产间接投资工具。随着中国住房金融市场的迅速发展，在中国推行住房抵押贷款证券化的条件已日趋成熟，中国建设银行已经进行了"建元 2005-1"和"建元 2007-1"个人住房抵押贷款证券化试点，投资者主要是保险公司、财务公司以及基金公司等银行间债券市场的机构投资者。为了解决住房公积金流动性问题，提高住房公积金体系的放贷能力，从 2015 年开始，上海、武汉、苏州、杭州等地的住房公积金管理中心先后发行了 20 多款公积金贷款证券化产品，其中，上海在 2016 年各发行"沪公积金 2016-1"和"沪公积金 2016-2"分别筹资达 148.42 亿元和 163.17 亿元。从全球范围内看，受 2008 年美国次贷危机影响一度停滞的住房抵押贷款证券化操作，已经在完善监管的基础上恢复正常。

### 三、房地产投资的利弊

#### （一）房地产投资之利

在前面介绍房地产投资的特性时，实际上已经间接地介绍了房地产投资的一些优点，包括适于进行长期投资、能从公共设施的改善和投资中获取利益等。这里再介绍房地产投资的一些其他优点。

1. 相对较高的收益水平

房地产开发投资中，大多数房地产开发项目的毛利润率超过 30%、净利润率超过 10%，在有效使用信贷资金、充分利用财务杠杆的情况下，其权益投资收益率会更高。房地产置业投资中，考虑到持有期内的增值收益，每年实现 6%～8% 的权益收益率也比较容易做到。这相对于储蓄、股票、债券等其他类型的投资来说，收益水平是较高的。

2. 易于获得金融机构的支持

由于可以将房地产作为抵押物，所以置业投资者可以较容易地获得金融机构的支持，得到其投资所需要的大部分资金。包括商业银行、保险公司和抵押贷款公司等在内的许多金融机构都愿意提供抵押贷款服务，给置业投资者提供了很多选择。

金融机构通常认为以房地产作为抵押物，是保证其能按期安全收回贷款最有效的方式。因为除了投资者的资信情况和自有资金投入的数量外，房地产本身也是一种重要的信用保证。且通常情况下房地产的租金收入就能满足投资者分期还款对资金的需要，所以金融机构可以提供的贷款价值比例也相当高，一般可以达到 60%～80%，而且常常还能为借款人提供利率方面的优惠。在西方发达国家，投资者甚至可以获得超过 90% 甚至 100% 抵押的融资，也就是说，投资者无须投入任何自有资金，全部用信贷资金投入。当然，这样高的贷款价值比例，也为金融机构带来了潜在的金融风险。

3. 能抵消通货膨胀的影响

通货膨胀是反映一个经济体总体价格上涨水平的指标。研究通货膨胀对投资收益水平的影响时，通常将通货膨胀分为预期通货膨胀（Expected Inflation）和非预期通货膨胀（Unexpected Inflation）。有关研究成果表明，房地产投资能有效抵消通货膨胀，尤其是预期通货膨胀的影响。

由于存在通货膨胀，房地产和其他有形资产的重置成本不断上升，从而导致了房地产和其他有形资产价值的上升，所以说房地产投资具有增值性。又由于房地产是人类生活居住、生产经营所必需的，即使在经济衰退的过程中，房地产的使用价值仍然不变，所以房地产投资又是有效的保值手段。

从中国房地产市场价格的历史变化情况来看，房地产价格的年平均增长幅度通常会超过同期通货膨胀率水平。美国和英国的研究资料表明，房地产价格的年平均上涨率大约是同期年通货膨胀率的两倍。虽然没有研究人员就所有的房地产投资项目进行全面统计分析，但几乎没有人会相信房地产价格的上涨率会落后于总体物价水平的上涨率。

房地产投资的这个优点，正是置业投资者能够容忍较低投资收益率的原因。例如，美国 2003 年商用房地产置业投资的净租金收益率大约为 6%，与抵押贷款利率基本相当，但由于房地产的增值部分扣除通货膨胀影响后还有 4%～6%的净增长，所以投资者得到的实际投资收益率是 10%～12%，大大超过了同期抵押贷款利率的水平。置业投资所具有的增值性，还可以令投资者能比较准确地确定最佳投资持有期，以及在日后转售中所能获得的资本利得。

当然，经历过房地产市场萧条的人士可能会提出这样的问题，即 1998～2000 年中国香港各类房地产的市场价格平均下降了 60%，其幅度已远远超过了同期通货膨胀率的下降幅度，如果说其使用价值不变，房地产能够保值，那么怎么能证明这个时期的房地产是在增值呢？应该看到，在房地产市场价格与价值严重背离，脱离了实际使用者或者经济基本面支撑的市场环境下，购买房地产的活动往往带有明显的投机色彩，已经不再是一般意义上的投资行为了。而且讲房地产投资能够增值是在正常市场条件下、从长期投资的角度来看的。短期内房地产市场价格的下降，并不影响其长期的增值特性，从房地产市场的长期景气循环规律来看，房地产价格总是随着社会经济的发展不断上升的。比如 2007 年，中国香港各类房地产的市场价格水平就完全恢复，甚至超出了 1998 年亚洲金融危机前的水平。到 2018 年，各类房价的平均水平较危机前上涨了 1 倍以上。

4. 提高投资者的资信等级

由于拥有房地产并不是每个公司或个人所能做到的，所以拥有房地产成为占有资产、具有资金实力的最好证明。这对于提高投资者的资信等级、获得更多更好的投资交易机会具有重要意义。

（二）房地产投资之弊

在前面介绍房地产投资的特性时，实际上已经间接地介绍了房地产投资的一些缺点，包括变现性差等。房地产投资的一些其他缺点包括：

1. 投资数额巨大

不论是开发投资还是置业投资，所需的资金常常涉及几百万、几千万甚至数亿元人民币，即使投资者只需支付 30％的资本金用作前期投资或首期付款，也大大超出了许多投资者的能力。大量自有资本的占用，使得在宏观经济出现短期危机时，投资者的净资产迅速减少，甚至像 1998 年亚洲金融危机时的中国香港、2007 年次贷危机下的美国那样，使许多投资者进入负资产状态。

2. 投资回收期较长

除了房地产开发投资随着开发过程的结束在 3～5 年就能收回投资外，置业投资的回收期少则十年八年，长则二三十年甚至更长。要承受这么长时间的资金压力和市场风险，一方面要求房地产企业具有很强的资金实力，另一方面也要求房地产企业能吸引机构投资者进行长期投资合作。

3. 需要专门的知识和经验

由于房地产开发涉及的程序和领域相当复杂，直接参与房地产开发投资就要求投资者具备专门的知识和经验，因此限制了参与房地产开发投资者的数量。置业投资者要想达到预期的投资目标，同样也对其专业知识和经验有较高的要求。

此外应该指出的是，本节介绍的房地产投资的优缺点主要是针对直接投资而言的。对于小额投资者来说，他们实际上可以通过购买房地产权益相关的各种证券，进行房地产间接投资。

# 第三节  房地产投资的风险

很显然，在选择投资机会时，如果其他条件都相同，投资者会选择收益最大的投资方案。但在大多数情况下，收益并非唯一的评判标准，还有许多其他因素影响投资决策。其中，风险就是一个重要因素。

## 一、房地产投资风险的概念

### （一）风险的定义

从房地产投资的角度来说，风险可以定义为未获得预期收益可能性的大小。完成投资过程进入经营阶段后，人们就可以计算实际获得的收益与预期收益之间的差别，进而也就可以计算获取预期收益可能性的大小。因此，在房地产投资前期风险分析过程中，通常要假设投资项目进入经营阶段的可能收益状态，并依此来定量估算房地产投资风险。

风险涉及变动和可能性，而变动常常又可以用标准差来表示，用以描述分散的各种可能收益与收益期望值偏离的程度。一般来说，标准差越小，各种可能收益的分布就越集中，投资风险也就越小。反之，标准差越大，各种可能收益的分布就越分散，风险就越大。图1-1所示的A、B、C三项投资，C的风险最大，B次之，A最小。

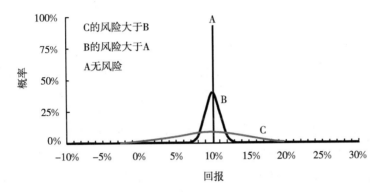

**图 1-1 风险：未获得预期收益的可能性**

还可用标准差与期望值之比来表示单位收益下的风险大小。例如，物业1为写字楼项目，2019年末价值为1 000万元，预计2020年末价值为1 100万元的可能性为50%、为900万元的可能性为50%，则2020年该物业价值的标准差为100万元，标准差与期望值之比为10%；物业2为零售商业项目，2019年末价值为1 000万元，2020年末价值为1 200万元的可能性是50%、为800万元的可能性为50%，则2020年该物业价值的标准差为200万元，标准差与期望值之比为20%。因此，可以推断物业2的单位收益投资风险大于物业1的单位收益投资风险。

当实际收益超出预期收益时，就称投资获取了风险收益；而实际收益低于预期收益时，就称投资发生了风险损失。后一种情况更为投资者所重视，尤其是在投资者通过债务融资进行投资的时候。较预期收益增加的部分通常被称为"风险报酬"。风险条件下决策时，决策者对客观情况不确定，但知道各事件发生的概率，因此可以使用决策树法或决策表法，用最大期望收益作为决策准则。

不确定性和风险有显著差别。如果说某事件具有不确定性，则意味着对于可能的情况无法估计其可能性。在这种情况下，常常用定性方法估计未来投资收益，可选用的决策方法包括：①小中取大法，即对未来持悲观的看法，认为未来会出现最差的自然状态，因此不论采取哪种方案，都只能获取方案的最小收益。②大中取大法，即对未来持乐观的看法，认为未来会出现最好的自然状态，因此不论采取哪种方案，都只能获取方案的最大收益。③最小最大后悔值法，即如何使选定决策方案后可能出现的后悔值最小。

（二）风险分析的目的

风险分析是投资决策的重要环节，其目的是帮助投资者回答下列问题：

（1）预期收益率是多少，出现的可能性有多大？

（2）相对于目标收益、融资成本或机会投资收益来说，产生损失或超过目标收益的可能性有多大？

（3）预期收益的变动性和离散性如何？

由于风险分析的数学方法较为复杂，本节仅对房地产投资过程中所遇到的风险种类及其对投资的影响进行简单介绍。有关房地产开发过程中风险分析的方法，将在本书第七章介绍。

房地产投资的风险主要体现在投入资金的安全性、期望收益的可靠性、投资项目的变现性和资产管理的复杂性四个方面。对具体风险因素的分析，有多种分类方式，每一种分类方式都从不同的角度分析可能对房地产投资的净收益产生影响的因素。在通常情况下，人们往往把风险划分为对市场内所有投资项目均产生影响、投资者无法控制的系统风险和仅对市场内个别项目产生影响、投资者可以控制的个别风险。

## 二、房地产投资的系统风险

系统风险又称为不可分散风险或市场风险，即投资风险中无法在投资组合内部被分散、抵消的那一部分风险。房地产投资首先面临的是系统风险，投资者对这些风险不易判断和无法控制，主要有通货膨胀风险、市场供求风险、周期风险、变现风险、利率风险、汇率风险、政策风险、政治风险和或然损失风险等。

（一）通货膨胀风险

通货膨胀风险又称购买力风险，是指投资完成后所收回的资金与初始投入的资金相比，购买力降低给投资者带来的风险。所有的投资均要求有一定的时间周期，房地产投资周期长，所以只要存在通货膨胀因素，投资者就要面临通货膨胀风险。收益是通过其他人分期付款的方式获得时，投资者就会面临购买力风险。同时不论是以固定利率借出一笔资金，还是以固定不变的租金长期出租一宗物业，都面临着由于商品或服务价格上涨所带来的风险。以固定租金方式出租物业的租期越长，投资者所承担的购买力风险就越大。由于通货膨胀将导致未来收益的价值下降，按长期固定租金方式出租所拥有物业的投资者，实际上承担了本来应由承租人承担的风险。

由于通货膨胀风险直接降低投资的实际收益率，房地产投资者非常重视此风险因素的影响，并通过适当调整其要求的最低收益率来降低该风险对实际收益率的影响程度。但房地产投资的保值性，又使投资者要求的最低收益率并不是通货膨胀率与行业基准收益率的直接相加。

（二）市场供求风险

市场供求风险是指投资者所在地区房地产市场供求关系的变化给投资者带来的风险。市场是不断变化的，房地产市场的供给与需求也在不断变化，而供求关系的变化必然造成房地产价格的波动，具体表现为租金收入的变化和房地产价格的变化，这种变化会导致房地产投资的实际收益偏离预期收益。更为严重的情况是，当市场内结构性过剩（某地区某种房地产的供给大于需求）达到一定程度时，房地产投资者将面临房地产空置或库存积压的严峻局面，导致资金占压严重、还贷压力增加，很容易最终导致房地产投资者破产。

从总体上来说，房地产市场是地区性市场，也就是说当地市场环境条件变化的影响比整个国家市场环境条件变化的影响要大得多。只要当地经济的发展是健康的，对房地产的需求就不会发生大的变化。但房地产投资者并不像证券投资者那样有较强的从众心理，每一个房地产投资者对市场都有其独自的观点。房地产市场投资的强度取决于潜在的投资者对租金收益、物业增值可能性等的估计。也就是说，房地产投资决策以投资者对未来收益的估计为基础。投资者可以通过密切关注当地社会经济发展状况、科学地使用投资分析结果，来降低市场供求风险的影响。

（三）周期风险

周期风险是指房地产市场的周期波动给投资者带来的风险。正如经济周期的存在一样，房地产市场也存在周期波动或景气循环现象。房地产市场周期波动可分为复苏与发展、繁荣、危机与衰退、萧条四个阶段。研究表明，美国房地产市场的周期为 18～20 年，中国香港为 7～8 年，日本约为 7 年。当房地产市场从繁荣阶段进入危机与衰退阶段，进而进入萧条阶段时，房地产市场将出现持续时间较长的交易量锐减、价格下降、新开发建设规模收缩等情况，给投资者造成损失。房地产市场成交量萎缩和价格大幅度下跌，常使一些实力不强、抗风险能力较弱的投资者因金融债务问题而破产。

（四）变现风险

变现风险是指急于将资产变现时由于折价而导致资金损失风险。房地产属于非货币财产，具有独一无二、价值量大的特性，销售过程复杂，其拥有者很难在短时期内将房地产兑换成现金。因此，当投资者由于偿债或其他原因急于将房地产兑换为现金时，就有可能使投资者蒙受折价损失。

（五）利率风险

调整利率是国家对经济活动进行宏观调控的主要手段之一。通过调整利率，政府可以调节资金的供求关系、引导资金投向，从而达到宏观调控的目的。利率调升会对房地产投资产生两方面的影响：一是导致房地产实际价值的折损，利用升高的利率对现金流折现，会使投资项目的财务净现值减小，甚至出现负值；二是会加大投资者的债务负担，导致还贷困难。利率提高还会抑制房地产市场上的需求数量，从而导致房地产价格下降。

长期以来，房地产投资者所面临的利率风险并不显著，因为尽管抵押贷款利率在不断变化，但房地产投资者一般比较容易得到固定利率的抵押贷款，这实际上是将利率风险转嫁给了金融机构。然而，目前房地产投资者越来越难得到固定利率的长期抵押贷款，金融机构越来越强调其资金的流动性、盈利性和安全性，其放贷的策略已转向短期融资或浮动利率贷款，我国各商业银行所提供的住房抵押贷款几乎都采用浮动利率。因此，如果融资成本增加，房地产投资者的收益就会下降，其所投资物业的价值也就跟着下降。房地产投资者即使得到的是固定利率贷款，在其转售物业的过程中也会因为利率的上升而造成不利的影响，因为新的投资者必须支付较高的融资成本，从而使其投资净收益减少，相应地新投资者愿意支付的购买价格也就会大为降低。

（六）汇率风险

汇率风险是指经济主体在持有或运用外汇的经济活动中，因汇率变动而蒙受损失的可能性。房地产企业遇到汇率风险的情况一般有两类。一类是在境内进行房地产开发投资的过程中使用了外币资金，例如碧桂园、恒大等内地在中国香港上市的房地产企业，经常会在境外通过银团贷款、发行公司债券和担保票据等方式融资，并将筹措的资金用于国内的房地产开发投资项目上。由于这些债务通常以外币结算，因此如果在资金使用过程中人民币出现贬值，如出现 2016 年人民币对美元贬值的情况，则房地产企业就会面临由于汇率变化带来的汇兑损失。另外一类是境内房地产企业去境外投资，例如万科、绿地等房地产企业到美国去进行开发投资，他们先是将人民币兑换成美元投到美国的房地产项目上，项目结束后将美元拿回来再换回人民币，也会面临汇率风险。

（七）政策风险

政府有关房地产投资的土地供给政策、税费政策、金融政策、住房政策、城市更新政策、价格政策、环境保护政策等，均对房地产投资者收益目标的实现产生巨大影响，从而给投资者带来风险。例如，我国 1993 年对房地产投资的宏观调控政策，1994 年出台的土地增值税条例，2001 年出台的规范住房金融业务的措施，2003 年国有土地使用权出让招拍挂制度的全面实施，2010 年以来住房市场上的限购、限贷、限价、限售政策，2020 年强化房地产企业融资管理的"三线四档"政策等，就使许多房地产投资者在实现其预期收益目标时遇到困难。避免这种风险的最有效方法，是选择政府鼓励、有收益保证的或有税收优惠政策的项目进行投资。

（八）政治风险

房地产的不可移动性，使房地产投资者要承担相当程度的政治风险。政治风险主要由政变、战争、经济制裁、罢工、骚乱等因素造成。政治风险一旦发生，不仅会直接给建筑物造成损害，而且会引起一系列其他风险，是房地产投资中危害最大的一种风险。因此，房地产投资者都会远离政治稳定性差的国家和地区。

（九）或然损失风险

或然损失风险是指地震、火灾、风灾、洪水或其他偶发自然灾害引起的置业投资损失。尽管投资者可以将这些风险转移给保险公司，然而在有关保单中规定的保险公司的责任并不是包罗万象，因此有时还需就洪水、地震、核辐射等灾害单独投保，盗窃险有时也需要安排单独的保单。

尽管置业投资者可以要求承租人担负其所承租物业保险的责任，但是承租人对物业的保险安排对业主来说往往是不完全的。

一旦发生火灾或其他自然灾害，房屋不能继续出租使用，房地产投资者的租金收入自然也就没有了。因此，有些投资者在物业投保的同时，还希望其租金收入也能有保障，从而对租金收益进行保险。然而，虽然投保的项目越多，其投资的安全程度就越高，但投保是要支付费用的，如果保险费的支出占租金收入的比例太大，投资者就差不多是在替保险公司投资了。

### 三、房地产投资的个别风险

（一）收益现金流风险

收益现金流风险是指房地产投资项目的实际收益现金流未达到预期目标要求的风险。不论是开发投资还是置业投资，都面临着收益现金流风险。对于开发投资者来说，未来房地产市场销售价格、开发建设成本和市场吸纳能力等的变化，都会对开发商的收益产生巨大影响；而对置业投资者来说，未来租金水平和空置率的变化、物业毁损造成的损失、资本化率的变化、物业转售收入等，也会对投资者的收益产生巨大影响。

（二）未来运营费用风险

未来运营费用风险是指物业实际运营费用支出超过预期运营费用而带来的风

险。即使对于刚建成的新建筑物的出租，且物业的维修费用和保险费均由承租人承担的情况下，也会由于建筑技术的发展和人们对建筑功能要求的提高而影响到物业的使用，使后来的物业购买者不得不支付昂贵的更新改造费用，而这些在初始评估中是不可能考虑到的。

因此，置业投资者已经开始认识到，即使是对新建成的甲级物业投资，也会面临建筑物功能过时所带来的风险。房地产估价师在评估房地产市场价值时，也开始注意到未来的重新装修或面向新租户空间使用需求特征的适配性改造所需投入的费用对房地产当前市场价值的影响。

其他未来会遇到的运营费用包括由于建筑物存在内在缺陷导致结构损坏的修复费用和不可预见的法律费用（例如，租约调整时可能会引起争议而诉诸法律）。

（三）资本价值风险

资本价值在很大程度上取决于预期收益现金流和可能的未来运营费用水平。然而，即使收益和运营费用都不发生变化，资本价值也会随着收益率的变化而变化。这种变化使得预期资本价值和现实资本价值之间产生差异，即导致资本价值的风险，并在很大程度上影响着置业投资的绩效。

（四）机会成本风险

机会成本风险又称比较风险，是指投资者将资金投入房地产后，失去了其他投资机会，同时也失去了相应的可能收益时，给投资者带来的风险。

（五）时间风险

时间风险是指房地产投资中与时间和时机选择因素相关的风险。房地产投资强调在适当的时间、选择合适的地点和物业类型进行投资，这样才能在获得最大投资收益的同时把风险降到最低限度。时间风险的含义不仅表现为选择合适的时机进入市场，还表现为物业持有时间的长短、物业持有过程中对物业重新进行装修或更新改造时机的选择、物业转售时机的选择以及转售过程所需要时间的长短等。

（六）持有期风险

持有期风险是指与房地产投资持有时间相关的风险。一般来说，投资项目的寿命周期越长，可能遇到的影响项目收益的不确定因素就越多。例如：某项置业投资的持有期为1年，则对于该物业在1年内的收益以及1年后的转售价格很容易预测；但如果这个持有期是4年，那么对4年持有期内的收益和4年后转售价格的预测就要困难得多，预测的准确程度也会差很多。因此，置业投资的实际收益和预期收益之间的差异是随持有期的延长而加大的。

上述所有风险因素都应引起投资者重视，而且投资者对这些风险因素将给投资收益带来的影响估计得越准确，他所做出的投资决策就越合理。

### 四、风险对房地产投资决策的影响

风险对房地产投资决策的第一个影响，是令投资者根据不同类型房地产投资的风险大小，确定相应的目标投资收益水平。投资者的投资决策主要取决于对未来投资收益的预期，不论投资的风险是高还是低，只要同样的投资产生的预期收益相同，那么选择何种投资途径都是合理的，只是对于不同的投资者，由于其对待风险的态度不同，因而采取的投资策略也会有差异。

例如，按照风险大小和收益水平高低，通常将房地产投资划分为核心型、核心增值型、价值增值型和机会型四种类型。能承受较低风险及相应收益水平的长期投资者，通常选择核心型房地产投资，以获取稳定的租金收益为目的，投资对象通常为进入稳定期的优质收益性物业。能承受中等风险及相应收益水平的投资者，通常选择增值型房地产投资，以同时获得物业租金收益和物业增值收益，投资对象通常为尚未进入稳定期、刚刚竣工的收益性物业。能承受较大投资风险、期望获得较高收益的投资者，则选择机会或需进行更新改造型房地产投资，房地产开发投资一般属于机会型房地产投资。

风险对房地产投资决策的第二个影响，是使投资者尽可能规避、控制或转移风险。人们常说，房地产投资者应该是风险管理的专家，实践也告诉人们，投资的成功与否在很大程度上依赖于投资者认识风险和管理风险的能力。

总之，房地产市场是动态变化的，房地产投资者通过对当前市场状况的调查研究得出的有关租售价格、成本费用、开发周期及市场吸纳率、吸纳周期、空置率等估计，都会受各种风险因素的影响而有一定的变动范围。随着时间推移，这些估计数据会与实际情况有所出入。为规避风险，分析者要避免仅从乐观的一面挑选数据。对于易变或把握性低的数据，最好能就其在风险条件下对反映投资绩效的主要指标所带来的影响进行分析，以供决策参考。

## 第四节　风险与投资组合

投资组合的理论推导涉及较深的数学知识，在此仅介绍其基本原理，以及这种原理对房地产投资分析的指导作用。应该指出的是，随着保险公司、基金公司等大型机构投资者的迅速发展，投资组合理论在房地产投资中的应用越来越广泛。为此，在这里简要说明什么是投资组合理论，为什么通过多种投资的组合可以降低投资风险。

### 一、投资组合理论

投资组合理论的主要论点是：对于相同的宏观经济环境变化，不同投资项目的收益会有不同的反应。举例来说，在高通货膨胀的时候投资项目甲的收益增长可能会超过通货膨胀的增长幅度，而投资项目乙的收益可能会是负增长。在这种情况下，把适当的投资项目组合起来，便可以达到一个最终和最理想的长远投资策略。换句话说，投资组合的目标是寻找在一个固定的预期收益率下使风险最小，或是在一个预设可接受的风险水平下，使收益最大化的投资组合。

例如，某人有一大笔资金，他是把这笔资金全部投到一个项目上去，还是分别投到不同的项目上去？聪明而有理智的人通常都会选择后一种投资方式，因为这样做虽然可能失去获得高收益的机会，但不至于血本无归。退休基金的资金使用方式最能体现这种投资组合理论，因为基金投资的首要前提是基金的安全性和收益的稳定性，满足了这两个前提，才会有收益最大化的目标。

大型机构投资者进行房地产投资时，非常注重研究其地区分布、时间分布以及项目类型分布的合理性，以期既不冒太大的风险，又不失去获取较高收益的机会。例如，香港新鸿基地产投资有限公司的董事会决议中，要求在中国内地的投资不能超过其全部投资的 10%；以发展工业物业见长的香港天安中国投资有限公司在其经营策略中要求必须投资一定比例的商用物业和居住物业，以分散投资风险。

图 1-2 表示两个投资项目都有相同的收益率，但对市场变化的反应不同。假如以单一一项投资项目分析，它们各自的波动十分大。这也表示单一项目的投资风险很大。但若把这两个投资项目组合起来，便可以将两者的风险变化相互抵消，从而把组合风险降到最低。当然要达到这个理想效果的前提条件是各投资项目间有一个负协方差。最理想的是一个绝对的负协方差，但这个条件很难达到。

图 1-3 代表一个投资组合的设计过程和开发商运用开发资金的不同分配方法。设想面对两种主要的投资项目类型 $X$ 和 $Y$，他可以把总开发投资按他个人的喜好和对风险的态度分配在曲线 $XPRQY$ 的任何一个组合点上。$XPRQY$ 的弧度取决于 $X$ 和 $Y$ 的协方差关系，假如是绝对的正协方差，曲线变成直线 $XY$ 代表两者有同一方向和幅度的反应。相反，假若两者是绝对的负协方差，即在面对相同的市场环境条件时，一方的收益上升而另一方的收益则下降。此时曲线变为 $XOY$，其中 $O$ 点是毫无风险的一个投资组合。当然，这是一个比较难出现的机会，比较多的是类似 $XPRQY$ 这种曲线，且在该曲线上 $RY$ 部分较 $XR$ 部分理想，原因是在同一风险程度上，$RY$ 部分的每一个组合点都有一个较大的预期收

益率。以此类推，假如把更多的不同投资项目加入这个组合，组合曲线便会变成组合团，如图 1-4 所示。在这种情况下，不同的投资组合都会被集中到 $ABCDE$ 这个组合团里。虽然在组合团内的每一个组合点都会在不同程度上减小风险，但最理想的组合仍然是 $RY$ 部分的各点，因为它们都可以在某一特定风险水平下达到最大的预期收益或在某一预期收益率下所对应的风险最小。

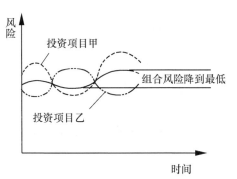

图 1-2　不同投资项目对市场的反应

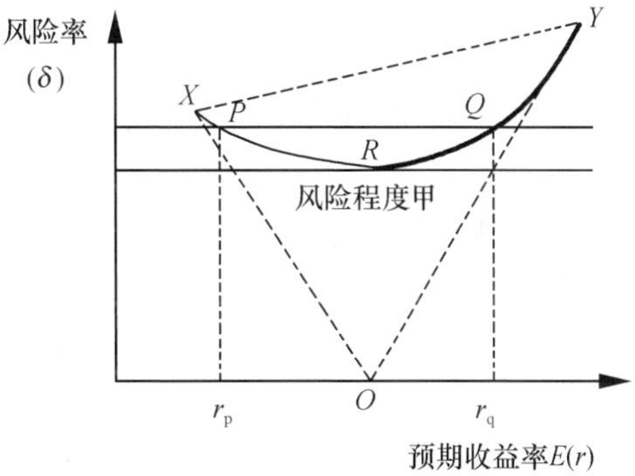

图 1-3　投资组合设计与资金分配

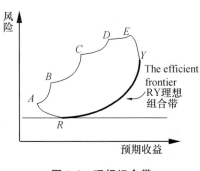

图 1-4　理想组合带

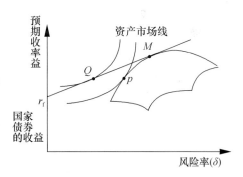

图 1-5　投资选择

经过以上分析，投资者便可进一步按其对承担风险的态度去设计出一个最能扩大其收益的投资组合。基本上图 1-4 所示的 $RY$ 理想组合带是代表了不同的投资收益与风险程度的组合。投资者可按其对风险的态度来选择。举例来说，如果投资者愿意承担较大的风险去换取高收益的话，便会选靠近 $Y$ 的组合。$Y$ 本身是所有理想投资组合中风险和收益都最高的一种组合。相反，如果投资者不愿去冒险的话，便会选靠近 $R$ 的组合。$R$ 本身是风险最小同时也是收益最低的一种组合。

一个比较客观的选择方法是借用低微风险甚至毫无风险的投资项目，这通常指国债或银行存款。在图 1-5 中的 $R_f$ 便是投资国债的收益率。由于它的收益几乎是肯定的，风险也就差不多等于零。从 $R_f$ 点引伸一条直线至紧贴理想组合带的表面上，便形成了所谓的资本市场线（Capital Market Line）。原则上，$M$ 点成为一个可以选择的组合。但假如投资者仍希望减少风险，他便可以选择 $P$ 至 $M$ 之间的不同组合。假如市场上真的存在这样一个无风险的投资项目，便可以通过图 1-5 的分析来减少风险，在图 1-5 中可以看到 $Q$ 点和 $P$ 点虽然有同一个收益率，但 $Q$ 点的风险比 $P$ 点低。

需要指出的是，这种投资组合理论所做出的减少风险的方法并不能使投资组合变成毫无风险。从理论上说，风险是由系统风险和个别风险所组成。通过投资组合理论的原则，虽然可以将个别风险因素减少甚至近于完全抵消，但系统风险因素仍然存在，如图 1-6 所示。因此，投资者的应得收益便以补偿这个系统风险为主，为：

$$E(R_j) = R_f + \beta_j [E(R_m) - R_f]$$

式中　$E(R_j)$ ——在同一时间段内，资产 $j$ 应有的预期收益率；

　　　$R_f$ ——无风险资产的收益率；

　　$E(R_m)$ ——在同一时间段内，市场整体平均收益率；

　　　$\beta_j$ ——资产 $j$ 的系统性市场风险系数（相关系数，$\beta_j = \dfrac{COV(R_j, R_m)}{VAR(R_m)}$）。

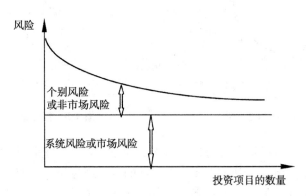

图 1-6　投资组合使风险降低

从上述公式中可以看到系统性市场风险系数 $\beta$，是代表某一种投资项目相对于整个市场变化反应幅度的参考指标。举例来说，假如市场的整体平均收益率是

10％，无风险资产收益率为 5％，一个投资项目的系统性市场风险系数是 0.5，则其预期收益率为 7.5％。假如系统性市场风险系数是 1.5，则其预期收益率是 12.5％。假如系统性市场风险系数是 1，代表该投资项目的变化幅度和市场平均变化一样。求取这个系统性市场风险系数的一个常用方法是利用回归模型，因为这个系统性市场风险系数大体上与某一投资项目的收益与市场整体平均收益的回归公式之斜率相同。

在金融市场上，这种计算很常用且非常容易，因为股票市场有股票指数作为市场的整体平均收益率的参考，但这种计算在房地产市场中运用起来就比较困难。图 1-7 显示了美国 REITS 市场上部分类型房地产投资的收益变化情况。

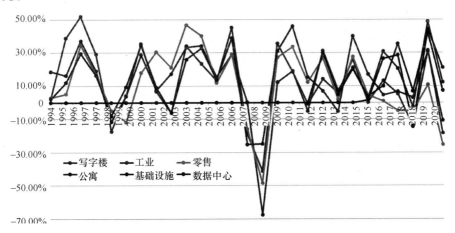

**图 1-7　美国不同类型房地产投资的年全部回报**

数据来源：美国全国房地产投资信托协会（Nareit）。

## 二、资本资产定价模型

由上述投资组合理论引申出来的资本资产定价模型（Capital Asset Pricing Model）便能更好地分析这种风险与收益的关系。资本资产定价模型与公式 $E(R_j)=R_f+\beta_j[E(R_m)-R_f]$ 的意义是一致的，在该模型分析下，一个投资项目在某一时间段上的预期收益率等于市场上无风险投资项目的收益率再加上该项目的系统性市场风险系数（这里假设应用了适当的投资组合）乘以该项目的市场整体平均收益率与无风险投资项目收益率之差。很巧合，这个概念与房地产估价中有关折现率的一个选择标准，即机会成本标准十分相似。基于这个原因，可以进一步把这一分析方法应用到房地产市场上。

在房地产投资项目评估过程中，一个影响很大但又很难确定的因素是折现率。一些影响开发利润的因素，如建筑成本、银行贷款利率等，基本上都可以从市场资料推算出来，但折现率的确定比较困难。有时会采用银行贷款利率，但这个方法并不准确，因为虽然银行贷款利率代表了投资者所要求的最低收益水平，但如果投资者所获得的收益仅能支付银行的贷款利息，则投资者就会失去投资的积极性。

确定折现率的理想方法是采用资金的机会成本加适当的风险调整值。所谓资金的机会成本，是资金在某一段时间内最安全和最高的投资机会的收益率。这个收益率差不多等于上述无风险的收益率，例如国债的收益率或银行存款利率等。投资者所期望的收益率应至少等于这个机会成本再加上该项目的风险报酬（Risk Premium）。

整个投资市场的平均收益率为 12%，国债的收益率为 5%，而房地产投资市场相对于整个投资市场的系统性市场风险系数是 0.4，那么房地产投资评估的模型所用的折现率按上述公式的分析应为：

$$R=5\%+0.4\times（12\%-5\%）=7.8\%$$

新西兰的布朗（G. R. Brown）教授曾经把这种分析应用到不同房地产子市场来测算它们的风险报酬。他首先假设了在 1984 年英国房地产市场相对于整体投资市场的系统性市场风险系数为 0.2，通过回归模型，计算出各子市场的系统性市场风险系数（相对于整个房地产市场的收益）为：零售商业用房 1.16，写字楼 0.87，工业物业 0.69。

风险最大的是零售商业用房，这也是大多数房地产市场的一个现象。这是因为零售商业用房对于宏观经济变化的反应是最快和最大的。

由于资本资产定价模型是基于整个市场环境的变化而做出分析的，上述的这些系数也要分别乘以房地产市场本身的系统性市场风险系数而转化为个别子市场相对于整体投资市场的风险系数。结果如下：零售商业用房 0.23，写字楼 0.17，工业物业 0.14。

通过这个模型的计算，假设当时新西兰整个投资市场的平均收益率为 18%，国债收益率为 9%，则可测算出每一个子市场应采用的折现率为：零售商业用房 11.07%，写字楼 10.53%，工业物业 10.26%。

以上简要介绍了从宏观的角度来分析整体投资市场在不同投资组合条件下的具体表现，并借助这些投资学理论，对房地产投资进行了分析。

# 复 习 思 考 题

1. 投资的概念是什么?
2. 投资是如何分类的?
3. 投资的特性和作用有哪些?
4. 房地产投资的概念是什么?
5. 房地产的特性有哪些?
6. 房地产投资的物业类型有哪些?
7. 房地产投资的形式有哪些?
8. 房地产投资的利弊分别有哪些?
9. 风险的定义是什么? 风险与不确定性有何区别?
10. 房地产投资的系统风险和个别风险如何区分? 分别包括哪些方面?
11. 风险与收益的关系是什么?
12. 为什么不同类型房地产投资的收益水平是有差异的?
13. 为什么组合投资能降低投资风险?

# 第二章　房地产市场及其运行

## 第一节　房地产市场概述

要想准确分析房地产市场现状，把握房地产市场未来发展趋势及其对房地产投资的影响，首先要了解房地产市场的含义，以及运行环境、影响因素、参与者等基本内容。

### 一、房地产市场的含义

房地产是一种特殊的商品，不可移动性是其与劳动力、资本以及其他类型商品的最大区别。虽然土地和地上建筑物不能移动，但可以被个人、机构或单位拥有，并且给拥有者带来利益，因此就产生了房地产买卖、租赁、抵押等交易行为。

传统意义上的房地产市场，是指从事房地产交易活动的场所。随着电子商务时代的到来，交易双方不再需要到一个特定的场所去交易，因此市场的概念就进一步扩大为一切途径和形式的交易活动安排。

房地产开发经营及管理活动中涉及的房地产市场，则采用了房地产经济学中对房地产市场的定义，指潜在的房地产买者和卖者，以及当前的房地产交易活动。

房地产市场由参与房地产交易的当事人、作为交易对象的房地产资产以及交易制度、促进交易的组织机构和数字化服务平台等构成。这些反映着房地产市场运行中的种种现象，影响着房地产市场的运行质量和发展趋势。

### 二、房地产市场的运行环境

房地产市场的运行环境是指影响房地产市场运行的各种因素的总和。在整个市场经济体系中，房地产市场并不是孤立存在的，它时刻受到社会经济体系中各方面因素的影响，同时也会对这些因素产生反作用。按照这些影响因素的性质，可以将房地产市场的运行环境分为社会环境、政治环境、经济环境、金融环境、法律制度环境、技术环境、资源环境和国际环境。

（1）社会环境是指一定时期和一定范围内人口的数量及其性别、年龄、职业、教育等结构，家庭的数量及其结构，各地的风俗习惯和民族特点等。

（2）政治环境是指政治体制、政局稳定性、政府能力、政策连续性以及政府和公众对待外来投资的态度等。它涉及资本的安全性，是投资者最敏感的问题之一。

（3）经济环境是指在整个经济系统内，存在于房地产业之外，而又对房地产市场有影响的经济因素和经济活动。例如城市或区域经济总体发展水平、就业状况、居民收入与支付能力、产业结构、基础设施状况、利率和通货膨胀率等。

（4）金融环境是指房地产市场所处的金融体系和支持房地产业发展的金融资源。金融体系包括金融政策、金融机构、金融产品和金融监管。金融资源则涵盖了针对房地产权益融资和债务融资的金融服务种类和金融支持政策等。

（5）法律制度环境是指与房地产市场有关的现行法律法规与相关政策，包括土地制度、产权制度、税收制度、住房制度、交易制度。

（6）技术环境是指一个国家或地区的技术水平、技术政策、新产品开发能力以及技术发展动向、房地产科技发展水平及趋势等。

（7）资源环境是指影响房地产市场发展的土地、能源、环境和生态等自然资源条件。

（8）国际环境是指经济全球化背景下国际政治、经济、社会和环境状况或发生的事件与关系。它是一种动态的过程，是国家以外的结构体系对一国的影响和一国对国家以外结构体系的影响所做出的反应之间的相互作用、相互渗透和相互影响的互动过程。在2020年以来保护主义上升、世界经济低迷、全球市场萎缩的国际环境下，以国内大循环为主体、国内国际双循环相互促进，是我国经济发展的新战略。

房地产市场运行环境的影响因素中，社会因素、经济因素和政策因素，是影响房地产市场发展的基本因素（表2-1）。

**房地产市场的运行环境及其影响因素**　　　　　表2-1

| 房地产市场的运行环境 | 主要影响因素 |
|---|---|
| 社会环境 | 人口数量和结构、家庭结构及其变化、家庭生命周期、传统观念及消费心理、社会福利、社区和城市发展形态等 |
| 政治环境 | 政治体制、政局稳定性、政府能力、政策连续性，政府及公众对待外资的态度等 |
| 经济环境 | 经济发展状况、产业结构、基础设施状况、工资及就业水平、家庭收入及其分布、支付能力与物价水平等 |
| 金融环境 | 宏观金融政策、金融工具完善程度、资本市场发育程度等 |

续表

| 房地产市场的运行环境 | 主要影响因素 |
| --- | --- |
| 法律制度环境 | 土地制度、产权制度、税收制度、住房制度、交易制度和城市发展政策等 |
| 技术环境 | 建筑材料、建筑施工技术和工艺、建筑设备的进步，数字化技术和节能减排技术、可持续发展技术的发展和应用等 |
| 资源环境 | 土地、环境和能源等资源约束 |
| 国际环境 | 经济全球化和国际资本流动，一带一路等 |

### 三、影响房地产市场转变的主要力量

房地产业的发展与经济社会发展息息相关，其中影响房地产市场转变的主要力量包括：

（一）金融业的发展

房地产业作为产业出现时，金融资本供给方的决策会直接影响房地产市场的价格，进而影响市场供给及人们对房地产价格和租金水平的预期，从而导致市场空置情况及实际租金水平的变化。金融和资本市场的支持，对我国房地产市场的迅速发展和房地产价格水平的提升，起到了不可替代的重要作用；而且随着房地产金融和房地产投资工具的创新，这种影响力还会进一步扩大。

（二）信息、通信技术水平的提高和交通条件的改善

信息、通信技术水平的提高和交通条件的改善大大缩短了不同物业之间的相对距离，推动了不同地域消费品的交流，降低了全社会的沟通成本和时间成本。这无疑会改变人们固有的物业区位观念，增加对不同位置物业的选择机会，促进不同地区间的资本流动。绿色、健康、智慧相关技术的应用，可进一步提升房地产产品和服务的质量，促进行业高质量转型发展。

（三）生产和工作方式的转变

2020年我国第三产业增加值比重达到了54.5%，2019年北京、上海、广东第三产业增加值比重均超过全国平均水平，分别达到了83.5%、72.7%和63.8%。第三产业的发展壮大、劳动密集型产业向资金密集型和技术密集型产业的转变、高新技术产业和数字经济的发展等，促进了人们工作和生活居住模式及观念的转变，居家办公、网上购物、跨区域甚至跨国服务采购与外包等模式的出现，使房地产空间服务需求特点发生了重大改变。

（四）人文环境的变化

社会老龄化、家庭小型化、受教育程度的提高等，使人们对住房的认识以及住房消费观念与消费模式发生了巨大变化，老年住宅、青年公寓、第二居所和季节性住宅等概念应运而生。

（五）自然环境的变化

城市环境污染、农村人口大量涌入城市所产生的社会问题等导致住宅郊区化；环境问题和社会问题的解决、土地资源的约束，使城区内住宅重新受到青睐。

（六）政治制度的变迁

住房问题的社会政治性特征，使各国政府都将住房政策作为其施政纲领中的重要内容。为了实现住房政策中关于提供公平住房机会、稳定住房市场的目标，政府会根据不同时期住房问题的特点和社会经济发展状况，通过产权政策、土地政策、金融政策、税收政策、市场规制和财政补贴政策等，对房地产市场进行不同程度的干预。

**四、房地产市场的参与者**

房地产市场的参与者主要由市场中的交易双方以及为其提供支持和服务的人员或机构组成。这些参与者分别涉及房地产的开发建设过程、交易过程和运营管理与使用过程。每个过程中的每一项工作或活动，都是由一系列不同的参与者来分别完成的。下面按照在房地产开发建设、交易和使用过程中所涉及的角色的大致顺序，逐一予以介绍。应该指出的是，由于所处阶段的特点不同，各参与者的重要程度是有差异的，也不是每一个过程都需要这些人员或机构的参与。

（一）土地所有者和当前土地使用者

不管是主动的还是被动的，土地所有者和当前土地使用者的作用非常重要。为了出售或提高其土地的使用价值，他们可能主动提出出让、转让或投资开发的愿望。我国城市土地属于国家所有，地方政府作为国有土地所有者的代表是其辖区范围内的唯一土地供给者，垄断了国有土地使用权出让市场，各地政府土地出让的数量、时序、用途结构和空间分布，极大地影响着当地土地市场和房地产市场的运行。由于政府借助土地储备制度同时控制了土地征收和开发活动，使当前土地使用者的影响更多地局限于土地收购、征收和土地开发过程。同一开发地块上的当前使用者越多，对土地开发的影响也就越大，因土地储备机构或其授权的开发商要逐一与他们谈判收购、征收、安置、补偿方案，这可能会导致开发周期拖长，还会大大增加土地开发的成本。

（二）开发商

开发商从项目公司到大型集团公司有许多类型。其目的很明确，即通过实施开发过程获取利润。开发商的主要区别在于其开发的物业是销售还是作为一项长期投资。许多中小型开发商是将开发的物业销售，以迅速积累资本，而随着其资本的扩大，这些开发商也会逐渐成为物业的拥有者或投资者，即经历所谓的"资产固化"过程，逐渐向中型、大型开发商过渡。当然，对于居住物业来说，不管开发商的规模大小，开发完毕后大都用来销售，这是由居住物业的消费特性所决定的。除非在土地出让时政府明确的土地用途是租赁住房。

开发商所承担的开发项目类型也有很大差别。有些开发商对某些特定的物业类型（如写字楼或住宅）或在某一特定的地区进行开发有专长，而另外一些开发商则可能宁愿将其开发风险分散于不同的物业类型和地域上，还有些开发商所开发的物业类型很专一但地域分布却很广甚至是国际性的。总之，开发商根据自己的特点、实力和经验，所选择的经营方针有很大差别。开发商的经营管理风格也有较大差异：有些开发商从规划设计到房屋租售以及物业管理，均聘请专业顾问机构提供服务；而有些开发商则全由自己负责。

（三）政府及政府机构

政府及政府机构在参与房地产市场运行的过程中，既有制定规则的权力，又有监督、管理的职能，在有些方面还会提供有关服务。开发商从取得建设用地使用权开始，就不断与政府的土地管理、发展改革、城市规划、建设管理、市政管理、房地产管理等部门打交道，以获取建设用地使用权、投资项目核准或备案、规划许可、开工许可、市政设施和配套设施使用许可、销售许可和房地产产权等。作为公众利益的代表者，政府在参与房地产市场的同时，也对房地产市场其他参与者的行为发生着影响。

房地产投资者对政府行为而引致的影响相当敏感。房地产业常常被政府用作"经济调节器"，需要不时的"加速"或"制动"；与房地产有关的土地出让和税费收入数额巨大，是地方政府财政收入的重要来源；对房地产的不同占有、拥有形式，反映了一个国家的政治取向。

（四）金融机构

房地产开发过程中需要两类资金，即用于支付开发费用的中短期资金或"开发贷款"，以及项目建成后用于支持投资持有者的长期资金或"抵押贷款"。房地产的生产过程和使用过程均需大量资金支持，没有金融机构参与并提供融资服务，房地产市场就很难正常运转。

（五）建筑承包商

房地产开发商往往需要将其处于建设过程的工程施工发包给建筑承包商。但承包商也能将其承包建筑安装工程的业务扩展并同时承担附加的一些开发风险，如取得建设用地使用权、参与项目的资金筹措和市场营销等。但承包商仅作为营造商时，其利润仅与建造成本及施工周期有关，承担的风险相对较少。如果承包商将其业务扩展到整个开发过程并承担与之相应的风险时，它就要求有一个更高的收益水平。但即便承包商同时兼做开发商的角色，其对房地产开发项目利润水平的要求也相对较低，因为其承担工程建设工作也能为企业带来一定收益。

（六）专业顾问

由于房地产开发投资及交易管理过程相当复杂，房地产市场上的大多数买家或卖家不可能有足够的经验和技能来处理房地产开发建设、交易、使用过程中遇到的各种问题。因此，市场上的供给者和需求者很有必要在不同阶段聘请专业顾问提供咨询服务。这些专业顾问包括：

1. 建筑师

在房地产产品的开发建设过程中，建筑师一般承担开发建设用地规划方案设计、建筑设计等工作。有时建筑师并不是亲自完成这些设计工作，而是作为主持人来组织或协调这些工作。一般情况下，建筑师还要组织定期技术工作会议、签发与合同有关的各项任务、提供施工所需图纸资料、协助解决施工中的技术问题等。

2. 工程师

房地产开发中需要结构工程师、建筑设备工程师、电气工程师等。这些不同专业的工程师除进行结构、供暖通风、给水排水、强电弱电系统等的设计工作外，还可负责合同签订、建筑材料与设备采购、施工监理、协助解决工程施工中的技术问题等工作。

3. 会计师

会计师从事开发投资企业的经济核算等多方面工作，从全局的角度为项目投资提出财务安排或税收方面的建议，包括财务预算、工程预算、付税与清账、合同监督、提供付款方式等，并及时向开发投资企业的负责人通报财务状况。

4. 造价工程师或经济师

在房地产开发过程中，造价工程师或经济师可服务于开发商、承包商、工程监理机构或造价咨询机构。其主要负责：①工程建设前的开发成本估算、工程成本预算；②工程招标阶段工程标底的编制；③工程施工过程中的成本控制、成本管理和合同管理；④工程竣工后的工程结算。

5. 房地产估价师及房地产经纪人员

房地产估价师在房地产交易过程中提供估价服务，在房地产产品租售之前进行估价，以确定其最可能实现的租金或售价水平。估价师在就某一宗房地产进行估价时，要能够准确把握该宗房地产的区位状况、物理状况和权益状况，掌握充分的市场信息，全面分析影响房地产价格的各种因素。房地产经纪人员主要是利用自己的专业知识和经验，促进买卖双方达成交易，并在办理交易手续的过程中提供专业服务。当房地产经纪人员为房地产企业就新开发项目或存量房地产进行租售服务时，往往承担了房地产代理的角色，需要协助委托人制定和实施营销与租售策略、确定租售对象与方法、预测租售价格、实施租售过程的管理。

6. 律师

房地产产品的开发建设、交易和使用过程均需律师参与，为有关委托人提供法律服务。例如，房地产企业在获取开发项目或合作机会的过程中，往往先委托律师提供"尽职调查报告"；开发商在取得建设用地使用权、发包建筑工程、进行融资安排以及租售物业等环节，需要签订一系列的合同或协议，而这些合同或协议在签署前，通常都需要通过企业内部律师或外部签约律师的事先审查。

（七）消费者或买家

每一个人和单位都是房地产市场上现实或潜在的消费者。因为人人都需要住房，每个单位都需要建筑空间从事生产经营活动，而不管这些房屋是买来的还是租来的。消费者在房地产市场交易中的取向是"物有所值"，即用适当的资金，换取拥有或使用房地产的满足感或效用。但如果说市场上的买家，则主要包括自用型购买者和投资型购买者两种。购买能力是对自用型购买者的主要约束条件；而对投资型购买者来说，其拥有物业后所能获取的预期收益的大小，往往决定了其愿意支付的价格水平。

# 第二节　房地产市场结构和指标

不同的市场结构揭示了不同的市场关系，包括市场供给者之间、需求者之间、供给者和需求者之间以及市场上现有的供给者、需求者与正在进入该市场的供给者、需求者之间的关系。对房地产市场结构的分析有助于了解和判断房地产市场运行的特点。

## 一、房地产市场结构

（一）房地产市场的垄断竞争关系

市场结构，是指某一市场中各种要素之间的内在联系及其特征。按照某行业内部的生产者或企业数目、产品差别程度和进入障碍大小，可以将市场划分为完全竞争市场、垄断竞争市场、寡头垄断市场和完全垄断市场四种市场结构类型。四种市场结构中，完全竞争市场竞争最为充分，完全垄断市场不存在竞争，垄断竞争和寡头垄断具有竞争但竞争又不充分。

　　由于房地产具有明显的不可移动性和异质性，且市场集中度较低，因此房地产市场具有明显的垄断竞争特征。房地产市场的垄断竞争特征，给予房地产供给者一定程度的销售控制能力，包括销售时间控制、销售数量控制和销售价格控制等。以住房市场为例，由于存量住房市场的交易双方主要为分散的家庭，因此存量住房市场的垄断竞争市场结构特征表现为竞争多于垄断；而在新建住房市场上，由于房地产开发企业集中开发建设的商品住房项目是市场供应的主要组成部分，如果同期在某一区域市场的新建住房开发项目较少，就容易形成区域性垄断，导致垄断多于竞争。房地产市场的垄断竞争特征，除受到子市场分割的影响外，还受到供给者或需求者市场势力的影响。

　　随着房地产企业大型化发展，房地产市场上的寡头垄断问题开始受到社会关注。以新建商品房市场为例，房地产百强企业的销售额市场份额，已经从 2003 年的 14.0％扩大到 2020 年的 63.2％，市场上的垄断竞争关系发生了显著变化。

　　（二）房地产市场的结构比例关系

　　为了从宏观角度把握房地产市场的特点，有关房地产市场分析，也常常采用对有关市场指标进行量化结构比例关系分析的方法。将房地产市场的结构，从总量结构、区域结构、产品结构、供求结构、投资结构和租买结构等维度进行解构。要实现房地产市场总量基本平衡、结构基本合理、价格基本稳定的市场目标，保持房地产业与社会经济及相关产业协调发展，必须准确把握房地产市场上的这些结构比例关系。

　　（1）总量结构：从房地产市场整体出发，分析开发和销售之间的数量结构关系，考察房地产供给和需求之间的总量差距。

　　（2）区域结构：分析在全国不同地区之间，房地产市场发育情况的差异和特点，考察不同区域或城市之间，房地产市场的开发规模、主要物业类型的供求数量、房价水平和政策措施的差异。

　　（3）产品结构：从经济发展阶段出发，考察房地产市场中住宅、写字楼和商业用房等不同物业类型之间或某一特定物业类型中不同档次产品或产品细分之间的供给比例或交易比例关系，分析其产品结构布局的合理程度。

　　（4）供求结构：针对某一物业类型，分析其市场内部不同档次物业的供求关系；并从市场发展的实际情况出发，判别供给档次和需求水平之间是否处于错位的状态。

（5）投资结构：根据投资者参与房地产市场投资的不同目的和方式，分析不同投资目的或方式之间的比例关系及其动态变化。如直接投资与间接投资、开发投资与置业投资、个人投资与机构投资、境内投资与境外投资等。

（6）租买结构：租买结构是当前使用的房地产空间中，租住和自有自住的比例关系。承租和购买两种方式，都可以满足房地产使用需求，相应地也就形成了房地产市场上的租买结构。一个城市或区域的租买结构，与市场上租金和价格的关系、人们对房地产所有权的偏好、市场上可供出租房地产的数量、房地产租赁市场规范程度、城市或区域的经济发展水平等因素相关。发展住房租赁市场，建立租购并举的住房制度，是我国住房市场发展面临的重要任务。

### 二、房地产市场细分

从识别和把握房地产宏观市场环境的角度出发，可以按地域范围、房地产用途、增量存量、交易方式、目标市场等标准，对房地产市场进行细分。

#### （一）按地域范围细分

房地产的不可移动性，表明其对地区性需求的依赖程度很大，这决定了房地产市场是地区性市场，人们认识和把握房地产市场的状况，也多从地域概念开始，因此按地域范围对房地产市场进行划分，是房地产市场细分的主要方式。

地域所包括的范围可大可小，由于房地产市场主要集中在城市化地区，所以最常见的是按城市划分，例如北京市房地产市场、上海市房地产市场、北海市房地产市场等。对于比较大的城市，其城市内部各区域间的房地产市场往往存在较大差异，因此常常还要按照城市内的某一个具体区域划分，如上海浦东新区房地产市场、北京亚运村地区房地产市场、深圳市罗湖区房地产市场等。从把握某一更大范围房地产市场状况的角度，除按城市划分外，还可以按省或自治区所辖的地域划分，如海南省房地产市场、山东省房地产市场等。当然还可以说中国房地产市场、亚太房地产市场、世界房地产市场等。但一般来说，市场所包括的地域范围越大，其研究的深度就越浅，研究成果对房地产投资者的实际意义也就越小。

#### （二）按房地产用途细分

由于不同类型房地产在投资决策、规划设计、工程建设、产品功能、客户类型等方面均存在较大差异，因此需要按照房地产的用途，将其分解为若干子市场。如居住物业市场（含普通住宅、别墅、公寓市场等）、商用物业市场（写字楼、零售商场或店铺、休闲旅游设施、酒店市场等）、工业物业市场（标准工业厂房、高新技术产业用房、研究与发展用房、工业写字楼、仓储用房市场等）、特殊物业市场、土地市场等。

（三）按增量存量细分

通常将房地产市场划分为三级市场：一级市场（国有土地使用权出让市场）、二级市场（土地转让、新建商品房租售市场）、三级市场（存量房地产交易市场）。而更加清晰的划分是按照增量存量的方式，将土地划分为一级土地市场和二级土地市场，将房屋划分为一级房屋市场（增量市场或一手房市场）和二级房屋市场（存量市场或二手房市场）。房地产增量和存量市场之间是一种互动关系，存量市场的活跃，不仅有利于存量房地产资源的有效配置，而且由于房地产市场中存在的"过滤"现象，能促进增量市场的发展。

（四）按交易方式细分

按照《中华人民共和国城市房地产管理法》的规定，房地产交易包括房地产转让、房地产租赁和房地产抵押。由于同一时期、同一地域范围内某种特定类型房地产的不同交易方式，均有其明显的特殊性，因此依不同房地产交易方式对市场进行划分也就成为必然。土地的交易包括土地买卖、租赁和抵押等子市场，由于我国土地所有权属于国家，因此土地交易实质是土地使用权的交易；新建成的房地产产品交易存在着销售（含预售）、租赁（含预租）和抵押等子市场；面向存量房屋的交易则存在着租赁、转让、抵押、保险等子市场。

（五）按目标市场细分

从市场营销的角度出发，可以按照市场营销过程中的目标市场来细分房地产市场。通常情况下，可以将某种物业类型按其建造标准或价格水平，细分为低档、中低档、中档、中高档和高档物业市场，例如甲级写字楼市场、高档住宅市场、普通住宅市场等；也可以按照目标市场的群体特征进行细分，例如，老年住宅市场、青年公寓市场等。

上述五种划分方法是相互独立的，不同的市场参与者通常关注不同的子市场。根据研究或投资决策的需要，可以将五种划分方式叠加在一起，得到更细的子市场。如北京市写字楼出售市场、深圳罗湖居住用地出让市场、南京市二手房转让市场、上海市甲级写字楼租赁市场等。

### 三、房地产市场指标

反映和描述房地产市场状况的指标包括供给指标、需求指标、市场交易指标和市场监测与预警指标四种类型。

（一）供给指标

（1）新竣工量（New Completions，$NC_t$），是指报告期（如第 $t$ 年或半年、

季度、月，下同）内新竣工房屋的数量，单位为建筑面积或套数，按物业类型分别统计。我国新竣工量统计指标是竣工面积，指报告期内房屋建筑按照设计要求已全部完工，达到入住和使用条件，经验收鉴定合格（或达到竣工验收标准），可正式移交使用的各栋房屋建筑面积的总和。

（2）灭失量（$\delta_t$），是指房屋存量在报告期期末由于各种原因（毁损、征收等）灭失掉的部分。

（3）存量（Stock，$S_t$），是指报告期期末已占用和空置的物业空间总量，单位为建筑面积或套数；在数值上，报告期存量＝上期存量＋报告期竣工量－报告期灭失量（$S_t = S_{t-1} + NC_t - \delta_t$）；可按物业类型分别统计。

（4）空置量（Vacancy，$VC_t$），是指报告期期末房屋存量中没有被占用的部分。由于市场分析过程中的空置量通常指存量房屋中可供市场吸纳的部分，并与新竣工量共同形成当前的市场供给，所以严格意义上的空置量，还应该从没有被占用的房屋数量中扣除季节性使用或由于各种原因不能用于市场供应的房屋数量。我国目前缺乏对存量房屋中空置量的统计，将新建商品房市场上的空置量称为"商品房待售面积"，特指"报告期末已竣工的可供销售或出租的商品房屋建筑面积中，尚未销售或出租的商品房屋建筑面积，包括以前年度竣工和报告期竣工的房屋面积，但不包括报告期已竣工的拆迁还建、统建代建、公共配套建筑、房地产公司自用及周转房等不可销售或出租的房屋面积"。

（5）空置率（Vacancy Rate，$VR_t$），是指报告期期末空置房屋占同期房屋存量的比例，$VR_t = VC_t / S_t$。在实际应用中，可以根据房屋的类型特征和空置特征分别进行统计，包括不同类型房屋空置率、新竣工房屋空置率、出租房屋空置率、自用房屋空置率等。

（6）可供租售量（Houses for Sale/Rental，$HSR_t$），是指报告期期末可供销售或出租房屋的数量，单位为建筑面积或套数。可供租售量＝上期可供租售数量－上期吸纳量＋报告期新竣工量（$HSR_t = HSR_{t-1} - AV_{t-1} + NC_t$）；实际统计过程中，可按销售或出租、存量房屋和新建房屋、不同物业类型等分别统计。因为并非所有的空置房屋都在等待出售或出租，所以某时点的空置量通常大于该时点可供租售量。

（7）房屋施工面积（Buildings Under Construction，$BUC_t$），是指报告期内施工的全部房屋建筑面积。包括报告期新开工的面积和上期开工跨入报告期继续施工的房屋面积，以及上期已停建在报告期恢复施工的房屋面积。报告期竣工和报告期施工后又停建缓建的房屋面积仍包括在施工面积中，多层建筑应为各层建筑面积之和。

（8）房屋新开工面积（Construction Starts，$CS_t$），是指在报告期内新开工建设的房屋面积，不包括上期跨入报告期继续施工的房屋面积和上期停、缓建而在报告期恢复施工的房屋面积。房屋的开工日期应以房屋正式开始破土刨槽（地基处理或打永久桩）的日期为准。

（9）平均建设周期（Construction Period，$CP_t$），是指某种类型的房地产开发项目从开工到竣工交付使用所占用的时间长度。在数值上，平均建设周期＝房屋施工面积/新竣工面积（$CP_t = BUC_t / NC_t$）。

（10）竣工房屋价值（Value of Buildings Completed，$VBC_t$），是指在报告期内竣工房屋本身的建造价值。竣工房屋的价值一般按房屋设计和预算规定的内容计算。包括竣工房屋本身的基础、结构、屋面、装修以及水、电、卫等附属工程的建筑价值，也包括作为房屋建筑组成部分而列入房屋建筑工程预算内的设备（如电梯、通风设备等）的购置和安装费用；不包括厂房内的工艺设备、工艺管线的购置和安装、工艺设备基础的建造、办公和生活家具的购置等费用，购置土地的费用，征收补偿费和场地平整的费用及城市建设配套投资。竣工房屋价值一般按工程施工结算价格计算。

（二）需求指标

房地产市场需求指标是指影响房地产市场需求的经济和社会因素相关的指标。

（1）国内生产总值（GDP），是按市场价格计算的一个国家（或地区）所有常住单位在一定时期内生产活动的最终成果。GDP 总量规模大、人均 GDP 水平高、增长速度快，则意味着经济发展水平高、增长潜力大，对房屋空间的需求量也就大，需求增长速度通常也会比较快。

（2）人口数量，是指一定时点、一定地区范围内有生命的个人总和，包括户籍人口和常住人口。其中，户籍人口是在某地政府户籍管理机关登记的有常住户口的人，不管其是否外出，也不管其外出时间长短；常住人口是指经常居住在某地的人口，包括常住该地并登记了长住户口的人，以及无户口或户口在外地而住在该地 6 个月以上的人，不包括在该地登记为常住户口而离开该地 6 个月以上的人。例如，北京市 2019 年末的常住人口为 2 153.6 万人，其中常住外来人口 745.6 万人。常住人口与一个地区的社会经济关系密切，是房屋空间需求的主要来源。

（3）家庭户规模，是指居住在一起，经济上合在一起共同生活的家庭成员数量。凡计算为家庭人口的成员，其全部收支都包括在本家庭中。一定地域范围内总人口一定时，家庭户规模越小，对住房的需求越大。

（4）就业人员数量，是指从事一定社会劳动并取得劳动报酬或经营收入的人员数量，包括在岗职工、再就业的离退休人员、私营业主、个体户主、私营和个体就业人员、乡镇企业就业人员、农村就业人员、其他就业人员（包括民办教师、宗教职业者、现役军人等）。这一指标反映了一定时期内全部劳动力资源的实际利用情况，是研究国家基本国情国力和住房需求的重要指标。

（5）就业分布，是指按产业或职业分类的就业人员分布状况。由于不同产业或职业的就业人员收入差异较大，进而会形成不同的需求。

（6）城镇登记失业率，是指城镇登记失业人员与城镇单位就业人员（扣除使用的农村劳动力、聘用的离退休人员、港澳台及外方人员）、城镇单位中的不在岗职工、城镇私营业主、个体户主、城镇私营企业和个体就业人员、城镇登记失业人员之和的比。

（7）家庭可支配收入，是指家庭成员得到可用于最终消费支出和其他非义务性支出以及储蓄的总和，即居民家庭可以用来自由支配的收入。它是家庭总收入扣除缴纳的所得税、个人缴纳的社会保障费以及记账补贴后的收入。

（8）家庭总支出，是指除借贷支出以外的全部家庭支出，包括消费性支出、购房建房支出、转移性支出、财产性支出、社会保障支出。

（9）房屋空间使用数量，是指按使用者类型划分的正在使用中的房屋数量。相对而言，已有房屋空间使用数量增加时，潜在新建需求会减少。

（10）商品零售价格指数，是反映一定时期内城乡商品零售价格变动趋势和程度的相对数。商品零售价格的变动直接影响到城乡居民的生活支出和国家的财政收入，影响居民购买力和市场供需的平衡，影响到消费与积累的比例关系。当积累的比例较小时，房地产的有效需求就会比较小。

（11）居民消费价格指数，是反映一定时期内居民家庭所购买的生活消费品价格与服务项目价格变动趋势和程度的相对数。该指数可以观察和分析消费品的零售价格和服务项目价格变动对职工货币工资的影响，作为研究职工生活和确定工资政策的依据。

（三）市场交易指标

（1）销售量（Houses Sold，$HS_t$），是指报告期内出售房屋的数量，单位为建筑面积或套数。在统计过程中，可按存量房屋和新建房屋、不同物业类型分别统计。我国新建商品房市场销售量统计指标为商品房销售面积，指报告期内出售商品房屋的合同总面积（即双方签署的正式买卖合同中所确定的建筑面积），由现房销售建筑面积和期房销售建筑面积两部分组成。

（2）出租量（Houses Rented，$HR_t$），是指报告期内出租房屋的数量，单位为建筑面积或套数。在统计过程中，可按房屋类型和新建房屋分别统计。我国房地产开发统计中的出租面积，是指在报告期期末房屋开发单位出租的商品房屋的全部面积。

（3）吸纳量（Absorption Volume，$AV_t$），是指报告期内销售量和出租量之和（$AV_t = HS_t + HR_t$），单位为建筑面积或套数。实际统计过程中，可按销售或出租、存量房屋和新建房屋、不同物业类型等分别统计。

（4）吸纳率（Absorption Rate，$AR_t$），是指报告期内吸纳量占同期可供租售量的比例（$AR_t = AV_t / HSR_t$），以百分数表示，有季度吸纳率、年吸纳率等。实际计算过程中，可按销售或出租、存量房屋和新建房屋、不同物业类型等分别计算。

（5）吸纳周期（Absorption Period，$AP_t$），又称去化周期，是指按报告期内的吸纳速度（单位时间内的吸纳量）计算，同期可供租售量可以全部被市场吸纳所需要花费的时间（$AP_t = HSR_t / AV_t$），单位为年、季度或月，在数值上等于吸纳率的倒数。在计算过程中，可按销售或出租、存量房屋和新建房屋、不同物业类型等分别计算。在新建商品房销售市场，吸纳周期又称为销售周期。

（6）预售面积，是指报告期内已正式签订商品房预售合同的房屋建筑面积。

（7）房地产价格，是指报告期房地产市场中的价格水平，通常用不同类型房屋的中位数或平均数价格表示。

（8）房地产租金，是指报告期房地产市场中的租金水平，通常用不同类型房屋的中位数或平均数租金表示。

（9）房地产价格指数，是反映一定时期内房地产价格变动趋势和程度的相对数，包括房屋销售价格指数、房屋租赁价格指数和土地交易价格指数。

（四）市场监测与预警指标

前述市场供给、需求和交易指标，均可以作为监测房地产市场状况的基础，这些指标的变化趋势，则可部分揭示房地产市场的未来发展趋势。此外，国内外通常还通过构造下述指标，来实现对房地产市场的进一步监测和预警。

（1）土地转化率，是指报告期内政府批准新建商品房预售和销售面积与当期出让土地可建规划建筑面积的比例，用于监测土地供应与住房供应之间的关系，反映土地转化为房屋的效率。

（2）开发强度系数，是指房地产开发投资占 GDP 的比例，反映房地产开发投资与宏观经济协调发展的状况。国际上用住房投资占 GDP 的比重来衡量住房投资强度，一般认为在城镇化速度最快，投入水平最高的时段以 7%～9% 比较适宜。我国全社会住房投资自 2007 年以来，一直保持在 GDP 的 10% 以上，2013 年的峰值曾达到 12.73%。

（3）开发投资杠杆率，是指房地产开发投资与开发企业投入的债务资金（近似用房地产开发投资资金来源中扣除自筹资金后的余值替代）的比率，开发投资杠杆率反映房地产开发行业的总体财务风险水平，它的数值越高，说明房地产开发行业利用杠杆资金越多，财务风险也越大。我国 2020 年的开发投资杠杆率为67.2%，如果考虑到开发企业自筹资金中仍有相当比例的债务资金，则这个杠杆率是比较高的水平。

（4）住房可支付性指数（Housing Affordability Index，$HAI$），是指中位数收入水平的家庭对中位数价格的住房的承受能力，在数值上等于家庭可承受房价的上限与该城市实际住房的中位数价格之比，如果 $HAI=100$，说明中位数收入水平的家庭正好能够承受中位数价格的住房；如果 $HAI>100$，说明居民家庭能够承受更高价格的住房；如果 $HAI<100$，说明居民家庭只能承受更低价格的住房。

（5）房地产价格指数，是指反映房地产价格各期相对涨跌幅度的指数，可用于判断短期价格活动和长期价格趋势。具体包括新建商品住宅价格指数、二手住宅价格指数，居住用地价格指数、租赁价格指数等。我国房地产调控过程中对主要城市房价波动幅度的控制目标是±5%。

（6）房价租金比，是指地产价格与租金的比值，用来考察房地产价格是否过度偏离其使用价值。房价租金比的倒数是租金收益率。当净租金收益率显著低于资本化率时，就说明房价租金处于严重背离的状态。

（7）量价弹性，是指报告期内房地产价格变化率与交易量变化率的比值。依据交易量和价格的升降关系，可以判断市场所处的景气阶段。

（8）个人住房抵押贷款还款收入比，是指住房抵押贷款月还款额占月家庭收入的比例，反映个人住房抵押贷款违约风险水平。一般认为临界值为 30%。

（9）住房市场指数（$HMI$），是反映房地产开发商对未来市场预期的指标，根据开发商对当前销售、未来 6 个月内销售量的预期（好、一般、差）以及开发商对潜在购买者数量预期（高、平均、低）的调查结果构造。

（10）消费者信心指数，是指消费者近期的购房意愿，通常依据对消费者"未来 6 个月内是否计划买房？未来 6 个月内是否计划买自住房？"的调查结果来构造。

## 第三节　房地产市场的特性和功能

房地产市场作为市场体系的组成部分，具有市场的一般规律性，如受价值规律、竞争规律、供求规律等的制约。但由于房地产具有区别于其他商品的特性，所以房地产市场具有一系列区别于一般商品市场的特性，包括垄断性、外部性和信息不对称性等。

## 一、房地产市场的特性

### (一) 市场供给的垄断性

房地产的供给在短期内难以有较大的增减，因此房地产市场供给在短期内缺乏弹性；由于房地产的位置、环境、数量、档次的差异，市场供给具有异质性；由于土地的有限性、不可再生性和土地所有权的排他性，导致房地产供给难以形成统一的竞争性市场，使表面存在激烈竞争的房地产市场很容易形成地域性的垄断。一般而言，在垄断的房地产市场中，开发企业会倾向于使用减少供给从而获得垄断价格的手段来对消费者进行价格歧视，这将总体上造成社会福利的损失。有关研究表明，在香港房地产市场中，土地存量主要掌控在大型开发企业手中，开发企业已经在市场中形成了一定的垄断势力，会通过调整房地产供给策略来影响房地产价格。北京市虽然有几千家房地产开发企业，但它们实际上并非在同一市场上进行竞争，其定价采取了价格领袖制的形式，本质上形成了合谋和垄断。

### (二) 市场需求的广泛性和多样性

房地产是人类生存、享受、发展的基本物质条件，是一种基本需求，市场的需求首先具有广泛性；与市场供给的异质性相吻合，需求者购置房地产时通常有不同的目的和设想，可以是自用或投资，也可以是常住或季节性使用，因而需求具有多样性。

### (三) 市场交易的复杂性

由于房地产市场上的商品本身不能移动，交易是房地产产权的流转及其再界定；房地产交易通常需要经过复杂和严密的法律程序，耗费时间比较长，交易费用通常也比较多；加之市场信息的缺乏，市场交易通常需要房地产估价师或房地产经纪人等专业人员提供服务。

### (四) 房地产价格与区位密切相关

房地产的不可移动性，使房地产价格与房地产所处的区位密切相关，区位是影响房地产价格的重要因素；而且由于人口不断增长、土地资源不可再生和经济社会不断发展，房地产价格的长期趋势是总体向上发展；但现实价格是在长期上涨趋势下个别形成的，受到经济周期、市场预期、社会经济政治事件及交易主体个别因素影响而呈现出短期波动。

### (五) 存在广泛的经济外部性

经济外部性是指一个经济主体的活动对另一个主体的影响不能通过市场运作而在交易中得以反映的那一部分，分为正外部性和负外部性。正外部性是某个经济行为个体的活动使他人或社会受益，而受益者无须花费代价。负外部性是某个经济行为个体的活动使他人或社会受损，而造成外部不经济的人却没有为此承担成本。

房地产市场的外部性问题非常突出。例如，房地产市场的发展，为地方政府带来了丰厚的土地出让收入，使之能有更多的资金用于城市基础设施建设和环境改善上，从而产生了正外部性；房地产价格迅速上涨，会导致居民家庭住房支付能力下降，引发住房问题，也会导致潜在金融风险增加甚至引发金融危机，进而影响整体经济的持续稳定发展，从而产生了负外部性。

（六）市场信息的不对称性

信息不对称性，是指在市场交易中，产品的卖方和买方对产品的质量、性能等所拥有的信息是不对称的，通常产品的卖方对自己所生产或提供的产品拥有更多的信息，而产品的买方对所要购买的产品拥有很少的信息。由于房地产具有的位置固定性、异质性、弱流动性和价值量大等特性，导致房地产质量离散、交易分散、不频繁且私密性强，使卖方对房地产信息的了解程度远远高于买方，进而导致房地产市场中存在更严重的信息不对称问题。因此，在缺乏完善的法律保护的情况下，消费者的利益就很容易受到损害，甚至出现"逆向选择"和"道德风险"等问题。解决房地产市场信息不对称问题的主要途径，就是发展房地产估价等专业服务业，加强房地产市场信息的发布工作，提高房地产市场的透明度。

以上六个方面是房地产市场的主要特征，但对于某一国家或地区的房地产市场，还要受其社会经济环境的影响，尤其是受到社会体制的制约。因为不同社会体制形成了不同的房地产所有权与使用权制度，从而使房地产市场的上述特性也存在较大差异。例如在我国土地公有制下，房地产权益通常是由一定期限的土地使用权和永久的房屋所有权组成；而在土地私有制国家，房地产权益通常包括了永久的土地所有权和房屋所有权。

## 二、房地产市场的功能

在任何市场上，某种商品的价格反映了当时的市场供求状况。但价格不仅预示市场的变化及其趋势，还可以通过价格信号来指导买卖双方的行为。简言之，价格机制是通过市场发挥作用的。房地产市场的功能，可以分为以下几个方面：

（一）配置存量房地产资源和利益

由于土地资源的有限性，又由于房地产开发建设周期较长而滞后于市场需求的变化，所以房地产资源必须在各种用途和众多想拥有物业的人和机构之间进行分配。通过市场机制的调节作用，在达到令买卖双方都能接受的市场均衡价格的条件下，就能完成这种分配。

（二）显示房地产市场需求变化

可以先通过一个简单的例子说明市场的这种功能。假如居民想搬出自己租住的房子而购买自己拥有的住宅，则市场上住宅的售价就会上涨而租金就会下降。如图 2-1 所示，售价从 $OP$ 升到 $OP_1$，租金从 $OR$ 降到 $OR_1$。

引起需求增加或减少的原因主要有这样几个：未来预期收益变化；政府税收政策的影响；收入水平变化或消费品位变化；原用于其他方面资金的介入和土地供给的变化。

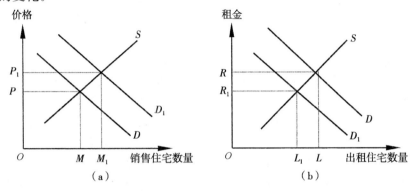

图 2-1　销售和出租住宅需求变化示意图

（三）指导供给以适应需求的变化

房地产市场供给的变化可能会由于下述两个方面的原因引起：

1. 建设新的房地产项目或改变原来物业的使用方式

例如在图 2-1（b）中，由于部分需求从出租住宅转向出售住宅，租金下降至 $OR_1$，出租住宅的供给量从 $OL$ 降到 $OL_1$，$LL_1$ 就可以转换成出售住宅，因为出售住宅的需求量增加了 $MM_1$。最后形成了均衡价格 $OP_1$ 和均衡租金 $OR_1$。

2. 某类物业或可替代物业间的租售价格比发生变化

根据当地各类房地产的收益率水平，同类型的物业都存在一个适当的租金售价比例。如果售价太高，那么对出租住宅的需求就会增加，反之亦然。用途可相互替代的不同类型物业之间的租金售价相对变化也会引起需求的变化。举例来说，北京市 1994 年写字楼物业供给紧张，最高的月租金达到 110 美元/平方米，所以有些酒店和公寓作为写字楼出租，使这三类物业间的供给量发生了相对变化。

应该指出的是，房地产市场供给的这些变化需要一定的时间才能完成，而且受房地产市场不完全特性的影响，这一变化所需要的时间相对较长。同时，对市场供给与需求的有效调节还基于这样一些假设，即所有的房地产利益是可分解的，并且有一个完全的资本市场存在。但实际上这些假设条件是很难达到的。例如银行的信贷政策往往受政府宏观政策的影响，因此并非所有的人都能够获得金融机构的支持；为了整个社会的利益，政府还会通过城市规划、售价或租金控制等政策干预市场。房地产市场的不完全性，使之不可能像证券市场、外汇市场及期货市场等那样在短时间内达到市场供需均衡。

由于房地产市场通常需要一年以上的时间才能完成供需平衡的调节过程，还可能出现新的平衡还没有达到，又出现新的影响因素而造成新的不平衡的情况，所以，用"不平衡是绝对的，平衡是相对的和暂时的"来描述房地产市场是再恰当不过的了。

（四）指导政府制定科学的土地供给计划

在我国，城市土地属于国家所有，这就为政府通过制定科学的土地供给计划来适时满足经济社会发展带来的空间需求、调节房地产市场的供求关系提供了最可靠的保证。然而，制定土地供给计划首先要了解房地产市场，通过对市场提供的人口、家庭及其变动信息，房地产存量、增量、交易价格、交易数量、空置率、吸纳率和市场发展趋势等市场信号的分析研究，结合政府在土地利用、耕地保护、城市发展和住房保障等方面的政策倾向，才能制定出既符合市场需要、可操作性强，又能体现政府政策和意志的土地供给计划。

（五）引导需求适应供给条件的变化

供给在很大程度上影响和引导着需求。例如，调整住房供应的户型结构，增加中小户型供给，可以引导居民逐渐减少对大户型住宅的依赖。再如，随着建筑技术的发展，在地价日渐昂贵的城市中心区建造高层住宅的综合成本不断降低，导致高层住宅的供给量逐渐增加，价格相对于多层住宅逐渐下降，使城市居民纷纷转向购买高层住宅，从而减少了城市中心区对多层住宅需求的压力，也使减少多层住宅的供给成为很自然的事。因此，市场可以引导消费的潮流，使之适应供给条件的变化，这甚至有利于政府调整城市用地结构，提高城市土地的使用效率。

# 第四节　房地产市场的运行规律

## 一、房地产空间市场与资产市场

房地产兼有消费品和投资品的双重属性。因此，房地产市场也存在空间市场和资产市场这两个层面。

（一）房地产空间市场

在房地产空间市场上，房地产为家庭和企业提供生活和生产的空间。对于家庭，空间是其消费的商品之一；对于企业，空间是生产要素之一。他们既可以通过租赁房地产，也可以通过拥有房地产来获得空间带给他们的效用，相应地需要支付租金或住房所有权成本（住房价格在拥有年限中各年的摊销值，可看作是等效租金）。空间市场上的需求者是需要使用房地产空间的家庭和企业，供给则来源于房地产资产市场，即目前所存在的房地产资产的数量。

（二）房地产资产市场

在房地产资产市场上，房地产被当作一种资产被家庭和企业持有和交易，其目的是获取投资收益。投资收益包含两部分，一是在拥有房地产期间内每单位时间（例如每年）所获得的租金（或等效租金），二是在转售时所实现的增值收益。为获得房地产所带来的投资收益，必须拥有房地产，这一点与空间市场是不同的。房地产资产市场中的需求者是希望通过拥有房地产而获取收益的家庭和机构投资者，新增供给的来源则是新建的建筑物。

（三）房地产空间市场和资产市场之间的联系和均衡状态

房地产空间市场和资产市场是紧密联系在一起的。空间市场的供求关系决定了房地产租金的水平，该租金水平同时决定了房地产资产的收益水平，从而影响资产市场中的需求；同时，空间市场上的供给又是由资产市场决定的。

房地产市场存在着一种均衡状态，在这种状态下，租金和价格都不发生变化，价格与重置成本相同，新增量和灭失量相等，房地产资产存量保持不变。这种均衡状态是转瞬即逝的，在大部分时间上市场都处于一种不均衡的状态，但总是在向均衡状态回复，围绕均衡状态进行上下波动。

例如，当人口增长或收入水平提高时，居民对空间的需求就会上升，而空间市场上的供给并不能迅速增加，供不应求导致租金上升。租金的上升使房地产资产市场的收益水平提高，房地产资产的价格也随之提高，从而刺激房地产开发活动的活跃，使开发量超过灭失量，资产存量增加，从而满足空间市场新增的需求，这就达到了一个新的均衡状态。

## 二、房地产市场的景气循环

由于经济社会发展带动或产生了对商业、居住和服务设施的空间需求，从而带来房地产市场的兴起。因此从本质上讲，房地产业的发展是由整体经济社会发展决定的。从一个较长的历史时期来看，经济社会发展体现为周期性的运动。相应地，房地产业的发展也存在周期性循环的特性。

（一）房地产景气循环的定义

房地产景气循环是指房地产业活动或其投入与产出有周期性的波动现象，且此现象重复发生。

（二）房地产景气循环的原因

房地产景气循环的主要原因包括：供需因素的影响，其中以金融相关因素的变动最为关键；市场信息不充分，导致从供需两方面调整不均衡的时间存在时滞（Time-lag）；生产者与消费者心理因素的影响，如追涨不追跌、羊群效应、过度投机或非理性预期；政策因素的影响，如容积率控制、农地征收控制；政治冲击，如社会政治动荡；制度因素的影响，如预售制度的期货效应、中介等房地产专业服务制度的健全程度等；生产时间落差、季节性调整、总体经济形势等。

（三）传统房地产周期理论的主要内容

传统房地产周期理论的主要内容包括：在市场供求平衡的前提下，房地产市场会正常运作，且这种平衡性会持续一定的时期；在此时期内，投入房地产市场的资金的利润预期保持不变，投资者具有自我调节投资量的能力。房地产市场的发展呈现一种自我修正的周期性，且不同周期之间的时间差异和投资回报差异微乎其微。

根据传统房地产周期理论，房地产市场的发展呈现出一种自我修正的模式。在每一个运行周期中，均经过扩张、缓慢、萧条、调节、复苏和再次扩张的过程。具体包括的阶段是：确认对新入住或使用空间的需求，促使新建筑产生；受到新建筑的刺激而导致经济扩张；经济的持续扩张进一步刺激新建筑；新建筑超过空间需求，导致超额建筑；调节，因需求减少而导致新建筑活动剧烈减缓；复苏，需求开始增加而消化已有超额建筑；回复到空间市场供需均衡状况；经济的持续扩张导致对新建筑需求的增加；确认对新入住或使用空间的需求，促使新建筑产生。

（四）分析房地产周期运动的新观念

上述传统房地产周期理论在政治、经济状况基本稳定或预期稳定的情况下，是有效的。但是，众所周知，均衡是瞬间的状态，不均衡才是真实的、永续的。因此，建立在市场均衡前提下的传统房地产周期理论在实践中不可能得到广泛的应用。从现代房地产周期研究的结论来看：经济扩张与创造就业已不再是线性关系；就业机会增加与空间需求也不再同比增长；经济活动的扩张不再立即绝对导致新建筑增加（如经济复苏不会立即导致新建筑产生）。在一个稳定可预测的经济环境中，了解长期、未来力量及其内涵相对来说并不十分重要，但在不确定、不连续且正处于转变的经济环境中，必须强调对未来可能变化的全盘了解，而不仅是利用过去作预测。

（五）房地产市场的自然周期

不论供给是短缺还是过剩，需求是超过还是少于现存的供给数量，市场机制的作用总能在市场周期运动中找到一个供需平衡点（从供给的角度来说，在这个平衡点上允许有一定数量的空置），尽管不能精确地确定平衡点的位置，但研究表明，从历史多个周期变化的资料中计算出的长期平均空置率（又称合理空置率或结构空置率），就是房地产市场自然周期中的平衡点。从供需相互作用的特性出发，房地产市场自然周期可分为四个阶段（图2-2）。

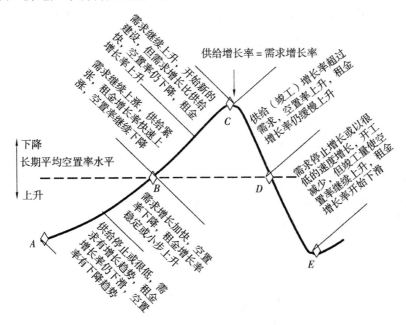

**图2-2　销售和出租住宅需求变化示意图**

（1）自然周期的第一个阶段始于市场周期的谷底。由于前一时期新开发建设的数量过多或需求的负增长导致了市场上供给过剩，所以谷底的空置率达到了峰值。通常情况下，市场的谷底出现在前一个周期中过量建设停止的时候。净需求的增长将慢慢吸纳先前过剩的供给，推动市场逐渐走出谷底。这时供给保持基本静止不变，没有或很少有新的投机性开发建设项目出现。随着存量房地产被市场吸纳，空置率逐渐下降，房地产租金从稳定状态过渡到增长状态。随着这个市场复苏阶段的继续，对于市场复苏和增长的预期又会使业主小幅度地增加租金，使市场最后达到供需平衡。

（2）在自然周期的第二阶段（增长超过了平衡点），需求继续以一定的速度增长，形成了对额外房屋空间的需求。由于空置率降到了合理空置率以下，表明市场上的供给吃紧，租金开始迅速上涨，直至达到一个令开发商觉得开始建设新项目有利可图的水平。在这个阶段，如果能获得项目融资，会有一些开发商开始进行新项目的开发。此后，需求的增长和供给的增长将会以一个大致相同的速率保持相当长的一段时间，令总体市场缓慢攀升，这个过程可能像爬山那样迟缓。当到达该周期的峰值点，即供求增长曲线上的"转折点"时，需求增长的速度开始低于供给增长速度。

（3）自然周期的第三阶段始于供求转折点，此时由于房地产空置率低于合理空置率，所以看起来市场情况还不错。此时，供给增长速度高于需求增长速度，空置率回升并逐渐接近合理空置率水平。由于在该过程中不存在过剩供给，新竣工的项目在市场上竞争租户，租金上涨趋势减缓甚至停止。当市场参与者最终认识到市场开始转向时，新开工的开发建设项目将会减少甚至停止。但竣工项目的大量增加所导致的供给高速增长，推动市场进入自然周期运动的第四阶段。

（4）自然周期的第四阶段始于市场运行到平衡点水平并向下运动，此时供给高增长，需求低增长或负增长。市场下滑过程的时间长短，取决于市场供给超出市场需求数量的大小。在该阶段，如果物业租金缺乏竞争力或不及时下调租金的话，就可能很快失去市场份额，租金收入甚至会降到只能支付物业运营费用的水平。物业的市场流动性在这个阶段很低甚至不存在，存量房地产交易很少或有价无市。该阶段随着新开发项目的停止和在建项目的陆续竣工而最后到达市场自然周期的谷底。

（六）房地产市场的投资周期

在市场经济条件下，资本流动对房地产市场自然周期的许多外部因素有着重大的影响。因此，如果没有资本流动的影响，就不可能产生房地产市场自然周期。由于房地产交易在很大程度上存在着私密性，所以房地产市场信息与资本市场信息相比非常不完全，致使典型的资本市场投资者很难及时准确地把握房地产市场。此外，单宗房地产投资往往数额巨大，房地产资产的流动性也相对较差。所以对房地产投资者来说，既有获取巨额利润的机会，也有被"套牢"的风险。随着自然周期的运动，投资于房地产市场上的资金流也呈现出周期性变动，形成投资周期。

（1）当房地产市场自然周期处在谷底并开始向第一阶段运动的时候，很少有资本向存量房地产投资，更没有资本投入新项目的开发建设。在这段时间，市场上只有可以承受高风险的投资者。由于租金和经营现金流已经降到最低水平，存量房地产的价格达到或接近了最低点。承受不住财务压力的业主或开发商会忍痛割售，大量不能归还抵押贷款的物业会被抵押权人收回拍卖。

（2）随着自然周期运动通过第一阶段，投资者对投资回报的预期随着租金的回升而提高，部分投资者开始小心翼翼地回到市场当中来，寻找以低于重置成本的价格购买存量房地产的机会。这类资本的流入使房地产市场通过平衡点，并逐渐使租金达到投资者有利可图的水平。在自然周期第二阶段的后半段，由于投资者不断购买存量房地产和投入新项目开发，资本流量显著增加。

（3）当自然周期到达其峰值并进入第三阶段的时候，由于空置率低于平衡点水平，投资者继续购买存量房地产并继续开发新项目。由于资本不断流向存量房地产和新项目的开发，所以此时房地产市场的流动性很高。当投资者最终认识到市场转向下滑时，就会降低对新项目投资的回报预期，同时也降低购买存量房地产时的出价。而存量房地产的业主并没有像投资者那样快地看到未来市场会进一步下滑的风险，所以其叫价仍然很高，以致投资者难以接受，导致房地产市场流动性大大下降，自然周期进入第四阶段。

（七）房地产市场自然周期和投资周期之间的关系

房地产市场的自然周期和投资周期是相互联系和相互影响的，投资周期在第一阶段和第二阶段初期滞后于市场自然周期的变化，在其他阶段则超前于市场自然周期的变化。当资本市场投资可以获得满意的投资回报时，投资者拟投入房地产市场的资本就需要高于一般水平的投资回报，使资本流向房地产市场的时机滞后于房地产市场自然周期的变化，导致房地产市场价格下降，经过一段时间后，房地产市场上的空置率也开始下降。

如果可供选择的资本市场投资的收益率长期偏低，例如投资者在股票和债券市场上无所作为时，有最低投资收益目标的投资者就会在并非合适的市场自然周期点上，不断地将资金（权益资本和借贷资本）投入房地产市场中的存量房地产和新开发建设项目，以寻找较高的投资收益。这样做的结果，使初期房地产市场价格上升，经过一段时间后，房地产市场上的空置率也开始上升。

### 三、房地产泡沫与过度开发

（一）房地产泡沫及成因

1. 房地产泡沫的定义

查尔斯·P·金德尔伯格（Charles P. Kindleberger）在为《新帕尔格雷夫经济学辞典》撰写的"泡沫"词条中写道："泡沫可以不太严格地定义为：一种资产或一系列资产价格在一个连续过程中的急剧上涨，初始的价格上涨使人们产生价格会进一步上涨的预期，从而吸引新的买者——这些人一般是以买卖资产牟利的投机者，其实对资产的使用及其盈利能力并不感兴趣。随着价格的上涨，常常是预期的逆转和价格的暴跌，由此通常导致金融危机。"

房地产泡沫是指由于房地产投机引起的房地产市场价格与使用价值严重背离，脱离了实际使用者支撑而持续上涨的过程及状态。房地产泡沫是一种价格现象，是房地产行业内外因素，特别是投机性因素作用的结果。

2. 房地产泡沫的成因

房地产作为泡沫经济的载体，本身并不是虚拟资产，而是实物资产。但是，与虚拟经济膨胀的原因相同，房地产泡沫的产生同样是出于投机目的的虚假需求的膨胀，所不同的是，由于房地产价值量大，这种投机需求的实现必须借助银行等金融系统的支持。一般来说，房地产泡沫的成因，主要有三个方面。

首先，土地的稀缺性是房地产泡沫产生的基础。房地产与人们和企事业单位的切身利益息息相关。居者有其屋是一个社会最基本的福利要求，人们对居住条件的要求是没有穷尽的；而与企事业发展相关的生产条件和办公条件的改善也直接与房地产密切相关。土地的稀缺性使人们对房地产价格的上涨历来就存在着很乐观的预期。当经济发展处于上升时期，国家的投资重点集中在基础建设和房屋建设中，这样就使得土地资源的供给十分有限，由此造成许多非房地产企业和私人投资者大量投资于房地产，以期获取价格上涨的好处，房地产交易十分火爆。加上人们对经济前景看好，再用房地产作抵押向银行借贷，炒作房地产，使其价格狂涨。

其次，投机需求膨胀是房地产泡沫产生的直接诱因。对房地产出于投机目的的需求，与土地的稀缺性有关，即人们买楼不是为了居住，只是为了转手倒卖。这种行为一旦成为你追我赶的群体行动，就很难抑制，房地产泡沫随之产生。

最后，金融机构过度放贷是房地产泡沫产生的直接助燃剂。从经济学的角度来说，价格是商品价值的货币表现，价格的异常上涨，肯定与资金有着密切的关系。由于价值量大的特点，房地产泡沫能否出现，一个最根本的条件是市场上有没有大量的资金存在。因此，资金支持是房地产泡沫生成的必要条件，没有银行等金融机构的配合，就不会有房地产泡沫的产生。由于房地产是不动产，容易查封、保管和变卖，使银行认为这种贷款风险很小，在利润的驱动下非常愿意向房地产投资者发放以房地产作抵押的贷款。此外，银行还会过于乐观地估计抵押物的价值，从而加强了借款人投资于房地产的融资能力，进一步加剧了房地产价格的上涨和产业的扩张。

（二）过度开发及诱因

1. 房地产市场中的过度开发

房地产市场中的过度开发有时也称为房地产"过热"，是指当市场上的需求增长赶不上新增供给增长的速度时，所出现的空置率上升、物业价格和租金下降的情况。

2. 过度开发的诱因

过度开发的诱因主要有三个方面，即开发商对市场预测的偏差、开发商之间的博弈和非理性行为以及开发资金的易得性。

开发商在进行开发决策时，会对市场上的需求状况进行预测。他们在预测时，总是在很大程度上依赖于目前市场上的销售和价格情况。即使当前市场上的热销和价格上涨只是暂时现象，他们也很容易会认为这种繁荣景象能够长久持续下去，于是造成对未来需求过分乐观的估计。研究表明，对未来需求预测的偏差程度基本上与目前市场价格增长速度正相关，即目前市场价格增速越快，对未来估计中过分乐观的程度就会越大。这时开发商往往会加大投资，大批项目上马，待到竣工时，市场形势已经不如所预期的那样喜人，就容易产生房屋积压、空置率上升的过度开发景象。

开发商之间的博弈和非理性行为也会加剧这种市场过度开发的情况。开发商只要一看到市场机会就会迫不及待地去投资开发，殊不知有时这些市场机会是有限的，只需少量开发商的介入就能满足。但是每个开发商都想抢先得到市场机会，而不会进行内部协调，于是一哄而上，生怕自己被落下了。况且如果已经得到土地，与其将土地空置产生机会成本，还不如赶快开工建设。除非市场预期为供不应求、房价持续上升，储备土地本身就能带来可观的等待期权溢价。这种非理性的行为往往会使过度开发现象更加严重。

从获取开发资金的难易程度来看，如果开发商很容易获得资金支持，只需投入较少的自有资金，则他们在进行投资决策时往往会缺乏仔细和审慎的考虑，从而产生道德风险。特别是开发商融资渠道单一时，无论是开发贷款还是预售商品住宅抵押贷款基本都是从商业银行获得，这种高杠杆式的融资方式，再加上房地产市场中信息不完全的程度较高，对高利润的追求将会使开发商难以对市场做出客观和冷静的判断。

（三）房地产泡沫和过度开发的区别与联系

1. 房地产泡沫和过度开发的区别

（1）过度开发和泡沫是反映两个不同层面的市场指标

过度开发反映市场上的供求关系，当新增供给的增长速度超过了需求的增长速度，就产生了过度开发现象；而泡沫则是反映市场价格和实际价值之间的关系，如果市场价格偏离实际价值太远，而且这种偏离是由于过度投机所产生的，房地产泡沫就出现了。

（2）过度开发和泡沫在严重程度和危害性方面不同

房地产泡沫比过度开发的严重程度更高，危害更大。且房地产泡沫一旦产生，就很难通过自我调整而回复至平衡状态。

（3）过度开发和泡沫在房地产循环周期中所处的阶段不同

如果投机性泡沫存在的话，往往会出现在循环周期的上升阶段。过度开发一般存在于循环周期的下降阶段，这时供给的增长速度已经超过需求，空置率上升，价格出现下跌趋势。也就是说，当泡沫产生时，市场还处在上升阶段；而出现过度开发的现象时，市场已经开始下滑了。从另一个角度来说，如果泡沫产生，就必然会引起过度开发；但过度开发却不一定是由泡沫引发的。

（4）市场参与者的参与动机不同

"过热"表现为投资者基于土地开发利用的目的而加大投资，通常是为获得长期收益；而"泡沫"则表现为市场参与者对短期资本收益的追逐，他们不考虑土地的用途和开发，通常表现为增加当期的购买与囤积，以待价格更高时抛出。

2. 房地产泡沫和过度开发的联系

房地产泡沫和过度开发，虽然有很大区别，但两者也存在着一定程度上的联系。如果在房地产周期循环的上升阶段，投机性行为没有得到有效抑制（包括市场规则和政府政策），市场信息的不透明程度较高，且开发商的财务杠杆也比较高，那么开发商做出非理性预期的可能性就比较大，且投机性行为容易迅速蔓延。在这种情况下房地产泡沫比较容易产生，同时会伴随过度开发、银行资产过多地向房地产行业集中等现象。

（四）房地产泡沫的衡量

考察房地产市场上是否存在价格泡沫有多个角度。从房地产泡沫的成因入手，"实际价格/理论价格""房价收入比""房价租金比"等指标，都从某一个侧面反映了房地产泡沫的程度。由于房地产泡沫问题的复杂性，很难用单一指标来衡量房地产市场上是否存在价格泡沫，因此，国际上通常用综合上述指标构造出的房地产泡沫指数，来反映房地产市场价格泡沫的程度，减少主观因素对有关结论的影响。

# 第五节　房地产市场的政府干预

房地产市场的政府干预，是指当房地产市场运行出现剧烈振荡或市场价格泡沫持续增大时，政府从促进房地产市场稳定和持续健康发展的目标出发，通过各种政策工具进行市场干预，以达到短期内使房地产市场回到稳定运行轨道的政府干预行为。

## 一、政府干预房地产市场的必要性

### （一）房地产市场失灵

从亚当·斯密的古典经济学到现代的新自由主义学派均认为，只要满足完全竞争的条件和理性人假设，自由竞争的市场就能自动趋于和谐与稳定，"看不见的手"就能有效地指导经济运行。但是资本主义经济发展的经验表明，在实际经济生活中，很多假设无法严格满足，于是就产生了市场价格无法在资源配置过程中发挥作用的现象，即所谓的"市场失灵"。西方传统的政府经济理论认为"市场失灵"是政府进行干预的最重要前提，而造成市场失灵的主要原因又包括垄断、外部性、信息不对称、市场不完全、公共品、失业、通货膨胀及失衡、再分配和优效品八类。

房地产市场的垄断性特征，要求政府积极地制定反垄断的政策，以改善房地产市场效率，平抑房地产市场上出现的垄断价格。房地产市场存在的外部性，需要政府通过税收、补贴、外部性收益－成本内部化等措施来提高市场效率。房地产市场存在的严重信息不对称问题，则要求政府建立并实施有效的信息公开制度，提高市场透明度，以减少市场上的非理性和从众行为。

### （二）住房问题和住房保障

住房兼具商品和公共品的双重属性，而且获取基本住房也是公民的基本人权，因此住房保障不仅是一个经济问题，也是重要的社会问题和政治问题。住房保障是社会保障体系中的一个部分，也是政府维护社会公平的重要职能。国际社会普遍重视住房保障问题，并形成了以英国、新加坡和中国香港地区为代表的政府直接建房方式，以法国、瑞典和日本为代表的依靠政府贷款利息补贴等财政优惠措施，鼓励非营利机构的建房方式，以及各国普遍采取的对住房投资人减税和对住房承租人补贴的方式。不论各国的住房保障水平以及保障方式如何，在市场失灵导致严重的住房问题时，政府通常会通过生产者补贴增加可支付住房供给，通过消费者补贴提高居民住房支付能力，甚至采取价格或租金管制措施，对住房市场进行干预。

### （三）宏观经济周期循环

世界各国的经济发展历程表明，在经济增长的过程中，不同时段的经济增长速度总是有快有慢，由此导致经济总量在时间序列上总是呈现出波浪式上升或者波浪式下降的运行规律，这就是经济周期。每一个经济周期一般包括四个阶段：繁荣、衰退、萧条、复苏。其中，复苏和繁荣两个阶段构成扩张过程，衰退与萧条两个阶段构成收缩过程。从扩张过程转为收缩过程时，宏观经济达到繁荣期最高点,即波峰;从收缩过程转为扩张过程时,宏观经济达到萧条期最低点,即波谷。当宏观经济进入周期循环的波谷时,各国政府一般采用扩张性的货币政策和财政政策抑制经济衰退;而当宏观经济进入周期循环的波峰时,则采用紧缩性的货币政策与财政政策。由于住房资产在各国国家财富中所占的比例一般都超过25%,占家庭财富的比例一般都超过75%,而且在家庭支出中的比例也在20%以上,因而住房市场通过对总投资与总消费的作用渠道直接影响到宏观经济的运行。在宏观经济调控的背景下,房地产业往往成为重要的目标对象。这个时候,住房市场的运行要受到货币政策和财政政策的影响,而且从住房市场来看,这种政府干预是一种引致性的干预。

（四）房地产价格剧烈波动

从长期来看,房地产价格和宏观经济一样,也存在着一定的周期运行规律。房地产价格的连续上升从一个较长的时间维度来看往往是不可持续的,其价格的快速上升往往也伴随着随后快速的下跌,即所谓的"繁荣与崩溃"规律,一旦产生房地产价格崩溃,则会对房地产市场和宏观经济的稳定运行造成巨大威胁。为了维护房地产市场价格的稳定,当房地产价格出现剧烈波动时,通常会引发政府的政策干预。日本20世纪90年代初地价泡沫破灭的导火索之一,就是严重的土地市场投机导致的地价大起大落,由于日本政府采取了不干预政策,最后导致泡沫破灭并对宏观经济产生了长期的负面影响。

（五）房地产市场非均衡

房地产市场上的非均衡表现为总量上的非均衡和结构上的非均衡。房地产市场总量非均衡一般表现为潜在总需求大于有效需求,实际供给大于有效供给,即超额需求与超额供给同时并存,或称短缺与过剩同时并存。结构非均衡的维度比较多,主要表现为不同的子市场之间在供求方面的结构失衡,例如商品住房与经济适用住房之间、高档商品住房与普通商品住房之间、大户型与中小户型之间、存量住房与增量住房之间。

欧美等发达的市场经济国家已经建立起相对完备的市场机制,价格调节作用相对完善,而且就房地产市场而言,也进入了以存量为主的发展阶段,所以供需之间的非均衡表现并不明显。而我国房地产市场非均衡问题仍然比较突出,需要通过政府运用相应的政策工具对房地产市场进行干预,促使房地产市场的运行从非均衡状态向均衡状态发展。

## 二、政府干预房地产市场的手段

对于一个完善的房地产市场而言,市场的自由运作非常重要。政府的调控政策不能过分参与及干预房地产市场的自由运作。这样才能保证本地及外来投资者对当地房地产市场的信心，进而保证房地产市场的稳定发展以及整个社会经济的安定繁荣。但是宏观调控也非常重要。宏观调控房地产市场的手段包括土地供应政策、金融政策、住房政策、国土空间规划、地价政策、税收政策和租金控制等。

（一）土地供应政策

没有土地供应，房地产开发和商品房供给就无从谈起。在我国当前的土地制度条件下，政府是唯一的土地供给者，政府的土地供应政策对房地产市场的发展与运行有决定性影响。

土地供应政策的核心，是土地供应计划。土地供应计划对房地产开发投资调节的功效非常直接和显著，因为房地产开发总是伴随着对土地的直接需求，政府土地供应计划所确定的土地供给数量、结构、时序和空间分布，直接影响着房地产开发的规模和结构，对房地产开发商的盲目与冲动形成有效的抑制。科学的土地供应计划，应与国民经济和社会发展规划、城市国土空间规划相协调，应有足够的弹性，能够对市场信号做出灵敏的反应。土地供应计划也应该是公开透明的，能够为市场提供近期和中长期的土地供应信息，以帮助市场参与者形成合理的市场预期，减少盲目竞争和不理性行为。

通过土地供应计划对房地产市场进行宏观调控，要求政府必须拥有足够的土地储备和供给能力，还要妥善处理好保护土地资源和满足社会经济发展对建筑空间的需求之间的关系。保护的目的是为了更好地、可持续地满足需求，但如果当前的需求都不能很好满足，就很难说这种保护是有效率的。要在政府的集中垄断供给和市场的多样化需求之间实现平衡，必须准确把握社会经济发展的空间需求特征，通过提高土地集约利用和优化配置水平，采用科学的地价政策和灵活的土地供给方式，实现保护土地资源和满足需求的双重目标。

（二）金融政策

房地产业与金融业息息相关。金融业的支持是房地产业繁荣必不可少的条件，房地产信贷也为金融业提供了广阔的发展天地。个人住房贷款最低首付款比例和贷款利率的调整，会明显影响居民购房支付能力，进而影响居民当前购房需求的数量。房地产开发贷款利率、信贷规模和发放条件的调整，也会大大影响房地产开发商的生产成本和利润水平，进而对其开发建设规模和商品房供给数量产生显著影响。此外，外商投资政策、房地产资产证券化政策以及房地产资本市场创新渠道的建立，也会通过影响房地产资本市场上的资金供求关系，进而起到对房地产开发、投资和消费行为的调节作用。因此，发展房地产金融，通过信贷规模、利率水平、贷款方式、金融创新以及企业财务杠杆率和信贷集中度管控等金融政策调节房地产市场，是政府调控房地产市场的重要手段。

（三）住房政策

居住权是人的基本权利，保证人人享有适当住房，是凝聚了广泛共识的全球目标。住房问题不仅是经济问题，也是社会问题。各国的经验表明，单靠市场或是全部依赖政府均不能很好地解决住房问题，只有市场和非市场的有效结合，才是解决这一问题的有效途径。目前我国城市的住房供给主要有保障性住房和商品住房两类。

根据《国家基本公共服务体系"十二五"规划》，"十二五"时期，政府提供的基本住房保障服务，主要是面向最低收入住房困难家庭的廉租住房和面向中等偏下收入住房困难家庭、新就业无房职工以及城镇稳定就业的外来务工人员的公共租赁住房。保障性住房由市县政府负责提供，省级政府给予资金支持，中央给予资金补助。除廉租租房和公共租赁住房外，经济适用住房、限价商品住房和棚户区改造住房，也属于保障性住房的范畴。其中的经济适用住房和限价商品住房只在部分城市供应，且建设规模在逐渐缩小，棚户区改造则是阶段性的住房保障任务。从2016年开始的"十三五"期间，国家基本住房保障的重点任务集中在公共租赁住房、城镇棚户区住房改造和农村危房改造三个方面，其中，公共租赁住房的保障方式，实行实物保障与租赁补贴并举，推进公租房货币化。"十四五"期间的住房政策重点，则转为保障性租赁住房供给、老旧小区改造和租赁住房市场发展，着力解决大城市住房突出问题，尤其是新市民和青年人的住房困难。

商品住房则采取完全市场化的方式经营，是城市房地产市场的主要组成部分。为了促进住房市场稳定，政府时常对住房市场进行干预，以促进住房市场供应，抑制不合理住房需求，改善住房价格的可支付性。1998年国家停止住房实物分配，实行住房分配货币化政策以来，商品住房在全部新增住房供应中的比例，已经从1998年的29.7%上升到2017年的77.4%。

（四）国土空间规划

国土空间规划以合理利用土地、协调城市物质空间布局、指导城市健康有序发展为己任，对土地开发、利用起指导作用。我国部分城市如深圳特区已开始进行城市规划图则体系的改革，将规划分为发展策略、次区域发展纲要、法定图则、发展大纲图和详细蓝图等五个层次，高层次的规划应能指导土地的开发和供应，低层次的细部规划应能为土地出让过程中确定规划要点提供依据。整个规划力求体现超前性、科学性、动态性和适用性。

社会经济发展计划、国土空间规划、土地供应计划都对土地配置有一定影响，对房地产市场的运行起重要作用，政府供应土地的过程应是具体实施国民经济和社会计划、国土空间规划的过程。面对日益发育的市场环境，三个规划除改善各自的技术、观念和管理方式外，有必要相互协调，形成土地配置及房地产市场调控的规划计划体系。

（五）地价政策

地价和房价的关系，一直是个颇具争议的话题。有关研究表明，土地价格对住房价格的影响和成本渠道的作用非常有限，主要是通过信号预期机制实现的。也就是说，一宗高价地成交后，周边的房价会即刻上涨，而不是等高价地上的房子建成后房价才上涨。从这个意义上说，政府的地价政策对房地产市场稳定的影响是显而易见的。

目前，政府是土地市场上的供应者，招拍挂出让几乎都简化为挂牌出让，挂牌出让又几乎无一例外地都是价高者得。根据市场情况，灵活选择土地出让方式，尤其是增加使用招标出让方式，适当提高土地出让的集中度，就可以有效增加对地价的管控能力，促进房地产市场稳定。

（六）税收政策

房地产税收政策是政府调控房地产市场的核心政策之一。我国近年频繁运用契税、营业税、个人所得税和房产税政策调控房地产市场，积累了丰富的经验。房地产税制改革的总体方向是：简化交易环节税制、减轻交易环节税负、增加持有环节税收。房地产税制改革的基本原则是：保护和鼓励住房消费，对住房投资保持税收中性，抑制住房投机；投资和投机型购房的投资收益或房屋增值要与社会共享；转让环节的税收政策可以根据市场条件的变化进行短期调整，持有环节的税收政策则保持基本稳定，不与当前的市场状况保持密切关联。

（七）租金控制

租赁市场是房地产市场的重要组成部分，租金作为房地产的租赁价格，同样是政府调控房地产市场的主要对象之一。合理的租金水平应与整体经济发展水平相适应。在运行正常的房地产市场，租金还应与房地产价格保持合理的比例。为完善租购并举的住房制度，我国从 2015 年开始大力支持住房租赁市场发展，完善长租房政策，在规范发展长租房市场的过程中，就包括"对租金水平进行合理调控"的工作要求。

### 三、政府规范房地产市场行为的措施

（一）推动行业诚信体系建设

市场经济，诚信为本。房地产业作为与国家社会经济发展和社会公众切身利益密切相关的服务行业，诚信建设尤为重要。住房和城乡建设部推动建设的"中国房地产信用档案"系统，为房地产企业提供了公平竞争的平台，推动了企业自身的诚信体系信用文化建设，为规范房地产市场中的企业行为进行了有益的尝试。

（二）规范交易程序

用法律形式规范主要的房地产交易方式，是抑制投机、维护市场秩序的有效措施。各城市对土地出让、房屋预售或销售、转让、抵押、租赁以及产权登记等都规定了固定的办事程序和所需满足的必要条件。例如，商品房预售必须向城市房地产市场管理部门申请，申请时必须提交国有土地使用证、建设用地规划许可证、建设工程规划许可证、施工许可证、预售计划和工程建设计划、预售款的监管方案、经银行或注册会计师审核的除地价款外投入的建设资金已达25％的验资证明等文件。

（三）加强产权管理

由于房地产不可能将实物真正地拿到市场上去交易，所以房地产交易实际上是一种权益的交易，权益让渡是房地产市场活动的核心内容之一。房地产产权登记不仅要发挥保障投资者（业主）权益的基本功能，还要发挥方便流通、维护交易秩序以及对房地产市场动态跟踪管理的功能。为整合不动产登记职责，规范登记行为，我国从2015年3月1日开始实施包括土地和房屋在内的不动产统一登记制度。

## 复习思考题

1. 何谓房地产市场？
2. 房地产市场的运行环境包括哪些方面？
3. 影响房地产市场运行的因素有哪些？
4. 房地产市场的参与者有哪些？
5. 房地产市场结构可从哪些方面考察？
6. 房地产市场细分的方式有哪些？
7. 分析描述房地产市场状况的指标有哪些类型？各自的含义是什么？它们

相互之间的关系如何?

8. 房地产市场有哪些特性?

9. 房地产市场的功能表现在哪些方面?

10. 房地产空间市场和房地产资产市场的概念是什么? 其相互关系是什么?

11. 为什么存在房地产市场的周期循环现象?

12. 房地产市场中的泡沫与过热有哪些区别? 如何分析判断你所熟悉的当地房地产市场?

13. 房地产市场为什么需要政府干预?

14. 政府干预房地产市场的手段有哪些? 为什么这些手段能够发挥对市场的调控作用?

# 第三章　房地产开发程序与管理

## 第一节　房地产开发程序概述

所有人都生活或工作在一个人工建造的环境内，住宅、写字楼、购物中心、休闲娱乐中心、市政基础设施和城市配套设施等建筑环境要素并不会自己出现，这就需要有人或机构去推动并实施其开发建设、运行维护和再开发的过程，房地产开发企业也就应运而生。

### 一、房地产开发的基本概念

房地产开发是使人工建造的环境不断满足社会需要的复杂商业活动，既包括从取得土地开始，进行土地和建筑物开发、出售或出租土地或建筑物的典型房地产开发活动，也包括从购买现有建筑物开始，经更新改造后再出租或出售建筑物的房地产开发活动。要通过房地产开发活动，将满足社会空间需求的设想变为现实，需要土地、劳动力、资本、管理经验、企业家精神和伙伴关系的综合投入，同时创造出满足消费者对空间、时间和服务需要的新价值。社会对房地产开发的需求持续不断，因为随着经济增长、人口增加和技术进步，消费者的品味和偏好也在不断发生变化，居民不断对生活方式有新追求和新选择。作为房地产开发活动的发起者，开发商是开发创意、规划设计、投资融资、工程建造和市场营销环节的协调管理者，也是开发风险的主要承担者和开发利益的主要分享者。

房地产开发的最终产品，即一个新开发或再开发的物业，是许多专业人士共同协作努力的结果。开发活动需要金融机构参与，没有金融机构的支持，房地产开发会受到很大制约；开发活动需要规划设计、工程技术、工程管理专家和建筑工人参与，这是开发项目建造质量和效率的关键；开发商在整个开发过程中，还要与政府机构打交道，以解决有关土地获取、政府审批、规划调整、征收补偿、建筑规范、市政设施和基础设施配套等问题；许多城市的社区团体和民众也越来越多地要求参与开发过程，与这些社区团体沟通和谈判的结果也对开发项目产生重要影响；在检验项目成功与否的租售过程中，还需要与经验丰富的营销专家、形象推广专家、销售人员、律师等密切配合。

房地产开发项目日益大型化的趋势，要求开发商具备比以往更多的知识与技能，包括：市场与市场营销、城市发展、法律制度、地方规章、公共政策、土地开发、建筑设计、建造技术、现代信息通信与智能化技术、人居环境与可持续发展、基础设施、融资、风险控制和时间管理等。

房地产开发过程中每项具体工作越来越复杂，使得越来越多的专业人士开始与开发商共同工作，从而加速了房地产开发专业队伍的发展壮大。然而，不论房地产开发活动变得多么复杂或是开发商变得多么精明，都必须遵循房地产开发的一般程序。

### 二、房地产开发的一般程序

从开发商自有投资意向开始至项目建设完毕出售或出租并实施全寿命周期的物业资产管理，大都遵循一个合乎逻辑和开发规律的程序。该程序通常分为八个步骤、四个阶段。

房地产开发的八个步骤包括：

（1）提出投资设想。开发商在对当地经济社会及房地产市场有比较深入的了解并占有大量市场信息的基础上，寻找需要满足的市场需求，探讨投资可能性，对各种可供选择的投资机会进行筛选，在头脑中快速判断其可行性。

（2）细化投资设想。开发商从土地出让或转让市场上，选出实现其初步投资设想的开发建设用地，与潜在的租客、业主、银行、合作伙伴、专业人士接触，做出初步规划设计方案，探讨获取开发用地的方式和可行性。

（3）可行性研究。开发商自己或委托顾问机构进行正式市场研究，分析市场供求关系，确定产品和市场定位，估算市场吸纳率，根据预估的成本和价格进行投资分析，就有关开发计划与政府有关部门沟通，从法律、技术和经济等方面综合判断项目可行性，并依此做出投资决策。

（4）获取土地使用权。没有可供开发建设的土地，任何开发投资方案和决策都还是纸上谈兵。开发商可以通过土地出让和转让两个市场获取土地使用权。如果拟开发地块是政府正在招拍挂出让的土地，开发商就必须参与政府土地招拍挂出让活动，通过与其他开发商的公开竞争，获取开发建设用地的土地使用权。如果拟开发地块是政府已经出让的地块，就需要与当前的开发商谈判土地转让事宜，通过收购公司股权或合作开发等方式，来获取土地使用权。

（5）合同谈判与协议签署。开发商根据市场研究中得到的客户需求特征确定最终设计方案，开始合同谈判，得到贷款书面承诺，确定总承包商，确定租售方案，获得政府建设工程规划许可和施工许可。之后，签署正式协议或合同，包括合作开发协议、建设贷款协议和长期融资协议、工程施工合同、保险合同和预租（售）意向书等。

（6）工程建设。开发商根据预算进行成本管理，批准市场推广和开发队伍提出的工程变更，解决建设纠纷，支付工程款，实施进度管理。

（7）竣工交用。开发商组织物业经营管理队伍，进行市场推广和租售活动，政府批准入住，接入市政设施，小业主或租客入住，办理分户产权证书、偿还建设贷款，长期融资到位。

（8）物业资产管理。委托专业物业管理，进行更新改造和必要的市场推广工作，以延长物业资产的经济寿命，保持并提升物业资产价值，提高资产运行质量。

上述八个步骤又可归纳为房地产开发过程的四个阶段，即投资机会选择与决策分析阶段、前期工作阶段、建设阶段和租售阶段。有关四个阶段的具体工作内容，将在本章后续内容中详细介绍。

当然，房地产开发的阶段划分并不是一成不变的，实际的开发过程也很难沿直线一步一步地向前进行。上述开发步骤和阶段的划分只是帮助人们了解开发程序、少走弯路，不可能完全模拟开发商头脑中时常变化的开发过程，更不可能完全模拟开发商与其合作伙伴之间经常不断地谈判所导致的工作步骤变化。

只有开发工作是遵循上述逻辑顺序展开，即项目建设完毕后才去找买家或租户时，开发过程才按照上述程序进行。但如果开发项目在建设中或建设前就预售或预租给置业投资者或使用者，则租售阶段就会在前期工作阶段、建设阶段同步或超前进行。但无论顺序怎样变化，这些阶段能基本上概括大多数居住物业、商用物业及工业物业开发项目的主要实施步骤。

# 第二节 投资机会选择与决策分析

投资机会选择与决策分析，是整个房地产开发过程中最重要的阶段。该阶段最重要的工作，就是对开发项目进行逐步深入、细化的可行性研究。

## 一、投资机会选择

投资机会选择主要包括提出投资设想、寻找和筛选投资机会、细化投资设想三项工作。在结合投资设想寻找投资机会的过程中，开发商首先要选择项目所处的城市或地区，然后根据自己对该城市或地区房地产市场供求关系的认识，寻找投资的可能性，亦即通常所说的"看地"或"看项目"。此时，开发商可能面对多种投资的可能性，对每一种可能性都要根据自己的经验和投资能力，快速地在头脑中初步判断其可行性，以进行投资机会的筛选。细化投资设想，就是对筛选出的投资机会进一步分析比较，并最终将其投资设想落实到一个或几个备选的具体地块上，进一步分析其客观条件是否具备，通过与当前的土地拥有者、潜在的买家或租户、自己的合作伙伴以及专业人士接触，提出一个初步的开发投资方案，如认为可行，就可以草签有关的合作意向书。

为了满足进一步投资决策的要求，开发商通常还聘请专业顾问，对拟开发项目涉及的土地、建筑物的权利状况，以及对主要合作伙伴的设立、变更、存续和资产负债情况等进行尽职调查。

**二、投资决策分析**

投资决策分析主要包括市场分析、项目财务评价和投资决策三部分工作。市场分析主要分析市场宏观环境、政府政策、房地产供求关系、竞争环境、目标市场及其可支付的价格或租金水平。项目财务评价是根据市场分析的结果以及相关的项目资本结构设计，就项目的经营收入、成本费用与盈利能力进行分析评价。投资决策则是结合企业发展战略、财务状况以及项目财务评价的结果，对是否进行本项目的投资开发做出决策。投资决策分析工作应该在尚未签署任何协议之前进行，以便使开发商有充分的时间和自由度来考虑有关问题。

从我国房地产开发实践来看，开发商越来越重视房地产市场分析与研究工作，也已经较好地掌握了房地产开发项目财务评价的技术与方法，但决策技术和决策方法的使用还不普遍，因为开发商更加相信自己的直觉判断。应当注意到，影响房地产开发项目投资决策的因素已经越来越超出项目本身的盈利与风险特征，越来越与企业发展战略以及企业的开发管理、投资与融资等能力密切关联。

# 第三节　前　期　工　作

当通过投资决策分析确定了具体的开发地点和项目之后，在项目建设过程开始之前还有许多工作要做，这主要涉及取得土地使用权和与开发全过程有关的各种合同、条件的谈判与签订。通过初步投资决策分析，开发商可以找出一系列必须在事先估计的因素，在签订建设合同之前，必须设法将这些因素尽可能精确地量化。这样做的结果，可能会使初步投资决策分析报告被修改，或者在项目的收益水平达不到目标要求时被迫放弃这个开发投资计划。

在初步投资决策分析的主要部分没有被彻底检验之前，开发商应尽量推迟具体的实施步骤，比如取得土地使用权。当然，在所有影响因素彻底弄清以后再取得土地使用权是最理想不过了，如果在激烈的市场竞争条件下，为抓住有利时机难以做到这一点时，开发商也应对其可能承担的风险进行分析与评估。

## 一、获取土地

没有土地，任何开发计划或开发项目的实施都只能是空谈。当完成市场分析和其他前期研究工作并进行了项目评估决策之后，就要进入实施过程，而实施过程的第一步就是取得土地使用权。

（一）土地储备与土地开发

1. 土地储备

土地储备是指县级（含）以上自然资源管理部门为调控土地市场、促进土地资源合理利用，依法取得土地，组织前期开发、储存以备供应的行为。土地储备工作的具体实施，由土地储备机构承担。土地储备机构是县级（含）以上人民政府批准成立、具有独立的法人资格、隶属于所在行政区划的自然资源管理部门、统一承担本行政辖区内土地储备工作的事业单位。

土地储备实行计划管理。年度土地储备计划内容包括上年度末储备土地结转情况、年度新增储备土地计划、年度储备土地前期开发计划、年度储备土地供应计划、年度储备土地管护计划、年度土地储备资金需求总量等。由地方人民政府相关部门根据城市建设发展和土地市场调控的需要，结合当地经济社会发展规划、土地储备三年滚动计划、年度土地供应计划、地方政府债务限额等因素合理编制。

土地储备的范围包括依法收回的国有土地、收购的土地、行使优先购买权取得的土地、已办理农用地转用和土地征收批准手续并完成征收的土地以及其他依法取得的土地。

土地储备的运作程序有四个步骤，包括：①收购，指土地储备机构根据政府授权和土地储备计划，收回或收购市区范围内国有土地使用权，征收农村集体土地使用权并对农民进行补偿的行为。②前期开发，指按照地块的规划，完成地块内的道路、供水、供电、供气、排水、通信、围栏等基础设施建设，并进行土地平整，满足必要的"通平"要求，为政府供应土地提供必要保障。③储备，指土地储备机构将已经完成前期开发的"熟地"储备起来，等待供应。④供应，指对纳入政府土地储备库的土地，根据客观需要和土地供应计划，向市场供应。

2. 土地开发

土地开发，是土地储备机构对纳入储备，尤其是依法征收后纳入储备的土地，为使其具备供应条件而进行的前期开发活动。前期开发工作的内容，主要包括道路、供水、供电、供气、排水、通信、围栏等基础设施建设工作和土地平整工作。

土地开发的项目实施模式，有政府土地储备机构负责实施和授权社会主体负责实施两种模式。随着土地储备事业的发展，政府土地储备机构的开发管理能力不断提升，新增土地储备开发项目的实施模式，已经逐渐由授权社会主体实施为主发展为土地储备机构实施为主。具体工程按照有关规定，选择工程勘察、设计、施工和监理等单位进行建设。

土地储备机构负责实施土地开发时，由土地储备机构负责，办理规划、项目核准、土地征收、拆迁及基础设施建设等手续并组织实施。土地开发过程中涉及的道路、供水、供电、供气、排水、通信等基础设施建设和土地平整工作，可通过公开招标方式选择工程实施单位。

3. 土地储备资金

土地储备资金，是指土地储备机构按照国家有关规定征收、收购、优先购买、收回土地以及对其进行前期开发等所需的资金。土地储备资金纳入政府性基金预算管理，实行专款专用。土地储备机构所需的日常经费纳入政府预算，与土地储备资金实行分账核算，不得相互混用。

土地储备资金的来源渠道包括：财政部门从已供应储备土地产生的土地出让收入中安排给土地储备机构的征地和拆迁补偿费用、土地开发费用等储备土地过程中发生的相关费用；财政部门从国有土地收益基金中安排用于土地储备的资金；发行地方政府债券筹集的土地储备资金；经财政部门批准可用于土地储备的其他财政资金。值得注意的是，为规范土地储备和资金管理行为，财政部已要求各地自 2016 年 1 月 1 日起，不得再向银行业金融机构举借土地储备贷款。

土地储备资金专项用于征收、收购、优先购买、收回土地以及储备土地供应前的前期开发等土地储备开支，不得用于土地储备机构日常经营开支。具体使用范围包括：①征收、收购、优先购买或收回土地需要支付的土地价款或征地和拆迁补偿费用。包括土地补偿费和安置补助费、地上附着物和青苗补偿费、拆迁补偿费，以及依法需要支付的与征收、收购、优先购买或收回土地有关的其他费用。②征收、收购、优先购买或收回土地后进行必要的前期土地开发费用。储备土地的前期开发，仅限于与储备宗地相关的道路、供水、供电、供气、排水、通信、照明、绿化、土地平整等基础设施建设。不包括搭车进行的与储备宗地无关的上述相关基础设施建设。③需要偿还的土地储备存量贷款本金和利息支出。④经同级财政部门批准的与土地储备有关的其他支出。包括土地储备工作中发生的地籍调查、土地登记、地价评估以及管护中围栏、围墙建设等支出。

土地储备模式的建立，推动了公开、公平和透明的土地供应市场建设，改变了传统的开发商取得土地使用权的程序，对开发商或投资者取得土地使用权的成本也产生了很大影响。

（二）开发商获取土地的途径

1. 土地使用权出让

为规范国有建设用地使用权出让行为，优化土地资源配置，建立公开、公平、公正的土地使用制度，国土资源部于 2002 年 4 月颁布了《招标拍卖挂牌出让国有建设用地使用权规定》，并于 2007 年 9 月对该规定进行了修订。从加强国有土地资产管理、优化土地资源配置、规范协议出让国有建设用地使用权行为的角度出发，国土资源部于 2003 年 8 月颁布了《协议出让国有土地使用权规定》。按照这个规定，工业（包括仓储用地，但不包括采矿用地）、商业、旅游、娱乐和商品住宅等经营性用地以及同一宗地有两个以上意向用地者的，应当以招标、拍卖或者挂牌方式出让。不适合采用招标、拍卖或者挂牌方式出让的，才允许以协议方式出让。各种出让方式的具体界定是：

（1）招标出让国有建设用地使用权是指市、县人民政府国土资源行政主管部门（以下简称出让人）发布招标公告，邀请特定或者不特定的自然人、法人或者其他组织参加国有建设用地使用权投标，根据投标结果确定国有建设用地使用权人的行为。

（2）拍卖出让国有建设用地使用权是指出让人发布拍卖公告，由竞买人在指定的时间、地点进行公开竞价，根据出价结果确定国有建设用地使用权人的行为。

（3）挂牌出让国有建设用地使用权是指出让人发布挂牌公告，按公告规定的期限将拟出让宗地的交易条件在指定的土地交易场所挂牌公布，接受竞买人的报价申请并更新挂牌价格，根据挂牌期限截止时的出价结果或者现场竞价结果确定国有建设用地使用权人的行为。

（4）协议出让国有建设用地使用权是指出让人与特定的土地使用者通过协商方式有偿出让国有建设用地使用权的行为。该方式仅当依照法律、法规和规章的规定不适合采用招标、拍卖或者挂牌方式出让时，方可采用。即"在公布的地段上，同一地块只有一个意向用地者的，方可采取协议方式出让"，但商业、旅游、娱乐和商品住宅等经营性用地除外。

2. 土地使用权划拨

土地使用权划拨是指县级以上人民政府依法批准，在土地使用者缴纳补偿、安置等费用后将该幅土地交付其使用，或者将土地使用权无偿交付给土地使用者使用的行为。对于开发商而言，以行政划拨方式获取土地使用权，通常涉及私人参与的城市基础设施用地和公益事业项目及国家重点扶持的能源、交通、水利等项目的用地。公共租赁住房和经济适用住房项目用地，目前也是通过行政划拨方式供应。以行政划拨方式供应公共租赁住房和经济适用住房建设用地时，也逐步开始采用以未来住宅租售价格或政府回购价格为标的的公开招标方式。

3. 原有划拨土地上存量房地产的土地使用权转让

对于原有划拨土地上的存量房地产，如因企业改制或兼并收购等行为导致产权变更时，需办理土地使用权出让手续。在不改变土地利用条件的情况下，该类土地使用权可采用协议方式获得，即由土地管理部门代表市政府与土地使用者以土地的公告市场价格或基准地价为基准，经过协商确定土地价格，采用国有土地使用权出让、租赁、作价入股或授权经营等方式，对原划拨国有土地资产进行处置，土地使用者获得相应条件下的土地使用权。值得指出的是，随着政府土地储备制度的建立，存量划拨土地使用权已经成为政府土地储备机构优先收回并纳入储备的重要对象，开发商直接获取该类土地的机会逐渐减小。

4. 与当前土地使用权拥有者合作

由于各种各样的原因，在房地产市场上存在许多拥有土地使用权的机构在寻求合作者。因此，对于拥有资金但缺少土地的开发商来说，通过土地转让、代建、并购或合伙等方式，与当前土地使用权拥有者合作，也是获取土地的一种重要方式。2016年万科集团59.5％的新增项目为通过合作方式获取。

作为我国土地使用制度的重大改革，2020年1月1日开始实施的新版《中华人民共和国土地管理法》，对集体经营性建设用地的土地使用权出让、出租做出了参照同类用途的国有建设用地执行的初步规定，具体办法尚待国务院另行制定。部分开发商已经通过出让、出租、作价入股等方式获得了利用集体建设用地，开始进行开发建设共有产权住房和租赁住房的实践。

**二、项目核准和备案**

为了规范和引导企业投资活动，巩固企业投资主体地位，推动政府转变投资管理职能，我国近年来持续改革企业固定资产投资制度，逐渐从严格刚性的行政计划审批，转变为旨在全面准确掌握企业固定资产投资意向信息，及时发现投资运行中存在的问题，以便有针对性地对投资活动进行调控和引导企业投资项目核准和备案制度。

（一）一般规定

按照自 2017 年 2 月 1 日起施行的《企业投资项目核准和备案管理条例》，对关系国家安全、涉及全国重大生产力布局、战略性资源开发和重大公共利益等项目，实行核准管理。其他类型的项目，实行备案管理。按照《政府核准的投资项目目录（2016 年版）》的规定，房地产开发项目属于城建类投资项目中的"其他城建项目"，由地方政府确定实行核准或者备案。实际执行过程中，各地一般对商品房开发投资项目实行备案管理，对棚户区改造、保障性住房、安置住房等政策性住房投资项目实行核准管理，对土地一级开发项目实施政府内部审批管理。

（二）项目核准

企业办理投资项目核准手续，应当向核准机关提交项目申请书。项目申请书的主要内容包括：①企业基本情况；②项目情况，包括项目名称、建设地点、建设规模、建设内容等；③项目利用资源情况分析以及对生态环境的影响分析；④项目对经济和社会的影响分析。

核准机关审查时要主要考察项目：是否危害经济安全、社会安全、生态安全等国家安全；是否符合相关发展建设规划、技术标准和产业政策；是否合理开发并有效利用资源；是否对重大公共利益产生不利影响。项目申请书由企业自主组织编制，企业应当对项目申请书内容的真实性负责。

（三）项目备案

企业办理投资项目备案，应当在项目开工建设前通过在线平台，将企业基本情况，项目名称、建设地点、建设规模、建设内容，项目总投资额，项目符合产业政策的声明等信息告知备案机关，并对备案项目信息的真实性负责。备案机关收到前述规定的全部信息即为备案，企业告知的信息不齐全的，备案机关将指导企业补正。企业可通过在线平台自行打印备案证明。

### 三、确定规划设计方案并获得规划许可

确定规划设计方案并获得规划许可，主要涉及政府城乡规划管理部门对房地产开发过程中的规划管理，具体包括下发《建设项目用地预审与选址意见书》、核发《建设用地规划许可证》、设计方案审批和核发《建设工程规划许可证》四个方面的工作。

按照开发建设项目用地的土地使用权获取方式不同，开发商需要办理的规划审批要求有一定差异。该差异主要体现在：以招拍挂出让方式获得土地使用权的开发建设项目，其项目选址阶段的《建设项目用地预审与选址意见书》审批已经

在土地一级开发环节完成，出让地块的位置、使用性质、开发强度等规划条件，已经作为《国有建设用地使用权出让合同》的组成部分确定下来，开发商只需在取得建设项目的批准、核准、备案文件和签订土地使用权出让合同后，向政府城乡规划主管部门领取《建设用地规划许可证》，而不是像划拨土地开发项目那样，需要向政府城乡规划主管部门提出建设用地规划许可申请，经政府城乡规划主管部门依据控制性详细规划核定建设用地的位置、面积和允许建设范围后，核发《建设用地规划许可证》。

（一）开发项目选址、定点审批阶段

本阶段的规划审批，主要针对以划拨方式和协议出让方式获得国有建设用地使用权的开发建设项目。

划拨用地开发项目的范围，主要包括非营利性的城市基础设施、邮政、教育、科研、文化、医疗卫生、体育、住宅配套服务、农贸市场和社会福利设施建设项目。居住用地划拨的范围，主要涉及经济适用住房项目、廉租住房项目、大学生公寓、住宅合作社集资建房、危旧房改造区居民安置用房、利用自有土地建设的职工宿舍、征地区域农民自住住宅项目。依法以协议出让方式获得国有土地使用权的建设项目，主要包括工业用地、基础设施用地、开发区或科技园区内的科技产业项目用地开发建设项目。

对于依法以招标、拍卖、挂牌出让方式获得国有土地使用权的商业、旅游、娱乐和商品住宅等各类经营性用地建设项目，本阶段的规划审批已经在土地出让前由土地储备机构办理完毕。

需要进行开发项目选址和定点审批时，开发商须持政府计划管理部门对建设项目的批准、核准或备案文件，开发建设单位或其主管部门的用地申请（须表述选址要求、拟建项目性质及有关情况），拟建规划设计图（含主要技术经济指标）、开发项目意向地块的1∶2 000或1∶500地形图及其他相关材料，向城乡规划管理部门提出开发项目选址、定点申请，由城乡规划管理部门审核后向城市土地管理部门等发出征询意见表。开发商请有关部门填好征询意见表后，持该征询意见表、征地和安置补偿方案及经城市土地管理部门盖章的征地协议、项目初步设计方案、批准的总平面布置图或建设用地图，报城乡规划管理部门审核后，由城乡规划管理部门下发《建设项目用地预审与选址意见书》。

城乡规划管理部门在《建设项目用地预审与选址意见书》中，将确定建设用地及代征城市公共用地范围和面积，根据项目情况提出规划设计要求。规划设计要求包括三个方面的内容：①规划土地使用要求（建筑规模、容积率、建筑高度、绿地率等）；②居住建筑（含居住区、居住小区、居住组团）的公共服务设施配套建设指标；③建设项目与退让用地边界、城市道路、铁路干线、河道、高压电力线等距离要求。

（二）《建设用地规划许可证》申领阶段

申领《建设用地规划许可证》时，开发商须持政府计划管理部门对建设项目的批准、核准或备案文件，《规划意见书（选址）》及附图复印件（招拍挂出让土地项目，由土地储备机构负责申报、提供）、国土资源行政主管部门《国有建设用地使用权出让合同》及其相关文件（协议出让和招拍挂出让土地项目）、建设用地钉桩成果通知单、按建设用地钉桩成果及绘图要求绘制的1∶500或1∶2 000地形图等资料，向城乡规划管理部门提出申请。对于通过招拍挂出让方式获得国有建设用地使用权的开发项目，还应提交建设用地申请文件（须表述取得用地的有关情况）和《国有建设用地使用权出让成交确认书》。城乡规划管理部门对建设用地使用性质、建设用地及代征城市公共用地范围和面积审核确定后，颁发《建设用地规划许可证》。《建设用地规划许可证》主要规定了用地性质、位置和界限。

对于划拨用地开发建设项目，开发商在取得《建设用地规划许可证》后，方可向政府土地主管部门申请用地，经县级以上人民政府审批后，由土地主管部门划拨土地。

（三）设计方案审查阶段

开发商应自行委托有规划设计资质的设计机构，按照《规划意见书（选址）》的要求，绘制规划设计方案图，然后持《建设项目规划许可及其他事项申报表》、《规划意见书（选址）》及附图复印件和设计方案图，向城乡规划管理部门提出设计方案审查申请，城乡规划管理部门接此申请后协同其他有关单位审查该详细规划设计方案。

开发商提交审查的设计方案，包括：①以实测现状地形图为底图绘制的规划设计总平面图（单体建筑设计方案比例尺1∶500，居住区设计方案比例尺1∶1 000）；②各层平面图、各向立面图、各主要部位剖面图（比例尺1∶100或1∶200）；③各项经济技术指标及无障碍设施设计说明及其他相关资料。

对于通过招拍挂出让方式获得国有建设用地使用权的开发项目，开发商申请设计方案审查时，尚须提交由土地储备机构负责提供的《规划意见书（选址）》及附图复印件和《建设用地钉桩成果》等前期规划文件。

城乡规划管理部门进行设计方案审查的主要内容包括：设计方案的用地范围与规划确定的范围一致，建设项目的性质符合城市规划要求，容积率、建筑高度、建筑密度、绿地率符合城市规划的要求，停车位个数、建筑间距、公共服务设施符合法律、法规、规章和城市规划的要求，已经安排了必要的水、电、气、热等市政基础设施。

城乡规划部门对设计方案提出修改或调整意见的，开发商应根据审查意见对设计方案进行调整修改，再报城乡规划管理部门审查。审查通过后由城乡规划管理部门向开发商出具《设计方案审查意见》，并将相关审查意见分别抄送政府园林、人防、消防、市政、体育、供水等行政主管部门。

（四）《建设工程规划许可证》申领阶段

开发商需持《建设项目规划许可及其他事项申报表》、《规划意见书（选址）》及附图复印件、《设计方案审查意见》及附图复印件、国土资源行政主管部门批准用地的文件、有资质设计单位按照《规划意见书（选址）》或《设计方案审查意见》及附图的要求绘制的建设工程施工图（施工图纸包括：图纸目录、无障碍设施设计说明、设计总平面图、各层平面图、剖面图、各向立面图、各主要部位平面图、基础平面图、基础剖面图）、《城市建设工程办理竣工档案登记表》、《勘察、设计中标通知书》（未进行设计方案审查的项目），向城乡规划管理部门提出申请。城乡规划管理部门接此申请后，将负责对相关文件进行与设计方案审查阶段内容相似的审查工作，通过审查后，签发《建设工程规划许可证》。

开发商取得《建设工程规划许可证》后，应按照城市规划监督有关规定，办理规划验线、验收事宜。工程竣工验收后，按规定应编制竣工图的建设项目，须依法按照国家编制竣工图的有关规定编制并报送城市档案馆。

值得指出的是，为推进政府职能转变、深化"放管服"改革和优化营商环境，从 2019 年开始各地陆续以"多规合一"和"一张蓝图"为基础，推进工程建设项目审批制度的"一个窗口""一张表单""多审合一、多证合一"改革，相关审批的流程优化、时限压缩、效率提高，为企业提供了更好的营商环境。

## 四、工程建设招标

（一）招标方式

工程建设项目招标方式，可以分为公开招标和邀请招标。依照《中华人民共和国招投标法》必须进行招标的工程建设项目，招标人应按政府审批部门核准的招标方式进行招标。

1. 公开招标

公开招标，是指招标人以招标公告的方式邀请不特定的法人或者其他组织投标。依法必须进行招标的项目，国有资金控股或占主导地位的建设项目，应采用公开招标方式确定承包商。进行公开招标时，开发商或其委托的招标代理机构应发布招标公告，招标公告的发布应当充分公开，任何单位和个人不得非法限制招标公告的发布地点和发布范围。依法必须招标项目的招标公告应当通过国家指定的报刊、信息、网络或者其他媒介发布。

2. 邀请招标

邀请招标，是指招标人以投标邀请书的方式邀请特定的法人或者其他组织投标。邀请招标也称选择性招标。邀请招标是非公开招标方式的一种。实行邀请招标的项目应符合招标投标法有关规定并经相关审批部门核准，进行邀请招标时，可由开发商或其委托的招标代理机构向具备承担项目的能力、资信良好的特定法人或者其他组织发出投标邀请书。被邀请参加投标的承包商应在 3 个以上。有下列情形之一的可以邀请招标：①项目技术复杂、有特殊要求或者受自然地域环境限制，只有少量潜在投标人可供选择；②采用公开招标方式的费用占项目合同金额的比例过大的。

（二）招标机构

当招标人决定采用招标方式发包建筑工程时，不管是公开招标还是邀请招标，都可以成立一个招标工作小组，负责招标过程中的决策活动与日常事务工作的处理。招标人具有编制招标文件和组织评标能力的，可以自行办理招标事宜。依法必须进行招标的项目，招标人自行办理招标事宜的，应当向有关行政监督部门备案；招标人应当自确定中标人之日起 15 日内，向有关行政监督部门提交招标投标情况的书面报告。招标人不具备自行招标能力时，可以委托依法设立、从事招标代理业务并提供相关服务的社会中介组织提供招标代理服务，并与代理机构成立联合招标工作小组。整个招标过程的活动均由招标工作小组负责组织。

1. 招标过程中的决策活动

（1）确定项目招标范围，即决定建设工程项目是全过程发包还是分阶段招标，通常根据欲招标项目具体情况确定招标范围。如住宅小区工程、大型道路工程等项目是否需要进行标段划分，是否需要专业工程招标等。需要注意的是，任何单位和个人不得将依法必须进行招标的项目化整为零或者以其他任何方式规避招标。施工项目需要划分标段、确定工期的，应合理划分并在招标文件中载明。

（2）组织编制工程量清单、招标控制价或标底，若采用工程量清单招标应编制工程量清单；根据《建设工程工程量清单计价规范》GB 50500—2013 规定：使用国有资金投资的建设工程发承包，必须采用工程量清单计价。还要求采用工程量清单方式招标，工程量清单必须作为招标文件的组成部分，其准确性和完整性由招标人负责。该规定加大了招标人的责任，因此招标人应提高清单编制质量，保证工程量清单的准确。规范还要求工程量清单由招标人根据工程量清单的国家标准、行业标准，以及招标文件、设计文件和施工现场实际情况编制，并与

"投标人须知""通用合同条款""专用合同条款""技术标准和要求""图纸"相衔接。

（3）确定合同方式和发包内容，招标人与中标人应当根据招标文件和中标人的投标文件订立合同。合同价可以采用以下方式：①固定价。合同总价或者单价在合同约定的风险范围内不可调整。②可调价。合同总价或者单价在合同实施期间，根据合同约定的办法调整。③成本加酬金。采用工程量清单招标的宜采用单价合同方式。工程建设项目应实行建设工程总承包。

招标人可根据项目特点决定是否编制标底。编制标底的，标底编制过程和标底必须保密。且一个工程只能编制一个标底。招标人可以设置最高投标限价。设有最高投标限价的，应当在招标文件中明确最高投标限价或者最高投标限价的计算方法。招标人不得规定最低投标限价。

国有资金投资的建设工程招标时，为有利客观、合理地评审投标报价和避免哄抬标价，造成国有资产流失，必须编制招标控制价。招标控制价相当于招标人的采购预算，同时要求其不能超过批准的概算。招标控制价不同于标底，无需保密。招标人应在招标文件中如实公布招标控制价并不得对所编制的招标控制价进行上浮或下调。采用招标控制价的必须在招标文件中公布。

2.招标中的日常事务工作

招标中的日常事务工作主要包括下列内容：①拟定招标方案，编制和出售招标文件、资格预审文件；②审查投标人资格；③编制标底；④组织投标人勘察现场；⑤组织开标、评标，协助招标人定标；⑥草拟合同；⑦招标人委托的其他事项。

3.招标工作小组组成人员

（1）决策人员

即招标人本身或其授权代表，代表招标人全权处理具体事务。

（2）专业技术与经济方面的专家

包括建筑师、结构和设备等专业工程师、经济师、造价工程师等。由他们负责向招标人或其授权代表提供咨询意见，并进行招标的具体事务处理。

（3）助理人员

即决策和专业技术人员的助手，包括秘书，资料、档案管理人员，计算、绘图等工作人员。

上述人员可以是招标人自身的工作人员，也可以是招标人聘请的人员。招标人依法组建的评标委员会负责评标。评标委员会通常由招标人代表和有关技术、经济等方面专家组成，成员为5人以上单数组成，其中经济、技术专家不得少于成员总数的 2/3。评标委员会的专家成员应从省级以上人民政府有关部门提供的专家名册或者招标代理机构的专家库内的相关专家名单中确定。评标委员会负责评标活动，向招标人推荐中标候选人或者根据招标人的授权直接确定中标人。

（三）招标程序

按照一般做法，工程建设项目招标程序如下：

1. 申请招标

依法必须招标的工程建设项目，应当具备下列条件才能进行施工招标：①招标人已经依法成立；②初步设计及概算应当履行审批手续的，已经批准；③招标范围、招标方式和招标组织形式等应当履行核准手续的，已经核准；④有相应的资金或资金来源已经落实；⑤有招标所需的设计图纸及技术资料。

2. 编制招标文件

当招标人的招标申请获得批准后，即应着手准备招标文件。招标文件是招标人向投标人介绍工程情况和招标条件的重要文件，也是签订工程承包合同的基础。招标人应当根据招标项目的特点和需要编制招标文件。招标文件应包括：①招标公告（或投标邀请书）；②投标人须知；③评标办法；④合同条款及格式；⑤采用工程量清单招标的，应当提供工程量清单；⑥设计图纸；⑦技术标准和要求；⑧投标文件格式；⑨投标人须知前附表规定的其他材料。特别要注意的是，招标人应当在招标文件中规定实质性要求和条件，并用醒目的方式标明。

3. 确定招标方式，发布招标公告或邀请投标函

招标人完成招标文件并经政府有关行政监督部门审核批准并备案后，即可按审核部门核准的方式招标。采取公开招标方式时，招标人应在规定的媒介上发布招标公告。招标公告应当至少载明：①招标人的名称和地址；②招标项目的内容、规模、资金来源；③招标项目的实施地点和工期；④获取招标文件或者资格预审文件的地点和时间；⑤对招标文件或者资格预审文件收取的费用；⑥对投标人的资质等级的要求。

招标人采用邀请招标方式时，应当向 3 个以上具备承担招标项目的能力、资信良好的特定的法人或者其他组织发出投标邀请书。

4. 投标人资格审查

资格审查分为资格预审和资格后审。投标人资格审查的目的在于了解投标人的技术和财务实力以及施工经验，限制不符合条件的单位盲目参加投标，以使招标能获得比较理想的结果。

开发商对投标人进行资格审查时应考虑以下几个方面：①具有独立订立合同的权利；②具有履行合同的能力，包括专业、技术资格和能力，资金、设备和其

他物质设施状况，管理能力，经验、信誉和相应的从业人员；③没有处于被责令停业，投标资格被取消，财产被接管、冻结，破产状态；④在最近三年内没有骗取中标和严重违约及重大工程质量问题；⑤法律、行政法规规定的其他资格条件。

招标人应向经资格预审合格的潜在投标人发出资格预审合格通知书，告知获取招标文件的时间、地点和方法，并同时向资格预审不合格的投标人告知资格预审结果。注意资格预审不合格的潜在投标人不得参加投标。

采用资格后审的，经后审不合格的投标人的投标应作废标处理。

5. 投标

投标人是响应招标、参加投标竞争的法人或者其他组织。投标人应当按照招标文件的要求编制投标文件，并须对招标文件提出的实质性要求和条件做出响应。投标文件一般应包括的内容有：①投标函及投标函附录；②法定代表人身份证明或附有法定代表人身份证明的授权委托书；③联合体协议书；④投标保证金；⑤已标价工程量清单；⑥施工组织设计；⑦项目管理机构；⑧拟分包项目情况表；⑨资格审查资料；⑩投标人须知前附表规定的其他材料。

6. 开标、评标和定标

开标应在招标文件确定的提交投标文件的截止时间的同一时间公开进行；开标地点应为招标文件中确定的地点。投标文件有下列情形之一的，招标人不予受理：①逾期送达的或者未送达指定地点的；②未按招标文件密封的。

一般按下列程序进行开标：①宣布开标纪律；②公布在投标截止时间前递交投标文件的投标人名称，并点名确认投标人是否派人到场；③宣布开标人、唱标人、记录人、监标人等有关人员姓名；④按照投标人须知前附表规定检查投标文件的密封情况；⑤按照投标人须知前附表的规定确定并宣布投标文件开标顺序；⑥设有标底的，公布标底；⑦按照宣布的开标顺序当众开标，公布投标人名称、标段名称、投标保证金的递交情况、投标报价、质量目标、工期及其他内容，并记录在案；⑧投标人代表、招标人代表、监标人、记录人等有关人员在开标记录上签字确认；⑨开标结束。

评标由依法组建的评标委员会负责。专家按评标程序进行评审。评标程序包括：初步评审；详细评审、投标文件的澄清与补正和提交评标结果。投标文件有下列情形之一的，由评标委员会初审后按废标处理：①无单位盖章并无法定代表人或法定代表人授权的代理人签字或盖章的；②未按规定的格式填写，内容不全或关键字迹模糊、无法辨认的；③投标人递交两份或多份内容不同的投标文件，或在一份投标文件中对同一招标项目报有两个或多个报价，且未声明哪一个有效，按招标文件规定提交备选投标方案的除外；④投标人名称或组织结构与资格预审时不一致的；⑤未按招标文件要求提交投标保证金的；⑥联合体投标未附联合体各方共同投标协议的。评标委员会按照招标文件中确定的评标办法进行评审，完成评审后向招标人提出书面评标报告。评标报告由评标委员会全体成员签字。

在评标委员会提出书面评标报告后，招标人一般应在 15 日内确定中标人并发出中标通知书。

7. 签订合同

招标人和中标人应当自中标通知书发出之日起 30 日内，按照招标文件和中标人的投标文件订立书面合同。依法必须进行施工招标的项目，招标人还要在中标通知书发出之日起 15 日内向有关行政监督部门提交招标投标情况书面报告。书面报告应包括下列内容：①招标范围；②招标方式和发布招标公告的媒介；③招标文件中投标人须知、技术条款、评标标准和方法、合同主要条款等内容；④评标委员会的组成和评标报告；⑤中标结果。

### 五、开工申请与审批

建设工程招标工作结束后，开发商就可以申请开工许可。为了加强对建筑活动的监督管理，维护建筑市场秩序，保证建筑工程的质量和安全，根据《中华人民共和国建筑法》，住房和城乡建设部于 2018 年公布了修订后的《建筑工程施工许可管理办法》。根据该办法的有关规定，在中华人民共和国境内从事各类房屋建筑及其附属设施的建造、装修装饰和与其配套的线路、管道、设备的安装，以及城镇市政基础设施工程的施工，建设单位在开工前，应依规向工程所在地的县级以上人民政府住房城乡建设主管部门（以下简称发证机关）申请领取施工许可证。

（一）申请领取《建筑工程施工许可证》应具备的条件

（1）依法应当办理用地手续的，已经办理该建筑工程用地批准手续。

（2）在城市、镇规划区的建筑工程，已经取得《建设工程规划许可证》。

（3）施工场地已经基本具备施工条件，需要征收房屋的，其进度符合施工要求。

（4）已经确定施工企业，按照规定应该招标的工程没有招标，应该公开招标的工程没有公开招标，或者肢解发包工程，以及将工程发包给不具备相应资质条件的企业的，所确定的施工企业无效。

（5）有满足施工需要的技术资料，施工图设计文件已按规定审查合格。

（6）有保证工程质量和安全的具体措施。施工企业编制的施工组织设计中有根据建筑工程特点制定的相应质量、安全技术措施。建立工程质量安全责任制并落实到人。专业性较强的工程项目编制了专项质量、安全施工组织设计，并按照规定办理了工程质量、安全监督手续。

（7）建设资金已经落实。建设单位应当提供建设资金已经落实承诺书。

（8）法律、行政法规规定的其他条件。

（二）申请办理《建筑工程施工许可证》的程序

（1）建设单位向发证机关领取《建筑工程施工许可证申请表》。

（2）建设单位持加盖单位及法定代表人印鉴的《建筑工程施工许可证申请表》，并附相关证明文件，向发证机关提出申请。

（3）发证机关在收到建设单位报送的《建筑工程施工许可证申请表》和所附证明文件后，对于符合条件的，应当自收到申请之日起 7 日内颁发施工许可证；对于证明文件不齐全或者失效的，应当场或者 5 日内一次告知建设单位需要补正的全部内容，审批时间可以自证明文件补正齐全后作相应顺延；对于不符合条件的，应当自收到申请之日起 7 日内书面通知建设单位，并说明理由。

建筑工程在施工过程中，建设单位或者施工单位发生变更的，应当重新申请领取施工许可证。

### 六、其他前期工作

除了上述四个主要环节的工作，房地产开发过程的前期工作可能还包括：施工现场的水、电、路通和场地平整；市政设施接驳的谈判与协议；安排短期和长期信贷；对拟开发建设的项目寻找预租（售）的客户；进一步分析市场状况，初步确定目标市场、售价或租金水平；制定项目开发过程的监控策略；洽谈开发项目保险事宜等。

上述工作完成后，对项目应再进行一次财务评价。因为前期工作需要花费一定时间，而决定开发项目成败的经济特性可能已经发生了变化。所以，开发商一般在正式进入建设阶段前，需要再次评价开发项目的风险和盈利特性，以作为是否进入下阶段工作的决策依据。

值得指出的是，由于土地成本和前期费用占总开发成本的比重越来越大，所以对许多开发商而言，项目进展到获得建设工程开工许可阶段，其成本支出往往已经超过了项目成本的 50% 甚至 70%，所以即使市场环境与项目开始时比较发生了较大的不利变化，在选择马上开工建设和延期开工建设之间，也要根据公司目前的财务状况尤其是未来一段时间的现金流状况进行慎重的比选决策，还要认真考虑政府对延迟开发建设的有关政策。

作为一条行业准则，开发商必须时刻抑制自己过高的乐观态度，并且保持一种"健康的怀疑"态度来对待其所获得的专业咨询意见。使自己既不期望过高的售价、租金水平，也不期望过低的开发成本。同时，开发商还必须考虑到某些意外事件可能导致的损失。如果开发商这样做了，即使可能会失去一些投资机会，但也会避免由于盲目决策带来的投资失误。

# 第四节　建　设　阶　段

建设阶段是指项目从开工到竣工验收所经过的过程。开发商在建设阶段的主要工作目标，就是要在投资预算范围内，按项目开发进度计划的要求，高质量地完成建筑安装工程，使项目按时投入使用。开发商在建设阶段所涉及的管理工作，就是从业主的角度，对建设过程实施包括质量、进度、成本、合同、安全、技术、信息、绿色建造与环境、资源、采购、沟通、风险等在内的工程项目管理。房地产开发过程中的工程项目管理，可由开发商自己组织的管理队伍管理，也可委托项目管理机构负责管理。项目管理机构可以是项目管理公司、项目部、工程监理部等。

## 一、质量管理

质量管理是指项目管理机构以合同中规定的质量目标或以国家标准、规范为目标所进行的监督与管理活动，包括决策、设计、采购和施工阶段的质量管理，甚至把分包的质量也纳入项目质量控制范围。在项目施工阶段，质量管理的任务主要是在施工过程中及时检查施工工艺规程是否满足设计要求和合同规定，对所选用的材料和设备进行质量评价、对整个施工过程中的工程质量进行评估，将取得的质量数据和承包商履行职责的程序，与国家有关规范、技术标准、规定进行比较，并作出评判。

工程施工阶段的工程质量控制工作主要包括下列方面：

（一）对原材料的检验

材料质量的好坏直接影响工程的质量，因此为了保证材料质量，应当在订货阶段就向供货商提供检验的技术标准，并将这些标准列入订购合同中。有些重要材料应当在签订购货合同前取得样品或样本，材料到货后再与样品进行对照检查，或进行专门的化验或试验。未经检验或不合格的材料切忌与合格的材料混装入库。

（二）对工程采用的配套设备进行检验

在各种设备安装之前均应进行检验和测试，不合格的要避免采用。工程施工中应确立设备检查和试验的标准、手段、程序、记录、检验报告等制度；对于主要设备的试验与检查，可考虑到制造厂进行监督和检查。

（三）确立施工中控制质量的具体措施

（1）对各项施工设备、仪器进行检查，特别是校准各种仪器仪表，保证在测量、计量方面不出现严重误差。

（2）控制混凝土质量。混凝土工程质量对建筑工程的安全有着极其重要的影响，必须确保混凝土浇筑质量。应当有控制混凝土中水泥、砂、石和水灰比的严格计量手段，制定混凝土试块制作、养护和试压等管理制度，并有专人监督执行；试块应妥善保存，以便将来进行强度检验，在浇灌混凝土之前，应当有专职人员检查挖方、定位、支模和钢筋绑扎等工序的正确性。

（3）对砌筑工程、装饰工程和水电安装工程等制定具体有效的质量检查和评定办法，以保证质量符合合同中规定的技术要求。

（四）确立有关质量文件的档案制度

汇集所有质量检查和检验证明文件、试验报告，包括分包商在工程质量方面提交的文件。

## 二、进度管理

进度管理是指以项目进度计划为依据，综合利用组织、技术、经济和合同等手段，对建设工程项目实施的时间管理。项目进度管理的程序包括：编制进度计划；进度计划交底，落实管理责任；实施进度计划；进行进度控制和变更管理。建设工程进度控制工作的主要内容包括：对项目建设总周期的论证与分析；编制项目建设工程进度计划；编制其他配套进度计划；监督项目施工进度计划的执行；施工现场的调研与分析。

项目建设总周期的论证与分析，就是对整个项目进行通盘考虑，全面规划，用以指导人力、物力的运用和时间、空间的安排，最终确定经济合理的建设方案。

（一）工程进度计划的编制

（1）将全部工程内容分解和归纳为单项工程或工序，单项工程或工序分解的细致程度，可以根据工程规模的大小和复杂程度确定。一个施工项目首先可分为房屋建设工程、室外道路、各种室外管道工程等较大的子项工程，每一子项工程又可分为土方工程、基础工程、钢结构制作与安装工程、屋面工程、砌筑工程、地面工程、其他建筑工程、设备安装工程等。

（2）统计计算每项工程内容的工作量。一般情况下用工程量表中的计量单位来表示工作量，例如，土方工程和混凝土工程用立方米表示；管道工程用延米表示；钢筋加工用吨表示。另外，工程进度亦可用完成的投资额占总投资额的比例来表示。

（3）计算每个单项工程工作量所需时间，可用天数表示。此处的工作时间是按正常程序和施工总方案中所选用的施工设备的水平，以熟练工人正常工效计算。

（4）按正常施工的各个单项工程内容的逻辑顺序和制约关系，排列施工先后次序，从每项施工工序的最早可能开工时间推算下去，可以得出全部工程竣工所需的周期；再逆过来，从上述竣工日期向前推算，可以求出每一施工工序的最迟开始日期。如果某项工序的最早可能开工日期早于最晚开工日期，则说明该项工序有可供调节的机动时间。该项工序只要在最早开工和最迟开工时间之间的任何时候开工，均不会影响项目的竣工日期。

（二）进度管理及计划调整

进度计划包括每一具体工序的计划开始时间和计划完成时间。可采用横道图法和网络图法表示。

1. 横道图法

横道图法是用直线线条在时间坐标上表示出单项工程进度的方法。由于横道图制作简便，明了易懂，因而在我国各行各业进度管理中普遍采用。对于一些并不十分复杂的建筑工程，采用这种图表是比较适合的（图 3-1）。

以横道图为进度计划，在工程实际进行中，可以把实际进度用虚线表示在图中，与计划进度作一对比，以便调整工程进度。

横道图的缺点是从图中看不出各项工作之间的相互依赖和相互制约的关系，看不出一项工作的提前或落后对整个工期的影响程度，看不出哪些工序是关键工作。

2. 网络图法

网络图法是以网络图的形式来表达工程进度计划的方法，网络图法的优点，首先是在网络图中可确切地表明各项工作的相互联系和制约关系；其次是可以计算出工程各项工作允许的最早和最晚开始时间，从而可以找出关键工作和关键线路。所谓关键线路是指在该工程中，直接影响工程总工期的那一部分连贯的工作。通过不断改善网络计划，就可以求得各种优化方案。例如：工期最短；各种资源最均衡；在某种有限制的资源条件下，编出最优的网络计划；在各种不同工期下，选择工程成本最低的网络计划等。

此外，在工程实施过程中，根据工程实际情况和客观条件的变化，可随时调

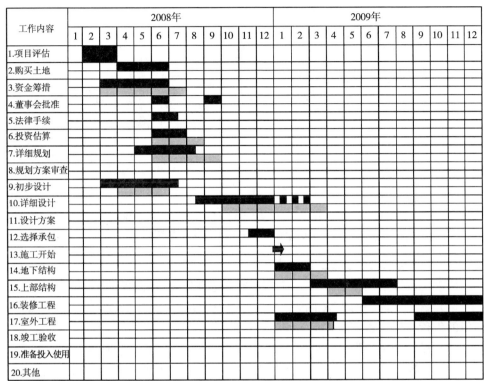

注：■ 计划进度 ▨ 实际进度

**图 3-1 开发项目总体进度计划横道图**

整网络计划，使得计划永远处于最切合实际的最佳状态，保证该项工程以最小的消耗，取得最大的经济效益。网络图有单代号网络、双代号网络和时标网络三种表现形式，图 3-2 是某小型建设项目施工进度计划网络图。

（三）其他配套进度计划

除了工程进度计划外，还有其他与之相关的进度计划，例如，材料供应计划、设备周转计划、临时工程计划等。这些进度计划的实施情况影响着整个工程的进度。

（1）材料供应计划。根据工程进度计划，确定材料、设备的数量和供货时间，以及各类物资的供货程序，制定供应计划。

（2）设备周转计划。根据工程进度的需要制定设备周转计划，包括模板周转，起重机械、土方工程机械的使用等。

（3）临时工程计划。临时工程包括：工地临时居住房屋、现场供电、给水排水等。在制定了工程进度计划后亦应制定相应的临时工程计划。

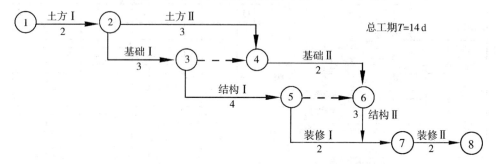

说明：①该工程分为两段施工，即Ⅰ段和Ⅱ段。
　　　②施工过程包括四个工序：土方工程、基础工程、结构和装修工程。

**图 3-2　某小型建设项目施工进度计划网络图**

（四）进度管理中应关注的因素

影响工程进度的因素很多，需要特别重视的有以下四个方面：

（1）材料、设备的供应情况。包括各项设备是否完成，计划运到日期；各种材料的供货厂商是否落实，何时交货，检验及验收办法等。

（2）设计变更。设计的修改往往会增加工作量，延缓工程进度。

（3）劳动力的安排情况。工人过少会完不成进度计划中规定的任务，而工人过多则会由于现场工作面不够而造成窝工，因而也完不成任务。所以要适当安排工人。

（4）气象条件。应时刻注意气象条件，天气不好（如下雨、下雪），则安排室内施工（如装修）；天气晴朗时，加快室外施工进度。

**三、成本管理**

工程成本管理是监督成本费用、降低工程造价的重要手段。成本管理的流程包括：成本计划、成本控制、成本核算、成本分析和成本考核。合同文件、成本计划、进度报告、工程变更与索赔资料和各种资源的市场信息是成本控制的主要依据。确定目标、找出偏差、分析原因、制定对策纠正偏差是主要工作方法。开发商的利润来自租售收入和总开发成本的差值，而工程成本又是总开发成本的主要组成部分，所以降低工程成本就能增加开发利润。

（一）成本管理的主要工作内容

除项目投资决策、设计和工程发包阶段的成本控制外，项目施工阶段的工程成本控制主要包括下列四个方面的工作：

1. 编制成本计划，确定成本控制的目标

工程成本费用是随着工程进度逐期发生的，根据工程进度计划可以编制成本计划。为了便于管理，成本计划可分解为五个方面：①材料设备成本计划；②施工机械费用计划；③人工费成本计划；④临时工程成本计划；⑤管理费成本计划。根据上述成本计划的总和，即能得出成本控制总计划。在工程施工中，应严格按照成本计划实施。对于计划外的一切开支，应严格控制。如果某部分项目有突破成本计划的可能，应及时提出警告，并及时采取措施控制该项成本。

2. 审查施工组织设计和施工方案

施工组织设计和施工方案对工程成本支出影响很大。科学合理的施工组织设计和施工方案，能有效降低工程建设成本。

3. 控制工程款的动态结算

建筑安装工程项目工程款的支付方式，包括按月结算、竣工后一次结算、分段结算和其他双方约定的结算方式等。工程款结算方式的不同，对开发商工程成本支出数额也有较大影响。从开发商的角度来说，工程款的支付越向后拖越有利，但承包商也有可能因为自身垫资或融资能力有限而影响工程质量和进度。

4. 控制工程变更

在项目的实施过程中，由于多方面情况的变更（如根据市场调查对户型布置提出与原设计方案不同的要求），经常出现工程量变化、施工进度变化，以及开发商与承包商在执行合同中的争执等问题。工程变更所引起的工程量的变化和承包商的索赔等，都有可能使项目建设成本支出超出原来的预算成本。因此，要尽可能减少和控制工程变更的数量。

（二）控制工程成本的做法和手段

1. 强化"成本"意识，加强全面管理

成本控制涉及项目建设中各部门甚至每一个工作人员，强化"成本"意识，协调各部门共同参加成本控制工作，这是最基本的做法。计划部门应事先听取现场管理人员的建议，制定切实可行的成本计划。在成本计划实施中，应时刻注意施工管理人员的反馈，以便在需要时进行修改或调整。

2. 确定成本控制的对象

工程成本中有些费用所占比例大，是主要费用，有些所占比例小，是次要费用。有些费用是变动费用，有些则是固定费用。在制定成本控制计划之前，要详细分析成本组成，分清主要费用与次要费用、变动费用与固定费用。成本控制的主要对象是主要费用中的变动费用。当然，工程成本中的主要费用与次要费用、固定费用与变动费用都是相对而言的，其划分标准视工程规模和项目性质而定。

### 3. 完善成本控制制度

完好的计划应当由完善的制度来保证实施。成本管理人员应当首先编制一系列标准的报表，规定报表的填报内容与方法。例如，每日各项材料的消耗表、用工记录（派工单）、机械使用台班与动力消耗情况记录等。另外，还应规定涉及成本控制的各级管理人员的职责，明确成本控制人员与现场管理人员的合作关系和具体职责划分。现场管理人员要积累原始资料和填报各类报表，由成本控制人员整理、计算、分析并定期编写成本控制分析报告。图 3-3 给出了项目管理人员通常要准备的现金流分析图的示例。通过类似图表，开发商就能跟踪项目费用支出的情况，及时更新、调整其开发项目评估报告。

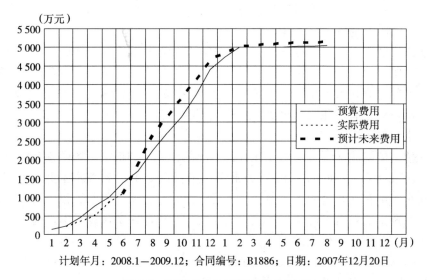

计划年月：2008.1—2009.12；合同编号：B1886；日期：2007年12月20日

**图 3-3　建造成本支出现金流分析图**

### 4. 制定有效的奖励措施

成本控制的奖励措施对调动各级各类人员降低成本的积极性非常有益。除物质奖励和精神奖励外，为有突出贡献的人员提供专业进修、职级晋升和国内外考察机会等，也是非常有效的方法。

### 四、合同管理

随着中国建筑市场的日趋完善和逐渐与国际惯例接轨，合同管理在现代建筑工程项目管理中的地位越来越重要，已经成为与质量控制、进度控制、成本控制和安全管理等并列的一大管理职能。

（一）合同管理的作用

（1）确定了工程实施和工程管理的工期、质量、价格等主要目标，是合同双方在工程中进行各种经济活动的依据。

（2）规定了合同双方在合同实施过程中的经济责任、利益和权利，是调节合同双方责权利关系的主要手段。

（3）履行合同、按合同办事，是工程过程中双方的最高行为准则，合法合同一经签署，则成为法律文件，具有法律约束力。

（4）一个项目的合同体系决定了该项目的管理机制，开发商通过合同分解或委托项目任务，实施对项目的控制。

（5）是合同双方在工程实施过程中解决争执的依据。

（二）房地产开发项目的主要合同关系

（1）开发商的主要合同关系：开发商为了顺利地组织实施其所承担的开发项目，需要在开发过程中签署一系列的合同，这些合同通常包括：土地使用权出让或转让合同、勘察设计合同、融资合同、咨询合同、工程施工合同、采购合同、销售合同、联合开发或房地产转让合同等。

（2）承包商的主要合同关系：承包商是工程施工的具体实施者，是工程承包（或施工）合同的执行者。由于承包商不可能、也不需要必备履行工程承包合同的所有能力，因此其通常将许多专业工作委托出去，从而形成了以承包商为核心的复杂合同关系。承包商的主要合同关系包括：工程承包合同、分包合同、供应（采购）合同、运输合同、加工合同、租赁合同、劳务供应合同、保险合同、融资合同、联合承包合同等。

（三）合同管理的主要工作内容

建设工程合同管理工作，包括建设工程合同的总体策划、招标投标阶段的合同管理、合同分析与解释及合同实施过程中的控制。

（1）建设工程合同总体策划阶段，开发商和承包商要慎重研究确定影响整个工程及整个合同实施的根本性、方向性重大问题，确定工程范围、承包方式、合同种类、合同形式与条件、合同重要条款、合同签订与实施过程中可能遇到的重大问题，以及相关合同在内容、时间、组织及技术等方面的协调等。

（2）由于投标招标是合同的形成阶段，对合同的整个生命周期有根本性的影响，通过对招标文件、合同风险、投标文件等的分析和合同审查，明确合同签订前应注意的问题，就成为投标招标阶段合同管理的主要任务。

（3）合同分析是合同执行的计划，要通过合同分析具体落实合同执行战略，同时，还要通过合同分析与解释，使每一个项目管理的参与者，都明确自己在整个合同实施过程中的位置、角色及与相关内外部人员的关系，客观、准确、全面地念好"合同经"。

（4）合同实施过程中的控制是立足于现场的合同管理，其主要工作包括合同实施监督、合同跟踪、合同诊断和合同措施的决策等。建立合同实施保证体系、完善合同变更管理和合同资料的文档管理，是搞好合同实施控制的关键。

### 五、安全生产管理

项目安全生产管理包括项目职业健康与安全管理。安全问题是影响工程建设进度、质量和成本的重要方面，加强安全管理，对提高开发项目的总体经济效益和社会效益有着重要的意义。工程建设中安全管理的原则是安全第一、预防为主。在规划设计阶段，要求工程设计符合国家制定的建筑安全规程和技术规范，保证工程的安全性能。在施工阶段，要求承包商在编制施工组织设计时，应根据建筑工程的特点制定相应的安全技术措施；对专业性较强的项目，应当编制专项安全施工组织设计，并采取安全技术措施。

为了达到安全生产的目的，要求承包商在施工现场采取维护安全、防范危险、预防火灾等措施；有条件的，应当对施工现场实行封闭管理。施工现场对毗邻的建筑物、构筑物和特殊作业环境可能造成损害的，建筑施工企业应当采取安全防护措施。

承包商还应当遵守有关环境保护和安全生产的法律、法规的规定，采取控制和处理施工现场的各种粉尘、废气、废水、固体废物以及噪声、振动对环境的污染和危害的措施。开发商应按照国家有关规定办理申请批准手续的可能情况包括：①需临时占用规划批准范围以外场地；②可能损坏道路、管线、电力、邮电通信等公共设施；③需要临时停水、停电、中断道路交通；④需要进行爆破作业等。

施工现场的安全由建筑施工企业负责。实行施工总承包的，由总承包单位负责。分包单位向总承包单位负责，服从总承包单位对施工现场的安全生产管理。开发商或其委托的监理工程师应监督承包商建立安全教育培训制度，对危及生命安全和人身健康的行为有权提出批评、检举和控告。开发商与承包商还要认真协调安排工程安全保险事宜，按双方约定承担支付保险费的义务。

### 六、竣工验收

项目的竣工验收是建设过程的最后一个程序，是全面检验设计和施工质量，考核工程造价的重要环节。通过竣工验收，质量合格的建筑物即可投入使用，出售或出租给客户。对于预售或预租的项目，通过投入使用，开发商就可以得到预付款外的款项。因此，开发商对于确已符合竣工验收条件的项目，都应按有关规定和国家质量标准，及时进行竣工验收。对竣工的项目和单项工程，应尽量建成一个验收一个，并抓紧交付使用和投入经营，使之尽快发挥经济效益。

（一）竣工验收的要求

当项目完工并具备竣工验收条件后，由承包商按国家工程竣工验收有关规定，向开发商提供完整竣工资料及竣工验收报告，并提出竣工验收申请。之后，开发商负责组织有关单位进行验收，并在验收后给予认可或提出修改意见。承包商按要求修改，并承担由自身原因造成修改的费用。

在正式办理竣工验收之前，开发商为了做好充分准备，需要进行初步检查。初步检查是指在单项工程或整个项目即将竣工或完全竣工之后，由开发商自己组织统一检查工程的质量情况、隐蔽工程验收资料、关键部位施工记录、按图施工情况及有无漏项等。根据初步检查情况，由项目的监理工程师列出需要修补的质量缺陷"清单"，承包商应切实落实修复这些缺陷，以便通过最终的正式验收。进行初步检查对加快扫尾工程，提高工程质量和配套水平，加强工程技术管理，促进竣工和完善验收都有好处。

（二）竣工验收的依据

项目或单项工程竣工验收的依据是：经过审批的项目建议书、年度开工计划、施工图纸和说明文件、施工过程中的设计变更文件、现行施工技术规程、施工验收规范、质量检验评定标准，以及合同中有关竣工验收的条款。工程建设规模、工程建筑面积、结构形式、建筑装饰、设备安装等应与各种批准文件、施工图纸、标准保持一致。

（三）竣工验收的工作程序

项目竣工验收的工作程序一般分为三个阶段。

1. 单项工程竣工验收

在开发小区总体建设项目中，一个单项工程完工后，根据承包商的竣工报告，开发商首先进行检查，并组织施工单位（承包商）和设计单位整理有关施工技术资料（如隐蔽工程验收单，分部分项工程施工验收资料和质量评定结果，设计变更通知单，施工记录、标高、定位、沉陷测量资料等）和竣工图纸。然后，由开发商组织承包商、设计单位、客户（使用方）、质量监督部门，正式进行竣工验收，开具竣工证书。

2. 综合验收

综合验收是指开发项目按规划、设计要求全部建设完成，并符合验收标准后，即应按规定要求组织综合验收。验收准备工作以开发商为主，组织设计单位、承包商、客户、质量监督部门进行初验，然后邀请有关城市建设管理部门，如住房和城乡建设、发展改革、人防、环保、消防、规划、自然资源等管理部门，参加正式综合验收，签发验收报告。

综合验收中的规划核实，是竣工项目投入使用前的关键环节。申请建设工程规划核实时，开发商应提供规划设计条件及附图、建设用地规划许可证及附图、建筑设计方案审核意见及附图、建设工程竣工图（包括：图纸目录、无障碍设施设计说明、设计总平面图、各层平面图、剖面图、各向立面图、各主要部位平面图、基础平面图、基础剖面图）、由具有相应测绘资质的测绘单位编制的《建设工程竣工测量成果报告书》和《建设工程规划许可证》及附图。城乡规划管理部门审查建设项目的平面位置、层数、高度、外轮廓线、立面、建筑规模、使用性质等是否符合《建设工程规划许可证》的许可内容，审查项目用地范围内和代征地范围内应当拆除的建筑物、构筑物及其他设施的拆除情况、绿化用地的腾退情况、单体配套设施的建设情况，要求居住区（含居住小区、居住组团）的配套设施和环境建设与住宅建设同步完成，未能同步完成的则对相应的住宅部分不予进行规划验收。

3. 竣工验收备案

开发商应当自工程竣工验收合格之日起 15 日内，将建设工程竣工验收报告和规划、公安消防、环保等部门出具的认可文件或者准许使用文件报建设行政主管部门或者其他有关部门备案。办理工程竣工验收备案应提交的文件包括：

（1）工程竣工验收备案表。

（2）工程竣工验收报告。竣工验收报告应当包括工程报建日期，施工许可证号，施工图设计文件审查意见，勘察、设计、施工、工程监理等单位分别签署的质量合格文件及验收人员签署的竣工验收原始文件，市政基础设施的有关质量检测和功能性试验资料以及备案机关认为需要提供的有关资料。

（3）法律、行政法规规定应当由规划、公安消防、环保等部门出具的认可文件或者准许使用文件。

（4）施工单位签署的工程质量保修书。

（5）法规、规章规定必须提供的其他文件。商品住宅还应当提交《住宅质量保证书》和《住宅使用说明书》。

在组织竣工验收时，应对工程质量的好坏进行全面鉴定。工程主要部分或关键部位若不符合质量要求会直接影响使用和工程寿命，应进行返修和加固，然后再进行质量评定。工程未经竣工验收或竣工验收未通过的，开发商不得使用、不得办理客户入住手续。

（四）竣工结算

竣工结算是反映项目实际造价的技术经济文件，是开发商进行经济核算的重要依据。合同工程完工后，承包人应在经承发包双方确认的合同价款结算的基础上，汇总编制完成竣工结算文件，并在提交竣工验收申请的同时向发包人提交竣工结算文件。开发商在收到承包人提交的竣工决算文件后，应在规定时间内核对，承包人应在规定时间按开发商提出的合理要求补充资料，修改竣工结算文件，再次提交给开发商复核后批准。承包人应根据办妥的竣工结算文件向发包人提交竣工结算款支付申请。发包人应在收到承包人提交竣工结算支付申请后及时予以核实，向承包人签发竣工结算支付证书。

（五）编制竣工档案

建设工程档案是在工程建设活动中直接形成的具有归档保存价值的文字、图纸、图表、声像、电子文件等各种形式的历史记录。建设工程文件是项目的重要技术管理成果，是使用单位安排生产经营、住户适应生活的需要。物业管理公司依据建设工程档案对物业进行管理和进一步改建、扩建。建设工程文件应随工程建设进度同步形成，不得事后补编。对列入城建档案管理机构接收范围的工程，工程竣工验收备案前，应向当地城建档案管理机构移交一套符合规定的工程档案。建设工程档案的验收应纳入建设工程竣工联合验收环节。建设工程文件的整理、归档，以及建设工程档案的验收与移交，应符合《建设工程文件归档规范（2019年版）》GB/T 50328—2014相关要求。

1. 建设工程档案文件

建设工程文件包括工程准备阶段文件、监理文件、施工文件、竣工图以及竣工验收文件。

（1）工程准备阶段文件，是工程开工以前，在立项、审批、用地、勘察、设计、招标投标等工程准备阶段形成的文件。其中：①立项文件，包括项目建议书批复文件及项目建议书，可行性研究报告批复文件及可行性研究报告，专家论证意见、项目评估文件，有关立项的会议纪要、领导批示。②建设用地及拆迁文件，包括选址申请及选址规划意见通知书，建设用地批准书，拆迁安置意见、协议、方案等，建设用地规划许可证及其附件，土地使用证明文件及其附件，建设用地钉桩通知单。③勘察、设计文件，包括工程地质勘察报告，水文地质勘察报告，初步设计文件（说明书），设计方案审查意见，人防、环保、消防等有关主管部门（对设计方案）审查意见，设计计算书，施工图设计文件审查意见，节能设计备案文件。④招标投标文件，包括勘察、设计招标投标文件，勘察、设计合同，施工招标投标文件，施工合同，工程监理招标投标文件，监理合同。⑤开工审批文件，包括建设工程规划许可证及其附件，建筑工程施工许可证。⑥工程造价文件。⑦工程建设基本信息，包括工程概况信息表，建设单位工程项目负责人及现场管理人员名册，监理单位工程项目总监理及监理人员名册，施工单位工程项目经理及质量管理人员名册。

（2）监理文件，是监理单位在工程设计、施工等监理过程中形成的文件。其中：①监理管理文件，包括监理规划，监理实施细则，监理工作总结，工程暂停令，工程复工报审表等。②进度控制文件，包括工程开工报审表，施工进度计划报审表。③质量控制文件，包括质量事故报告及处理资料，取样和送检人员备案表，见证记录等。④造价控制文件。⑤工期管理文件，包括工程延期申请表，工程延期审批表。⑥监理验收文件，包括施工移交证书，监理资料移交书。

（3）施工文件，是施工单位在施工过程中形成的文件。其中：①施工管理文件，包括建设单位质量事故勘察记录，建设工程质量事故报告书，见证试验检测汇总表等。②施工技术文件，包括施工组织设计及施工方案，危险性较大分部分项工程施工方案，图纸会审记录，设计变更通知书，工程洽商记录（技术核定单）等。③进度造价文件，包括工程开工报审表，工程复工报审表，工程延期申请表等。④施工物资出厂质量证明及进场检测文件，包括出厂质量证明文件及检测报告，进场检验记录，进场复式报告（包括钢材、水泥、砂、碎（卵）石、外加剂、砖（砌块）试验报告，预应力筋复试报告，预应力锚具、夹具和连接器复试报告，钢结构用钢材、防火涂料、焊接材料高强度大六角头螺栓连接副、扭剪型高强度螺栓连接胶复试报告，散热器、供暖系统保温材料、通风与空调工程绝热材料、风机盘管机组、低压配电系统电缆的见证取样复试报告、节能工程材料复试报告等）。⑤施工记录文件，包括隐蔽工程验收记录，工程定位测量记录，基槽验线记录，沉降观测记录，地基验槽记录，地基钎探记录，大型构件吊装记录，预应力筋张拉记录，有粘结预应力结构灌浆记录，网架（索膜）施工记录等。⑥建筑与结构工程、给水排水与供暖工程、建筑电气工程、智能建筑工程、通风与空调工程、电梯工程施工等施工试验记录及检测文件，包括地基承载力检验报告，桩基检测报告，土工击实试验报告，回填土试验报告（应附图），钢筋机械连接试验报告，钢筋焊接连接试验报告，砂浆配合比申请书、通知单，砂浆抗压强度试验报告，混凝土配合比申请书、通知单，室内环境监测报告，节能性能监测报告等。⑦施工质量验收文件，包括检验批质量验收记录，分项工程质量验收记录，分部（子分部）工程质量验收记录，建筑节能分部工程质量验收记录等。⑧施工验收文件，包括单位（子单位）工程竣工预验收报验表，单位（子单位）工程质量竣工验收记录，单位（子单位）工程质量控制资料核查记录，单位（子单位）工程安全和工程检验资料核查及主要功能抽查记录，单位（子单位）工程观感质量检查记录等。

（4）竣工图，是工程竣工验收后，真实反映建设工程施工结果的图样。包括：建筑竣工图，结构竣工图，钢结构竣工图，幕墙竣工图，室内装饰竣工图，建筑给水排水及供暖竣工图，建筑电气竣工图，智能建筑竣工图，通风与空调竣工图，室外工程竣工图，规划红线内的室外给水、排水、供热、供电、照明管线等竣工图，规划红线内的道路、园林绿化、喷灌设施等竣工图。

（5）竣工验收文件，是建设工程项目竣工验收活动中形成的文件。其中：①竣工验收与备案文件，包括勘察单位工程质量检查报告，设计单位工程质量检查报告，施工单位工程竣工报告，监理单位工程质量评估报告，工程竣工验收报告，工程竣工验收会议纪要，专家组竣工验收意见，工程竣工验收证书，规划、消防、环保、民防、防雷、档案等部门出具的验收文件或意见，房屋建筑工程质量保修书、住宅质量保证书、住宅使用说明书，建设工程竣工验收备案表，城市建设档案移交书。②竣工决算文件。③工程声像资料，包括开工前原貌、施工阶段、竣工新貌照片，工程建设过程的录音、录像资料（重大工程）等。

2. 绘制竣工图

项目的竣工图是真实地记录各种地下、地上建筑物、构筑物等详细情况的技术文件，是对工程进行验收、维护、改建、扩建的依据。因此开发商应组织、协助和督促承包商和设计单位，认真负责地把竣工图编制工作做好。竣工图必须准确、完整。如果发现绘制不准或遗漏时，应采取措施修改和补齐。

技术资料齐全，竣工图准确、完整，符合归档条件，这是工程竣工验收的条件之一。在竣工验收之前不能完成的，应在验收后双方商定期限内补齐。绘制竣工图的做法如下：

（1）各项新建、扩建、改建的基本建设工程，特别是基础、地下建筑、管线以及设备安装等隐蔽部位，都要编制竣工图。编制各种竣工图，必须在施工过程中（不能在竣工后），及时做好隐蔽工程检验记录，整理好建设变更文件，确保竣工图质量。

（2）按施工图施工而无任何变动的，则由施工单位（包括总包和分包施工单位，下同）在原施工图上加盖"竣工图"标志后，直接作为竣工图。

（3）在施工中，虽有一般性设计变更，但能将原施工图加以修改补充作为竣工图的，可不重新绘制，由施工单位负责在原施工图上注明修改的部分，并附以设计变更通知单和施工说明，加盖"竣工图"标志后，作为竣工图。

（4）凡结构形式改变、工艺改变、平面布置改变，项目改变以及有其他重大改变，不宜再在原施工图上修改、补充者，应重新绘制改变后的竣工图。

# 第五节　租　售　阶　段

当建设阶段结束后，开发商除了要办理竣工验收和政府批准入住的手续外，往往要看预计的开发成本是否被突破，实际工期较计划工期是否有拖延。但开发商此时更为关注的是：在原先预测的时间内能否以预计的价格或租金水平为项目找到买家或使用者。在很多情况下，开发商为了分散投资风险，减轻债务融资的压力，在项目建设前或建设中就通过预售或预租的形式落实了买家或使用者；但在有些情况下，开发商也有可能在项目完工或接近完工时才开始租售工作。

## 一、选择物业租售形式

成功的房地产租售过程一般包括三个阶段，一是为使潜在的购买者或租户了解物业状况而进行的宣传、沟通阶段；二是就有关价格或租金及合同条件而进行的谈判阶段；三是双方协商一致后的签约阶段。从房地产市场营销的具体方式来看，主要分为开发商自行租售和委托房地产经纪机构租售两种。

（一）开发商自行租售

由于委托房地产经纪机构租售要支付相当于售价0.5％～3％的佣金，所以有时开发商愿意自行租售。一般在下述情况下开发商愿采取这种营销方式。

（1）大型房地产开发企业往往有自己专门的市场营销队伍和世界或地区性的销售网络，他们提供的自我服务有时比委托房地产经纪机构更为有效。

（2）在房地产市场高涨、市场供应短缺时，所开发的项目很受使用者和投资置业人士欢迎，开发商预计项目竣工后很快便能租售出去。

（3）当开发商所开发的项目已有较明确，甚至是固定的销售对象时，也无需再委托经纪机构。例如，开发项目在开发前就预租（售）给某一业主，甚至是由业主先预付部分或全部的建设费用时，开发商就没有必要寻求经纪机构的帮助了。

（二）委托房地产经纪机构租售

房地产经纪机构是从事购买或销售房地产或二者兼备的洽商工作，但不取得房地产所有权的商业单位。其主要职能在于促成房地产交易，借此赚取佣金作为报酬。

一般来说，经纪机构负责开发项目的市场宣传和租售业务。但为什么要委托经纪机构、委托什么类型的经纪机构、委托经纪机构的原则是什么呢？一般要针对具体情况进行分析。尽管有些开发商也有自己的销售队伍，但他们往往还要借助于经纪机构的帮助，利用其所拥有的某些优势。因为经纪机构有熟悉市场情况、具备丰富的租售知识和经验的专业人员，他们对所擅长的市场领域有充分的认识，对市场当前和未来的供求关系非常熟悉，或就某类物业的销售有专门的知识和经验，是房地产买卖双方都愿意光顾的地方。

1. 房地产经纪机构的作用

传统的房地产经纪机构留给人们的印象是，通过传递信息、居间介绍，待交易成功后收取佣金。然而，现代的经纪机构则是一个全新的概念，已经从单纯的协助推销逐渐发展为参与开发项目市场营销工作的全过程，其所提供的服务具有很高的专业技术含量。经纪机构的作用主要体现在下列方面：

（1）通过市场调查，了解潜在的市场需求，准确地预测消费者行为、偏好、潮流与品味，协助开发商或业主进行准确的市场定位。

（2）通过广告等市场宣传活动，对潜在的投资置业人士进行有效的引导。

（3）从项目的前期策划到项目租售完毕，参与整个开发过程，协助开发商最终实现投资收益目标。

（4）按照置业人士提出的有关要求（位置、价格、面积大小、建筑特点等），帮助其选择合适的物业，并为其提供完善的购楼手续服务。

（5）帮助买卖双方进行有关的融资安排。例如：有一信誉良好的机构有物业的使用需求但没有足够的资金购买，有一基金组织想投资房地产但找不到理想的投资项目，又有一公司想通过出售所拥有的物业以解决财务困难，在这种情况下，经纪机构就能通过其掌握的信息，做出有关安排，使有关三方均能达到自己的目的。

（6）提高市场运行效率。因为很少有集中、固定的房地产市场，房地产又是一种特殊的商品，常常需要经纪机构的服务来寻找买卖双方，使潜在的买家和卖家均能迅速地完成交易，从而提高房地产市场运行的效率。

2. 房地产经纪机构的代理形式

房地产经纪机构的代理形式通常在委托代理合同上有具体的规定。代理形式主要有以下几种分类方式：

（1）联合代理与独家代理

对于功能复杂的大型综合性房地产开发项目或物业，开发商经常委托联合代理，即由两家或两家以上的经纪机构共同承担项目的物业代理工作。经纪机构之间有分工，也有合作，通过联合代理合约，规定各经纪机构的职责范围和佣金分配方式。对于一些功能较为单一的房地产开发项目或物业，或者对于综合性项目中的某种特定用途的物业，开发商常委托某一家拥有销售此类物业经验的经纪机构负责其物业代理工作，称为独家代理。当然，某些大型机构亦可能独家代理综合性房地产开发项目或物业。

（2）买方代理、卖方代理和双重代理

依代理委托方的不同，代理形式还可以分为买方代理、卖方代理和双重代理。对于前两种情况，经纪机构只能从买方或卖方单方面收取佣金；对于第三种情况，经纪机构可以同时向买卖双方收取佣金，但佣金总额一般不能高于前两种代理形式，而且双重代理的身份应向有关各方事先声明。

（3）首席代理和分代理

对于大型综合性房地产开发项目或物业，开发商或业主也可以委托一家经纪机构作为项目的首席代理，全面负责项目的代理工作。总代理再去委托分代理，负责物业某些部分的代理工作。有时，分代理的委托还必须得到开发商或业主的同意。特殊情况下，开发商或业主还可以直接委托分代理，此时，经纪机构的佣金按照各经纪机构所承担的责任大小来分配。

不论是采用哪种代理或代理组合，很重要的一点是在项目开发前期就尽快确定下来，以便使经纪机构能就项目发展的规划、设计和评估有所贡献。经纪机构可能会依市场情况对项目的开发建设提供一些专业意见，使物业的设计和功能尽可能满足未来入住者的要求；经纪机构也可能会就开发项目预期可能获得的租金、售价水平，当地竞争性发展项目情况以及最有利的租售时间等给开发商提供参考意见。此外，通过让经纪机构从一开始就参加整个开发队伍的工作，能使其熟悉未来要推销的物业，因为倘若经纪机构不能为潜在的买家或租户提供有关物业的详细情况，则十分不利于他们开展推销工作。

（三）选择房地产经纪机构应注意的问题

1. 充分了解房地产经纪机构及其经纪人员的业务素质

由于房地产交易涉及的资金量巨大，所以无论对开发商或业主来说，还是对投资置业者来说，都是须慎重对待的大事。能否做到公平交易，切实保障参与交易过程各方的利益，经纪机构起着非常重要的作用。因此，在选择经纪机构时，首先要考察经纪机构及其经纪人员是否有良好的职业道德，其中包括经纪机构是否只代表委托方的利益，能否为委托方保密，工作过程中是否具有客观、真实、真诚的作风，在物业交易过程中除佣金外是否还有其他利益。

2. 了解房地产经纪机构可投入市场营销工作的资源

很显然，地方性的经纪机构由于其人员、经验和销售网络的限制，一般没有能力代理大型综合性房地产开发项目的市场销售工作。但大型经纪机构也未必就能代理所有的大型项目。例如，某国际性经纪机构曾一度同时代理着北京近 30 个大中型房地产项目，其中有些同类型项目处于同一地段，结果代理费比例高的项目销售十分火爆，而代理费比例低的项目成交寥寥无几。究其原因，就是该经纪机构在有意的以低佣金作诱饵，垄断同类型物业的租售市场，并将其主要的人力、物力投入到代理费比例高的项目上。

3. 考察房地产经纪机构过往的业绩

看经纪机构过往的业绩，不是看其共代理了多少个项目或成交额有多少，而是要看其代理的成功率有多大。如果某经纪机构代理 10 个项目只有 2 个成功，而另外一个经纪机构代理了 2 个项目均获成功，显然后者的成功率要远远大于前者。考察经纪机构的过往业绩，还要看其代理的每一个项目的平均销售周期。

4. 针对物业的类型选择房地产经纪机构

住宅的销售常由当地的经纪机构代理，当然，这些经纪机构也许是全国性甚至国际性经纪机构的分支机构。但对工业和商业物业来说，常委托全国性或国际性经纪机构，当地的经纪机构有时参加，有时不参加。这里没有一个统一的原则可供遵循，需具体问题具体分析。一般说来，全国性或国际性经纪机构通常对大型的复杂项目有更丰富的代理经验，且与大公司有更直接、更频繁的接触；而地方性经纪机构对当地房地产市场及潜在的买家或租户有较详细的了解。

5. 认真签订房地产经纪合同

通常开发商与经纪机构之间都有一个合同关系，签订经纪合同时，应对合同内容及每一文字书面和隐含的意义认真考虑。合同应清楚地说明代理权存在的时间长短，在什么情况下可以中止此项权利，列明开发商所需支付的费用、代理费（佣金）比例，并说明何时、在什么条件下才能支付此项佣金。同时还应在合同中载明是独家代理还是联合代理，涉及雇佣另外的经纪机构时，什么是首席代理的权利，是否连续处置（租售）该物业（出于财务和收益的考虑，开发商有时希望分阶段出租或出售某物业）等。花些时间尽可能精确地表述开发商和经纪机构之间的关系，可避免以后造成误解和争议。

## 二、制定租售方案

### （一）出租还是出售

开发商首先需要对出租还是出售做出选择，包括出租面积、出售面积数量及其在建筑物中的具体位置。对于住宅项目，开发商大多选择出售；对商业房地产项目，开发商可选择出租或租售并举。

如果建成的物业用于出租，开发商还必须决定是永久出租还是出租一段时间后将其卖掉。因为这将涉及财务安排上的问题，开发商必须按有关贷款合约规定在租售阶段全部还清项目贷款。如果开发商将建成的物业用于长期出租，则其角色转变为物业所有者或投资者，在这种情况下，开发商要进行有效的物业管理，以保持物业对租户的吸引力、延长其经济寿命，进而达到理想的租金回报和使物业保值、增值的目的。出租物业作为开发商的固定资产，往往还要与其另外的投资或资产相联系，以使其价值或效用得到更充分的发挥。

（二）租售进度

租售进度的安排，要考虑与工程建设进度、融资需求、营销策略、宣传策略以及预测的市场吸纳速度协调。此时，开发商往往要准备一个租售进度计划控制表，以利于租售工作按预定的计划进行。且租售进度计划，应该根据市场租售实际状况，进行定期调整。

（三）租售价格

价格是市场营销组合因素中十分敏感而又难以控制的因素。对开发商来说，价格直接关系到市场对其所开发的房地产产品的接受程度，影响着市场需求和开发商利润，涉及开发商、投资者或使用者及中介公司等各方面的利益。随着房地产市场的发展和完善，价格竞争越来越激烈，掌握科学的房地产定价方法，灵活运用定价策略，确保预期利润和其他目标的实现，是所有开发商最关心的事情。

开发商定价主要有三类方法，即成本导向定价法、购买者导向定价法和竞争导向定价法。其中，成本导向包括成本加成定价法和目标定价法；购买者导向包括认知价值定价法和价值定价法；竞争导向包括领导定价法、挑战定价法和随行就市定价法。

1. 成本导向定价

（1）成本加成定价法

指开发商按照所开发物业的成本加上一定百分比的加成来制定房地产的销售价格。加成的含义就是一定比率的利润。这是最基本的定价方法。

（2）目标定价法

指根据估计的总销售收入和估计的销售量来制定价格的一种方法。目标定价法要使用损益平衡图这一概念。损益平衡图描述了在不同的销售水平上预期的总成本和总收入。

2. 购买者导向定价

（1）认知价值定价法

是开发商根据购买者对物业的认知价值来制定价格的一种方法。用这种方法定价的开发商认为定价的关键是顾客对物业价值的认知，而不是生产者或销售者的成本。他们利用市场营销组合中的非价格变量，在购买者心目中确立认知价值，并要求所制定的价格必须符合认知价值。

（2）价值定价法

指确定的价格对于消费者来说，代表着"较低（相同）的价格，相同（更高）的质量"，即"物美价廉"。价值定价法不仅是制定的产品价格比竞争对手低，而且是对公司整体经营的重新设计，造成公司接基础设施、关怀民生的良好形象，同时也能使公司成为真正的低成本开发商，做到"薄利多销"或"中利多销"。

3. 竞争导向定价

房地产市场由于房地产的异质性，与其他行业相比，开发商有较大的自由度决定其价格。开发商品的差异化也使得购买者对价格差异不是十分敏感。在激烈的市场竞争中，公司相对于竞争者总要确定自己在行业中的适当位置，或充当市场领导者，或充当市场挑战者，或充当市场跟随者，或充当市场补缺者。相应地，公司在定价方面也要尽量与其整体市场营销策略相适应，或充当高价角色，或充当中价角色，或充当低价角色，以应付竞争者的价格竞争。

（1）领导定价法

领导定价法实际上是一种定价策略，处于市场领导者地位的开发商可以采用领导定价法。通常情况下，如果某公司在房地产业或同类物业开发中踞龙头老大地位，实力雄厚，声望极佳，就具备了采用领导定价法的条件，使其制定的价格在同类物业中居较高的价位。

（2）挑战定价法

当物业质量与市场领导者的物业质量相近时，如果定价比市场领导者定价稍低或低得较多，则认为该开发商采用了挑战定价法。如果公司具有向市场领导者挑战的实力，或者是其成本较低，或者是其资金雄厚，则开发商可以采用挑战定价法，虽然利润较低，但可以扩大市场份额，提高声望，以争取成为市场领导者。

（3）随行就市定价法

指开发商按照房地产市场中同类物业的平均现行价格水平定价的方法。市场追随者在以下情况下往往采用这种定价方法：①难以估算成本；②公司打算与同行和平共处；③如果另行定价，很难了解购买者和竞争者对本公司的价格的反应。采用随行就市定价法，公司在很大程度上就以竞争对手的价格为定价基础，而不太注重自己产品的成本或需求。

### 三、制定宣传与广告策略

在房地产市场营销工作中进行广告与宣传的主要目的，是通过该项工作让潜在的房地产使用者或置业投资者认识自己所营销的物业，影响其购买或投资行为及决策，尽可能快速销售自己所推销的物业，以实现开发商或物业持有者的经济目标。从中可以看出，这一目标的实现极大地依赖于有效的市场宣传工作。

（一）市场宣传策略

宣传作为促销组合因素之一，在刺激目标顾客对企业产品或服务的需求、增加销售、改善形象、提高知名度等方面，都起着十分重要的作用。

美国市场营销协会定义委员会把宣传定义为："宣传是指发起者无需花钱，在某种出版媒体上发布重要商业新闻，或者在广播、电视中和银幕、舞台上获得有利的报道、展示、演出，用这种非人员形式来刺激目标顾客对某种产品、服务或商业单位的需求。"宣传作为一种促销工具，具有以下重要作用：①卖主可利用宣传来介绍新产品、新品牌，从而打开市场销路；②当某种产品的市场需求和销售下降时，卖主可利用宣传来恢复人们对该产品的兴趣，以增加需求和销售；③知名度低的企业可利用宣传来引起人们的注意，提高其知名度；④公共形象欠佳的企业可利用宣传来改善形象；⑤国家也可利用宣传来改善国家形象，吸引更多的外国观光者和外国资本，或争取国际支援。为提高宣传效果，加强宣传管理，房地产企业在制定宣传策略时应做好以下工作：

1. 确定宣传目标

美国纽约铁狮门房地产公司曾委托丹尼尔·J·爱德曼公共关系公司拟定一个宣传方案，以实现其两个市场营销目标：①使美国人确信居住乡村别墅是优裕、快乐生活的一部分；②强化铁狮门乡村别墅的形象及其市场占有率。为实现这两大目标，将宣传目标确定为：①撰写有关乡村别墅的报道，并在一流杂志（如《时代》周刊等）及报纸的休闲娱乐版发表；②从医学的角度，指出乡村别墅的环境对身体健康大有裨益；③分别针对年轻人市场、退休者市场、政府机关及各种团体拟出特定的宣传方案。

2. 选择宣传的信息与工具

促销部门必须确定企业产品有何重大新闻可供报道。假设有一个不太著名的开发商想要增进公众对它的了解，宣传人员应先从各个角度来看这个企业，以确定它是否有现成的材料可供宣传：专业管理队伍有什么特色？曾成功开发过哪些有影响的房地产项目？当前拟开发的新项目在设计上有何特色？有没有项目获得设计、建造质量或物业管理等方面的国家奖励？是否向社会公益事业提供过支持或赞助？最高管理层的经营理念、公司目标和公司文化有何特色？这样探究下去，通常可以找出大量的宣传材料，交新闻媒体发表后便能增进公众对这个企业的认识。所用的宣传题材最好能体现该公司的固有特色，并支持其理想的市场定位。

宣传工具选择也十分关键，应视产品和目标客户特点，灵活选择户外媒体、线上媒体、传统纸媒和自媒体，还要利用朋友圈互动来引导舆论，提升项目的宣传热度。

3. 实施宣传方案

从事宣传工作必须谨慎仔细，凡重大新闻不管是谁发布的，都很容易被新闻媒体刊登发表出来。但是，大多数新闻并非都那么有分量，不一定能被忙碌的编辑所采用。宣传人员的重要资本之一，就是他们与各种媒体的编辑之间所建立的私人关系。他们可能过去当过记者，因此结识不少编辑，也深知他们所需要的是哪些妙趣横生、文笔流畅而且易于进一步取得资料的新闻。宣传人员如果把媒体编辑视为一种市场，并满足其需求，则这些编辑也必然会愿意采用他们所提供的新闻。

4. 评价宣传效果

评价宣传效果的最大难题在于宣传通常与其他的市场营销沟通工具合并使用，很难单独分辨出什么是宣传的贡献。但是，如果在使用其他工具之前开展宣传活动，再评价其贡献就容易多了。宣传活动是根据某些沟通对象的反应而设计的，因此，这些反应便可作为测量宣传效果的依据。一般来说，企业可根据展露次数、知晓－理解－态度的改变以及销售变化等来评价宣传效果。

（二）广告策略

广告是一种十分有效的信息传播方式，是公司用来对目标顾客和公众进行直接说服性沟通的五种主要工具之一。在制定广告方案时，市场营销经理必须先确定目标市场和购买者动机，然后才能做出制定广告方案所需的五种决策（图3-4），即所谓的5M，包括广告的目标即任务（Mission）、可用的费用即资金（Money）、应传送的信息（Message）、应使用的媒体（Media）和广告效果评价即衡量（Measurement）。

应该进一步指出的是，上述开发过程主要程序中的每一阶段都对其后续阶段产生重要的影响。例如，准备工作中的方案设计与建筑设计，既是投资机会选择与决策分析阶段影响的结果，对建设过程中的施工难易、成本高低有影响，更对租售阶段使用者对建筑物功能的满足程度、物业日常维修管理费用的高低、物业经济寿命的长短等有举足轻重的影响。所以，开发商在整个开发过程中每一阶段的决策或工作，既要"瞻前"，更要"顾后"，这是开发商成功与否的关键所在。

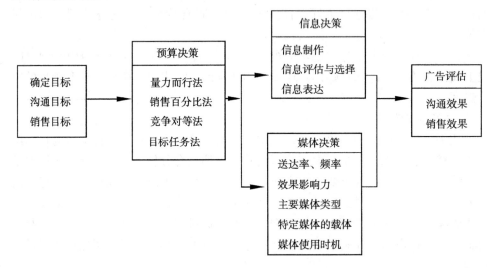

**图 3-4　广告管理中的主要决策**

# 复习思考题

1. 房地产开发的概念是什么？房地产开发的主要程序是什么？

2. 投资机会选择与决策分析的主要工作内容是什么？

3. 房地产开发的前期工作包括哪些方面的工作？

4. 开发商获取土地的途径有哪些？

5. 土地出让和房地产开发过程中的规划管理主要体现在哪些方面？

6. 城乡规划管理部门在《规划意见书（选址）》中提出的规划设计要求主要包括哪些具体内容？

7. 城乡规划管理部门进行设计方案审查时主要审查哪些内容？

8. 开发商申请《建设工程规划许可证》时要提交的建设工程施工图主要包括哪些图纸？

9. 房地产开发项目建筑施工的工程招标方式有哪些？

10. 开发商申请《建筑工程施工许可证》须具备的条件是什么？

11. 质量控制的手段有哪些？

12. 进度控制方法有哪些？其原理和工作方法是什么？

13. 成本控制的主要工作内容是什么？

14. 房地产开发项目的主要合同关系有哪些？

15. 房地产开发项目合同管理的主要工作内容是什么？

16. 房地产开发项目安全管理的工作内容是什么？

17. 竣工验收的条件和工作程序是什么？

18. 房地产开发项目租售的形式有哪些？

19. 委托房地产经纪机构代理销售应注意哪些问题？

20. 如何制定房地产开发项目的租售方案？

21. 房地产开发项目宣传与广告的目的是什么？制定宣传与广告策略的内容是什么？

# 第四章 房地产市场调查与分析

## 第一节 市 场 调 查

市场调查是指运用科学的方法，有目的、系统地收集、记录、整理有关市场信息资料，并就所获得的市场信息资料进行分析、评估和报告的过程。房地产开发企业市场调查的目的是为发现市场机会、找准市场定位、调整经营策略、进行经营决策等提供客观依据。市场调查是房地产专业服务机构了解市场、认识市场的一种有效方法和手段，为企业客户提供房地产调查与市场分析服务，越来越成为房地产专业服务机构的重要业务内容。

### 一、市场调查的意义和内容

充分掌握市场信息，是企业实现可持续经营与发展的基础。企业经营决策者只有收集掌握全面和可靠的信息，准确地估计市场目前和未来发展变化的方向、趋势和程度，才能发现合适的市场机会、潜在的市场威胁和预见营销中可能产生的问题，从而调整企业的市场营销决策，以适应市场的变化，使企业能更好地生存和发展。因此，市场调查是企业进行市场分析与预测、正确制定市场营销战略和计划的前提。

#### （一）市场调查的重要性

由于科学技术的飞速发展，技术革新的速度大大加快，产品日新月异，国内外市场竞争激烈。为了增强产品在市场上的竞争能力，各企业都希望能随着千变万化的市场动态，及时做出相应的正确决策，并在采取行动之前，能获得有关的市场信息和情报资料，以避免做出错误的决策，减少决策的风险。尤其当企业由以往的地区性经营扩大为全国性经营，甚至发展到国际性经营时，企业的经营决策者实际上已不大可能亲自与市场广泛接触。而市场情况千变万化，消费者需求愈来愈多样化和挑剔，他们的爱好、动机、欲望对企业经营的影响很大。因此，企业要了解哪种产品是客户所需要的，如何定出适宜的价格，怎样合理地选择分销渠道，选择适当的销售促进方式，适时满足客户需求，了解潜在市场情况等，都需要做好市场调查工作，从多方面获取市场情报资料，敏感地捕捉这些信息，分析企业的生产与市场需求之间的内在联系，周密分析和研究市场需求变化的规律，用以指导企业的经营决策，有预见地安排市场营销活动，提高企业经营管理水平。

企业通过对市场环境和消费者行为的调查，取得市场营销方面的情报资料。企业经营决策者可根据这些调查资料和来自本企业其他职能部门的情报资料做下述工作。

（1）分析研究产品的生命周期，确定研制设计新产品、整顿或淘汰老产品，制定产品生命周期各阶段的市场营销策略，确定产品生产销售计划。

（2）根据消费者对产品价格变动的反应，在不违反国家政策的前提下，研究产品适宜的售价，制定企业产品的定价策略，确定新产品定价多少，老产品价格如何调整，确定产品的批发价和零售价。

（3）设计销售促进方案，加强推销活动、广告宣传和销售服务，开展公关活动，搞好公共关系，树立企业和产品形象，组织营业推广活动，扩大销售量。

（4）在考虑市场、产品等因素的基础上，合理选择分销渠道，尽量减少中间环节，缩短运输路线，降低运输成本和仓储费用，降低销售成本。

（5）企业综合运用各种营销手段，制定正确的市场营销综合策略，使企业在市场竞争中获取更多的利润，取得良好的经营效果；同时在市场营销策略实施过程中，继续对市场环境和消费者行为进行调查，掌握市场动向、发展趋势、竞争对手情况等，及时反馈信息、储存信息，为开发新产品、保持现有市场、开拓未来市场服务。

（二）市场调查内容

由于影响市场的因素很多，所以进行市场调查的内容很多，调查的范围也很广泛。凡是直接或间接影响市场营销的情报资料，都要广泛收集和研究，以便采取相应的策略。市场调查的内容主要包括国内外市场环境调查、市场需求容量调查、消费者和消费者行为调查、竞争情况调查、市场营销因素调查等。

1. 国内外市场环境调查

市场环境调查主要包括政治环境、经济环境、人口资源环境、社会文化环境和技术发展环境等方面的调查。

（1）政治环境

包括政府的有关方针政策，如政府关于发展住宅产业、绿色环保、能源、交通运输业的政策，价格、税收、财政、金融、关税、外汇政策和对外贸易政策等；政府的有关法律法规，如环境保护法、土地管理法、城乡规划法、建筑法、城市房地产管理法、破产法、反对不正当竞争法、保险法及土地、房屋征收与补偿条例等；政局的变化，如政府人事变动以及战争、罢工、暴乱的发生等情况。

（2）经济环境

包括国内生产总值或地区生产总值及其增长速度；物价水平、通货膨胀率、进出口税率及股票市值稳定情况；城乡居民家庭收入、人均可支配收入、城乡居民储蓄存款额；通讯及交通运输、能源与资源供应、技术协作条件等。一般来说，经济环境对企业的市场营销有直接影响。经济发展速度快，居民收入水平不断提高，则购买力增强，市场需求增大。一个国家或地区的基础设施完善，投资环境良好，便有利于吸引投资，发展经济。

（3）人口资源环境

人口是构成市场的三大要素之一。一般来说，人口越多，收入越高，市场需求量就越大。不同地理分布、不同民族、不同城市和不同年龄结构的人，其需求也各不相同。人口迁移流动也直接影响着市场需求。人口环境调查的内容包括人口规模、人口增长率、人口结构；地理分布、民族分布、人口密度、人口迁徙流动情况；出生率、结婚率；家庭规模和结构等。

（4）社会文化环境

包括教育程度、职业构成、文化水平；价值观、审美观、风俗习惯；宗教信仰、社会阶层分布；妇女就业面大小等。综合分析研究社会文化环境对人们生活方式的影响，有助于了解不同消费者行为，正确细分市场和选择目标市场，制定企业的市场营销策略。

（5）技术发展环境

包括新技术、新工艺、新材料、新能源的发展趋势和速度；新产品的技术现状和发展趋势，使用新技术、新工艺、新材料的情况；新产品的国内外先进水平等。

2. 市场需求容量调查

包括国内外市场的需求动向；现有的和潜在的市场需求量；社会拥有量、库存量；同类产品在市场上的供应量或销售量，供求平衡状况；本企业和竞争企业的同类产品市场份额；本行业或有关的其他行业的投资动向；企业市场营销策略的变化，对本企业和竞争者销售量的影响等。通过市场需求容量的调查，便于企业掌握分析国内外市场需求动向和需求供应情况，结合本企业的市场份额，预测本企业的销售量，研究如何保持或提高本企业市场份额等，制定市场营销策略或进一步开拓新的市场。

3. 消费者和消费者行为调查

包括消费者类别（个人或企业、社会团体、民族、性别、年龄、职业、爱好、所在地区等）、购买能力（如收入水平、消费水平、消费结构、资金来源、用户的财务状况等）、消费者的购买欲望和购买动机（什么因素影响购买者的购买决策，消费者不愿购买本企业产品的原因及其对其他企业生产的同类产品的态度）、主要购买者、最忠实的购买者、使用者、新产品的首用者、购买的决策者、消费者的购买习惯（如购买地点、时间、数量、品牌、挑选方式、支付方式等）。调查了解消费者的情况及其购买行为，主要目的在于使企业掌握消费者的爱好、心理、购买动机、习惯等，以便正确细分市场和选择目标市场、针对不同的消费者和市场，采取不同的市场营销策略。

4. 竞争情况调查

包括竞争者的调查分析（如竞争者数量和名称、生产能力、生产方式、技术水平、产品的市场份额、销售量及销售地区，竞争者的价格政策、销售渠道、促销策略以及其他竞争策略和手段，竞争者所处地理位置和交通运输条件、新产品开发和企业的特长等）、竞争产品的调查分析（如竞争产品的品质、性能、用途、规格、式样、设计、包装、价格、交货期等）。"知己知彼，百战不殆"，只有清楚了解竞争情况，才能扬长避短，采取有针对性的竞争策略，使企业在激烈的竞争中处于不败之地。

5. 市场营销因素调查

包括产品调查、价格调查、分销渠道调查和促销策略调查四种类型。

前述 1～4 项调查内容均属于不可控制因素的调查，其目的不仅为了分析市场环境，适应市场环境变化，提高企业的应变能力，还在于寻找和发掘市场机会，开拓新市场。而通过第 5 项调查，企业可针对不同的市场环境，结合客户需求，综合运用企业可以控制的营销手段，制定有效的市场营销组合策略，促进消费者购买和新市场开发，以达到企业预期的营销目标。

**二、市场调查的步骤**

市场调查的内容十分繁多，范围极其广泛，但一般需要包括如图 4-1 所示的几个步骤。

**图 4-1　市场调查的步骤**

（一）确定问题和调查目标

首先是确定调查要解决的问题，然后是确定调查要达到的目的或目标。调查项目可以分成三类。一是试探性调查，即通过收集初步的数据揭示问题的真正性质，从而提出一些推测和新想法，如在经历了 2016～2018 年中国城市住房价格普遍大幅度上涨、价格向下调整压力日增的情况下，调查有意向在 2019 年购买商品住宅的家庭数量。二是描述性调查，即明确一些特定的量值，例如有多少人愿意花费 60 万元在郊区买一套两居室商品住宅。三是因果性调查，即检验因果关系，如假设上述的两居室商品住宅每套价格下降 10 万元，能够增加多少购买者。

（二）制定调查计划

市场调查的第二个阶段是制定出最为有效的收集所需信息的计划。制定的调查计划一般要包括资料来源、调查方法、调查手段、抽样方案和联系方法几个方面，如表 4-1 所示。

市场调查计划的构成　　　　　　　　　　　　　　表 4-1

| 资料来源 | 二手资料、一手资料 |
|---|---|
| 调查方法 | 观察法、访问法（结构化、无结构化和集体访问）、问卷法、实验法 |
| 调查手段 | 问卷、座谈 |
| 抽样方案 | 抽样单位、样本规模、抽样程序 |
| 联系方法 | 电话、邮寄、网络、面访 |

1. 资料来源

确定调查计划中资料的来源是收集二手资料、一手资料，或是两者都要收集。二手资料就是为其他目的已经收集到的资料，而一手资料则指为了当前特定目的而收集的原始信息。市场调查人员开始时总是先收集二手资料，以判断问题是否部分或全部解决了，是否需要去收集成本很高的一手资料。二手资料是调查的起点，其优点是成本低及可以立即使用。然而，市场调查人员所需要的资料可能不存在，或者由于种种原因，资料不够准确、不可靠、不完整或者已经过时。这时，市场调查人员就需要时间和金钱去收集更切题和准确的一手资料。

2. 调查方法

收集一手资料常用的方法有以下四种。

（1）观察法，指由调查人员根据调查研究的对象，利用眼睛、耳朵等感官以直接观察的方式对其进行考察并搜集资料。例如，市场调查人员到新建商品房项目的售楼处去观察房屋销售状况和样板房状况。

（2）访问法，包括结构化访问、无结构化访问和集体访问三种类型。结构化访问是事先设计好的、有一定结构的调查问卷或调查提纲的访问；非结构化访问事先没有统一的问卷，通过调查人员与被访问者自由交谈的方式进行；集体访问则是通过集体座谈的方式了解被访问者想法、收集信息资料的方法，通常邀请6~10人，在调查人员引导下，就一种产品、一项服务、一个组织或其他话题展开讨论。访问调查也常被用作大规模问卷调查前的试探性调查。

（3）问卷法，是通过设计调查问卷，让被调查者填写调查问卷的方式获得所调查对象信息的方法。该方法适用于描述性调查，目的是了解人们的认识、看法、喜好和满意度等，以便在总体上衡量这些量值。

（4）实验法，是用实验的方式，将被调查的对象控制在特定的环境条件下，对其进行观察以获得相应信息的方法。实验法要求选择多个可比的主体组，分别赋予不同的实验方案，控制外部变量，并检查所观察的差异是否具有统计上的显著性。例如，某写字楼的业主对于同类型的租户，首先确定月租金为 200 元/$m^2$，看租户愿意租用多大的面积，如果月租金降为 180 元/$m^2$，租户愿意租用的面积又是多少，在假定其他条件相同的情况下，就可以分析租户愿意租用的面积与租金之间的相关性。

3. 调查手段

在收集一手资料时所采用的主要调查手段是问卷和座谈。问卷是收集一手资料时最普遍采用的手段，因为问卷中的问题设计可以非常灵活多变。鉴于问题形式会影响到问卷调查效果，因此问卷中一般包括闭合式和开放式两种问题。闭合式问题事先确定了所有可能的答案，答卷人可以从中选择一个或多个答案。开放式问题允许答卷人用自己的语言无任何限制地回答问题。因此一般情况下，开放式问题在需要了解人们是如何想的，而不是衡量持某种想法的有多少的试探性调查阶段特别有用。而闭合式问题事先规定所有答案，很容易进行解释和列表分析。座谈调查是由熟知情况和富有实践经验的调查人员主持会议，依据事先准备好的调查提纲，向到会者提出问题，展开讨论，借以取得资料的一种方法。开调查会时，调查者和调查对象可以直接对话、共同研讨、互相启发、相互核实，使所取得的资料符合实际。参加调查会的人必须熟悉情况，有一定代表性，能够提供比较可靠的情况，参加座谈的人数一般以 3~8 人为宜。

4. 抽样方案

市场调查不可能穷尽所有的调查对象，只有选择足够的、具有代表性的样本，才能获取到更准确和完善的信息。

在设计抽样方案时，必须确定的问题是：①抽样单位。解决向什么人调查的问题。调查者必须定义抽样的目标总体，一旦确定了抽样单位，必须确定出抽样范围，以便目标总体中所有样本被抽中的机会是均等的或已知的。②样本规模。主要确定调查多少人的问题。大规模样本比小规模样本的结果更可靠，但是没有必要为了得到完全可靠的结果而调查整个或部分目标总体。如果抽样程序正确的话，不到 1‰ 的样本就能提供比较准确的结果。③抽样程序。解决如何选择答卷人的问题。为了得到有代表性的样本，应该采用概率抽样的方法。概率抽样可以计算抽样误差的置信度。但由于概率抽样的成本过高、时间过长，调查者也可以采用非概率抽样。表 4-2 是概率抽样与非概率抽样的类型。

概率抽样与非概率抽样的类型

表 4-2

| 概率<br>抽样 | 简单随机抽样<br>分层随机抽样<br>整群抽样 | 总体的每个成员都有已知的或均等的被抽中的机会；<br>将总体分成不重叠的组（如年龄组），在每组内随机抽样；<br>将总体分成不重叠的组（如街区组），随机抽取若干组进行普查 |
|---|---|---|
| 非<br>概率<br>抽样 | 随意抽样<br>估计抽样<br>定额抽样 | 调查者选择总体中最易接触的成员来获取信息；<br>调查者按自己的估计选择总体中可能提供准确信息的成员；<br>调查者按若干分类标准确定每类规模，然后按比例在每类中选择特定数量的成员进行调查 |

5. 联系方法

一般有邮寄、电话、网络和面访四种联系方法。①邮寄问卷是在被访者不愿面访或担心调查者会曲解其回答时可采用的最好方法，但邮寄方式回收率低、回收速度也慢。②电话访问是快速收集信息的重要方法，其优点是被访者不理解问题时能得到解释，而且回收率比邮寄问卷通常要高，主要缺点是只能访问有电话的人，而且时间也不能太长，也不能过多涉及隐私问题。③网络调研是随着互联网技术应用的普及而发展起来的获取信息的新方法，而且由于其成本低、反馈快等优点被越来越广泛的使用。通过网络进行调研时，调查人员可以根据调查问题的特点，选用通过电子邮件发送调查问卷或提纲，或将其直接上载到具有调查功能的网络平台等方式，获取被调查者的反馈信息。④面访是四种方法中最传统也是常用的方法，调查者通过定点街访、流动街访和深度访谈等方法，可以提出较多的问题并能了解被访者的情况，但面访的成本最高，而且需要更多的管理计划和监督工作，也容易受到被访问者偏见或曲解的影响。

（三）收集信息

收集信息是市场调查中成本最高，也最容易出错的阶段。在采用问卷调查时，可能会出现某些被调查者不在家必须重访或更换、某些被调查者拒绝合作、某些人的回答或在有些问题上有偏见或不诚实等情况。在采用实验法进行调查时，调查人员必须注意，要使实验组与控制组匹配，并尽可能消除参与者的参与误差，实验方案要统一形式并且要能够控制外部因素的影响等。现代计算机和通信技术使得资料收集的方法迅速发展，且减少了人员和时间的投入。

（四）分析信息

该阶段的主要任务是从收集的信息和数据中提炼出与调查目标相关的信息，对主要变量可以分析其离散性并计算平均值，同时还可以采用统计技术和决策模型进行分析。

（五）报告结果

市场调查人员不能把大量的调查资料和分析方法直接提供给客户或有关决策者，必须对信息进行分析和提炼，总结归纳出主要的调查结果并报告给决策人员，减少决策者在决策时的不确定因素，只有这样的调查报告才是有价值的。

### 三、对市场调查的分析与评估

对市场调查的分析与评估，主要是考察市场调查的有效性。一般来讲，有效的市场调查必须具备以下特点：

（1）方法科学。在进行市场调查时，第一个原则是要采用科学的方法，首先要仔细观察、形成假设、预测并进行检验。

（2）调查具有创造性。市场调查最好能提出解决问题的建设性方法。

（3）调查方法多样。一般来讲，市场调查时不能过分依赖一种方法，强调方法要适应问题，而不是问题适应方法，只有通过多种来源收集信息并进行分析才能具有较大的可信度。

（4）模型和数据相互依赖。对于市场调查拟采用的模型要仔细考虑，并在选定的模型下，确定要收集的信息类型。

（5）合理的信息价值和成本比率。价值—成本分析能够帮助市场调查部门确定应该调查哪些项目、应该采用什么样的调查设计以及初步结果出来之后是否还需要收集更多的信息。调查的成本很容易计算，而价值则依赖于调查结果的可靠性和有效性，以及管理者是否愿意承认该调查结果并加以使用。

（6）正常的怀疑态度。调查人员对管理者做出的关于市场运转方式的假设应该持正常的怀疑态度。

（7）市场调查过程遵守职业道德。由于市场调查能使企业更为了解消费者的需要，为消费者提供更为满意的产品和服务，因此，通常大多数的市场调查都会给企业和消费者带来好处。但如果滥用市场调查也可能会引起消费者的不满甚至危害消费者。

## 第二节　市场分析的手段与方法

市场分析是根据已获得的市场调查资料，选用合适的分析方法，对市场规模和市场趋势进行估计和预测。

### 一、市场规模的估计

对市场规模的估计，实际上就是预测市场的需求。这种市场需求的预测一般需要从六类产品层次、五类空间层次与三类时间层次上进行分析，如图 4-2 所示。

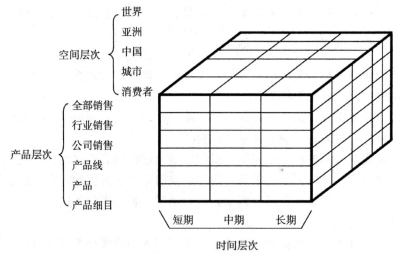

**图 4-2　需求预测的 90 种类型 (6×5×3)**

（一）市场需求分析的基本概念

1. 市场规模

市场规模就是特定商品的潜在购买者数量。潜在购买者一般具有三个特点：兴趣、收入与途径。因此，在估计某种产品的消费者市场时，首先需要判断对该产品有潜在兴趣的人数。如"你想自己拥有一套住宅吗?"假如 10 个被调查者中有 2 个持肯定的回答，那么就可以估计消费者总数的 20% 是住宅的潜在市场。

潜在市场是对某种特定商品有某种程度兴趣的消费者。

消费者只有兴趣还不足以确定市场，潜在消费者必须有足够的收入购买这种商品。有兴趣的消费者必须对"你能买得起住宅吗？"做出肯定的回答。价格越高，能做出肯定回答的人数就越少，也说明市场规模是兴趣与收入的函数。

市场规模还会因为途径的限制而缩小。如果住宅不是在某个地区建设，那么这个地区的潜在消费者就不是有效市场。有效市场是对某种特定商品有兴趣、收入与途径的消费者的集合。但如果政府或团体对特定消费群体消费某种商品进行限制，如某城市政府规定非本地户籍人士不得购买限价商品住房，那么本地户籍者就构成了该城市限价商品住房合格的有效市场。

企业现在可以追求全部合格的有效市场或集中在其中的细分市场上。服务市场（也称为目标市场）是公司决定追求的那部分合格的有效市场。企业及其竞争者总会在目标市场上售出一定数量的某种商品。渗透市场是指已经购买了该产品的消费者的集合。图 4-3 表明了这几种概念之间的关系。

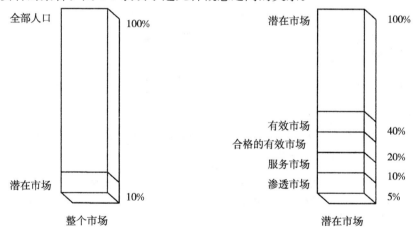

图 4-3　市场定义的层次

2. 市场总需求

市场总需求是指在特定地理范围内、特定时期、特定市场营销环境、特定市场营销计划的情况下，特定的消费者群体可能购买的总量。

市场总需求是给定条件下的函数，称之为市场需求函数。市场总需求对基本条件的依赖关系如图 4-4（a）所示。横轴表示特定时期内行业市场营销费用的可能水平，纵轴表示由此产生的需求水平。曲线则表示市场需求与行业市场营销费用之间的关系，并不反映时间对市场需求的影响。不需任何刺激需求的费用就会有其基本的销售量，称为市场最低量，随着行业市场营销费用的增加会引起需求水平的提高，开始以加速度增高。市场营销费用超过一定水平之后，就不会刺激需求了，因此市场需求有一个上限，称为市场潜量。

市场最低量与市场潜量间的距离表示需求的市场营销敏感性。可以设想有两个极端的市场——可扩展市场与非扩展市场。像啤酒之类的可扩展市场，其总规模受行业市场营销费用的影响较大，图中 4-4（a）所示 $Q_2$ 与 $Q_1$ 之间的距离较大；但如歌剧之类的非扩展市场，受营销费用的影响较小，图中所示 $Q_2$ 与 $Q_1$ 之间的距离较小。

实际上由于市场营销费用只能在一定范围之内，市场预测是在相对条件下预期的市场需求，但这个需求并不是最大的市场需求。要达到最大的市场需求，可以设想必须有很"高"的市场营销费用才能达到，而且随着营销费用的增加，对需求的刺激越来越小。市场潜量是在特定的环境下，随着行业营销费用的无限增长，市场需求所能达到的极限。

市场潜量对环境的依赖关系如图 4-4（b）所示。

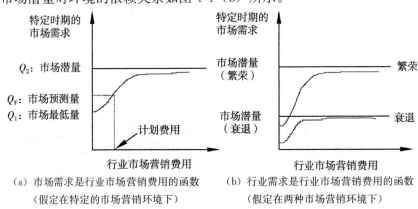

图 4-4　市场需求

（二）市场需求预测

市场需求预测是要估算出一个特定的市场对某种产品的潜在需求数量。市场潜在需求数量是在特定时期内，在既定行业市场营销努力水平与既定环境条件下，行业的所有企业所能获得的最大销售量。常用的判断方法是：

$$Q = nqp$$

式中　$Q$ ——总市场潜量（元）；

　　　$n$ ——特定产品或市场的购买者数量（人）；

$q$ ——购买者的平均购买数量（单位/人）；

$p$ ——平均单价（元/单位）。

将上式稍加变动，便形成了连比法。它是指将基数乘以若干修正率。例如，某开发企业想判断一种新建住宅的潜在市场需求量，则可由以下计算获得估计值：

$$新建住宅市场需求量（元）＝家庭数量（户）×户均可支配收入（元/户）$$
$$×住房消费倾向（％）$$

### 二、市场趋势分析

仅对目前的需求进行分析和预测是远远不够的。一成不变的市场营销计划不能适应丰富多变的市场，因此必须未雨绸缪，对未来的市场趋势进行分析和判断。

分析市场趋势通常包括三个步骤：①宏观环境预测；②行业预测；③企业的销售预测。宏观环境预测要求说明通货膨胀、失业、利率、消费开支、投资、净出口额等，最终是对国民生产总值的预测，再应用该预测值并结合其他环境指标来预测行业销售情况。最后，通过假定本企业的市场份额，从而得到企业的销售预测。分析市场趋势的方法主要有：

（一）购买者意图调查法

购买者意图调查法就是通过直接询问消费者在某一时期需要哪些商品及其数量来进行分析的方法。例如就有关居民家庭最近是否有购买住宅意图所作的调查，其评分表如表 4-3 所示。

消费者购买意图调查表　　　　　表 4-3

| 你是否有意在六个月内购买一套住宅 | | | | | |
|---|---|---|---|---|---|
| 得分 | 0.00 | 0.20 | 0.40 | 0.60 | 0.80 | 1.00 |
| 选项 | 不可能 | 有些可能 | 可能 | 很可能 | 非常可能 | 肯定 |

另外，调查还应询问消费者目前与未来的个人经济状况以及对经济形势的展望。在西方发达国家，专业市场调查公司定期测量与消费者相关的指标，并发表有关的报告。

总之，在购买者人数较少、访问购买者的成本不高、购买者具有明确的意图、会按其意图购买并且愿意配合意图调查时，进行购买者意图调查具有很大的价值。

（二）销售人员意见综合法

当不能直接调查购买者或费用太高时，可通过询问销售人员来判断市场需求和企业需求。由于销售人员接近消费者，对情况比较熟悉，因此综合若干销售人员的估计往往能得到很有价值的结果。

销售人员意见法的具体做法是：请几位销售人员分别估计某一产品在不同条件下未来的销售额及发生的概率，然后求出它们的期望值，最后将几位销售人员的平均期望值作为销售额的预测值。

销售人员意见法的精确性受若干因素的影响，如销售人员是否受过专门训练，对整个企业和市场情况是否了解，是否会有意隐瞒消费者的需求，以便企业制定低定额等。为此，可将销售人员和管理人员的意见进行综合，以便做出比较可靠的预测。

（三）专家意见法

专家意见法又称为德尔菲（Delphi）法，是美国兰德公司于20世纪40年代末提出的。运用专家调查法时，首先组成由经销商、分销商、市场营销顾问或其他权威人士组成的专家小组，人数不宜过多，一般在20人左右，各专家只与调查员发生联系，然后按下列程序进行：

（1）提出所要预测的问题及有关要求，必要时附上有关这个问题的背景材料，然后一并寄给各专家。

（2）各专家根据所掌握的资料和经验提出自己的预测意见，并说明自己主要使用哪些资料提出预测值的，这些意见要以书面形式返回调查人员。

（3）将各专家的第一次预测值说明列成表，并再次分发给各位专家，以便他们比较自己和他人的不同意见，修改自己的意见和判断。

（4）将所有专家的修改意见置于一个修正表内，分发给各位专家做第二次或多次修改。最后综合各位专家的意见便可获得比较可靠的预测值。

专家意见法是一种使用比较广泛的方法，它有如下优点：①能发挥各位专家的作用，集思广益，准确度高；②采取单线联系，有利于避免偏见，尤其可避免权威人士的意见对其他人士的影响；③有利于各专家根据别人的意见修正自己的意见和判断，不致碍于情面而固执己见。

（四）时间序列分析法

时间序列分析法利用过去的数据或资料来预测未来的状态，即根据过去的数据来预测未来的值，过去和未来的状态仅是时间的函数。时间序列分析法可进一步分为如下几类：

1. 简单平均法

简单平均法也称为算术平均法，即把资料中各期实际销售量的平均值作为下一期销售量的预测值。简单平均法在时间序列比较平稳，即随时间变化各期实际销售量增减变化不大时可以采用，但它既看不出数据的离散程度，也不能反映近、远期数据变化的趋势，因此一般在要求不太高的情况下适用。

2. 移动平均法

移动平均法是指引用越来越近期的销售量来不断修改平均值，使之更能反映销售量的增减趋势和接近实际。显然，它是一种比简单平均法更有效的预测方法。移动平均法是把简单平均法改为分段平均，即按各期销售量的时间顺序逐点推移，然后根据最后的移动平均值来预测未来某一期的销售量。利用这种方法可以看出数据变化的发展过程和演变趋势，其实质是取段内各点求平均值，且令其权数相等，而将以前的权数视为零。

3. 加权移动平均法

移动平均法虽然考虑了销售量增减的趋势，但却没有考虑到各期资料重要性的不同。加权移动平均法就是在计算平均数时，同时考虑每期资料的重要性。具体说，就是把每期资料的重要性用一个权数来代表，然后求出每期资料与对应的权数乘积之和。权数的选择可按需要加以判断，一般情况下，越近期的资料权数越大。因为其实际销售额正是最近发生的状态。加权移动平均法就是把加权平均法与移动平均法结合起来加以运用，既考虑了变量的非线性趋势，又保留了移动平均法预测的优点，但是，如果所用各期的销售量比较平均，则不采用加权平均法效果更好。

4. 指数平滑法

指数平滑法也是加权平均法的一种。它不仅考虑了近期数据的重要性，同时大大减少了数据计算时的存储量。简单指数平滑法的计算公式为：

$$Q_t = \alpha S_{t-1} + (1-\alpha) Q_{t-1}$$

式中　$Q_t$——t 期预测值；

　　　$S_{t-1}$——t−1 期实际观察值；

　　　$Q_{t-1}$——t−1 期预测值；

　　　$\alpha$——平滑指数，$1 \geq \alpha \geq 0$。

平滑指数 $\alpha$ 是新、旧数据在平滑过程中的分配比率，其数值大小反映了不同时期数据在预测中的作用高低，$\alpha$ 愈小，则新数据在平滑值中所占的比重越低，预测值愈趋向平滑，反之则新数据所起的作用越大。

（五）相关分析法

时间序列分析法是仅以时间为变量的函数的定量预测方法，它没有考虑其他众多影响市场需求的实际因素，因此在许多情况下是不适用的。此时可运用相关分析的理论判断销售量与其他因素相关的性质和强度，从而做出预测。这种方法尤其适用于中、长期预测。

1. 回归分析法

回归分析法是借助回归分析这一数理统计工具进行定量预测的方法，即利用预测对象和影响因素之间的关系，通过建立回归方程式来进行预测。

回归分析法实际上是根据现有的一组数据来确定变量之间的定量关系，并且可以对所建立的关系式的可信程度进行统计检验，同时可以判断哪些变量对预测值的影响最为显著。由于这种方法定量地揭示了事物之间因果关系的规律性，所以具有比较高的可信度。

根据自变量的多少，回归分析法分为一元回归和多元回归；根据自变量与因变量之间函数关系类型的不同，可分为线性回归和非线性回归。

2. 市场因子推演法

所谓市场因子，就是能够明显引起某种产品市场需求变化的实际因素。市场因子推演法实际上也是通过分析市场因子与销售量的相关关系来预测未来的销售量。对连带产品和配套性产品，利用这种方法就比较简单。

如假设新婚家庭 100 个，住宅的销售量为 16 套。即新婚家庭数量就是住宅销售量的市场因子。如果某年新婚家庭数量为 50 000 个，则住宅的需求量为 $50\ 000\times16/100=8\ 000$（套）。

上述市场趋势分析方法的具体测算公式，在有关的书籍中都有详细的介绍，本书不再赘述。但值得注意的是这些方法各有自己的特点和适用范围，因此，只有正确地加以选择，才能获得可靠和具有实用价值的预测结果，为企业决策提供科学依据。

# 第三节 目标市场的细分与选择

由于市场的广阔，在通常情况下，任何企业都无法为该市场内所有的消费者提供最佳的服务。分布广泛的众多消费者的需求差异很大，同时竞争者也会服务于特定的细分市场，因此，企业要识别自己能够有效服务的最具吸引力的细分市场，而不是到处参与竞争。现代营销战略的核心可以称为 STP 营销，即市场细分（Segmenting）、目标市场选择（Targeting）和市场定位（Positioning）。

## 一、市场细分

### （一）市场细分与细分市场

市场细分就是以消费需求的某些特征或变量为依据，区分具有不同需求的顾客群体。市场细分后所形成的具有相同需求的顾客群体称为细分市场。在同类产品市场上，同一细分市场的顾客需求具有较多的共同性，不同细分市场之间需求具有较多的差异性，企业应明确有多少细分市场及各细分市场的主要特征。对企业而言，市场细分工作有利于掌握目标市场的特点，有利于制定市场营销组合策略，有利于提高企业的竞争能力。

（二）市场细分的依据

一个整体市场之所以能够细分为若干子市场，主要是由于顾客需求存在着差异性，人们可以运用影响顾客需求和欲望的某些因素作为细分依据（也称为细分变量、细分标准）对市场进行细分。影响顾客需求的因素很多，且消费者市场和生产者市场的顾客需求及其影响因素不同（见表4-4、表4-5）。

**消费者市场细分的一般标准**　　表4-4

| 细分标准 | 具 体 因 素 | | | |
| --- | --- | --- | --- | --- |
| 地理因素 | 国界<br>人口密度<br>规模 | 区域<br>交通条件<br>其他 | 地形<br>城乡 | 气候<br>城市 |
| 人口标准 | 国籍<br>职业<br>收入 | 种族<br>教育<br>家庭规模 | 民族<br>性别<br>家庭生命周期 | 宗教<br>年龄<br>其他 |
| 心理标准 | 社会阶层<br>其他 | 生活方式 | 性格 | 购买动机 |
| 购买行为 | 追求利益<br>品牌忠诚度 | 使用者地位<br>渠道信赖度 | 购买频率<br>价格、广告、服务<br>敏感度 | 使用频率<br>其他 |

**生产者市场细分的一般标准**　　表4-5

| 细分标准 | 具 体 因 素 | | | |
| --- | --- | --- | --- | --- |
| 地理因素 | 国界<br>资源<br>交通条件 | 区域<br>自然环境<br>生产力布局 | 地形<br>城乡<br>其他 | 气候<br>城市规模 |
| 用户行业 | 冶金<br>机械<br>航空 | 煤炭<br>服装<br>船舶 | 军工<br>纺织<br>化工 | 食品<br>森林<br>其他 |
| 用户规模 | 大型企业<br>小用户 | 中型企业<br>其他 | 小型企业 | 大用户 |
| 购买行为 | 使用者地位<br>购买批量<br>价格、服务敏感度 | 追求利益<br>购买周期<br>其他 | 使用率<br>购买目的 | 购买频率<br>品牌、渠道忠诚度 |

（三）市场细分的标准

（1）消费者市场细分的标准。随着市场细分化理论在企业营销中的普遍应用，消费者市场细分标准可归纳为四大类：①地理环境因素，即按照消费者所处的地理位置、自然环境来细分市场；②人口因素，即按照各种人口统计变量，包括年龄、职业、性别、收入等来细分市场；③消费心理，即按照消费者心理特征来细分市场；④消费行为因素，即按照消费者购买行为的类型来细分市场。这些因素有的相对稳定，但多数处于动态变化中。

（2）生产者市场细分的标准。细分消费者市场的标准，有些同样适用于生产者市场，如地理因素、追求的利益和使用者状况等因素；但还需要使用一些其他的变量，如行业、企业规模与地理位置变量、经营变量、采购方法与其他因素等。

（四）消费者偏好模式与市场细分

产品属性是影响消费者购买行为的重要因素，根据消费者对不同属性的重视程度，可以分为三种偏好模式，即同质偏好、分散偏好和集群偏好，相应的就会形成不同偏好的细分市场。

1. 同质偏好

图 4-5（a）所示的市场中，所有消费者具有大致相同的偏好。它不存在自然形成的细分市场，至少消费者对这两种属性的重视程度基本一致。可以预见现有品牌基本相似，且集中在偏好的中央。

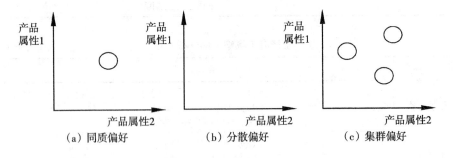

（a）同质偏好　　　（b）分散偏好　　　（c）集群偏好

**图 4-5　基本市场偏好**

2. 分散偏好

另外一种极端情况是消费者的偏好分散在整个空间，如图 4-5（b）所示，这时消费者的偏好差别很大。进入该市场的第一家品牌很可能定位于偏好的中央，以尽可能迎合较多的消费者。定位于中央的品牌可将消费者的不满降低到最低限度。第二个进入该市场的竞争者应定位于第一个品牌的附近，以争取市场份额。或者将品牌定位于某个角落，来吸引对中央品牌不满的消费群体。如果市场上同时存在几个品牌，那么他们很可能定位于市场上各个空间，分别突出自己的差异性，来满足消费者的不同偏好。

3. 集群偏好

市场上可能会出现具有不同偏好的消费群体，称为自然细分市场，如图4-5（c）所示。进入该市场的第一家企业将面临三种选择：一是定位于偏好中心，来迎合所有的消费者，即无差异性营销；二是定位于最大的细分市场，即集中性营销；三是同时开发几种产品，分别定位于不同的细分市场，即差异性营销。显然，如果第一家企业只推出一种品牌，那么随后进入该市场的其他竞争者，将会抢占其他的细分市场，在那里突出自己的品牌。

（五）市场细分的程序

市场营销进行市场细分的程序，一般来讲，有以下几个步骤：

（1）调查阶段。在该阶段中，市场营销人员要进行探讨性面访，主要是集中力量掌握消费者的消费动机、态度和行为。根据调查结果，市场营销人员应该着重收集产品的属性及其重要程度、品牌知名度及其受欢迎程度、产品使用方式、调查对象对产品类别的态度、调查对象的人口统计、心理统计和媒体接触统计等资料。

（2）分析阶段。在该阶段中，对收集的资料经过分析找出差异性最大的细分市场。

（3）归纳总结阶段。在该阶段中，市场营销人员根据消费者的不同态度、行为、人口变量、心理变量和消费习惯，可以归纳总结出各个细分市场的特征，并且可以用每个细分市场最显著的差异特征为每个细分市场命名。例如，在商品住宅销售市场上，就可以根据购房者住房消费阶段特点细分为首次购房、改善型购房和享受型购房三个子市场，还可以根据购房者年龄特点细分为青年住宅、老年住宅等。

值得注意的是，由于细分市场总是处于不断的变化中，所以要周期性地运用这种市场细分程序。同时通过调查消费者在选择某一品牌时所考虑的产品属性的先后顺序，可以划分现有的消费者细分市场和识别出新的细分市场。如在购买商品住宅时，首先确定价格条件的购买者属于价格支配型，首先确定户型的购买者属于户型支配型；进一步还可以将消费者划分为"户型—价格—品牌"支配型，并以此顺序形成一细分市场；按"质量—服务—户型"这一属性支配顺序形成另一细分市场等。每一细分市场可以拥有其独特的人口变量、心理变量和媒体变量。

但从企业的角度而言，不论从何种角度进行市场细分，所确定的细分市场必须具备可衡量性、可实现性、可营利性和可区分性。

## 二、目标市场选择

目标市场是企业打算进入的细分市场，或打算满足的具有某一需求的客户群体。选择目标市场是企业制定并实施目标市场战略的基础，通常要基于对细分市场进行评价的基础上。细分市场评价主要涉及细分市场的规模和发展前景、细分市场结构的吸引力、企业的目标和资源等三个方面的评价。目标市场选择一般有以下几种模式。

### （一）市场集中化

最简单的模式是企业只选择一个细分市场。通过集中营销，企业能更清楚地了解细分市场的需求，从而树立良好的信誉，在细分市场上建立巩固的市场地位。同时企业通过生产、销售和促销的专业化分工，能提高经济效益。一旦企业在细分市场上处于领导地位，它将获得很高的投资效益。但对某些特定的细分市场，一旦消费者在该细分市场上的消费意愿下降或其他竞争对手进入该细分市场，那么企业将面临很大的风险。

### （二）选择专业化

在这种情况下，企业有选择地进入几个不同的细分市场。从客观上讲，每个细分市场都具有吸引力，且符合企业的目标和资源水平。这些细分市场之间很少或根本不发生联系，但在每个细分市场上都可盈利。这种多细分市场覆盖策略能分散企业的风险。因为即使其中一个细分市场丧失了吸引力，企业还可以在其他细分市场上继续盈利。

### （三）产品专业化

指企业同时向几个细分市场销售一种产品。在这种情况下，一旦有新的替代品出现，那么企业将面临经营滑坡的危险。

### （四）市场专业化

这时企业集中满足某一特定消费群体的各种需求。企业专门为某个消费群体服务并争取树立良好的信誉。企业还可以向这类消费群推出新产品，成为有效的新产品销售渠道。但如果由于种种原因，使得这种消费群体的支付能力下降的话，企业就会出现效益下滑的危险。

### （五）全面覆盖

这时企业力图为所有消费群提供他们所需的所有产品。一般来讲，只有实力较强的大企业才可能采取这种营销战略。当采用这种营销战略时，企业通常通过无差异性营销和差异性营销两种途径全面进入整个市场。

（六）大量定制

大量定制是指企业按照每个消费者的要求大量生产，产品之间的差异可以具体到每个最基本的组成部件。采用这种营销方式，由于成本的增加，一般要求消费者愿意支付较高的价格。

### 三、市场定位

（一）市场定位的含义和方式

（1）市场定位的含义。市场定位也被称为产品定位或竞争性定位，是根据竞争者现有产品在细分市场上所处的地位和客户对产品某些属性的重视程度，塑造出本企业产品与众不同的鲜明个性或形象并传递给目标客户，使该产品在细分市场上占据强有力的竞争位置。可以说，市场定位是塑造一种产品在细分市场的位置。

（2）市场定位的方式。市场定位作为一种竞争战略，显示了一种产品或一家企业与类似的产品或企业之间的竞争关系。定位方式不同，竞争态势也不同。主要定位方式有三种：避强定位，指避开强有力的竞争对手的定位方式；对抗性定位，指与最强的竞争对手"对着干"的定位方式；重新定位，指对销路少、市场反应差的产品进行二次定位。

（二）市场定位的步骤

市场定位通常要遵循如下三个步骤：

（1）识别潜在竞争优势。识别潜在竞争优势是市场定位的基础。企业的竞争优势通常表现在两方面：成本优势和产品差别化优势。

（2）企业核心竞争优势定位。核心竞争优势是与主要竞争对手相比，企业在产品开发、服务质量、销售渠道和品牌知名度等方面所具有的可获取明显差别利益的优势。

（3）制定发挥核心竞争优势的战略。企业在市场营销方面的核心能力与优势，不会自动地在市场上得到充分的表现，必须制定明确的市场战略来加以体现。

（三）市场定位战略

市场定位战略主要有以下四种：

（1）产品差别化战略。即从产品质量、产品款式等方面实现差别。寻求产品特征是产品差别化战略经常使用的手段。

（2）服务差别化战略。即向目标市场提供与竞争者不同的优质服务。企业的竞争力越好地体现在对客户的服务上，市场差别化就越容易实现。

（3）人员差别化战略。即通过聘用和培训比竞争者更为优秀的人员以获取差别优势。

（4）形象差异化战略。即在产品的核心部分与竞争者雷同的情况下塑造不同的产品形象以获取差别优势。

# 第四节　竞 争 者 分 析

20世纪70年代以来，世界范围内大公司之间的竞争日趋激烈。尤其是当市场差不多已经被瓜分完毕，企业的发展在很大程度上要依靠从竞争对手那里夺取地盘时，企业要制定自身的发展战略，不仅仅要了解客户，还必须了解竞争者。只有知彼知己，才能取得竞争优势，在市场商战中获胜。

## 一、识别竞争者

竞争者一般是指那些与本企业提供的产品或服务相类似，并且有相似目标客户和相似价格的企业。识别竞争者看来似乎是简而易行的事，其实并不尽然。企业现实的和潜在的竞争者范围是很广的，一个企业很可能被潜在竞争者吃掉，而不是当前的主要竞争者。通常可从产业和市场两个方面来识别企业的竞争者。

（一）产业竞争观念

从产业方面来看，提供同一类产品或可相互替代产品的企业，构成一种产业，如住宅产业、汽车产业、信息产业等。如果一种产品价格上涨，就会引起另一种替代产品的需求增加。企业要想在整个产业中处于有利地位，就必须全面了解本产业的竞争模式，以确定自己的竞争者的范围。从本质上讲，分析起始于对供给和需求基本条件的了解，供求情况影响产业结构，产业结构影响产业行为（包括产品开发、定价策略和广告策略等），而产业行为又影响产业绩效（例如产业效率、技术进步、盈利能力、就业状况等）。

（二）市场竞争观念

从市场方面来看，竞争者是那些满足相同市场需要或服务于同一目标市场的企业。例如，从产业观点来看，普通商品住宅开发商以其他同行业的公司为竞争者；但从市场观点来看，客户需要的是"居住空间"，保障性住房、联建住宅、自建住宅也可以满足这种需要，因而开发这些居住空间的公司均可成为普通商品住宅开发商的竞争者。以市场观点分析竞争者，可使企业拓宽眼界，更广泛地看清自己的现实竞争者和潜在竞争者，从而有利于企业制定长期的发展规划。

识别竞争者的关键，是从产业和市场两方面将产品细分和市场细分结合起来，综合考虑。如果某品牌试图进入其他细分市场，就需要估计各个细分市场的规模、现有竞争者的市场份额，以及他们当前的实力、目标和战略，掌握每个细分市场提出的不同竞争问题和市场营销机会。

### 二、确定竞争者的目标

确定了企业的竞争者之后，还要进一步搞清每个竞争者在市场上的追求目标是什么，每个竞争者行为的动力是什么。可以假设，所有竞争者努力追求的都是利润的极大化，并据此采取行动。但是，各个企业对短期利润或长期利润的侧重不同。有些企业追求的是"满意"的利润而不是"最大"的利润，只要达到既定的利润目标就满意了，即使其他策略能赢得更多的利润他们也不予考虑。

每个竞争者都有侧重点不同的目标组合，如获利能力、市场份额、现金流量、技术领先和服务领先等。企业要了解每个竞争者的重点目标是什么，才能正确估计他们对不同的竞争行为将如何反应。例如，一个以"低成本领先"为主要目标的竞争者，看到其他企业在降低成本方面技术突破的反应，要比对增加广告预算的反应强烈得多。企业还必须注意监视和分析竞争者的行为，如果发现竞争者开拓了一个新的细分市场，那么，这可能是一个市场营销机会；或者发觉竞争者正试图打入属于自己的细分市场，那么，就应抢先下手，予以回击。

### 三、确定竞争者的战略

各企业采取的战略越相似，它们之间的竞争就越激烈。在多数行业中，根据所采取的主要战略的不同，可将竞争者划分为不同的战略群体。例如，在美国的主要电器行业中，通用电器公司、惠普公司和施乐公司都提供中等价格的各种电器，因此可将它们划分为同一战略群体。

根据战略群体的划分，可以归纳出两点：一是进入各个战略群体的难易程度不同。一般小型企业适于进入投资和声誉都较低的群体，因为这类群体较易打入；而实力雄厚的大型企业则可考虑进入竞争性强的群体。二是当企业决定进入某一战略群体时，首先要明确谁是主要的竞争对手，然后决定自己的竞争战略。

除了在同一战略群体内存在激烈竞争外，在不同战略群体之间也存在竞争。因为：第一，某些战略群体可能具有相同的目标客户；第二，客户可能分不清不同战略群体的产品的区别，如分不清高档货与中档货的区别；第三，属于某个战略群体的企业可能改变战略，进入另一个战略群体，如提供高档住宅的企业可能转而开发普通住宅。

企业需要估计竞争者的优势及劣势，了解竞争者执行各种既定战略是否达到了预期目标。如果发现竞争者的主要经营思想有某种不符合实际的错误观念，企业就可利用对手这一劣势，出其不意，攻其不备。

### 四、判断竞争者的反应模式

竞争者的目标、战略、优势和劣势决定了他对降价、促销、推出新产品等市场竞争战略的反应，此外，每个竞争者都有一定的经营哲学和指导思想，因此，为了估计竞争者的反应及可能采取的行动，企业的市场营销管理人员要深入了解竞争者的思想和信念。当企业采取某些措施和行动之后，竞争者会有不同的反应。

（一）从容不迫型竞争者

一些竞争者反应不强烈，行动迟缓，其原因可能是认为客户忠实于自己的产品；也可能重视不够，没有发现对手的新措施；还可能是因缺乏资金无法作出适当的反应。

（二）选择型竞争者

一些竞争者可能会在某些方面反应强烈，如对降价竞销总是强烈反击，但对其他方面（如增加广告预算、加强促销活动等）却不予理会，因为他们认为这对自己威胁不大。

（三）凶猛型竞争者

一些竞争者对任何方面的进攻都迅速强烈地作出反应，一旦受到挑战就会立即发起猛烈的全面反击，对这样的企业，同行都避免与它直接交锋。

（四）随机型竞争者

有些企业的反应模式难以捉摸，它们在特定场合可能采取也可能不采取行动，并且无法预料它们将会采取什么行动。

### 五、企业应采取的对策

企业明确了主要竞争者并分析了竞争者的优势、劣势和反应模式之后，就要决定自己的对策：进攻谁、回避谁，可根据以下几种情况做出决定：

（一）竞争者的强弱

多数企业认为应以较弱的竞争者为进攻目标，因为这可以节省时间和资源，事半功倍，但是获利较少；反之，有些企业认为应以较强的竞争者为进攻目标，因为这可以提高自己的竞争能力并且获利较大，而且即使强者也总会有劣势。

### （二）竞争者与本企业的相似程度

多数企业主张与近似的竞争者展开竞争，但同时要注意避免摧毁近似的竞争者，因为其结果可能对自己反而更为不利。如美国 A 建筑公司 20 世纪 70 年代末在与其同样规模的 B 建筑公司竞争中大获全胜，导致竞争者完全失败而将公司全部卖给竞争力更强大的 C 建筑公司，结果使 A 建筑公司面对更为强大的竞争者，处境更为艰难。

### （三）竞争者表现的好坏

有时竞争者的存在对企业是必要且有益的。竞争者可能有助于增加市场总需求，可分担市场开发和产品开发的成本，并有助于使新技术合法化；竞争者为吸引力较小的细分市场提供产品，可导致产品差异性的增加；最后，竞争者还加强企业同政府管理者或职工的谈判力量。但是，企业并不是把所有的竞争者都看成是有益的，因为每个行业中的竞争通常都有表现良好和具有破坏性的两种类型。表现良好的竞争者按行业规则行动，按合理的成本定价；他们致力于行业的稳定和健康发展；他们将自己限定在行业的某一部分或细分市场中，他们激励其他企业降低成本或增加产品差异性；他们接受合理的市场份额与利润水平。而具有破坏性的竞争者则不遵守行业规则，他们常常不顾一切地冒险，或用不正当手段扩大市场份额等，从而扰乱了行业的均衡。

## 第五节 消费者购买行为分析

根据谁在市场上购买，可将市场分为两大类型：个人消费者市场和组织市场。不同的市场由于购买者构成及购买目的的不同，其需求和购买行为也不同。从市场营销的角度出发研究市场，其核心是研究购买者的行为，本节重点分析个人消费者市场的需求和购买行为特点。

### 一、消费者市场及其购买对象

#### （一）消费者市场及其特性

消费者市场是个人或家庭为了生活消费而购买产品和服务的市场。消费者市场的特点包括：①广泛性。消费者市场人数众多，范围广泛。②分散性。消费者的购买单位是个人或家庭，每次购买数量零星，购买次数频繁。③复杂性。消费者受多种因素的影响而具有不同的消费需求和消费行为，所购商品千差万别。

④易变性。随着市场商品供应的丰富和企业竞争的加剧，消费风潮的变化速度加快，商品的流行周期缩短，千变万化。⑤发展性。科学技术不断进步，新产品不断出现，消费需求呈现出由少到多、由粗到精和由低级到高级的发展趋势。⑥情感性。消费者多属非专家购买，受情感因素影响大。⑦伸缩性。消费需求受多方面因素影响，在购买选择上表现出较大的需求弹性或伸缩性。⑧替代性。消费品种类繁多，不同品牌甚至不同品种之间往往可以互相替代。⑨地区性。不同地区消费者的消费行为往往表现出较大的差异性。⑩季节性。分为三种情况：一是季节性气候变化引起的季节性消费；二是季节性生产而引起的季节性消费；三是风俗习惯和传统节日引起的季节性消费。

（二）消费者市场的购买对象

消费者在购买不同商品时，并不遵循同一个购买模式，如买一套住宅和买一部彩电，购买行为方面肯定有相当大的差异。根据消费者购买行为的差异，市场营销学将他们所购商品（包括服务）分为三类：便利品、选购品和特殊品。

1. 便利品

又称日用品，是指消费者日常生活所需、需重复购买的商品，诸如粮食、饮料、肥皂、洗衣粉等。消费者在购买这类商品时，一般不愿花很多的时间比较价格和质量，愿意接受其他任何代用品。

2. 选购品

指价格比便利品要贵，消费者购买时愿花较多时间对许多家商品进行比较之后才决定购买的商品，如服装、家电等。消费者在购买前，对这类商品了解不多，因而在决定购买前总是要对同一类型的产品从价格、款式、质量等方面进行比较。

3. 特殊品

指消费者对其有特殊偏好并愿意花较多时间去购买的商品，如专业照相机、化妆品等。消费者在购买前对这些商品有了一定的认识，偏爱特定的厂牌和商标，不愿接受代用品。

对经营这些商品的企业来说，了解消费者购买行为的上述区别，显然十分重要。它提醒企业：针对消费者购买行为的不同，企业应采取不同的营销战略并有所侧重。如经营便利品，最重要的是分销渠道要宽，货源供应要充足，以保证消费者能随时随地方便地买到。经营选购品，最重要的是备齐花色品种，让消费者有充分的选择余地，并帮助他们了解各种商品的质量、性能和特色，他们才会放心地做出决策。房地产兼具消费品和投资品的特征，属于一种特殊的消费品。

## 二、影响消费者购买行为的主要因素

消费者市场上不同购买者的需求和购买行为存在着很大的差异。经济学家曾把在市场上进行购买的消费者都看作是"经济人"，在购买过程中总能进行理智而聪明的判断，作出最经济的选择。但经济学家们的理论很难解释现实中人们的购买选择为什么会那么千差万别。显然，除了经济因素以外，还有其他因素；除了理性的思考以外，还有其他非理性的情绪在影响人们的购买决策。

为研究这些影响因素，市场营销专家建立了一个"刺激—反应模式"来说明外界刺激与消费者反应之间的关系（见图4-6）。

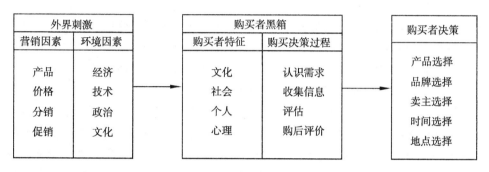

**图4-6　刺激—反应模式**

图4-6所示的模式说明，同样的外界刺激，作用于具有不同特征的消费者，加上购买决策过程中所遇情况的影响，将得出不同的选择。我们需要了解的是，当外界刺激被接受时，购买者黑箱内到底发生了什么？购买者在各方面的特征怎样影响他们的购买行为？也就是说，消费者购买行为取决于他们的需求和欲望，而人们的要求、欲望、消费习惯，以致购买行为又是在许多因素的影响下形成的。图4-7所示的模型说明了这些影响因素。

（一）社会文化因素

1. 文化因素

文化、亚文化和社会阶层等文化因素，对消费者的行为具有最广泛和最深远的影响。文化是人类欲望和行为最基本的决定因素，低级动物的行为主要受其本能的控制，而人类行为大部分是学习而来的，在社会中成长的儿童是通过其家庭和其他机构的社会化过程学到了一系列基本的价值、知觉、偏好和行为的整体观念，这也影响了他们的购买行为。

每一种文化都包含着能为其成员提供更为具体的认同感和社会化的较小的亚

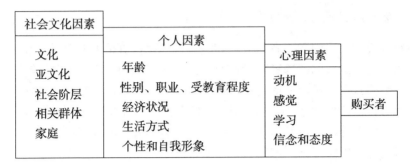

**图 4-7　影响消费者购买行为的因素**

文化群体，如民族群体、宗教群体、种族群体、地理区域群体等。如地区亚文化群，由于地理位置、气候、历史、经济、文化发展的影响，我国可明显地分出南方、北方或东部沿海、中部、西部内陆区等亚文化群。不同地区的人们，由于生活习惯、经济、文化的差异，导致消费的固有差别。

每个社会客观上都会存在社会阶层的差异，即某些人在社会中的地位较高，受到社会更多的尊敬，另一些人在社会中的地位较低，他们及他们的子女总想改变自己的地位，进入较高的阶层。不过，在不同社会形态下，划分社会阶层的依据不同。在现代社会，一般认为所从事职业的威望、受教育水准和收入水平或财产数量综合决定一个人所处的社会阶层。显然，位于不同社会阶层的人，因经济状况、价值观取向、生活背景和受教育水平不同，其生活习惯，消费内容，对传播媒体、商品品牌、甚至商店的选择都可能不同。

2. 社会因素

消费者购买行为也会受到诸如相关群体、家庭、社会角色与地位等一系列社会因素的影响。

相关群体是指对个人的态度、偏好和行为有直接或间接影响的群体。每个人周围都有许多亲戚、朋友、同学、同事、邻居，这些人都可能对他的购买活动产生这样那样的影响，他们就是他的相关群体。尤其在中国，顺从群体意识是中国文化的深层结构之一，因此人们往往有意无意地按照或跟随周围人的意向决定自己购买什么、购买多少。

家庭是最重要的相关群体。一个人从出生就生活在家庭中，家庭在个人消费习惯方面给人以种种倾向性的影响，这种影响可能终其一生。而且，家庭还是一个消费和购买决策单位，家庭各成员的态度和参与决策的程度，都会影响到以家庭为消费、购买单位的商品的购买。

（二）个人因素

消费者购买决策也受其个人特性的影响，特别是受其年龄所处的生命周期阶段、职业、经济状况、生活方式、个性以及自我观念的影响。生活方式是一个人所表现的有关其活动、兴趣和看法的生活模式。个性是一个人所特有的心理特征，它导致一个人对其所处环境的相对一致和持续不断的反应。

1. 年龄

不同年龄层消费者的购物兴趣、选购商品的品种和式样有所不同。如青年人多为冲动型购买，容易受外界各种刺激的影响改变主意；老年人经验丰富，多为习惯性购买，不容易受广告等商业信息的影响。

2. 性别、职业、受教育程度

由于生理、心理和社会角色的差异，不同性别的消费者在购买商品的品种、审美情趣、购买习惯方面有所不同。职业、受教育程度不同也影响到人们需求和兴趣的差异。

3. 经济状况

主要取决于一个人可支配收入的水平，也要考虑他是否有其他资金来源、借贷的可能及储蓄倾向。在一个经济社会中，经济状况对个人的购买能力起决定性作用。消费者一般要在可支配收入的范围内考虑其开支。

4. 生活方式

是人们根据自己的价值观念安排生活的模式。有些人虽然处于同一社会阶层，有相同的职业和相近的收入，但由于生活方式不同，其日常活动内容、兴趣、见解也大相径庭。因此，了解客户的生活方式及产品与生活方式之间的关系，显然也是营销人员的任务之一。

5. 个性和自我形象

个性是个人的性格特征，如自信或自卑、内向或外向、活泼与沉稳、急性或慢性、倔强或顺从等。显然，自信或急躁的人，购买时很快就能拿定主意；缺乏自信或慢性子的人购买决策过程就较长，或是反复比较，拿不定主意。外向型的人容易受周围人的意见影响，也容易影响他人，内向型的人则相反。有学者认为，根据个性不同可将购买者分为 6 种类型：习惯型、理智型、冲动型、经济型、感情型和不定型。

自我形象，即人们怎样看待自己。现实中呈现一个十分复杂的现象：有实际的自我形象、理想的自我形象和社会自我形象（别人怎样看自己）之分。人们希望保持或增强自我形象，购买有助于改善或加强自我形象的商品和服务就是一条途径。

（三）心理因素

消费者购买行为要受动机、感觉、学习以及信念和态度等主要心理因素的影响。

1. 动机

动机是一种升华到足够强度的需要，它能够及时引导人们去探求满足需要的目标。人是有欲望的动物，需要什么取决于已经有了什么，尚未被满足的需要才影响人的行为，亦即已满足的需要不再是一种动因；人的需要是以层次的形式出现的，按其重要程度的大小，由低级需要逐级向上发展到高级需要，依次为生理需要、安全需要、社会需要、自我尊重需要和自我实现需要；只有低层次需要被满足后，较高层次的需要才会出现并要求得到满足。一个被激励的人随时准备行动，然而，他如何行动则受其对情况的感觉程度的影响。

2. 感觉

是人们通过各种感观对外界刺激形成的反应。现代社会，人们每天面对大量的刺激，但对同样的刺激，不同人有不同的反应或感觉。原因在于感觉是一个有选择性的心理过程。由于每个人的感知能力、知识、态度和此时此地关心的问题不同，同样的刺激作用于不同人身上产生不同的反应，导致了一部分消费者购买行为的差异。

3. 学习

人们的行为有些是与生俱来的，但多数行为，包括购买行为是通过后天的学习得来的。人们在市场上会遇到许多从未见过的新产品，他们怎样建立起对这些产品的态度或信念呢？除了宣传广告以外，正如一句俗话所说：要想知道梨子的滋味，就得亲口尝一尝。尝过、用过之后，对这种产品有了亲身体验，就会形成某种观念或态度，学习过程即告结束。具体讲，学习是驱动力、刺激物、提示物、反应和强化诸因素相互影响和作用的结果，其中每一个要素都是完成整个学习过程必不可少的，营销者显然需要帮助创造这些条件。

4. 信念和态度

它们是人们通过学习或亲身体验形成的对某种事物比较固定的观点或看法。这些信念和态度影响人们未来的购买行为。信念和态度一旦形成就很难改变，它们引导消费者习惯地购买某些商品。

每位消费者在以上各方面的特性都会或多或少地影响到他的购买行为，营销人员为很好地开拓市场，有必要从上述诸方面对消费者进行认真的研究。

### 三、消费者购买决策过程

在分析了影响购买者行为的主要因素之后，还需了解消费者如何真正做出购买决策，即了解谁做出购买决策、购买决策的类型以及购买过程的具体步骤。

（一）参与购买的角色

人们在购买决策过程中可能扮演不同的角色，包括：发起者，即首先提出或有意向购买某一产品或服务的人；影响者，即其看法或建议对最终决策具有一定影响的人；决策者，即对是否买、为何买、如何买、何处买等方面的购买决策做出完全或部分最后决定的人；购买者，即实际采购人；使用者，即实际消费或使用产品或服务的人。

（二）购买行为类型

消费者购买决策随其购买决策类型的不同而变化。较为复杂和花钱多的决策往往凝结着购买者的反复权衡和众多人的参与决策。根据参与者的介入程度和品牌间的差异程度，可将消费者购买行为分为四种：

1. 习惯性购买行为

一般多是指对便利品的购买，消费者不需要花时间进行选择，也不需要经过搜集信息、评价产品特点等复杂过程，因而，其购买行为最简单。消费者只是被动地接收信息，出于熟悉而购买，也不一定进行购后评价。这类产品的市场营销者可以用价格优惠、电视广告、独特包装、销售促进等方式鼓励消费者试用、购买和续购其产品。

2. 寻求多样化购买行为

有些产品品牌差异明显，但消费者并不愿花长时间来选择和估价，而是不断变换所购产品的品牌。这样做并不是因为对产品不满意，而是为了寻求多样化。针对这种购买行为类型，市场营销者可采用销售促进和占据有利货架位置等办法，保障供应，鼓励消费者购买。

3. 化解不协调购买行为

有些产品品牌差异不大，消费者不经常购买，而购买时又有一定的风险，所以，消费者一般要比较、看货，只要价格公道、购买方便、机会合适，消费者就会决定购买。购买以后，消费者也许会感到有些不协调或不够满意，在使用过程中，会了解更多情况，并寻求种种理由来减轻、化解这种不协调，以证明自己的购买决定是正确的。经过由不协调到协调的过程，消费者会有一系列的心理变化。针对这种购买行为类型，市场营销者应注意运用价格策略和人员促销策略，选择最佳销售地点，向消费者提供有关产品评价的信息，使其在购买后相信自己做了正确的决定。

4. 复杂购买行为

当消费者购买一件贵重的、不常买的、有风险的而且又非常有意义的产品时，由于产品品质差异大，消费者对产品缺乏了解，因而需要有个学习过程，广泛了解产品性能、特点，从而对产品产生某种看法，最后决定购买。对于这种复杂购买行为，市场营销者应采取有效措施帮助消费者了解产品性能及其相对重要性，并介绍产品优势及其给购买者带来的利益，从而影响购买者的最终选择。居民购买住宅的行为就属于复杂购买行为。

（三）购买决策过程

西方营销学者对消费者购买决策的一般过程作了深入研究，提出若干模式，采用较多的是五阶段模式，即：引起需要—信息收集—方案评价—购买决策—购后行为。

1. 引起需要

购买者的需要往往由两种刺激引起，即内部刺激和外部刺激。市场营销人员应注意识别引起消费者某种需要和兴趣的环境，并充分注意到两个方面的问题：一是注意了解那些与本企业的产品实际上或潜在的有关联的驱使力；二是消费者对某种产品的需求强度，会随着时间的推移而变动，并且被一些诱因所触发。在此基础上，企业还要善于安排诱因，促使消费者对企业产品产生强烈的需求，并立即采取购买行动。

2. 信息收集

一般来讲，引起的需要不是马上就能满足，消费者需要寻找某些信息。消费者信息来源主要有个人来源（家庭、朋友、邻居、熟人等）、商业来源（广告、推销员、经销商、包装、展览等）、公共来源（大众传播媒体、消费者评审组织等）、经验来源（处理、检查和使用产品等）等。市场营销人员应对消费者使用的信息来源认真加以识别，并评价其各自的重要程度，以及询问消费者最初接到品牌信息时有何感觉等。

3. 方案评价

消费者的评价行为一般要涉及产品属性（即产品能够满足消费者需要的特性）、属性权重（即消费者对产品有关属性所赋予的不同的重要性权数）、品牌信念（即消费者对某品牌优劣程度的总的看法）、效用函数（即描述消费者所期望的产品满足感随产品属性的不同而有所变化的函数关系）和评价模型（即消费者对不同品牌进行评价和选择的程序和方法）等问题。

4. 购买决策

评价行为会使消费者对可供选择的品牌形成某种偏好，从而形成购买意图，进而购买所偏好的品牌。但是，在购买意图和决定购买之间，有两种因素会起作用，一是别人的态度；二是意外情况。也就是说，偏好和购买意图并不总是导致实际购买，尽管二者对购买行为有直接影响。消费者修正、推迟或者回避做出某一购买决定，往往是受到了可觉察风险的影响。可觉察风险的大小随着冒该风险所支付的货币数量、不确定属性的比例以及消费者的自信程度而变化。市场营销人员必须了解引起消费者有风险感的那些因素，进而采取措施来减少消费者的可觉察风险。

5. 购后行为

消费者在购买产品后会产生某种程度的满意感和不满意感，进而采取一些使市场营销人员感兴趣的买后行为。所以，产品在被购买之后，就进入了买后阶段，此时，市场营销人员的工作并没有结束，购买者对其购买活动的满意感（$S$）是其产品期望（$E$）和该产品可觉察性能（$P$）的函数，即 $S=f(E, P)$。若 $E=P$，则消费者会满意；若 $E>P$，则消费者不满意，若 $E<P$ 则消费者会非常满意。消费者根据自己从卖主、朋友以及其他来源所获得的信息来形成产品期望。如果卖主夸大其产品的优点，消费者将会感受到不能证实的期望。这种不能证实的期望会导致消费者的不满意感。$E$ 与 $P$ 之间的差距越大，消费者的不满意感也就越强烈。所以，卖主应使其产品真正体现出其可觉察性能，以便使购买者感到满意。事实上，那些有保留地宣传其产品优点的企业，反倒使消费者产生了高于期望的满意感，并树立起良好的产品形象和企业形象。

消费者对其购买的产品是否满意，将影响到以后的购买行为。如果对产品满意，则在下一次购买中可能继续采购该产品，并向其他人宣传该产品的优点。如果对产品不满意，则会尽量减少不和谐感，因为人的机制存在着一种在自己的意见、知识和价值观之间建立协调性、一致性或和谐性的驱使力。具有不和谐感的消费者可以通过放弃或退货来减少不和谐，也可以通过寻求证实产品价值比其价格高的有关信息来减少不和谐感。市场营销人员应采取有效措施尽量减少购买者买后不满意的程度。

### 四、住房市场中的消费者行为

住房市场中的消费者和购买者行为，是房地产市场调研、市场分析的重要内容。由于住房兼具耐用消费品和投资品的双重特征，所以住房市场中消费者的购买对象、影响购买行为的主要要素和购买决策过程等，与一般消费品市场有非常大的差异。

很显然，住房市场中消费者的购买对象是住宅，其购买的目的是满足自住需求或投资保值增值，或两种目的兼而有之。由于住宅具有位置固定、价值量大、兼具自用和投资功能等与一般消费品不同的特点，因此影响消费者购买行为的主要因素虽然与一般消费品基本一致，但影响的方式却有很大差异。

（1）受"有土斯有财"等传统观念的影响，中国人在住房的租买选择之间更偏重买房，愿意支付住房所有权溢价。

（2）家庭是住房消费的基本单位，购房过程中的区位选择、数量选择、质量选择和购买决策等行为，受包括家庭规模、家庭生命周期所处阶段、家庭收入等家庭特征因素的影响很大。

（3）购买住房通常需要住房金融支持，除住房价格、家庭收入、家庭财富积累状况等一般影响因素外，个人住房抵押贷款的可获得性及贷款条件也会对购买决策产生重要影响。

（4）住房具有投资特性，购买者除了关注住房的使用价值外，还非常关注其投资价值，购买决策受预期租金收入、增值收益、利率水平以及其他类型投资收益水平的影响。

（5）住房市场存在政府干预且受社会高度关注，除政府政策调整、社会舆论导向等的影响外，示范效应、从众心理等也会影响购买者决策，出现羊群效应等非理性购买行为。

## 第六节　房地产市场分析与市场分析报告

房地产市场分析，是房地产投资过程中一系列决策的基础，贯穿于房地产开发投资的每一个环节。

### 一、房地产市场分析的概念与作用

#### （一）房地产市场分析的概念

无论是房地产开发投资还是房地产置业投资，或者是政府管理部门对房地产业实施宏观管理，其决策的关键在于把握房地产市场供求关系的变化规律，而寻找市场变化规律的过程实际上就是市场分析与预测的过程。

房地产市场分析是通过信息将房地产市场的参与者（开发商、投资者或购买者、政府主管机构等）与房地产市场联系起来的一种活动，即通过房地产市场信息的收集、分析和加工处理，寻找出其内在的规律和含义，预测市场未来的发展趋势，用以帮助房地产市场的参与者掌握市场动态、把握市场机会或调整其市场行为。

房地产市场的风险很大，开发商和投资者有可能获得巨额利润，也有可能损失惨重。市场分析的目的，就是通过及时、准确的市场分析，有效识别房地产投资风险，争取最大的盈利机会。

（二）房地产市场分析的层次

房地产市场分析由于深度与内容侧重点上的不同要求，可分为区域房地产市场分析、专业房地产市场分析、项目房地产市场分析三个层次。

（1）区域房地产市场分析。区域房地产市场分析，是研究区域内所有物业类型及总的地区经济，是对某一特定地区总的房地产市场及各专业市场总的供需分析。它侧重于地区经济分析、区位分析、市场供求与价格概况分析、市场趋势分析等内容。

（2）专业房地产市场分析。专业房地产市场分析，是对特定区域内某一物业类型房地产市场（住宅、商业或工业物业）或特定房地产子市场的供需分析，是在区域房地产市场分析的基础上，对特定的子市场进行单独的估计和预测。它侧重于专业市场供求分析内容。

（3）项目房地产市场分析。项目房地产市场分析，是对一个特定地点特定项目作竞争能力分析，得出一定价格和特征下的销售率情况，对项目的租金及售价、市场占有率及吸纳量计划进行预测。它侧重于项目竞争分析、营销建议、吸纳量计划预测、售价和租金预测、回报率预测、敏感性分析等内容。

三个层次市场分析的内容和侧重点不同，每类后续的分析是建立在前一层次分析所提供的信息基础之上，它们之间有密切联系。

（三）房地产市场分析的作用

房地产市场分析的角度是多元化的，对不同的使用者来说，市场分析应该起到的作用也是有差别的。

1. 开发商

市场分析在开发过程中，能帮助开发商选择合适的项目位置、确定满足市场需求的产品类型，向金融机构说明项目的财务可行性以获取贷款、寻找投资合作伙伴，在开发后期帮助开发商寻找目标使用者或购买者，根据市场需求的变化调整产品。

2. 投资者和金融机构

市场分析结果能否支持项目财务可行性的结论，是金融机构决定是否提供开发贷款的先决条件。商业银行要求开发项目贷款评估报告中，必须包括市场分析的内容。

3. 设计人员

建筑师、规划师及其他相关设计人员，必须了解开发项目所面对的目标市场，以便进行建筑风格、户型、配套设施、建筑设备等方面的设计，满足市场需求。

4. 营销经理

在市场分析的基础上，把握目标市场特征，并在此基础上有针对性地制定销售策略、广告宣传策略等。

5. 地方政府

不论是对市场进行宏观调控，还是房地产开发过程涉及的开发项目立项、土地使用权出让、规划审批、开工许可等环节，都需要市场分析结果的支持。

6. 租户和购房者

租户和购房者在判断租买时机和价格时，非常需要市场分析的支持。尤其是当购房者的购买目的是置业投资时，更加重视对市场供求关系、租金价格水平、市场吸纳情况和竞争情况的分析，以便制定出更明智的租买决策。

（四）市场区域的确定

房地产存在地区性，其供给和需求都是地区性的。因此，定义市场区域就成了房地产市场分析的第一步工作。市场区域是指主要（潜在）需求的来源地或主要竞争物业的所在地，它包含与目标物业相似的竞争空间的需求和供给。定义市场区域工作主要包括：描绘市场区域、在相应地图上标出市场区域的边界、解释确定市场区域边界的依据。

在市场分析报告中应该有描绘市场区域的部分，并有相应区域的地图，显示出与该目标物业临近的公路或关键干线的位置、区域地名、道路及自然特征等。

1. 影响市场区域形状和大小的关键因素

在定义市场区域时，关键要考虑交通工具、主要交通形式、自然障碍、竞争项目、经济和人口情况。影响市场区域形状和大小的关键因素有：①自然特征，如山地和河流等；②建筑阻碍、高速公路或铁路；③人口密度大小；④行政区域，如市区和郊区，商务中心区和高科技产业园区、学校教育质量影响区域等；⑤邻里关系和人口统计特征，如由于家庭收入、社会地位、种族等形成的市场区域特征；⑥发展类型和范围，如未来城市发展方向、速度、范围等；⑦竞争性项目的区域（竞争项目重新组合的区域）。

2. 物业类型和市场分析目的对确定市场区域的影响

不同市场分析目的影响市场区域的确定，为政府宏观市场管理进行市场分析，其市场区域就可以用行政区划为界限。物业类型也影响市场区域的确定，甚至同类物业，由于其特征不同，市场区域的确定也会有所不同。如居住房地产和休闲旅游房地产的市场区域，就会有很大的差别。

由于数据的限制，常被迫采用市、区等行政区域来确定市场区域，这种确定便于利用人口统计及其他各种统计数据。但这种分区内的数据只能用于区域或某种用途类型的房地产市场分析，并不能用来进行具体开发项目层次的市场研究。要准确定义项目层次的市场区域，就必须实地考察该项目的地点和邻里状况，收集必要的数据，经分析判断后才能合理确定。

## 二、房地产市场分析的内容

### （一）宏观因素分析

房地产市场分析首先要就影响整个房地产市场的宏观因素进行分析。投资者首先要考虑国家和地方的经济特性，以确定区域整体经济形势是处在上升阶段还是处在衰退阶段。在这个过程中，要收集和分析的数据包括：国家和地方的国民生产总值及其增长速度、人均国内生产总值、人口规模与结构、居民收入、就业状况、社会政治稳定性、政府法规政策完善程度和连续性程度、产业结构、三资企业数量及结构、国内外投资的规模与比例、各行业投资收益率、通货膨胀率和国家金融政策（信贷规模与利率水平）等。

投资者还要分析研究其所选择的特定开发地区的城市发展与建设情况。例如某城市的铁路、公路、机场、港口等对内对外交通设施情况，水、电、燃气、热力、通信等市政基础设施完善程度及供给能力，劳动力、原材料市场状况，人口政策，地方政府产业发展政策等。这方面的情况，城市之间有很大差别，甚至在同一个城市的不同地区之间也会有很大差别。例如上海市的浦东新区和浦西老市区，其政策条件、交通状况、基础设施状况等就有很大的差别。

地区的经济特征确定后，还必须对项目所在地域的情况进行分析，包括经济结构、人口及就业状况、家庭结构、子女就学条件、地域内的重点开发区域、地方政府和其他有关机构对拟开发项目的态度等。

### （二）市场状况分析

房地产市场状况分析，是介于宏观和微观之间的分析。市场状况分析一般要从以下几个方面进行：

#### 1. 供给分析

（1）调查房地产当前的存量、过去的走势和未来可能的供给。具体内容包括：相关房地产类型的存量、在建数量、计划开工数量、已获规划许可数量、改变用途数量和拆除量等；短期新增供给数量的估计。

（2）分析当前城市规划及其可能的变化和土地利用、交通、基本建设投资等计划。

（3）分析规划和建设中的主要房地产开发项目。规划中的项目需分析其用途、投资者、所在区县名称、位置、占地面积、容积率、建筑面积和项目当前状态等；正在开发建设中的房地产项目需分析其用途、项目名称、位置、预计完工日期、建筑面积、售价和开发商名称等。

（4）分析房地产市场的商业周期和建造周期循环运动情况，分析未来相关市场区域内供求之间的数量差异。

2. 需求分析

（1）需求影响因素分析。需求影响因素分析是需求分析的第一步。影响需求的因素随物业类型不同而不同。例如，影响住宅市场需求的因素有新住户的形成、收入水平、贷款的可获得性、替代品的价格、拥有成本和对未来的预期；影响商业物业需求的因素有人口或就业增长、家庭和家庭规模、平均家庭收入和可支配收入、贸易区域可支配收入；影响写字楼物业需求的因素是使用写字楼的行业如金融、保险、房地产、代理咨询和服务业、高新技术和销售业等的发展状况和就业人口；影响工业物业需求的因素是国家和区域经济增长状况及在制造业、批发、商业、运输、交通和公共设施行业的就业人口。

（2）需求预测。详细分析项目所在市场区域内影响需求的因素，并根据这些因素如就业、人口、家庭规模与结构、家庭收入等的未来发展趋势，实现对拟开发房地产类型市场需求的预测。具体分析预测过程是：决定影响特定物业类型需求的主要市场因素、确定物业类型的需求参数、获取特定市场研究区域的历史和计划的需求数据或区域增长数据、估算市场需求、进行市场份额分析、宏观因素对总需求量的影响及相应调整。

（3）吸纳率分析。就每一个相关的细分市场进行需求预测，以估计市场吸纳的价格和质量。具体内容包括：市场吸纳和空置的现状与趋势，预估市场吸纳计划或相应时间周期内的需求。

（4）市场购买者的产品功能需求。包括：购买者的职业、年龄、受教育程度、现居住或工作地点的区位分布，投资购买和使用购买的比例。

3. 竞争分析

（1）列出与竞争有关项目的功能和特点。具体内容包括：描述已建成或正在建设中的竞争性项目（价格、数量、建造年代、空置、竞争特点），描述计划建设中的竞争性项目，对竞争性项目进行评价（表4-6）。

**竞争项目评价表**　　　　　　　　　　　　　　　　表 4-6

| 因素分类 | 具体因素 | 在建竞争项目 | | | | 建成竞争项目 | | 市场标准 | 竞争物业特点 | 市场空缺 |
|---|---|---|---|---|---|---|---|---|---|---|
| | | 项目1 | 项目2 | 项目3 | 项目4 | 项目A | 项目B | | | |
| 经济因素 | 月租金水平 | 4 | 6 | 3 | 5 | 5 | 4 | … | … | … |
| | 停车场租金 | 3 | 3 | 4 | 2 | 4 | 3 | … | … | … |
| | 设施分配及使用 | 4 | 3 | 5 | 5 | 3 | 5 | … | … | … |
| 建筑因素 | 建筑年代 | 2 | 3 | 7 | 6 | 8 | 3 | … | … | … |
| | 建筑状况 | 3 | 3 | 7 | 5 | 6 | 4 | … | … | … |
| | 单元面积 | 4 | 5 | 6 | 5 | 4 | 1 | … | … | … |
| | 房间数量 | 1 | 3 | 2 | 4 | 4 | 3 | … | … | … |
| | 房间功能种类 | 6 | 2 | 4 | 1 | 5 | 2 | … | … | … |
| | 层数 | 2 | 2 | 5 | 3 | 2 | 4 | … | … | … |
| | 电梯数量 | 2 | 6 | 4 | 3 | 5 | 3 | … | … | … |
| | 阳台 | 1 | 7 | 7 | 3 | 2 | 1 | … | … | … |
| | 建筑特征和设计形式 | 2 | 3 | 5 | 3 | 4 | 3 | … | … | … |
| 场地特征 | 游泳池 | 0 | 3 | 6 | 5 | 4 | 1 | … | … | … |
| | 网球场 | 1 | 2 | 4 | 7 | 8 | 4 | … | … | … |
| | 健身房 | 1 | 0 | 4 | 6 | 6 | 3 | … | … | … |
| | 俱乐部 | 4 | 3 | 3 | 4 | 5 | 3 | … | … | … |
| | 景观质量 | 4 | 5 | 6 | 8 | 7 | 4 | … | … | … |
| | 停车场情况 | 5 | 8 | 6 | 3 | 4 | 1 | … | … | … |
| 周围环境 | 与就业中心的接近程度 | 8 | 7 | 3 | 2 | 3 | 6 | … | … | … |
| | 与商业中心的接近程度 | 7 | 5 | 4 | 4 | 3 | 6 | … | … | … |
| | 与娱乐、文化设施的接近程度 | 6 | 3 | 5 | 5 | 4 | 6 | … | … | … |
| | 公共交通类型与沿途环境 | 4 | 3 | 2 | 5 | 7 | 5 | … | … | … |
| | 与停车场的接近程度 | 2 | 3 | 5 | 7 | 8 | 3 | … | … | … |
| | 与主要干道的接近程度 | 4 | 5 | 3 | 6 | 7 | 5 | … | … | … |
| | 与学校的接近程度及学校质量 | 4 | 5 | 2 | 2 | 2 | 4 | … | … | … |
| | 与医院、消防、警察局的接近程度 | 4 | 5 | 3 | 4 | 6 | 7 | … | … | … |
| | 环境质量 | 3 | 2 | 7 | 9 | 8 | 1 | … | … | … |
| 得分合计 | | 90 | 105 | 122 | 120 | 136 | 95 | | | |
| 市场占有率（%） | | 13.6 | 15.7 | 18.2 | 17.9 | 20.3 | 14.2 | | | |

（2）市场细分，明确拟建项目的目标使用者。具体内容包括：目标使用者的状态（年龄、性别、职业、收入）、行为（生活方式、预期、消费模式）、地理分布（需求的区位分布及流动性），每一细分市场下使用者的愿望和需要，按各细分市场结果，分析对竞争项目功能和特点的需求状况，指出拟建项目应具备的特色。

4. 市场占有率分析

（1）基于竞争分析的结果，按各细分市场，估算市场供给总吸纳量、吸纳速度和拟开发项目的市场份额，明确拟开发项目吸引客户或使用者的竞争优势。具体内容包括：估计项目的市场占有率，在充分考虑拟开发项目优势的条件下进一步确认其市场占有率，简述主要的市场特征；估算项目吸纳量，项目吸纳量等于市场供求缺口（未满足需求量）和拟开发项目市场占有率的乘积。

（2）市场占有率分析结果，要求计算出项目的市场占有率、拟建项目销售或出租进度、价格和销售期，并提出有利于增加市场占有率的建议。

（三）相关因素分析

当把握了总体背景情况后，投资者就可以针对某一具体开发投资类型和地点进行更为详尽的分析。从房地产开发的角度来看，市场分析最终要落实到对某一具体的物业类型和开发项目所处地区的房地产市场状况分析。应该注意的是，由于不同类型和规模的房地产开发项目所面对之市场范围的差异，导致市场分析的方式和内容也有很大的差别。不同类型项目需要重点分析的内容包括：

1. 住宅项目

市场分析将包括与房地产经纪机构、物业管理人员，特别是住户的沟通，以了解开发项目周围地区住宅的供求状况、价格水平、对现有住宅满意的程度和对未来住房的希望，以确定所开发项目的平面布置、装修标准和室内设备的配置。

2. 写字楼项目

首先要研究项目所处地段的交通通达程度，拟建地点的周边环境及与周围商业设施的关系。还要考虑内外设计的平面布局、特色与格调、装修标准、大厦内提供公共服务的内容、满足未来潜在使用者的特殊需求和偏好等。

3. 商业购物中心项目

要充分考虑项目所处地区的流动人口和常住人口的数量、购买力水平以及该地区对零售业的特殊需求，还要考虑购物中心的服务半径及附近其他购物中心、中小型商铺的分布情况。最后才能确定项目的规模、档次以及日后经营构想，提出租客组合建议。

### 4. 工业或仓储项目

首先要考察开发所必须具备的条件，诸如劳动力、交通运输、原材料和专业人员的来源问题。同时还要考虑未来入住者的意见，如办公、生产和仓储用房的比例，大型运输车辆通道和生产工艺的特殊要求，以及对隔声、抗震、通风、防火、起重设备安装等的特殊要求。

但不论是什么类型的房地产开发项目，都需要就以下问题进行详细的分析：项目所处的位置、周围环境及与城市中心商业区的关系；项目用地工程地质资料；附近地区土地利用及城市规划控制指标，城市建设规划管理的有关定额指标（如控制高度、容积率、用途、绿地率、建筑覆盖率、内外交通组织、建筑防火、停车场车位数等）；针对未来用户的需求信息；同类竞争性发展项目的信息，政府对此发展项目的态度；项目周围市政基础设施、配套设施的供应能力；针对项目的成本、价格、租金、空置率、市场吸纳能力分析；金融信息，如各类贷款获取的可能性、贷款利率、贷款期限和偿还方式等。

### 三、房地产市场分析报告

房地产市场调查与分析工作的最终成果，是房地产市场分析报告。房地产市场分析报告应该结合市场分析的目的与用途，有针对性、有重点地撰写。市场分析报告通常由以下几部分内容组成。

（1）地区经济分析。该部分主要研究地区经济环境，通常分为两个部分：一是地区经济的基本趋势分析；二是地区基础产业和新兴战略产业的发展趋势分析。地区经济及基础产业、新兴产业的发展方向、增长速度，对整个地区所有房地产业的发展都有重要影响。任何房地产的价格起伏及供求变化，其基础影响因素都来自房地产所处地区的经济环境，所以对地区经济环境的基本判断是对各类房地产市场研究的基础。

（2）区位分析。该部分是开发地点多种用途比较分析，是为一块土地选择用途，即该地点的最佳用途分析。这项内容是进行投资决策时的主要分析内容。严格地说，它是一项非常复杂的工作，往往要将项目地块所在区位与类似区位进行比较，发现市场机会；在有两个或两个以上的可选用途时，就要对每一种可能的用途进行分析比较。此处所指的区位分析是在宏观层次上的。如果是在宏观和微观层次上都作比较，它就可称作是可行性研究的全部，包含了房地产市场分析的全部内容。

（3）市场概况分析。该部分是对地区房地产发展概况的分析，预测本地区房地产各类市场总的未来趋势，并把项目及其所在的专业市场放在整个地区经济中，考察它们的地位和状况，分析人口、公共政策、经济、法律是否支持该项目。在这项分析中，要通过人口、就业、收入等资料，推算出各类专业市场总的供需趋势，及项目所在专业市场的总需求增量。

（4）市场供求分析。市场供求分析需要进行两个方面的分析，一是分析市场中各子市场的供需关系，求出各子市场的供需缺口；二是将供需缺口最大的子市场确定为目标子市场，具体求出目标子市场供需缺口量（即未满足的需求量）。该部分要确定市场研究区域并进行市场细分，通过区域内同类产品子市场已建、在建、拟建及空置情况分析预测供给。通过区域内同类产品子市场所对应的人口数量、就业情况、居民的收入细分、居住水平情况，估计子市场需求。对比供给与需求，得到子市场的供需缺口。

（5）项目竞争分析。该部分内容主要是将目标项目与其竞争项目进行对比分析，估计其市场占有率（市场份额）。具体又分为两个方面：一是在项目所在的子市场上，选择竞争项目，并指出销售最好的竞争项目。集中研究某一项目和单一户型，分析竞争项目的位置特征和销售率，认识竞争项目的竞争特点，指出其优势和劣势。二是将竞争项目与目标项目进行竞争分析，预测项目一定价格和特征下的销售率情况，确定目标项目的竞争特点，估计其市场占有率。

（6）产品和市场定位。该部分是在竞争分析的基础上，通过 SWOT 分析，找出目标项目的竞争优势，提出强化目标项目竞争优势、弱化其劣势的措施，进行项目规划设计和产品功能定位。本部分要分析项目的地段、周围环境状况、户型和娱乐状况，进行消费者研究，指出房屋销售最好的户型，对项目产品进行市场定位，并指出其市场风险来源。

（7）售价和租金预测。该部分通过分析项目所在子市场未满足的需求量及各竞争项目的市场占有率情况，总结竞争项目在历史上的出售率、出租率及租金、售价情况，将目标项目与竞争项目进行对比分析，预测目标项目的租金和售价。

（8）吸纳量计划预测。该部分通过研究地区、价格和市场份额间的关系，将项目所在子市场中未满足的需求，按照各竞争项目的市场占有率进行分配，预测市场对目标项目的吸纳能力；同时进行消费者研究，估计市场销售情况，合理定出项目的吸纳量计划（即项目建成后一年或一段时间每月出租的面积或出售的房地产数量计划，或项目完全出租或出售的时间计划）。

（9）回报率预测。市场研究报告中也需要对目标项目的经济特性进行简要分析判断。这里首先要对项目的总开发成本进行预测，再根据项目最有可能的售价和租金、吸纳量计划分析结果，估计项目可以得到的回报率水平。该部分要进行一些现金流分析，作为可行性研究中财务分析的基础。

（10）敏感性分析。该部分要测定关键参数的敏感性，确定分析结果适用的范围，反映市场分析面对的不确定性。即测定关键参数变动范围，对分析中的关键假设，测定它们在确保项目满足投资目标要求的情况下，允许变动范围有多大。

上述市场分析报告的内容，覆盖了市场分析需求的三个层次。当市场分析报告确定在某一特定层次时，可以就相关内容进一步细化。例如，针对商品住宅市场的市场分析报告，就可以对商品住宅需求数量、结构、特征，供给数量、结构、区域分布，市场供需均衡状况、交易数量、交易价格、影响交易数量与价格的因素，商品住宅潜在购买者基本特征（年龄结构、家庭结构、家庭收入状况、受教育程度、居住现状、现有住房获得方式、现有住房条件和居住质量）、购房偏好（区位偏好、套型面积偏好、楼型和功能偏好、购房目的）和购买方式与购买力（可承受的最高单价、最高总价、付款方式）等进行更详细的分析。

# 复习思考题

1. 市场调查的重要性体现在哪些方面？
2. 市场调查的内容主要包括哪些方面？
3. 为什么要进行消费者和消费者行为调查？
4. 市场调查的步骤是什么？
5. 有哪些市场调查方法和调查手段？
6. 设计抽样方案的方法和步骤是什么？
7. 如何估计市场规模？
8. 市场需求预测和市场趋势分析的方法是什么？
9. 市场细分的依据、标准与程序是什么？
10. 如何选择目标市场？
11. 如何进行市场定位？
12. 何谓竞争者分析？竞争者分析的目的是什么？如何进行竞争者分析？
13. 如何进行消费者购买行为分析？
14. 影响消费者购买行为的因素有哪些？
15. 消费者是如何进行购买决策的？
16. 房地产市场分析的概念与作用是什么？
17. 房地产市场分析主要有哪些内容？
18. 房地产开发项目市场定位的含义是什么？

# 第五章　现金流量与资金时间价值

## 第一节　现金流量

房地产开发投资的目的，是在提供满足市场对房地产产品或服务需求的同时，获得相应的投资收益。为了有效量测房地产开发投资的经济效益，就需要运用投资分析技术，计算房地产开发投资项目经济效果的评价指标。而进行这些测算的基础和前提，就是用货币量化房地产开发投资项目的投入产出。

### 一、现金流量的概念

房地产开发投资活动可以从物质形态和货币形态两个方面进行考察。从物质形态看，房地产开发投资活动表现为开发商使用各种工具、设备和管理手段，消耗一定量的能源，通过对土地进行开发活动，使用各种建筑材料与建筑构配件，最终生产出可供人类生产或生活入住的建筑空间，或通过对建筑物的维护维修管理活动，提供满足客户各种需求的入住空间。从货币形态看，房地产开发投资活动则表现为投入一定量的资金，花费一定量的成本，通过房屋销售或出租经营获得一定量的货币收入。

对于一个特定的经济系统而言，投入的资金、花费的成本和获取的收益，都可以看成是货币形式（包括现金和其他货币支付形式）体现的资金流出或资金流入。在房地产投资分析中，把某一项投资活动作为一个独立的系统，把一定时期各时点上实际发生的资金流出或流入叫做现金流量。其中，流出系统的资金叫做现金流出，流入系统的资金叫做现金流入。现金流入与现金流出之差称为净现金流量。

经济活动的类型和特点不同，现金流入和现金流出的具体表现形式也会有很大差异。对于房地产开发投资项目来说，现金流入通常包括销售收入、出租收入、其他经营收入等；现金流出主要包括土地与建造成本或购买成本、财务费用、运营费用、销售费用和税金支出等。

房地产投资分析的目的，就是要根据特定房地产开发投资项目所要达到的目标和所拥有的资源条件，考察项目在不同运行模式或技术方案下的现金流出与现金流入，选择合适的运行模式或技术方案，以获取最好的经济效果。

## 二、现金流量图

把某一项投资活动作为一个独立的系统，其资金的流向（收入或支出）、数额和发生时点都不尽相同。为了正确地进行经济效果评价，需要借助现金流量图来进行分析。现金流量图是用以反映项目在一定时期内资金运动状态的简化图式，即把经济系统的现金流量绘到一个时间坐标图中，表示出现金流入、流出与相应时间的对应关系。

绘制现金流量图的基本规则是：

（1）以横轴为时间轴，向右延伸表示时间的延续，轴上的每一刻度表示一个时间单位，两个刻度之间的时间长度称为计息周期，可取年、半年、季度或月等。横坐标轴上"0"点，通常表示当前时点，也可表示资金运动的时间始点或某一基准时刻。时点"1"表示第 1 个计息周期的期末，同时又是第 2 个计息周期的开始，以此类推，如图 5-1 所示。

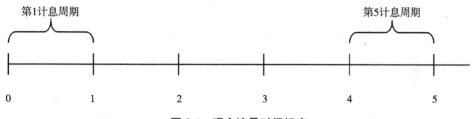

**图 5-1　现金流量时间标度**

（2）如果现金流出或流入不是发生在计息周期的期初或期末，而是发生在计息周期的期间，为了简化计算，公认的习惯方法是将其代数和看成是在计息周期的期末发生，称为期末惯例法。在一般情况下，采用这个简化假设，能够满足投资分析工作的需要。

（3）为了与期末惯例法保持一致，在把资金的流动情况绘成现金流量图时，都把初始投资 $P$ 作为上一周期期末，即第 0 期期末发生的，这就是在有关计算中出现第 0 周期的由来。

（4）相对于时间坐标的垂直箭线代表不同时点的现金流量。现金流量图中垂直箭线的箭头，通常是向上者表示正现金流量，向下者表示负现金流量（图 5-2）。某一计息周期内的净现金流量，是指该时段内现金流量的代数和。

要正确绘制和应用好现金流量图，必须根据投资项目的特点把握好现金流量的三要素，即现金流量的大小（数额）、方向（流入或流出）和作用点（发生的时点）。

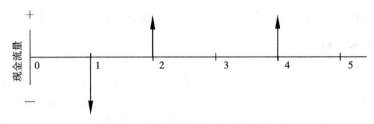

图 5-2    正现金流量和负现金流量

### 三、房地产投资活动中的现金流量

根据房地产开发经营企业的业务经营模式类型，可以将房地产投资业务划分为"开发—销售""开发—持有出租—出售""购买—持有出租—出售""购买—更新改造—出售""购买—更新改造—出租—出售"等基本模式。对于某一具体房地产开发投资项目而言，其经营模式或为上述模式的一种，或为上述两种或两种以上模式的组合。

（一）开发—销售模式现金流量图

开发—销售模式主要适用于商品住宅开发项目，部分其他用途类型的开发项目也可能采用开发—销售模式。这种业务模式下的现金流出包括土地成本、建造成本、开发费用（管理费用、销售费用和财务费用）、增值税和税金及附加，现金流入是销售收入。各项成本费用支出和销售收入发生的方式（一次支出、分期支出、在某个时间段内等额支出等；一次获得、分期获得）和发生的时点，通常与开发项目的开发建设计划及销售计划安排相关。此模式下的典型现金流量图如图 5-3 所示。

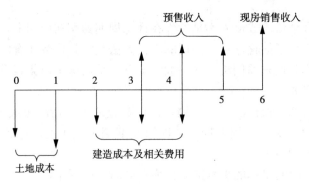

图 5-3    开发—销售模式下的现金流量图

（二）开发—持有出租—出售模式现金流量图

开发—持有出租—出售模式主要适用于写字楼、零售物业、高级公寓等收益性房地产项目。部分政策性租赁住宅、普通商品住宅也可采用这种模式。这种业务模式下的现金流出包括土地成本、建造成本、开发费用（管理费用、销售费用和财务费用）、运营成本和转售税费，现金流入是出租收入和持有期末的转售收入。各项开发过程的成本费用发生方式（一次支出、分期支出、在某个时间段内等额支出等）和发生的时点，与项目开发建设计划安排相关。运营期间的出租收入、运营成本支出可按季度、半年或年度发生（视持有期长短确定）。此模式下的典型现金流量图如图 5-4 所示。

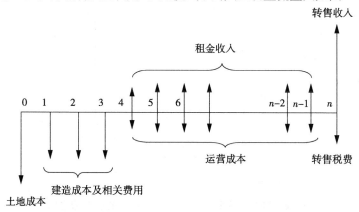

**图 5-4　开发—持有出租—出售模式下的现金流量图**

（三）购买—持有出租—出售模式现金流量图

许多房地产企业购买新建成的收益性房地产，然后持有并出租经营，并在未来的某个时点将物业转售出去，形成了购买—持有出租—出售模式。这种模式通常为大型房地产企业所采用，房地产投资信托基金也常采用这种模式。投资者可享受出租收入和物业增值收益。这种业务模式下的现金流出包括购买成本和购买税费、装修费用、运营成本和转售税费，现金流入包括出租收入和持有期末的转售收入。此模式下的典型现金流量图如图 5-5 所示。

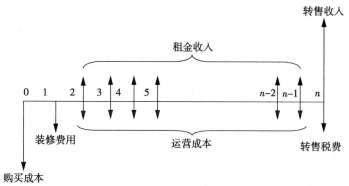

**图 5-5　购买—持有出租—出售模式下的现金流量图**

（四）购买—更新改造—出售模式现金流量图

也有部分房地产企业擅长购买旧有住宅或收益性物业，通过更新改造甚至改变物业用途后再出售，形成了购买—更新改造—出售模式。这种业务模式下的现金流出包括购买成本（含购买价格和购买税费）、更新改造成本和转售税费，现金流入主要指转售收入，此模式下的典型现金流量图如图 5-6 所示。

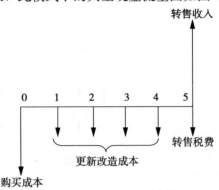

**图 5-6　购买—更新改造—出售模式下的现金流量图**

（五）购买—更新改造—出租—出售模式现金流量图

将更新改造后的收益性房地产持有并出租经营，并在持有经营一段时间后，根据市场状况和企业财务状况将其转售出去，也是部分房地产企业常采用的业务模式，即购买—更新改造—出租—出售模式。这种业务模式下的现金流出包括购买成本、更新改造成本、运营成本和转售税费，现金流入包括出租收入和持有期末的转售收入。此模式下的典型现金流量图如图 5-7 所示。

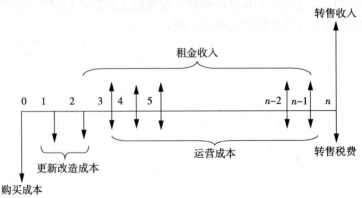

**图 5-7　购买—更新改造—出租—出售模式下的现金流量图**

# 第二节　资金时间价值

房地产开发投资过程中的大小投资活动，从发生、发展到结束，都有一个时间上的延续过程。因此，在投资分析的过程中必须考虑资金的时间价值。

## 一、资金时间价值的概念

对于投资者来说，资金的投入与收益的获得往往构成一个时间上有先后的现金流量序列，客观地评价房地产开发投资项目的经济效果或对不同投资方案进行经济比较时，不仅要考虑支出和收入的数额，还必须考虑每笔现金流量发生的时间，以某一个相同的时点为基准，把不同时点上的支出和收入折算到同一个时点上，才能得出正确的结论。

在不同的时间付出或得到同样数额的资金在价值上是不等的。也就是说，资金的价值会随时间发生变化。今天可以用来投资的一笔资金，即使不考虑通货膨胀因素，也比将来可获得的同样数额的资金更有价值。因为当前可用的资金能够立即用来投资并带来收益，而将来才可取得的资金则无法用于当前的投资，也无法获得相应的收益。

因此，同样数额的资金在不同时点上具有不同的价值，而不同时间发生的等额资金在价值上的差别称为资金的时间价值。这一点，可以从将货币存入银行，或是从银行借款为例来说明。如果现在将 1 000 元存入银行，一年后得到的本利和为 1 060 元，经过 1 年而增加的 60 元，就是在 1 年内让出了 1 000 元货币的使用权而得到的报酬。也就是说，这 60 元是 1 000 元在 1 年中的时间价值。对于资金的时间价值，可以从两个方面理解：

（1）随着时间的推移，资金的价值会增加。这种现象叫资金增值。在市场经济条件下，资金伴随着生产与交换的进行不断运动，生产与交换活动会给投资者带来利润，表现为资金的增值。从投资者的角度来看，资金的增值特性使其具有时间价值。

（2）资金一旦用于投资，就不能用于即期消费。牺牲即期消费是为了能在将来得到更多的消费，个人储蓄的动机和国家积累的目的都是如此。从消费者的角度来看，资金的时间价值体现为放弃即期消费的损失所应得到的补偿。

资金时间价值的大小，取决于多方面的因素。从投资的角度来看主要有：①投资利润率，即单位投资所能取得的利润；②通货膨胀率，即对因货币贬值造成的损失所应得到的补偿；③风险因素，即对因风险可能带来的损失所应获得的补偿。

在技术经济分析中，对资金时间价值的计算方法与银行利息的计算方法相同。实际上，银行利息也是一种资金时间价值的表现方式，利率是资金时间价值的一种标志。

由于资金存在时间价值，就无法直接比较不同时点上发生的现金流量。因此，要通过一系列的换算，在同一时点上进行对比，才能符合客观的实际情况。这种考虑了资金时间价值的经济分析方法，提高了方案评价和选择的科学性和可靠性。

## 二、利息与利率

（一）利息

利息是指占用资金所付出的代价或放弃资金使用权所得到的补偿。如果将一笔资金存入银行，这笔资金就称为本金。经过一段时间之后，储户可在本金之外再得到一笔利息，这一过程可表示为：

$$F_n = P + I_n$$

式中　$F_n$——本利和；

　　　$P$——本金；

　　　$I_n$——利息。

下标 $n$ 表示计算利息的周期数。计息周期是指计算利息的时间单位，如"年""季度""月"或"周"等，通常采用的时间单位是年。

（二）利率

利率是在单位时间（一个计息周期）内所得的利息额与借贷金额（即本金）之比，一般以百分数表示。用 $i$ 表示利率，其表达式为：

$$i = \frac{I_1}{P} \times 100\%$$

式中　$I_1$——一个计息周期的利息。

上式表明，利率是单位本金经过一个计息周期后的增值额。

利率又分为基础利率、同业拆放利率、存款利率、贷款利率等类型。基础利率是投资者所要求的最低利率，一般使用无风险的国债收益率作为基础利率的代表。同业拆放利率指银行同业之间的短期资金借贷利率。同业拆放有两个利率，拆进利率表示银行愿意借款的利率；拆出利率表示银行愿意贷款的利率。同业拆放中大量使用的利率是伦敦同业拆放利率（LIBOR），指在伦敦的第一流银行借款给伦敦的另一家第一流银行资金的利率。我国对外筹资成本即是在 LIBOR 利率的基础上加一定百分点。从 LIBOR 变化出来的，还有新加坡同业拆放利率（SIBOR）、纽约同业拆放利率（NIBOR）、香港同业拆放利率（HIBOR）等。

从宏观角度考察利率的经济功能，包括了积累资金、调整信用规模、调节国民经济结构、抑制通货膨胀和平衡国际收支的功能。

（三）利率的影响因素和贷款市场报价利率

1. 利率的影响因素

利率的影响因素，主要包括以下六个方面：

（1）平均利润率。利息是利润的一部分，因此利率高低首先由利润率高低决定，但决定利率高低的利润率并不是单个企业的利润率，而是一定时期内一国的平均利润率。

（2）借贷资本的供求关系。利率是由在金融市场上借贷资本的供求双方协商确定的，当借贷资本供大于求时利率就下降，需求大于供给时利率就上升。

（3）货币政策。中央银行若实行扩张的或积极的货币政策，利率就会下降；若实行稳健的货币政策，利率就会保持基本稳定；若实行紧缩的货币政策，利率就会上涨。

（4）国际利率水平。国际金融市场上主要经济体利率下降，会带动其他主要经济体同时降低其利率水平或抑制其利率上涨的速度。

（5）通货膨胀率和预期通货膨胀率。通货膨胀会导致利率上升，通货紧缩会导致利率下降。

（6）汇率。外汇汇率上升，本币贬值时，外汇的预期回报率下降，国内居民对外汇的需求就会下降，对本币的需求就会增加，从而使得国内利率水平上升。

2. 贷款市场报价利率

贷款市场报价利率（Loan Prime Rate，简称 LPR）是指由各报价行根据其对最优质客户执行的贷款利率，按照公开市场操作利率加点形成的方式报价，由中国人民银行授权全国银行间同业拆借中心计算得出并发布的利率。各银行实际发放的贷款利率可根据借款人的信用情况，考虑抵押、期限、利率浮动方式和类型等要素，在贷款市场报价利率基础上加减点确定。

LPR 报价行目前由 18 家商业银行组成，报价行于每月 20 日（遇节假日顺延）9 时前，按公开市场操作利率（主要指中期借贷便利利率）加点形成的方式，向全国银行间同业拆借中心报价。全国银行间同业拆借中心按去掉最高和最低报价后算术平均的方式计算得出贷款市场报价利率。

目前，LPR 包括 1 年期和 5 年期以上两个期限品种。例如，2020 年 10 月 20

日 LPR 报价为 1 年期 3.85％、5 年期以上 4.65％；《中国房贷市场报告》显示的 2020 年 10 月全国个人住房贷款平均利率首套为 5.24％、二套为 5.55％、加权平均为 5.36％，相当于分别加点 59、90 和 71（各银行和不同城市有差异）。

### 三、单利计息与复利计息

利息的计算有单利计息和复利计息两种。

（一）单利计息

单利计息是仅按本金计算利息，利息不再生息，其利息总额与借贷时间成正比。单利计息时的利息计算公式为：

$$I_n = P \times n \times i$$

$n$ 个计息周期后的本利和为：

$$F_n = P\ (1 + i \times n)$$

我国个人储蓄存款和国库券的利息就是以单利计算的，计息周期为"年"。

（二）复利计息

复利计息，是指对于某一计息周期来说，按本金加上先前计息周期所累计的利息进行计息，即"利息再生利息"。按复利方式计算利息时，利息的计算公式为：

$$I_n = P\ [\ (1+i)^n - 1]$$

$n$ 个计息周期后的复本利和为：

$$F_n = P\ (1+i)^n$$

上式的推导过程为：

第 1 个计息周期后的复本利和：$F_1 = P\ (1+i)^1$

第 2 个计息周期后的复本利和：$F_2 = P\ (1+i) + P\ (1+i) \cdot i = P\ (1+i)^2$

第 3 个计息周期后的复本利和：$F_3 = P\ (1+i)^2 + P\ (1+i)^2 \cdot i = P\ (1+i)^3$

……

第 $n$ 个计息周期后的复本利和：$F_n = P\ (1+i)^{n-1} + P\ (1+i)^{n-1} \cdot i = P\ (1+i)^n$

我国房地产开发贷款和住房抵押贷款等都是按复利计息的。由于复利计息比较符合资金在社会再生产过程中运动的实际状况，所以在投资分析中，一般采用复利计息。

复利计息还有间断复利和连续复利之分。如果计息周期为一定的时间区间（如年、季、月等），并按复利计息，称为间断复利；如果计息周期无限期缩短，称为连续复利。从理论上讲，资金在不停地运动，每时每刻都在通过生产和流通领域增值，因而应该采用连续复利计息，但是在实际使用中都采用较为简便的间断复利计息方式计算。

## 四、名义利率与实际利率

### (一) 名义利率与实际利率的概念

在以上讨论中，都是以年为计息周期的，但在实际经济活动中，计息周期有年、季度、月、周、日等，也就是说，计息周期可以短于一年。这样就出现了不同计息周期的利率换算问题。也就是说，当利率标明的时间单位与计息周期不一致时，就出现了名义利率和实际利率的区别。

名义利率是指一年内多次计息时给出的年利率，它等于计息周期利率与一年内计息周期数的乘积。很显然，名义利率忽略了一年内前面各期利息再生的因素，即忽略了"利滚利"。实际利率是指一年内多次计息时，年末终值比年初值的增长率。

例如，某笔年利率为 6%、按月等额还本付息的住房抵押贷款，其计算月还款额的月利率为 0.5%。此时，年利率 6% 称为"名义利率"，但因为是每月计算一次利息，所以借款人每年还本付息中实际支付给银行的利息，即实际利率会超过 6%。

再以存款为例。如某笔储蓄存款的存款额为 1 000 元，年利率为 12%，期限为一年。如果分别以一年 1 次计息、一年 4 次按季计息、一年 12 次按月计息，则一年后的本利和分别为：

一年 1 次计息 $F = 1\,000 \times (1 + 12\%) = 1\,120$（元）

一年 4 次计息 $F = 1\,000 \times (1 + 3\%)^4 = 1\,125.51$（元）

一年 12 次计息 $F = 1\,000 \times (1 + 1\%)^{12} = 1\,126.83$（元）

这里的 12%，对于一年一次计息情况既是实际利率又是名义利率；3% 和 1% 称为周期利率。由上述计算可知：名义利率＝周期利率×每年的计息周期数。

对于一年计息 4 次和 12 次来说，12% 就是名义利率，而一年计息 4 次时的实际利率 ＝ $(1 + 3\%)^4 - 1 = 12.55\%$；一年计息 12 次时的实际利率 ＝ $(1 + 1\%)^{12} - 1 = 12.68\%$。

### (二) 名义利率与实际利率的关系式

设名义利率为 $r$，若年初借款为 $P$，在一年中计算利息 $m$ 次，则每一计息周期的利率为 $\dfrac{r}{m}$，一年后的本利和为：$F = P\left(1 + \dfrac{r}{m}\right)^m$，其中利息为 $I = F - P = P\left(1 + \dfrac{r}{m}\right)^m - P$。故实际利率 $i$ 与名义利率 $r$ 的关系式为：

$$i = \frac{F-P}{P} = \frac{P\left(1+\dfrac{r}{m}\right)^m - P}{P} = \left(1+\frac{r}{m}\right)^m - 1$$

通过上述分析和计算，可以得出名义利率与实际利率存在着下述关系：

（1）实际利率比名义利率更能反映资金的时间价值。

（2）名义利率越大，计息周期越短，实际利率与名义利率的差异就越大。

（3）当每年计息周期数 $m=1$ 时，名义利率与实际利率相等。

（4）当每年计息周期数 $m>1$ 时，实际利率大于名义利率。

（5）当每年计息周期数 $m\to\infty$ 时，名义利率 $r$ 与实际利率 $i$ 的关系为：

$$i = e^r - 1$$

当然，对名义利率和实际利率及其相互关系，还可以从是否剔除了通货膨胀因素的影响来区分。名义利率是包含了通货膨胀因素的利率；实际利率是名义利率剔除通货膨胀因素影响后的真实利率。假如名义利率为 $r$、实际利率为 $i$、通货膨胀率为 $R_d$，则三者的关系为 $i=\left[(1+r)/(1+R_d)\right]-1$。

## 第三节　资金等效值与复利计算

在房地产投资项目经济评价中，资金等效值是一个十分重要的概念。运用这个概念，可以把在不同时点发生的资金换算成同一时点的等值资金进行分析比较。

### 一、资金等效值的概念

资金等效值是指在考虑时间因素的情况下，不同时点发生的绝对值不等的资金可能具有相同的价值。也可以解释为"与某一时间点上一定金额的实际经济价值相等的另一时间点上的价值"。在以后的讨论中，把等效值简称为等值。

例如，现在借入 100 元，年利率是 15%，一年后要还的本利和为 115 元。这就是说，现在的 100 元与一年后的 115 元虽然绝对值不等，但它们是等值的，即其实际经济价值相等。

通常情况下，在资金等效值计算的过程中，人们把资金运动起点时的金额称为现值，把资金运动结束时与现值等值的金额称为终值或未来值，而把资金运动过程中某一时间点上与现值等值的金额称为时值。

## 二、复利计算

### (一) 常用符号

在复利计算和考虑资金时间因素的计算中，常用的符号包括 $P$、$F$、$A$、$G$、$s$、$n$ 和 $i$ 等，各符号的含义是：

$P$——现值；

$F$——终值（未来值）；

$A$——连续出现在各计息周期末的等额支付金额，简称年值；

$G$——每一时间间隔收入或支出的等差变化值；

$s$——每一时间间隔收入或支出的等比变化值；

$n$——计息周期数；

$i$——每个计息周期的利率。

在复利计算和考虑资金时间因素的计算中，通常都要使用 $i$ 和 $n$ 以及 $P$、$F$ 和 $A$ 中的两项。比较不同投资方案的经济效果时，常常换算成 $P$ 值或 $A$ 值，也可换算成 $F$ 值来进行比较。

### (二) 公式与系数

#### 1. 一次支付的现值系数和终值系数

一次支付的现金流量图如图 5-8 所示。如果在时点 $t=0$ 时的资金现值为 $P$，并且利率 $i$ 已定，则复利计息的 $n$ 个计息周期后的终值 $F$ 的计算公式为：

$$F=P\,(1+i)^{n}$$

上式中的 $(1+i)^{n}$ 称为"一次支付终值系数"。

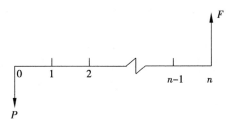

**图 5-8 一次支付现金流量图**

当已知终值 $F$ 和利率 $i$ 时，很容易得到复利计息条件下现值 $P$ 的计算公式：

$$P=F\,\frac{1}{(1+i)^{n}}$$

上式中的 $\dfrac{1}{(1+i)^n}$ 称为"一次支付现值系数"。

2. 等额序列支付的现值系数和资金回收系数

等额序列支付是指在现金流量图上的每一个计息周期期末都有一个等额支付金额 $A$，现金流量图如图 5-9 所示。此时，其现值可以这样确定：把每一个 $A$ 看作是一次支付中的 $F$，用一次支付复利计算公式求其现值，然后相加，即可得到所求的现值。计算公式是：

$$P = A\frac{(1+i)^n-1}{i \ (1+i)^n} = \frac{A}{i}\left[1-\frac{1}{(1+i)^n}\right]$$

上式中的 $\dfrac{(1+i)^n-1}{i(1+i)^n}$ 称为"等额序列支付现值系数"。

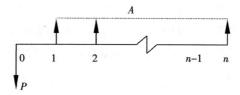

**图 5-9    等额序列支付现金流量**

由上式可以得到当现值 $P$ 和利率 $i$ 为已知时，求复利计息的等额序列支付年值 $A$ 的计算公式：

$$A = P\frac{i(1+i)^n}{(1+i)^n-1} = Pi + \frac{Pi}{(1+i)^n-1}$$

上式中的 $\dfrac{i(1+i)^n}{(1+i)^n-1}$ 称为"等额序列支付资金回收系数"。

3. 等额序列支付的终值系数和储存基金系数

所谓等额序列支付的储存基金系数和终值系数就是在已知 $F$ 的情况下求 $A$，或在已知 $A$ 的情况下求 $F$，现金流量图如图 5-10 所示。因为前面已经有了 $P$ 和 $A$ 之间的关系，我们也已经知道了 $P$ 和 $F$ 之间的关系，所以很容易就可以推导出 $F$ 和 $A$ 之间的关系。计算公式为：

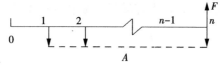

**图 5-10    等额序列支付现金流量**

$$A = F \frac{i}{(1+i)^n - 1}$$

上式中的 $\dfrac{i}{(1+i)^n - 1}$ 称为"等额序列支付储存基金系数"。

通过上式，可以很容易地推导出：

$$F = A \frac{(1+i)^n - 1}{i}$$

上式中的 $\dfrac{(1+i)^n - 1}{i}$ 称为"等额序列支付终值系数"。

4. 等差序列的现值系数和年费用系数

等差序列是一种等额增加或减少的现金流量序列，即这种现金流量序列的收入或支出每年以相同的数量发生变化。例如物业的维修费用往往随着房屋及其附属设备的陈旧程度而逐年增加，物业的租金收入通常随着房地产市场的发展逐年增加等。逐年增加的收入或费用，虽然不能严格地按线性规律变化，但可根据多年资料，整理成等差序列以简化计算。

如果以 $G$ 表示收入或支出的年等差变化值，第一年的现金收入或支出的流量 $A_1$ 已知，则第 $t$ 年年末现金收入或支出的流量为 $A_1 + (t-1) G$，现金流量图如图 5-11 所示。计算等差序列现值系数的公式为：

$$P = A_1 \frac{(1+i)^n - 1}{i(1+i)^n} + \frac{G}{i} \left[ \frac{(1+i)^n - 1}{i(1+i)^n} - \frac{n}{(1+i)^n} \right]$$

上式中的 $\dfrac{1}{i} \left[ \dfrac{(1+i)^n - 1}{i(1+i)^n} - \dfrac{n}{(1+i)^n} \right]$ 称为"等差序列现值系数"。

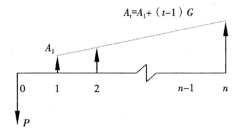

**图 5-11　等差序列支付现金流量**

若要将等差现金流量序列换算成等额年值 $A$，则公式为：

$$A = A_1 + G \left[ \frac{1}{i} - \frac{n}{(1+i)^n - 1} \right]$$

上式中的 $\left[\dfrac{1}{i}-\dfrac{n}{(1+i)^n-1}\right]$ 称为"等差序列年费用系数"。

5. 等比序列的现值系数和年费用系数

等比序列是一种等比例增加或减少的现金流量序列，即这种现金流量序列的收入或支出每年以一个固定的比例发生变化。例如，建筑物的建造成本每年以10%的比例逐年增加、房地产的价格或租金水平、运营费用每年以5%的速度逐年增加等。

如果以等比系数 $s$ 表示收入或支出每年变化的百分率，第一年的现金收入或支出的流量 $A_1$ 已知，则第 $t$ 年年末现金收入或支出的流量为 $A_t=A_1(1+s)^{t-1}$，现金流量图如图 5-12 所示。

计算等比序列现值系数的公式为：

$$P=\begin{cases}\dfrac{A_1}{i-s}\left[1-\left(\dfrac{1+s}{1+i}\right)^n\right] & [当\ i\neq s\ 时]\\[3mm] nA_1/(1+i) & [当\ i=s\ 时]\end{cases}$$

上式中的 $\dfrac{1}{i-s}\left[1-\left(\dfrac{1+s}{1+i}\right)^n\right]$ 称为"等比序列现值系数"。

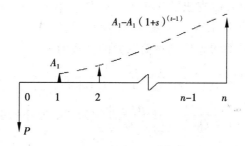

**图 5-12　等比序列支付现金流量**

若要将等比现金流量序列换算成等额年值 $A$，当 $i\neq s$ 时，公式为：

$$A=A_1\frac{i}{i-s}\left[1-\frac{(1+s)^n-1}{(1+i)^n-1}\right]$$

上式中的 $\dfrac{i}{i-s}\left[1-\dfrac{(1+s)^n-1}{(1+i)^n-1}\right]$ 称为"等比序列年费用系数"。

（三）复利系数的标准表示法

为了减少书写上述复利系数时的麻烦，可采用一种标准表示法来表示各种系数。这种标准表示法的一般形式为 $(X/Y,i,n)$。斜线前的 $X$ 表示所求的是什么，斜线后的 $Y$、$i$、$n$ 表示已知的是什么。例如 $F/P$ 表示"已知 $P$ 求 $F$"，而 $(F/P,10\%,25)$ 表示一个系数。这个系数若与现值 $P$ 相乘，便可求得按年利率为 10％复利计息时 25 年后的终值 $F$。表 5-1 汇总了上述 10 个复利系数的标准表示法，以及系数用标准表示法表示的复利计算公式。

**复利系数标准表示法及复利计算公式汇总表**　　　　表 5-1

| 系数名称 | 标准表示法 | 所求 | 已知 | 公式 |
|---|---|---|---|---|
| 一次支付现值系数 | $(P/F, i, n)$ | $P$ | $F$ | $P = F(P/F, i, n)$ |
| 一次支付终值系数 | $(F/P, i, n)$ | $F$ | $P$ | $F = P(F/P, i, n)$ |
| 等额序列支付现值系数 | $(P/A, i, n)$ | $P$ | $A$ | $P = A(P/A, i, n)$ |
| 等额序列支付资金回收系数 | $(A/P, i, n)$ | $A$ | $P$ | $A = P(A/P, i, n)$ |
| 等额序列支付储存基金系数 | $(A/F, i, n)$ | $A$ | $F$ | $A = F(A/F, i, n)$ |
| 等额序列支付终值系数 | $(F/A, i, n)$ | $F$ | $A$ | $F = A(F/A, i, n)$ |
| 等差序列支付现值系数 | $(P/G, i, n)$ | $P$ | $G, A_1$ | $P = A_1(P/A, i, n) + G(P/G, i, n)$ |
| 等差序列年费用系数 | $(A/G, i, n)$ | $A$ | $G, A_1$ | $A = A_1 + G(A/G, i, n)$ |
| 等比序列现值系数 | $(P/s, i, n)$ | $P$ | $s, A_1$ | $P = A_1(P/s, i, n)$ |
| 等比序列年费用系数 | $(A/s, i, n)$ | $A$ | $s, A_1$ | $A = A_1(A/s, i, n)$ |

### 三、复利系数的应用

复利系数在房地产投资分析与评估中的应用非常普遍，尤其是在房地产抵押贷款、房地产开发项目融资活动中，经常涉及利息计算、月还款额计算等问题。下面通过例题，来介绍一下复利系数在房地产投资分析中的应用情况。

【例 5-1】　已知某笔贷款的年利率为 6％，借贷双方约定按季度计息，则该笔贷款的实际利率是多少？

【解】　已知 $r = 6\%$，$m = 12/3 = 4$，则该笔贷款的实际利率

$$i = (1 + r/m)^m - 1 = (1 + 6\%/4)^4 - 1 = 6.14\%$$

【例 5-2】　某房地产开发商向银行贷款 2 000 万元，期限为 3 年，年利率为 8％，若该笔贷款的还款方式为期间按季度付息、到期后一次偿还本金，则开发商为该笔贷款支付的利息总额是多少？如果计算先期支付利息的时间价值，则贷款到期后开发商实际支付的利息又是多少？

【解】　已知 $P = 2\,000$ 万元，$n = 3 \times 4 = 12$，$i = 8\%/4 = 2\%$，则

开发商为该笔贷款支付的利息总额 $= P \times i \times n = 2\,000 \times 2\% \times 12 = 480$（万元）

计算先期支付利息的时间价值，则到期后开发商实际支付的利息

$$= P\left[(1+i)^n - 1\right] = 2\,000\left[(1+2\%)^{12} - 1\right] = 536.48（万元）$$

**【例5-3】**    某家庭预计在今后10年内的月收入为16 000元，如果其中的30%可用于支付住房抵押贷款的月还款额，年贷款利率为6%，问该家庭有偿还能力的最大抵押贷款申请额是多少？

**【解】**

（1）已知：该家庭每月可用于支付抵押贷款的月还款额 $A=16\ 000\times30\%=4\ 800$（元）；

月贷款利率 $i=6\%/12=0.5\%$，计息周期数 $n=10\times12=120$（月）

（2）则该家庭有偿还能力的最大抵押贷款额：$P=A\ [(1+i)^n-1]/[i\ (1+i)^n]=4\ 800\times\ [(1+0.5\%)^{120}-1]\ /\ [1\%\times\ (1+0.5\%)^{120}]=43.24$（万元）

**【例5-4】**    某家庭以抵押贷款的方式购买了一套价值为80万元的住宅，首付款为房价的30%，其余房款用抵押贷款支付。如果抵押贷款的期限为10年，按月等额偿还，年贷款利率为6%，问月还款额为多少？如果该家庭30%的收入可以用来支付抵押贷款月还款额，问该家庭须月收入多少，才能购买上述住宅？

**【解】**

（1）已知：抵押贷款额 $P=80\times70\%=56$（万元）；

月贷款利率 $i=6\%/12=0.5\%$，计息周期数 $n=10\times12=120$（月）

（2）则月还款额：

$A=P\ [i\ (1+i)^n]\ /\ [(1+i)^n-1]$

$=560\ 000\times\ [0.5\%\ (1+0.5\%)^{120}]\ /\ [(1+0.5\%)^{120}-1]$

$=6\ 217.4$（元）

（3）该家庭欲购买上述住宅，其月收入须为：$6\ 217.4/0.3=20\ 724.7$（元）

**【例5-5】**    某购房者拟向银行申请60万元的住房抵押贷款，银行根据购房者未来收入增长的情况，为他安排了等比递增还款抵押贷款。若年抵押贷款利率为6.6%，期限为15年，购房者的月还款额增长率为0.5%，问该购房者第10年最后一个月份的月还款额是多少？

**【解】**

（1）已知：$P=60$ 万元，$s=0.5\%$，$n=15\times12=180$（月），$i=6.6\%/12=0.55\%$

（2）抵押贷款首次月还款额为：

$A_1=P\times\ (i-s)\ /\ \{1-\ [(1+s)\ /\ (1+i)]^n\}$

$=600\ 000\times\ (0.55\%-0.5\%)\ /\ \{1-\ [(1+0.5\%)\ /\ (1+0.55\%)]^{180}\}$

$=300/\ (1-0.914\ 4)\ =3\ 504.67$（元）

（3）第10年最后一个月份的还款额 $A_{120}$ 为：

$A_{120} = A_1 \times (1+s)^{t-1} = 3\ 504.67 \times (1+0.005)^{120-1} = 6\ 344.50$（元）

【例5-6】 某家庭拟购买一套面积为80m²的住宅，单价为3 500元/m²，首付款为房价的25%，其余申请公积金和商业组合抵押贷款。已知公积金和商业贷款的利率分别为4.2%和6.6%，期限均为15年，公积金贷款的最高限额为10万元。问该家庭申请组合抵押贷款后的最低月还款额是多少？

【解】

（1）已知：$P = 3\ 500 \times 80 \times (1-25\%) = 210\ 000$（元），$n = 15 \times 12 = 180$（月）

$\quad\quad\quad i_1 = 4.2\%/12 = 0.35\%$，$i_2 = 6.6\%/12 = 0.55\%$

$\quad\quad\quad P_1 = 100\ 000$（元），$P_2 = 210\ 000 - 100\ 000 = 110\ 000$（元）

（2）计算等额偿还公积金贷款和商业贷款本息的月还款额：

$A_1 = P_1 \times [i_1 (1+i_1)^n] / [(1+i_1)^n - 1]$

$\quad = 100\ 000 \times [0.35\% (1+0.35\%)^{180}] / [(1+0.35\%)^{180} - 1] = 749.75$（元）

$A_2 = P_2 \times [i_2 (1+i_2)^n] / [(1+i_2)^n - 1]$

$\quad = 110\ 000 \times [0.55\% (1+0.55\%)^{180}] / [(1+0.55\%)^{180} - 1] = 964.28$（元）

（3）组合贷款的最低月还款额：

$$A = A_1 + A_2 = 749.75 + 964.28 = 1\ 714.03\ （元）$$

【例5-7】 某家庭以4 000元/m²的价格，购买了一套建筑面积为120m²的住宅，银行为其提供了15年期的住房抵押贷款，该贷款的年利率为6%，抵押贷款价值比率为70%。如该家庭在按月等额还款5年后，于第6年初一次提前偿还了贷款本金8万元，问从第6年开始的抵押贷款月还款额是多少？

【解】

（1）已知：$P = 4\ 000 \times 120 \times 70\% = 336\ 000$（元），$P' = 80\ 000$（元），

$\quad\quad\quad n = 15 \times 12 = 180$（月），$n' = (15-5) \times 12 = 120$（月）；

$\quad\quad\quad i = i' = 6\%/12 = 0.5\%$

（2）则正常情况下抵押贷款的月还款额为：

$$A = \frac{Pi (1+i)^n}{(1+i)^n - 1} = \frac{336\ 000 \times 0.5\% \times (1+0.5\%)^{180}}{(1+0.5\%)^{180} - 1} = 2\ 835.36\ （元）$$

（3）第6年年初一次偿还本金8万元后，在第6到第15年内减少的月还款额为：

$$A' = \frac{P'i' (1+i')^n}{(1+i')^n - 1} = \frac{80\ 000 \times 0.5\% \times (1+0.5\%)^{120}}{(1+0.5\%)^{120} - 1} = 888.16\ （元）$$

（4）从第6年开始的抵押贷款月还款额是：

$$2\,835.36-888.16=1\,947.20\ (元)$$

【例5-8】　某家庭以 3 500 元/$m^2$ 的价格，购买了一套建筑面积为 80$m^2$ 的住宅，银行为其提供了 15 年期的住房抵押贷款，该贷款的年利率为 6%，抵押贷款价值比率为 70%，月等额还款金额占借款总额的比例即月还款常数为 0.65%。问抵押贷款到期后，该家庭应向银行一次偿还的剩余本金金额是多少？

【解】

(1) 已知：$P=3\,500\times80\times70\%=196\,000$ （元），月还款常数 $\alpha=0.65\%$，

$\qquad n=15\times12=180$ （月），$i'=6\%$，$i=i'/12=6\%/12=0.5\%$

(2) 则按月等额偿还抵押贷款本息的月还款额为：

$$A=\frac{Pi\,(1+i)^n}{(1+i)^n-1}=\frac{196\,000\times0.5\%\times\,(1+0.5\%)^{180}}{(1+0.5\%)^{180}-1}=1\,653.96\ (元)$$

(3) 实际每月的月还款额为：$196\,000\times0.65\%=1\,274$ （元）

(4) 借款人每月欠还的本金：$1\,653.96-1\,274=379.96$ （元）

(5) 抵押贷款到期后，该家庭应向银行偿还的剩余本金为：

$$F=\frac{A\,\left[\,(1+i)^n-1\right]}{i}=\frac{379.96\times\,\left[\,(1+0.5\%)^{180}-1\right]}{0.5\%}=110\,499.30\ (元)$$

【例5-9】　某人拟以 500 万元的价格购入一预售楼盘的部分写字楼面积用于出租经营。已知前三年楼价款付款比例分别为 15%、25%和 60%，第四年即可开始出租，当年的毛租金收入为 100 万元，经营成本为 20 万元，且预计在此后的 16 年内毛租金收入和经营成本的平均上涨率均为 12%，贴现率为 16%。如果本写字楼投资项目在整个经营期间内的其他收入和支出情况如下表所示，试计算该投资项目的净现金流量，画出净现金流量图并计算出项目净现金流量的现值之和（设投资和经营期间的收支均发生在年初）。

单位：万元

| 年　份 | 4 | 5 | 6～18 | 19 | 20 |
|---|---|---|---|---|---|
| 转售收入 | | | | | 1 600 |
| 转售成本 | | | | | 150 |
| 装修费用 | 60 | | | | 200 |

【解】

(1) 求出净现金流量

单位：万元

| 年　末 | 0 | 1 | 2 | 3 | 4 | $t$ | 18 | 19 |
|---|---|---|---|---|---|---|---|---|
| 现金流入 | | | | 100 | $100(1+12\%)^1$ | $100(1+12\%)^{t-3}$ | $100(1+12\%)^{15}$ | $1\,600+100(1+12\%)^{16}$ |
| 现金流出 | 75 | 125 | 300 | 80 | $20(1+12\%)^1$ | $20(1+12\%)^{t-3}$ | $20(1+12\%)^{15}$ | $150+200+20(1+12\%)^{16}$ |
| 净现金流量 | −75 | −125 | −300 | 20 | $80(1+12\%)^1$ | $80(1+12\%)^{t-3}$ | $80(1+12\%)^{15}$ | $1\,250+80(1+12\%)^{16}$ |

（2）画出净现金流量图（见图5-13）

（3）计算项目净现金流量的现值之和 $P$

$$P = \sum_{t=0}^{t} (CI-CO)(1+i)^{-t}$$

$$= -75 + \frac{-125}{(1+16\%)} + \frac{-300}{(1+16\%)^2}$$

$$+ \left\{ 20 + \frac{80\,(1+12\%)}{16\%-12\%} \left[ 1-\left(\frac{1+12\%}{1+16\%}\right)^{16} \right] \right\} \times \frac{1}{(1+16\%)^3} + \frac{1\,250}{(1+16\%)^{19}}$$

$$= 298.16 \text{（万元）}$$

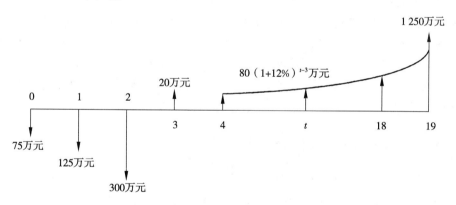

图5-13 净现金流量图

【例5-10】 已知某家庭1998年12月31日为购买价值50万元的住宅，申请了相当于房价70%的住房抵押贷款，期限为20年、年利率为6%、按月等额还本付息。2004年1月1日，该家庭由于某种财务需要拟申请二次住房抵押贷款（又称"加按"，假设按产权人拥有的权益价值的50%发放）。已知当地住宅价值年上涨率为5%，问该家庭申请加按时，最多能得到多少抵押贷款？

【解】

（1）2004年1月1日住房市场价值

$$V = 500\,000 \times (1+5\%)^5 = 638\,140.8 \text{（元）}$$

（2）第一抵押贷款月还款额

$$A=P\frac{i\ (1+i)^n}{(1+i)^n-1}=50\times70\%\times\frac{0.5\%\ (1+0.5\%)^{240}}{(1+0.5\%)^{240}-1}=2\ 507.5\ （元）$$

（3）2004 年 1 月 1 日未偿还的第一抵押贷款价值

$$V_M=\frac{A}{i}\times\left[1-\frac{1}{(1+i)^{n'}}\right]=\frac{2\ 507.5}{0.5\%}\times\left[1-\frac{1}{(1+0.5\%)^{180}}\right]=297\ 148.6\ （元）$$

（4）该家庭拥有的住房权益价值

$$V_E=V-V_M=638\ 140.8-297\ 148.6=340\ 992.2\ （元）$$

（5）第二次抵押可获得的最大抵押贷款额为

$$340\ 992.2\times50\%=170\ 496.1\ （元）\approx17\ （万元）$$

【例 5-11】　美国次贷危机前金融机构发放的次级抵押贷款，普遍采用了复合式可调整利率贷款，也称为"$m/n$"贷款（主要包括"2/28"和"3/27"两种），即借款人在最初 $m$ 年还款期内依照贷款合同约定的某一固定初始利率仅支付利息，从第 $m+1$ 年开始将固定利率变为每隔半年以伦敦银行同业拆借利率为基准重新确定的可调整利率（又称"重置利率"）还本付息。假设某家庭于 2004 年为购买总价为 22 万美元的住房，成功申请了总额为 18 万美元、期限为 30 年、前 3 年固定利率为 7.5% 的复合式可调整利率贷款。如该家庭 2004 年和 2007 年的月家庭收入分别为 3 000 美元和 3 200 美元，2007 年调整后的利率为 9.0%，问该家庭在 2004 年和 2007 年前 6 个月的月还款额占家庭收入的比例分别是多少？

【解】

（1）前 3 年执行固定利率期间的月还款额

$$A=P\times i=180\ 000\times\frac{7.5\%}{12}=1\ 125\ （美元）$$

（2）前 3 年执行固定利率期间的月还款额占家庭收入的比例

$$\frac{1\ 125}{3\ 000}\times100\%=37.5\%$$

（3）2007 年初调整利率后

$$i'=9\%/12=0.75\%$$
$$n'=（30-3）\times12=324\ （月）$$

（4）2007 年初调整利率后的月还款额

$$A=P\frac{i'\ (1+i')^{n'}}{(1+i')^{n'}-1}=180\ 000\times\frac{0.75\%\ (1+0.75\%)^{324}}{(1+0.75\%)^{324}-1}=1\ 481.2\ （美元）$$

（5）2007 年调整利率后的月还款额占家庭收入的比例

$$\frac{1\ 481.2}{3\ 200}\times100\%=46.3\%$$

　　讨论：美国住房抵押贷款二级市场上投资者对高收益的次级抵押贷款（简称"次贷"）支持证券的追逐，极大地提高了贷款发放机构拓展次贷市场的积极性和承担风险的胆量，超额利率分享机制和提前还款处罚佣金方案也在很大程度上激发了抵押贷款经纪人的热情。后者抓住房地产市场价格持续上涨的有利条件，以及普通家庭对房地产市场和金融市场不了解的弱点，千方百计诱使债务负担重、收入低的家庭贷款购房。由于抵押贷款经纪人对借款人违约行为不承担任何责任，即使明知道借款人没有还款能力，经纪人也还是会全力说服对方贷款购房。于是这种不顾借款人还款能力的"掠夺性贷款"行为愈演愈烈，贷款质量急剧下降。

　　尤其是在次级抵押贷款中普遍采用"$m/n$"复合式可调整利率贷款方式（见表 5-2），使其最初 $m$ 年的还款额很低，不会超过《住房所有权和平等权保护法》规定的月还款额占家庭收入的法定比例。但次级抵押贷款进入利率调整期后，贷款利率伴随着美联储的连续 17 次加息普遍有较大程度提高，且加上还本因素，使月还款额占家庭收入的比例大幅度提高。进一步地，由于所购住房的市场价值急剧下降，使借款人在住房价值中的权益比例迅速减少，甚至变为负权益。在还款负担日益沉重、住房权益价值比例减少甚至成为负值的情况下，许多次级贷款的借款人就选择了终止还款即"理性违约"，结果使次级抵押贷款资产质量迅速下降，导致次贷资产及其相关衍生投资产品的投资者遭受了巨大损失，并最终导致了次贷危机。

**2001～2006 年美国次级抵押贷款的基本特征**　　　　　　　表 5-2

| 年份 | 2001 | 2002 | 2003 | 2004 | 2005 | 2006 |
|---|---|---|---|---|---|---|
| 规模 | | | | | | |
| 　贷款数（万笔） | 62.4 | 97.4 | 167.6 | 274.3 | 344.0 | 264.6 |
| 　借款人平均 FICO 信用分值 | 620.1 | 630.5 | 641.4 | 645.9 | 653.7 | 654.7 |
| 　单笔平均贷款额（万美元） | 15.1 | 16.8 | 18.0 | 20.1 | 23.4 | 25.9 |
| 　贷款价值比率（％） | 80.0 | 79.9 | 80.6 | 82.8 | 83.5 | 84.4 |
| 类型 | | | | | | |
| 　固定利率贷款（％） | 41.4 | 39.9 | 43.3 | 28.2 | 25.1 | 26.1 |
| 　可调整利率贷款（％） | 0.9 | 1.9 | 1.3 | 4.3 | 10.3 | 12.8 |
| 　复合式可调整利率贷款（％） | 52.2 | 55.9 | 54.7 | 67.3 | 62.0 | 46.2 |
| 　气球式贷款（％） | 5.5 | 2.2 | 0.8 | 0.2 | 2.6 | 14.9 |
| 其他特征 | | | | | | |
| 　可调整利率贷款平均初始利率（％） | 9.4 | 8.3 | 7.3 | 6.7 | 6.6 | 7.2 |
| 　月还款收入比（％） | 37.8 | 38.1 | 38.2 | 38.5 | 39.1 | 39.8 |
| 　无收入证明材料或证明材料不足（％） | 68.5 | 63.4 | 59.8 | 57.2 | 51.8 | 44.7 |
| 　附有提前还款违约处罚条款（％） | 66.3 | 63.8 | 61.4 | 60.1 | 60.6 | 61.6 |
| 　次贷业务平均利润率（％） | 6.2 | 6.3 | 5.9 | 5.3 | 5.0 | 4.9 |

　　资料来源：美国抵押贷款银行家协会

## 复习思考题

1. 何谓现金流量?

2. 如何绘制现金流量图? 其基本规则有哪些?

3. 房地产投资活动有哪几种典型的业务模式? 其现金流量图分别有哪些特点?

4. 当房地产企业将开发建成的房地产项目部分出售、部分出租时,其现金流量图会出现哪些变化?

5. 如何理解资金时间价值的概念?

6. 利率有哪些具体类型?

7. 影响利率水平高低的因素有哪些? 这些因素是如何影响利率水平的?

8. 名义利率和实际利率的关系如何?

9. 何谓资金等效值?

10. 复利系数有哪些方面的应用?

# 第六章 经济评价指标与方法

## 第一节 效益和费用识别

对于房地产开发投资活动来说，投资、成本、销售或出租收入、税金、利润等经济量，是构成房地产开发投资项目现金流量的基本要素，也是进行投资分析最重要的基础数据。

### 一、投资与成本

（一）广义投资与成本的概念

1. 投资

广义的投资是指人们有目的的经济行为，即将一定的资源投入某项计划，以获取所期望的报酬。所投入的资源可以是资金，也可以是土地、人力、技术、管理经验或其他资源。

一般工业生产活动中的投资，包括固定资产投资和流动资金两部分。固定资产投资是指用于建造或购置建筑物、构筑物和机器设备等固定资产的投资。固定资产投资在项目投产以后，随着固定资产在使用过程中的磨损和贬值，其价值逐渐以折旧的形式计入产品成本，并通过产品销售以货币形式回到投资者手中。流动资金则是指工业项目投产前预先垫付，在投产后用于购买原材料、燃料动力、备品备件，支付工资和其他费用以及被在制品、半产品、制产品占用的周转资金。流动资金在每个生产周期完成一次周转，在整个项目寿命周期内始终被占用，直到项目寿命周期末，全部流动资金才能退出生产与流通，以货币资金形式被收回。

2. 成本

成本是指人们为达成一事或取得一物所必须付出或已经付出的代价。就工业投资项目而言，其投产后便开始了产品的生产经营活动，产品的生产与销售伴随着活劳动与物化劳动的消耗，产品的成本就是这种劳动消耗的货币表现。产品生产经营活动中的成本包括生产成本和期间费用两部分，前者指发生在产品生产过程中的费用，后者指在产品生产和销售过程中发生的管理费用、财务费用和销售费用。生产成本加上相应的期间费用称为产品的完全成本。

影响产品成本高低的因素很多。对于同一种产品来说，不同的生产技术方案、不同的生产规模、不同的生产组织方式、不同的技术水平与管理水平、不同的物资供应与产品销售条件、不同的自然环境等，都可能导致产品成本的不同。

投资分析中使用的成本概念与企业财务会计中使用的成本概念不完全相同，主要表现在两个方面：①财务会计中的成本是对生产经营活动中实际发生费用的记录，各种影响因素的作用是确定的，所得到的成本数据是唯一的，而投资分析中使用的成本有许多是对拟实施项目未来将要发生的费用的预测和估算，各种影响因素的作用是不确定的，不同的实施方案会有不同的成本数据；②在投资分析中，根据分析计算的需要还要列入一些财务会计中没有的成本概念（如机会成本、沉没成本、不可预见费用等），这些成本的经济含义及成本中所包含的内容与财务会计中的成本不完全一样。

（二）房地产投资分析中的投资与成本

房地产开发经营活动中的投资与成本，与一般工业生产活动有较大差异。从本书第一章介绍的房地产直接投资形式来看，其投资与成本有如表 6-1 所示的特点。

**房地产投资项目中投资与成本的特点**　　　　　　　　　　表 6-1

| 投资形式 | 经营方式 | 投　　　资 | 成　　　本 |
|---|---|---|---|
| 开发投资 | 出售 | 开发建设投资 | 开发产品成本 |
| | 出租 | 开发建设投资 | 营业成本、运营费用 |
| 置业投资 | 出售 | 购买投资、装修及更新改造投资 | 开发产品成本 |
| | 出租 | 购买投资、装修及更新改造投资、经营资金 | 营业成本、运营费用 |

对于"开发—销售"模式下的房地产开发项目而言，开发商所投入的开发建设投资大部分形成了建筑物或构筑物等以固定资产形式存在的开发产品，开发商通过项目开发过程中的预售或建成后的销售活动，转让了这些固定资产的所有权或使用权，所以开发过程中所形成的开发企业固定资产，大多数情况下很少甚至是零，开发建设投资基本上都一次性地转移到房地产产品成本中去了，房地产开发总投资基本等于总成本费用。

对于"开发—持有出租—出售"模式下的房地产开发项目而言，开发商所投入的开发建设投资在开发项目竣工投入使用后转为固定资产投资，接下来的出租经营活动又会产生营业成本和运营费用（含维修保养费用），并通过房地产租赁收入得以回收。

房地产置业投资如果属于增值型投资即采用"购买—更新改造—出售"模式时，其投资与成本特点与"开发—销售"模式相似。如果采用"购买—持有出租"或"购买—装修改造—持有出租—出售"模式时，其投资与成本特点与"开发—持有出租—出售"模式相似。

1. 开发项目总投资

开发项目总投资包括开发建设投资和经营资金。开发建设投资是指在开发期内完成房地产产品开发所需投入的各项费用；经营资金是指开发企业用于日常经营的周转资金。开发建设投资在开发建设过程中形成以出售和出租为目的的开发产品成本和以自营为目的的固定资产和其他资产。开发项目总投资构成如图 6-1 所示。

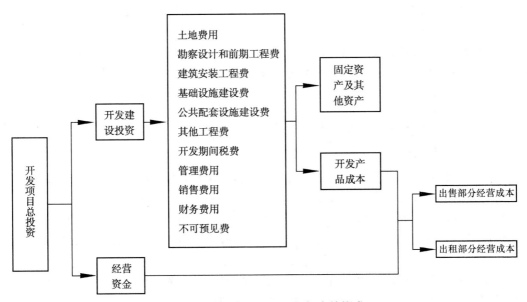

图 6-1　房地产开发项目总投资的构成

2. 开发产品成本

开发产品成本是指房地产开发项目建成时，按照国家有关财务和会计制度，转入房地产产品的开发建设投资。当房地产开发项目有多种产品（如居住、办公、商业、停车等）时，可以通过开发建设投资的合理分摊，分别估算每种产品的产品成本。

### 3. 营业成本

营业成本是指房地产产品出售、出租时，将开发产品成本按照国家有关财务和会计制度结转的成本。主要包括：土地转让成本、商品房销售成本、配套设施销售成本和房地产出租营业成本。对于分期收款的房地产开发项目，房地产投资的营业成本通常按当期销售面积占全部销售面积的比率，计算本期应结转的营业成本。房地产出租过程中的营业成本，通常包括固定资产折旧、土地使用权等无形资产摊销。

### 4. 期间费用

开发投资项目的期间费用是指企业行政管理部门为组织和管理开发经营活动而发生的销售费用、管理费用和财务费用。房地产开发项目用于销售时，期间费用为计入开发建设投资中的管理费用、财务费用和销售费用，不另行计算；房地产开发项目用于出租或自营时，开发期的期间费用计入开发建设投资，经营期的期间费用计入运营费用；房地产置业投资项目的期间费用计入运营费用。

### 5. 运营费用

运营费用是指用于出租或经营的房地产在出租经营过程中的成本费用支出，包括期间费用（销售费用、管理费用、财务费用）、增值税、税金及附加、物业服务费、大修基金等。

## 二、营业收入、利润和税金

### （一）营业收入

营业收入又称经营收入，是指向社会出售、出租开发商品或自营时的货币收入，包括销售收入、出租收入和自营收入。销售收入＝销售房屋建筑面积×房屋销售单价，出租收入＝出租房屋建筑面积×房屋租金单价，自营收入＝营业额－营业成本－自营中的商业经营风险回报。营业收入是按市场价格计算的，房地产开发投资企业的产品（房屋）只有在市场上被出售、出租或自我经营，才能成为给企业或社会带来效益的有用的劳动成果。因此，营业收入比企业完成的开发工作量（完成投资额）更能反映房地产开发投资项目的真实经济效果。

### （二）利润

利润是企业经济目标的集中表现，企业进行房地产开发投资的最终目的是获取开发或投资利润。房地产开发投资者不论采用何种直接的房地产投资模式，其营业收入扣除营业成本、期间费用和增值税、税金及附加后的盈余部分，称为投资者的营业利润，这是房地产企业新创造价值的一部分，要在全社会范围内进行再分配。营业利润中的一部分由国家以所得税的方式无偿征收，作为国家或地方的财政收入；另一部分留给企业，作为其可分配利润、企业发展基金、职工奖励及福利基金、储备基金等。根据财务核算与分析的需要，企业利润可分为营业利润、利润总额、税后利润和可分配利润等四个层次。

1. 毛利润

毛利润＝营业收入－营业成本－增值税和税金及附加－土地增值税

毛利润率＝毛利润/营业收入（％）

营业收入＝销售收入＋出租收入＋自营收入

销售收入＝土地转让收入＋商品房销售收入＋配套设施销售收入

出租收入＝房屋出租租金收入＋土地出租租金收入

2. 营业利润

营业利润＝毛利润－期间费用（开发投资）

营业利润＝毛利润－运营费用（出租经营）

期间费用＝销售费用＋管理费用＋财务费用

运营费用＝期间费用＋运营期间税费＋物业服务管理费＋大修基金

3. 利润总额（税前利润）

利润总额＝营业利润＋营业外收支净额

营业外收支净额＝投资收益＋补贴收入＋营业外收入－营业外支出

4. 净利润（税后利润）

净利润＝利润总额－所得税

净利润率＝净利润/营业收入（％）

5. 可分配利润

可分配利润＝税后利润－（法定盈余公积金＋法定公益金＋未分配利润）

（三）税金

税金是国家或地方政府依据法律对有纳税义务的单位或个人征收的财政资金。国家或地方政府的这种筹集财政资金的手段叫税收。税收是国家凭借政治权力参与国民收入分配和再分配的一种方式，具有强制性、无偿性和固定性的特点。税收不仅是国家和地方政府获得财政收入的主要渠道，也是国家或地方政府对各项经济活动进行宏观调控的重要杠杆。

目前我国房地产开发投资须缴纳的主要税种有：

1. 增值税

增值税是对销售货物或者提供加工、修理修配劳务以及进口货物的单位和个人就其实现的增值额征收的一个税种。在中华人民共和国境内销售服务、无形资产或者不动产的单位和个人，为增值税纳税人。我国增值税税率有13%、9%和6%三档。

根据国家有关规定，房地产业涉及增值税的征收范围，一是房地产企业销售自己开发的房地产项目，二是房地产企业出租自己开发的房地产项目（包括如商铺、写字楼、公寓等）。一般纳税人销售不动产、提供不动产租赁服务，其适用税率为9%。小规模纳税人销售不动产、提供不动产租赁服务，不按适用税率征税，而是按征收率3%缴纳增值税。

2. 税金及附加

税金及附加包括企业经营活动中发生的消费税、城市维护建设税、资源税、教育费附加和地方教育附加及房产税、土地使用税、车船使用税、印花税等相关税费。其中：①城市维护建设税，以纳税人实际缴纳的增值税税额为计税依据，征收率为7%，与增值税同时缴纳。②教育费附加是对缴纳增值税和消费税的单位和个人征收的一种附加费，以纳税人实际缴纳的增值税和消费税税额为计税依据，征收率为3%，地方教育附加征收率为2%，均与增值税同时缴纳。③城镇土地使用税是房地产开发投资企业在开发经营过程中占用国有土地应缴纳的一种税，视土地等级、用途按占用面积征收。④房产税是投资者拥有房地产时应缴纳的一种财产税，按房产原值扣减30%后的1.2%或出租收入的12%征收。城镇土地使用税和房产税在企业所得税前列支。

3. 土地增值税

根据《中华人民共和国土地增值税暂行条例》以及《中华人民共和国土地增值税暂行条例实施细则》的规定，从1994年1月1日起，转让国有土地使用权、地上的建筑物及其附着物并取得收入的单位和个人，缴纳土地增值税。土地增值税按照纳税人转让房地产所取得的增值额，按30%~60%的累进税率计算征收。增值额为纳税人转让房地产所取得的收入减除允许扣除项目所得的金额，允许扣除项目包括取得土地使用权的费用、土地开发和新建房及配套设施的成本、土地开发和新建房及配套设施的费用、旧房及建筑物的评估价格、与转让房地产有关的税金和财政部规定的其他扣除项目。

根据2010年5月25日《国家税务总局关于加强土地增值税征管工作的通知》的规定，土地增值税的征收执行预征和清算制度。依所处地区和房地产类型不同，预征时点与增值税相同，预征率为销售收入的1%~2%，待该项目全部竣工、办理结算后再进行清算，多退少补。采用核定税率征收土地增值税时，核定征收率不得低于5%。

4. 企业所得税

企业所得税是对实行独立经济核算的房地产开发投资企业，按其应纳税所得额征收的一种税。企业每一纳税年度的收入总额，减除不征税收入、免税收入、各项扣除以及允许弥补的以前年度亏损后的余额，为应纳税所得额。所得税应纳税额＝应纳税所得额×适用税率－减免税额－抵免税额。房地产开发投资企业所得税税率为 25%。

### 三、房地产投资经济效果的表现形式

（一）置业投资

对置业投资来说，房地产投资的经济效果主要表现在租金收益、物业增值或股权增加等方面。租金通常表现为月租金收入，而增值和股权增加效果则既可在处置（转让）物业时实现，也可在以针对物业的再融资行为中实现（如申请二次抵押贷款）。

置业投资经济效果的好坏受市场状况和物业特性变化的影响。个人或企业进行置业投资的目的是要获得预期的经济效果，这些预期经济效果在没有成为到手的现金流量之前，仅仅是一个模糊的期望。因此，置业投资经济效果的三种表现形式仅能说明投资者可获得的利益类型，在没有转换为一个特定时间点的现金流量之前，经济效果是无法定量描述或量测的。

（二）开发投资

房地产开发投资的经济效果主要表现为销售收入，其经济效果的大小则用开发利润、成本利润率、投资收益率等指标来衡量。

## 第二节　经济评价指标

### 一、投资回收与投资回报

房地产投资的收益，包括投资回收和投资回报两个部分。投资回收是指投资者对其所投入资本的回收，投资回报是指投资者所投入的资本在经营过程中所获得的报酬。例如，金融机构在向居民提供抵押贷款时，借款人在按月等额的还款中，一部分是还本，另一部分是付息；对于金融机构来说，借款人的还本部分就是其贷款（投资）的回收部分，借款人的付息部分就是其贷款（投资）的回报部分。

如果用公式来分析，最容易理解的是利用等额序列支付的年值与现值之间的关系。从前面的介绍中，我们知道：

$$A = P\frac{i\,(1+i)^n}{(1+i)^n-1} = P\cdot i + \frac{P\cdot i}{(1+i)^n-1}$$

上式中的 $P\cdot i$ 就是投资者投入资本 $P$ 后所获得的投资回报，此时投资回报

率为 $i$；而 $\dfrac{P \cdot i}{(1+i)^n-1}$ 就是投资者的投资回收，$\dfrac{i}{(1+i)^n-1}$ 是投资者提取折旧的

一种方法，即储存基金法。如果将 $\dfrac{P \cdot i}{(1+i)^n-1}$ 作为年值，则其折算到项目期末的

终值正好等于 $P$，这正好反映了一个简单再生产的过程。

投资回收和投资回报对投资者来说都是非常重要的，投资回收通常是用提取折旧的方式获得，而投资回报则常常表现为投资者所获得的或期望获得的收益率或利息率。就房地产开发投资来说，投资回收主要是指开发商所投入的总开发成本的回收，而其投资回报则主要表现为开发利润。

### 二、经济评价指标体系

房地产开发投资项目经济评价的目的，是考察项目的盈利能力和清偿能力。

盈利能力指标是用来考察项目盈利能力水平的指标，包括静态指标和动态指标两类。其中，静态指标是在不考虑资金的时间价值因素影响的情况下，直接通过现金流量计算出来的经济评价指标。静态指标的计算简便，通常在概略评价时采用。动态指标是考虑了资金的时间价值因素的影响，要对发生在不同时间的收入、费用计算资金的时间价值，将现金流量进行等值化处理后计算出来的经济评价指标。动态评价指标能较全面反映投资方案整个计算期的经济效果，适用于详细可行性研究阶段的经济评价和计算期较长的投资项目。

清偿能力指标是指考察项目计算期内偿债能力的指标。除了投资者重视项目的偿债能力外，为项目提供融资的金融机构更加重视项目偿债能力的评价结果。

应该指出的是，由于房地产开发投资项目与房地产置业投资项目的效益费用特点不同，在实际操作中，两种类型投资项目的经济评价指标体系略有差异（表6-2）。

房地产投资项目经济评价指标体系　　　　　　　　　　　表 6-2

| 项目类型 | 盈利能力指标 | | 清偿能力指标 |
| --- | --- | --- | --- |
| | 静态指标 | 动态指标 | |
| 房地产开发投资 | 成本利润率<br>销售利润率<br>投资利润率<br>静态投资回收期 | 财务内部收益率<br>财务净现值<br>动态投资回收期 | 借款偿还期<br>利息备付率<br>资产负债率 |
| 房地产置业投资 | 投资利润率<br>资本金利润率、资本金净利润率<br>现金回报率、投资回报率<br>静态投资回收期 | 财务内部收益率<br>财务净现值<br>动态投资回收期 | 借款偿还期<br>偿债备付率<br>资产负债率<br>流动比率<br>速动比率 |

### 三、全部投资和资本金评价指标的差异

房地产投资活动中全部投资的资金来源，通常由资本金（又称权益投资）和借贷资金（又称债务投资）两部分组成。投资者利用借贷资金进行投资，或在投资过程中使用财务杠杆的主要目的，是为了提高资本金的投资收益水平。由于投资者使用借贷资金投资时必须支付借贷资金的资金成本或财务费用（利息、融资费用和汇兑损失），因此只有当房地产投资项目全部投资的平均收益水平高于投资者必须支付的借贷资金成本水平时，投资者使用借贷资金才能够提高资本金的收益水平，即财务杠杆对投资者资本金的收益有一个正向的放大作用。

例如，某房地产投资项目所需的总投资为 100 万元，项目全部投资的收益率为 15%，如果借贷资金的财务费用水平为 10%，则投资者就可以通过融入借贷资金，来减少资本金的投入，提高资本金的收益水平。假如总投资中的 80 万元来自借贷资金，则这 80 万元借贷资金所产生的收益 12 万元扣除财务费用 8 万元后所剩余的 4 万元，就属于投资者的收益，将这部分收益加到 20 万元资本金收益中去，则资本金的总收益就达到了 7 万元，其收益率水平就放大到了 35%。假如项目全部投资的收益率低于 10%，或借贷资金的成本高于 15%，则投资者就必须用资本金投资的部分收益来支付借贷资金的部分资金成本，大大降低其资本金的投资收益水平。

从上面的例子可以看出，投资者在进行投资决策时，必须要计算项目全部投资的收益指标，以便与市场上类似投资项目的收益水平和借贷资金的资金成本水平进行比较，以便就是否投资、是否使用财务杠杆进行决策。投资者还要计算资本金投资的收益指标，以量测资本金投资收益水平及判断是否满足自己的投资收益目标要求或期望。此外，当资本金投入由多个投资者共同参与时，由于各投资者在项目投资经营过程中所扮演的角色不同，所以通常按是否参与管理、是否优先获得分红或利润分配等，来决定各自的出资比例和持股比例，所以不同投资者所投入资本金的收益水平也会存在差异，因此有时还需要计算不同投资者的资本金收益水平。

因此，在进行房地产投资分析时，通常需要根据投资项目的特点、投资分析深度的要求和投资决策者的实际需要，分别计算全部投资、资本金、各投资方资本金的经济评价指标。

### 四、通货膨胀的影响

对通货膨胀或通货紧缩程度的预期，影响投资者对未来投资收益的预测和适

当收入或收益率的选择。在通货膨胀的情况下，现金的购买力肯定会下降，因此投资者往往提高对名义投资回报率（或收益率，下同）的预期，以补偿购买力的损失。也就是说，投资者要提高期望投资回报率以抵消通货膨胀的影响，因为投资者所希望获得的始终是一个实际的投资回报率。

从理论上来说，全部期望投资回报率应该包含所有预期通货膨胀率的影响。因此，预期收益率通常随着对通货膨胀率预测的变化而变化。当折现率不包含对通货膨胀的补偿时，房地产投资收入现金流的折现值才是一个常数。

由于通货膨胀率和收益率经常是同时变动，因此很难找到一个特定的折现率来准确反映当前的市场状态，尽管人们一直在追求这样一个目标，以使得该折现率的选择与对市场的预期、通货膨胀率、收益率相协调。应该注意的是，房地产投资分析人员进行投资分析工作的关键是模拟典型投资者对未来市场的预期，而没必要花很多精力去寻找准确可靠的收益率和通货膨胀率。

还应该说明，通货膨胀和房地产增值是两回事。通货膨胀往往首先导致资金和信用规模以及总体价格水平的上升，并进一步导致购买力下降。而房地产的增值往往是由需求超过供给从而导致房地产价值上升造成的。通货膨胀和增值对未来的钱来说有类似的影响，但对折现率的影响不同。通货膨胀导致折现率提高，因为投资者希望提高名义投资回报率以抵消通货膨胀带来的价值损失；增值则不影响折现率，除非与物业投资有关的风险因素发生变化。

在实际投资分析工作中，考虑到通货膨胀的可能影响，在估计未来收益现金流时，可以允许未来年份营业收入以及运营成本随着通货膨胀分别有所增加，这样就可以消除通货膨胀因素对分析结果准确性的部分影响，使分析结果更加接近真实。如果在收益现金流估算过程中没有考虑通货膨胀的影响，则可在选择折现率时适当考虑（适当调低折现率估计）。

# 第三节  动态盈利能力指标及其计算

## 一、财务净现值

财务净现值（$FNPV$），是指项目按行业的基准收益率或设定的目标收益率 $i_c$，将项目计算期内各年的净现金流量折算到投资活动起始点的现值之和，是房地产开发项目财务评价中的一个重要经济指标。房地产投资项目计算期的选取规则如表 6-3 所示。

**房地产投资项目计算期选取规则**　　表 6-3

| 项目类型 | | 计算期（开发经营期）界定 |
| --- | --- | --- |
| 开发投资 | 出售 | 为项目开发期与销售期之和。开发期是从购买土地使用权开始到项目竣工验收的时间周期，包括准备期和建造期；销售期是从正式销售（含预售）开始到销售完毕的时间周期；当预售商品房时，开发期与销售期有部分时间重叠 |
| | 出租或自营 | 为开发期与经营期之和。经营期为预计出租经营或自营的时间周期；以土地使用权剩余年限和建筑物经济使用寿命中较短的年限为最大值；为计算方便，也可视分析精度的要求，取 10~20 年 |
| 置业投资 | | 为经营准备期和经营期之和。经营准备期为开业准备活动所占用的时间，从获取物业所有权（使用权）开始，到出租经营或自营活动正式开始截止；经营准备期的时间长短，与购入物业的初始装修状态等因素相关 |

　　基准收益率是净现值计算中反映资金时间价值的基准参数，是导致投资行为发生所要求的最低投资报酬率，称为最低要求收益率（MARR）。决定基准收益率大小的因素主要是资金成本和项目风险。

　　财务净现值的计算公式为：

$$FNPV = \sum_{t=0}^{n}(CI - CO)_t(1 + i_c)^{-t}$$

$$= \sum_{t=0}^{n}CI_t(1 + i_c)^{-t} - \sum_{t=0}^{n}CO_t(1 + i_c)^{-t}$$

式中　$FNPV$ ——项目在起始时间点的财务净现值；

$i_c$ ——基准收益率或设定的目标收益率；

$CI$ ——现金流入量；

$CO$ ——现金流出量；

$(CI - CO)_t$ ——项目在第 $t$ 年的净现金流量；

$t = 0$ ——项目开始进行的时间点；

$n$ ——计算期，即项目的开发或经营周期（年、半年、季度或月）。

　　如果 $FNPV$ 大于或等于 0，说明该项目的获利能力达到或超过了基准收益率的要求，因而在财务上是可以接受的。如果 $FNPV$ 小于 0，则项目不可接受。

　　**【例 6-1】**　已知某投资项目的净现金流量如下表所示。如果投资者目标收益率为 10%，求该投资项目的财务净现值。

单位：万元

| 年　　份 | 0 | 1 | 2 | 3 | 4 | 5 |
|---|---|---|---|---|---|---|
| 现金流入量 | | 300 | 300 | 300 | 300 | 300 |
| 现金流出量 | 1 000 | | | | | |
| 净现金流量 | −1 000 | 300 | 300 | 300 | 300 | 300 |

【解】

因为 $i_c = 10\%$，利用公式 $FNPV = \sum\limits_{t=0}^{n}(CI-CO)_t\ (1+i_c)^{-t}$，则该项目的财务净现值为：

$$FNPV = -1\,000 + 300 \times\ (P/A,\ 10\%,\ 5)$$
$$= -1\,000 + 300 \times 3.791 = 137.24\ (万元)$$

## 二、财务内部收益率

财务内部收益率（$FIRR$），是指项目在整个计算期内，各年净现金流量现值累计等于零时的折现率，是评估项目营利性的基本指标。其计算公式为：

$$\sum\limits_{t=0}^{n}(CI-CO)_t(1+FIRR)^{-t} = 0$$

财务内部收益率的经济含义是在项目寿命期内项目内部未收回投资每年的净收益率。同时意味着，到项目寿命期终了时，所有投资可以被完全收回。

财务内部收益率可以通过内插法求得。即先按目标收益率或基准收益率求得项目的财务净现值，如为正，则采用更高的折现率使净现值为接近于零的正值和负值各一个，最后用内插法公式求出，内插法公式为：

$$FIRR = i_1 + \frac{NPV_1}{NPV_1 + |NPV_2|} \times (i_2 - i_1)$$

式中　　　$i_1$——当净现值为接近于零的正值时的折现率；

　　　　　$i_2$——当净现值为接近于零的负值时的折现率；

　$NPV_1$——采用低折现率时净现值的正值；

　$NPV_2$——采用高折现率时净现值的负值。

式中 $i_1$ 和 $i_2$ 之差不应超过 $1\% \sim 2\%$，否则，折现率 $i_1$、$i_2$ 和净现值之间不能近似于线性关系，从而使所求得的内部收益率失真（图 6-2）。

内部收益率表明了项目投资所能支付的最高贷款利率。如果贷款利率高于内

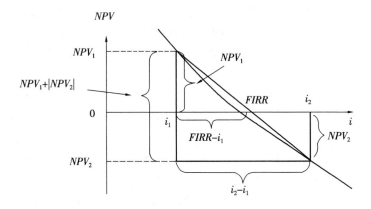

**图 6-2　计算 *FIRR* 的试算内插法图示**

部收益率，项目投资就会面临亏损。因此所求出的内部收益率是可以接受贷款的最高利率。将所求出的内部收益率与行业基准收益率或目标收益率 $i_c$ 比较，当 *FIRR* 大于或等于 $i_c$ 时，则认为项目在财务上是可以接受的。如 *FIRR* 小于 $i_c$，则项目不可接受。

当投资项目的现金流量具有一个内部收益率时，其财务净现值函数 NPV（$i$）如图 6-3 所示。从图 6-3 中可以看出，当 $i$ 值小于 *FIRR* 时，对于所有的 $i$ 值，NPV 都是正值；当 $i$ 值大于 *FIRR* 时，对于所有的 $i$ 值，NPV 都是负值。

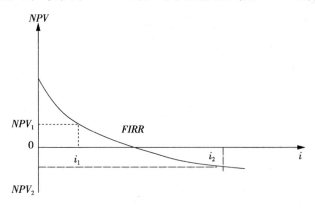

**图 6-3　净现值与折现率的关系**

值得注意的是，求解 *FIRR* 的理论方程应有 $n$ 个解，这也就引发了对项目内部收益率唯一性的讨论。研究表明：对于常规项目（净现金流量的正负号在项目寿命期内仅有一次变化），*FIRR* 有唯一实数解；对于非常规项目（净现金流量的正负号在项目寿命期内有多次变化），计算 *FIRR* 的方程可能有多个实数解。因为项目的 *FIRR* 是唯一的，如果计算 *FIRR* 的方程有多个实数解，须根据 *FIRR* 的经济含义对计算出的实数解进行检验，以确定是否能用 *FIRR* 评价该项目。

**【例 6-2】**　某投资者以 10 000 元/m² 的价格购买了一栋建筑面积为 27 000m² 的写字楼用于出租经营，该投资者在购买该写字楼的过程中，又支付了相当于购买价格 4% 的契税、0.5% 的手续费、0.5% 的律师费用和 0.3% 的其他费用。其中，相当于楼价 30% 的购买投资和各种税费均由投资者的资本金（股本金）支付，相当于楼价 70% 的购买投资来自期限为 15 年、固定利率为 7.5%、按年等额还款的商业抵押贷款。假设在该写字楼的出租经营期内，其月租金水平始终保持 160 元/m²，前三年的出租率分别为 65%、75% 和 85%，从第 4 年开始出租率达到 95%，且在此后的出租经营期内始终保持该出租率。出租经营期间的运营费用为毛租金收入的 28%。如果购买投资发生在第 1 年的年初，每年的营业收入、运营费用和抵押贷款还本付息支出均发生在年末，整个出租经营期为 48 年，投资者全投资和资本金的目标收益率为分别为 10% 和 14%。试计算该投资项目全部投资和资本金的财务净现值和财务内部收益率，并判断该项目的可行性。

**【解】**

（1）写字楼购买总价：27 000m²×10 000 元/m²＝27 000 万元

（2）写字楼购买过程中的税费：

27 000 万元×（4%＋0.5%＋0.5%＋0.3%）＝1 431 万元

（3）投资者投入的资本金：27 000 万元×30%＋1 431 万元＝9 531 万元

（4）抵押贷款金额：27 000 万元×70%＝18 900 万元

（5）抵押贷款年还本付息额：

$$A=P\times i/\left[1-(1+i)^{-n}\right]=18\ 900\ 万元\times 7.5\%/\left[1-(1+7.5\%)^{-15}\right]$$
$$=2\ 141.13\ 万元$$

（6）项目投资现金流量表：

| 年　份 | 0 | 1 | 2 | 3 | 4～15 | 16～48 |
|---|---|---|---|---|---|---|
| 可出租面积（m²） | | 27 000 | 27 000 | 27 000 | 27 000 | 27 000 |
| 出租率 | | 65% | 75% | 85% | 95% | 95% |
| 月租金水平（元/m²） | | 160 | 160 | 160 | 160 | 160 |
| 营业收入（毛租金收入，万元） | | 3 369.6 | 3 888.0 | 4 406.4 | 4 924.8 | 4 924.8 |
| 运营费用（万元） | | 943.5 | 1 088.6 | 1 233.8 | 1 378.9 | 1 378.9 |

续表

| 年 份 | 0 | 1 | 2 | 3 | 4~15 | 16~48 |
|---|---|---|---|---|---|---|
| 营业利润（净经营收入，万元） | | 2 426.1 | 2 799.4 | 3 172.6 | 3 545.9 | 3 545.9 |
| 全部投资（万元） | −2 8431.0 | | | | | |
| 资本金投入（万元） | −9 531.0 | | | | | |
| 抵押贷款还本付息（万元） | | −2 141.1 | −2 141.1 | −2 141.1 | −2 141.1 | |
| 全部投资净现金流量（万元） | −28 431.0 | 2 426.1 | 2 799.4 | 3 172.6 | 3 545.9 | 3 545.9 |
| 资本金净现金流量（万元） | −9 531.0 | 285.0 | 658.2 | 1 031.5 | 1 404.7 | 3 545.9 |
| 还本收益（万元） | | 723.6 | 777.9 | 836.2 | $723.6 \times (1+7.5\%)^{t-1}$ | 0.0 |

（7）全部投资财务内部收益率和财务净现值

1）求 $FNPV$。因为 $i_c = 10\%$，故

$$FNPV = -28\ 431.0 + \frac{2\ 426.1}{(1+10\%)} + \frac{2\ 799.4}{(1+10\%)^2}$$

$$+ \frac{3\ 172.6 + \frac{3\ 545.9}{10\%} \times \left[1 - \frac{1}{(1+10\%)^{48-3}}\right]}{(1+10\%)^3}$$

$$= 4\ 747.1\ （万元）$$

2）求 $FIRR$。

a）因为 $i_1 = 11\%$时，$NPV_1 = 1\ 701.6$（万元）

b）设 $i_2 = 12\%$，则可算出 $NPV_2 = -870.7$（万元）

c）所以 $FIRR = 11\% + 1\% \times 1\ 701.6 / (1\ 701.6 + 870.7) = 11.66\%$

（8）资本金财务内部收益率和财务净现值

1）求 $FNPV_E$。

因为 $i_{cE} = 14\%$，故

$$FNPV = -9\ 531.0 + \frac{285.0}{(1+14\%)} + \frac{658.2}{(1+14\%)^2}$$

$$+ \frac{1\ 031.5 + \frac{1\ 404.7}{14\%} \times \left[1 - \frac{1}{(1+14\%)^{15-3}}\right]}{(1+14\%)^3}$$

$$+ \frac{\frac{3\ 545.9}{14\%} \times \left[1 - \frac{1}{(1+14\%)^{48-15}}\right]}{(1+14\%)^{15}}$$

$$= 789.8（万元）$$

2) 求 $FIRR_E$。

a) 因为 $i_{E1} = 14\%$ 时,$NPV_{E1} = 789.8$（万元）

b) 设 $i_{E2} = 15\%$,则可算出 $NPV_{E2} = -224.3$（万元）

c) 所以 $FIRR_E = 14\% + 1\% \times 789.8/(789.8 + 224.3) = 14.78\%$

（9）因为 $FNPV = 4747.1$ 万元 $> 0$,$FIRR = 11.66\% > 10\%$,故该项目从全投资的角度看可行。

因为 $FNPV_E = 789.8$ 万元 $> 0$,$FIRR_E = 14.78\% > 14\%$,故该项目从资本金投资的角度看也可行。

（10）讨论：在计算资本金盈利能力指标时，由于没有计算抵押贷款还本付息中归还贷款本金所带来的投资者权益增加（还本收益），因此资本金内部收益率指标与全投资情况下差异不大，说明此处计算的收益只体现了现金回报而不是全部回报。如果考虑还本收益，则资本金的财务净现值将增加到 7307.7 万元，财务内部收益率增加到 21.94%。

【例 6-3】    某公司购买了一栋写字楼用于出租经营，该项目所需的投资和经营期间的年净收入情况如下表所示。如果当前房地产市场上写字楼物业的投资收益率为 18%，试计算该投资项目的财务净现值和财务内部收益率，并判断该投资项目的可行性。如果在 10 年经营期内年平均通货膨胀率为 5%，问公司投入该项目资本的实际收益率为多少？

单位：万元

| 年　份 | 0 | 1 | 2 | 3 | 4 | 5 | 6 | 7 | 8 | 9 | 10 |
|---|---|---|---|---|---|---|---|---|---|---|---|
| 购买投资 | 24 450 | | | | | | | | | | |
| 净租金收入 | | 4 500 | 4 700 | 5 000 | 5 100 | 4 900 | 5 100 | 5 300 | 4 900 | 4 800 | 4 300 |
| 净转售收入 | | | | | | | | | | | 16 000 |

【解】

（1）在不考虑通货膨胀的情况下，计算项目实际现金流量的财务净现值和财务内部收益率（或称表面收益率），计算过程如下表：

单位：万元

| 年　份 | 净现金流量 | $i_c = 18\%$ | | $i = 19\%$ | |
|---|---|---|---|---|---|
| | | 净现值 | 累计净现值 | 净现值 | 累计净现值 |
| 0 | −24 550 | −24 550.00 | −24 550.00 | −24 550.00 | −24 550.00 |
| 1 | 4 500 | 3 813.56 | −20 736.44 | 3 781.51 | −20 768.49 |

| 年　份 | 净现金流量 | $i_c=18\%$ | | $i=19\%$ | |
|---|---|---|---|---|---|
| | | 净现值 | 累计净现值 | 净现值 | 累计净现值 |
| 2 | 4 700 | 3 375.47 | −17 360.97 | 3 318.97 | −17 449.51 |
| 3 | 5 000 | 3 043.15 | −14 317.82 | 2 967.08 | −14 482.43 |
| 4 | 5 100 | 2 630.52 | −11 687.30 | 2 543.21 | −11 939.22 |
| 5 | 4 900 | 2 141.84 | −9 545.46 | 2 053.34 | −9 885.88 |
| 6 | 5 100 | 1 889.20 | −7 656.26 | 1 795.93 | −8 089.96 |
| 7 | 5 300 | 1 663.80 | −5 992.46 | 1 568.36 | −6 521.59 |
| 8 | 4 900 | 1 303.59 | −4 688.87 | 1 218.49 | −5 303.10 |
| 9 | 4 800 | 1 082.19 | −3 606.68 | 1 003.04 | −4 300.06 |
| 10 | 20 300 | 3 878.61 | 271.93 | 3 564.73 | −735.34 |

注：净现值由净现金流量乘以现值系数公式 $1/(1+i)^n$ 计算得来，其中 $i$ 为折现率，$n$ 为年数，18%为第一次试算，其所对应的累计净现值即为所求的财务净现值，由于累计净现值为正，故选用折现率19%作第二次试算

从上表的计算可以得出，该投资项目的财务净现值为271.93万元，项目的财务内部收益率或名义收益率的计算可以通过内插法计算得到：

$FIRR=18\%+1\%\times271.93/[271.93-(-735.34)]=18.27\%>18\%$

由于该项目的财务净现值大于零，财务内部收益率大于写字楼平均投资收益率水平，因此该项目可行。

（2）计算项目实际收益率

实际收益率（$R_r$）、名义收益率（$R_a$）和通货膨胀率（$R_d$）之间的关系式为：

$$(1+R_a)=(1+R_r)(1+R_d)$$

通过计算已得到 $R_a=18.27\%$，又知 $R_d=5\%$，所以 $R_r$ 可以通过下式计算得：

$$(1+18.27\%)=(1+R_r)(1+5\%)$$

求解得 $R_r=12.64\%$

因此，该项目投资的实际收益率为12.64%。

### 三、动态投资回收期

动态投资回收期（$P_b$），是指当考虑现金流折现时，项目以净收益抵偿全部投资所需的时间，是反映开发项目投资回收能力的重要指标。对房地产投资项目来说，动态投资回收期自投资起始点算起，累计净现值等于零或出现正值的年份即为投资回收终止年份，其计算公式为：

$$\sum_{t=0}^{P_b} (CI - CO)_t (1+i)^{-t} = 0$$

式中    $P_b$——动态投资回收期。

动态投资回收期以年表示，其详细计算公式为：

$$P_b = (累计净现金流量现值开始出现正值期数 - 1)$$

$$+ \frac{上期累计净现金流量现值的绝对值}{当期净现金流量现值}$$

上式得出的是以计算周期为单位的动态投资回收期，应该再把它换算成以年为单位的动态投资回收期，其中的小数部分也可以折算成月数，以年和月表示，如 3 年零 9 个月或 3.75 年。

在项目财务评价中，动态投资回收期（$P_b$）与基准回收期（$P_c$）相比较，如果 $P_b \leqslant P_c$，则开发项目在财务上就是可以接受的。动态投资回收期指标一般用于评价开发完结后用来出租经营或自营的房地产开发项目，也可用来评价置业投资项目。

【例 6-4】    已知某投资项目的净现金流量如下表所示。求该投资项目的财务内部收益率。如果投资者目标收益率为 12%，求该投资项目的 FIRR 及动态投资回收期。

单位：万元

| 年　份 | 0 | 1 | 2 | 3 | 4 | 5 | 6 |
|---|---|---|---|---|---|---|---|
| 现金流入量 | | 300 | 300 | 350 | 400 | 400 | 600 |
| 现金流出量 | 1 200 | | | | | | |
| 净现金流量 | -1 200 | 300 | 300 | 350 | 400 | 400 | 600 |

【解】

（1）项目现金流量

单位：万元

| 年　份 | 0 | 1 | 2 | 3 | 4 | 5 | 6 |
|---|---|---|---|---|---|---|---|
| 现金流入 | | 300 | 300 | 350 | 400 | 400 | 600 |
| 现金流出 | 1 200 | | | | | | |
| 净现金流量 | -1 200 | 300 | 300 | 350 | 400 | 400 | 600 |

（2）$NPV_1$（$i_1 = 20\%$）$= 15.47$ 万元

| 年　份 | 0 | 1 | 2 | 3 | 4 | 5 | 6 |
|---|---|---|---|---|---|---|---|
| 净现值 | −1 200.00 | 250.00 | 208.33 | 202.55 | 192.90 | 160.75 | 200.94 |
| 累计净现值 | −1 200.00 | −950.00 | −741.67 | −539.12 | −346.22 | −185.47 | 15.47 |

（3）$NPV_2$（$i_2 = 21\%$）$= -17.60$ 万元

| 年　份 | 0 | 1 | 2 | 3 | 4 | 5 | 6 |
|---|---|---|---|---|---|---|---|
| 净现值 | −1 200.00 | 247.93 | 204.90 | 197.57 | 186.60 | 154.22 | 191.18 |
| 累计净现值 | −1 200.00 | −952.07 | −747.16 | −549.60 | −362.99 | −208.78 | −17.60 |

（4）$FIRR = 20\% + [15.47/(15.47 + 17.60)] \times 1\% = 20.47\%$

（5）$NPV$（$i_c = 12\%$）$= 341.30$ 万元

| 年　份 | 0 | 1 | 2 | 3 | 4 | 5 | 6 |
|---|---|---|---|---|---|---|---|
| 净现值 | −1 200.00 | 267.86 | 239.16 | 249.12 | 254.21 | 226.97 | 303.98 |
| 累计净现值 | −1 200.00 | −932.14 | −692.98 | −443.86 | −189.65 | 37.32 | 341.30 |

（6）因为项目在第 5 年累计净现金流量现值出现正值，所以：

$$P_b = （累计净现金流量现值开始出现正值期数 - 1）$$

$$+ \frac{上期累计净现金流量现值的绝对值}{当期净现金流量现值}$$

$$= (5 - 1) + \frac{189.65}{226.97} = 4.84 （年）$$

# 第四节　静态盈利能力指标及其计算

## 一、成本利润率与销售利润率

### （一）成本利润率

成本利润率（$RPC$），是指开发利润占总开发成本的比率，是初步判断房地产开发项目财务可行性的一个经济评价指标。成本利润率的计算公式为：

$$RPC = \frac{GDV - TDC}{TDC} \times 100\% = \frac{DP}{TDC} \times 100\%$$

式中　$RPC$——成本利润率；

　　　$GDV$——项目总开发价值；

$TDC$——项目总开发成本；

$DP$——开发利润。

计算项目总开发价值时，如果项目全部销售，则等于总销售收入扣除增值税及附加后的净销售收入；当项目用于出租时，为项目在整个持有期内净营业收入和净转售收入的现值累计之和。总销售收入的计算方法，见第八章有关内容。

项目总开发成本是开发项目在开发经营期内实际支出的成本，包括土地费用、勘察设计和前期工程费、建筑安装工程费、基础设施建设费、公共配套设施建设费、其他工程费、开发期间税费、管理费用、销售费用、财务费用、不可预见费等。具体估算方法，见第八章有关内容。

计算房地产开发项目的总开发价值和总开发成本时，可依评估时的价格水平进行估算，因为在大多数情况下，项目的收入与成本支出受市场价格水平变动的影响大致相同，使项目收入的增长基本能抵消成本的增长。

开发利润实际是对开发商所承担的开发风险的回报。成本利润率一般与目标利润率进行比较，超过目标利润率，则该项目在经济上是可接受的。目标利润率水平的高低，与项目所在地区的市场竞争状况、项目开发经营期长度、开发项目的物业类型以及贷款利率水平等相关。一般来说，对于一个开发期为 2 年的商品住宅开发项目，其目标成本利润率大体应为 25%～35%。

成本利润率是开发经营期的利润率，不是年利润率。成本利润率除以开发经营期的年数，也不等于年成本利润率，因为开发成本在开发经营期内逐渐发生，而不是在开发经营期开始时一次投入。

（二）销售利润率

销售利润率是衡量房地产开发项目单位销售收入盈利水平的指标。销售利润率的计算公式为：销售利润率＝销售利润/销售收入×100%。其中：销售收入为销售开发产品过程中取得的全部价款，包括现金、现金等价物及其他经济利益；销售利润等于开发项目销售收入扣除总开发成本、增值税和税金及附加，在数值上等于计算成本利润率时的开发商利润。

【例 6-5】　某房地产开发商以 5 000 万元的价格获得了一宗占地面积为 4 000m² 的土地 50 年的使用权，建筑容积率为 5.5，建筑覆盖率为 60%，楼高 14 层，1 至 4 层建筑面积均相等，5 至 14 层为塔楼（均为标准层），建造费用为 3 500元/m²，专业人员费用为建造费用预算的 8%，其他工程费为 460 万元，管理费用为土地费用、建造费用、专业人员费用和其他工程费之和的 3.5%，市场推广费、销售代理费分别为销售收入的 0.5%、3.0%，增值税和税金及附加为销售收入的 5.5%，预计建成后售价为 12 000 元/m²。项目开发周期为 3 年，建造期为 2 年，土地费用于开始一次投入，建造费用、专业人员费用、其他工程费和管理费用在建造期内均匀投入；年贷款利率为 12％，按季度计息，融资费用为贷款利息的 10％。问项目总建筑面积、标准层每层建筑面积和开发商可获得的成本利润率与销售利润率分别是多少？假设项目为老项目，增值税适用简易计税方法计税。

**【解】**

(1) 项目总开发价值

1) 项目建筑面积：$4\,000×5.5＝22\,000$（$m^2$）

2) 标准层每层建筑面积：$(22\,000－4\,000×60\%×4)/10＝1\,240$（$m^2$）

3) 项目总销售收入：$22\,000×12\,000＝26\,400$（万元）

4) 增值税和税金及附加：$26\,400×5.5\%＝1\,452$（万元）

5) 项目总开发价值：$26\,400－1\,452＝24\,948$（万元）

(2) 项目总开发成本

1) 土地费用：$5\,000$ 万元

2) 建造费用：$22\,000×3\,500＝7\,700$（万元）

3) 专业人员费用（建筑师、结构/造价/机电/监理工程师等费用）：
$$7\,700×8\%＝616（万元）$$

4) 其他工程费：460 万元

5) 管理费用：$(5\,000＋7\,700＋616＋460)×3.5\%＝482.16$（万元）

6) 财务费用

a) 土地费用利息：
$$5\,000×[(1+12\%/4)^{3×4}-1]＝2\,128.80（万元）$$

b) 建造费用/专业人员费用/其他工程费/管理费用利息：
$(7\,700＋616＋460＋482.16)×[(1+12\%/4)^{(2/2)×4}-1]＝1\,161.98$（万元）

c) 融资费用：$(2\,128.80+1\,161.98)×10\%＝329.08$（万元）

d) 财务费用总计：$2\,128.80+1\,161.98+329.08＝3\,619.86$（万元）

7) 销售费用（市场推广及销售代理费）：$26\,400×(0.5\%＋3.0\%)＝924$（万元）

8) 项目总开发成本：
$5\,000＋7\,700＋616＋460＋482.16＋3\,619.86＋924＝18\,802.02$（万元）

(3) 开发利润（销售利润）：$24\,948－18\,802.02＝6\,145.98$（万元）

(4) 成本利润率：$6\,145.98/18\,802.02×100\%＝32.69\%$

(5) 销售利润率：$6\,145.98/26\,400×100\%＝23.28\%$

【例 6-5】中，项目建成后出售或在建设过程中就开始预售，这只是在房地产市场上投资和使用需求旺盛时的情况，在市场较为平稳的条件下，开发商常常将开发建设完毕后的项目出租经营，此时项目就变为开发商的长期投资。在这种情况下通过计算开发成本利润率对项目进行初步经济评价时，总开发价值和总开发成本的计算就有一些变化出现。【例 6-6】就反映了这些变化。

**【例 6-6】**　某开发商在一个中等城市以 425 万元的价格购买了一块写字楼用地 50 年的使用权。该地块规划允许建筑面积为 4 500m²，有效面积系数为 0.85。开发商通过市场研究了解到当前该地区中档写字楼的年净租金收入为 450 元/m²，银行同意提供的贷款利率为 15% 的基础利率上浮 2 个百分点，按季度计息，融资费用为贷款利息的 10%。开发商的造价工程师估算的中档写字楼的建造费用为 1 000 元/m²，专业人员费用为建造费用的 12.5%，其他工程费为 60 万元，管理费用为土地费用、建造费用、专业人员费用和其他工程费之和的 3.0%，市场推广及出租代理费等销售费用为年净租金收入的 20%，当前房地产的长期投资收益率为 9.5%。项目开发周期为 18 个月，建造期为 12 个月，试通过计算开发成本利润率对该项目进行初步评估。

**【解】**

（1）项目总开发价值

1）项目可出租建筑面积：4 500×0.85＝3 825（m²）

2）项目每年净租金收入：3 825×450＝172.125（万元）

3）项目总开发价值：$P＝172.125×(P/A, 9.5\%, 48.5)＝1 789.63$（万元）

（2）项目总开发成本

1）土地费用：425 万元

2）建造费用：4 500×1 000＝450（万元）

3）专业人员费用（建筑师，结构、造价、机电、监理工程师等费用）：

$$450×12.5\%＝56.25（万元）$$

4）其他工程费：60 万元

5）管理费用：（425＋450＋56.25＋60）×3.0%＝29.74（万元）

6）财务费用

a）土地费用利息：$425×[(1+17\%/4)^{1.5×4}-1]＝120.56$（万元）

b）建造费用/专业人员费用/其他工程费/管理费用利息：
$(450+56.25+60+29.74)×[(1+17\%/4)^{0.5×4}-1]＝51.74$（万元）

c）融资费用：（120.56＋51.74）×10%＝17.23（万元）

d）财务费用总计：120.56＋51.74＋17.23＝189.53（万元）

7）销售费用（市场推广及出租代理费）：172.125×20％＝34.43（万元）

8）项目开发成本总计：

425＋450＋56.25＋60＋29.74＋189.53＋34.43＝1 244.95（万元）

（3）开发利润：1 789.63－1 244.95＝544.68（万元）

（4）开发成本利润率：544.68/1 244.95×100％＝43.75％

应当指出的是，当项目建成后用于出租经营时，由于经营期限很长，计算开发成本利润率就显得意义不大，因为开发成本利润率中没有考虑经营期限的因素。此时可通过计算项目投资动态盈利能力指标，来评价项目的经济可行性。

【例6-5】和【例6-6】所示的评估过程没有考虑缴纳土地增值税的情况。近年国家强化了土地增值税征管工作，普遍采用了从预售收入或销售收入中预提土地增值税、项目结束时统一清算多退少补的制度，因此对开发利润水平较高的商品房开发项目，土地增值税已经对开发成本利润率或销售利润指标产生了实质的影响。考虑缴纳土地增值税的影响时，计算过程就变得比较复杂。下面以例子来说明考虑土地增值税后开发利润的变化情况。

【例6-7】　某房地产开发商拟在某特大城市中心区甲级地段建设一集办公、商住、购物、餐饮娱乐等为一体的综合性商业中心。该项目规划建设用地面积为40 000m²，总建筑面积297 000m²，总容积率为7.425，其中地上建筑面积约247 000m²（含写字楼104 900m²，商住楼60 100m²，商场80 000m²，管理服务用房2 000m²），地上容积率为6.175；地下建筑面积50 000m²（含商场11 000m²，停车库25 000m²，仓库5 000m²，技术设备用房7 000m²，管理用房2 000m²）。

项目开发建设进度安排是：于2002年4月初至6月底购买土地使用权并进行征收安置工作，2002年7月初至2003年2月底完成基础工程并开始预售楼面。地上建筑分两期建设，一期工程于2003年3月初开始，建设写字楼主楼A和副楼B，于2003年11月底结构封顶，2004年5月底完成装修工程；第二期建设商住楼C和写字楼副楼D，于2003年12月初开始结构工程，2005年1月底完成装修工程。整个项目将于2005年3月底全部竣工投入使用。

假设土地费用在项目开始的第一年内均匀支付，建造费用（开发成本）和管理费用等在项目建造期内均匀投入。有关项目的土地费用、建造费用、贷款利率和销售价格情况，可参考项目所在地的实际情况。对该项目进行初步财务评价。

**【解】**

(1) 项目销售收入

1) 销售计划。本项目的销售面积为地上写字楼、商场、餐饮娱乐用房的面积共 245 000m² 和地下 11 000m² 的商场、5 000m² 的仓库和 668 个停车位。开发商制定的销售计划中，销售面积的具体分配情况如下表所示。

**项目出售建筑面积分配表**　　　　单位：m²

| 销售状况 | 面积类型 | 写字楼主楼 A | 写字楼副楼 B、D | 商住楼 C | 商场 | 停车库 | 仓库 | 其他 | 合计 |
|---|---|---|---|---|---|---|---|---|---|
| 一期 | 出售 | 60 100 | 22 400 | | 45 500 | 12 500 | 2 500 | | 143 000 |
| | 其他 | | | | | | | 5 500 | 5 500 |
| 二期 | 出售 | | 22 400 | 60 100 | 45 500 | 12 500 | 2 500 | | 143 000 |
| | 其他 | | | | | | | 5 500 | 5 500 |
| 总计 | | 60 100 | 44 800 | 60 100 | 91 000 | 2 5000 | 5 000 | 11 000 | 297 000 |

2) 销售收入

单位：万美元

| 年份 | 2001 | 2002 | 2003 | 2004 | 2005 | 合计 |
|---|---|---|---|---|---|---|
| 销售收入 | 0 | 3 014 | 26 642 | 45 280 | 11 130 | 86 066 |

注：写字楼主楼、副楼、商住楼、商场、地下商场、地下停车库、仓库的售价分别为 3 000 美元/m²、2 800 美元/m²、2 800 美元/m²、3 850 美元/m²、1 000 美元/m²、720 美元/m²和 720 美元/m²。

(2) 项目开发成本及费用情况分析

**项目开发成本费用及税金汇总表**

| 序号 | 项目或费用名称 | 金额（万美元） |
|---|---|---|
| 1 | 土地费用 | 14 400 |
| 1.1 | 土地出让金 | 5 610 |
| 1.2 | 城市建设配套费 | 2 300 |
| 1.3 | 征收安置补偿费 | 6 370 |
| 1.4 | 购买土地使用权手续费及税金 | 120 |

| 序号 | 项目或费用名称 | 金额（万美元） |
|------|----------------|----------------|
| 2 | 开发成本 | 21 788 |
| 2.1 | 前期工程费 | 1 040 |
| | （1）规划设计 | 650 |
| | （2）项目可行性研究 | 210 |
| | （3）地质勘探测绘 | 60 |
| | （4）施工现场"三通一平" | 120 |
| 2.2 | 建筑安装工程费 | 16 770 |
| | （1）结构工程 | 5 650 |
| | （2）装修工程 | 5 870 |
| | （3）机电设备及安装工程 | 5 250 |
| 2.3 | 基础设施费 | 1 130 |
| | （1）附属工程费（含室外道路广场、燃气调压站、热力站、变电室和锅炉房等） | 630 |
| | （2）室外工程费（含自来水、雨水、污水、燃气、热力、供电、电讯、道路、照明、绿化、环卫工程等） | 500 |
| 2.4 | 公共配套设施费 | 1 590 |
| | （1）代建市政道路 1 200m² | 226 |
| | （2）代市政绿化 800m² | 154 |
| | （3）人行天桥及地下通道 | 1 210 |
| 2.5 | 行政性收费（含质量监督、招标管理、预算费、施工执照费、竣工图费、保险费等） | 420 |
| 2.6 | 开发间接费（2.1～2.5）×4% | 838 |
| 3 | 开发费用 | 16 152 |
| 3.1 | 管理费（土地费用＋开发成本）×3% | 1 086 |
| 3.2 | 销售费用 | 3 012 |
| | （1）广告宣传及市场推广费（销售收入×0.5%） | 430 |
| | （2）销售代理费（销售收入×2%） | 1 721 |
| | （3）交易手续费等（销售收入×1%） | 861 |
| 3.3 | 财务费用 | 12 054 |
| | （1）土地费用及相应管理费利息（15%，2.5年） | 6 203 |
| | （2）开发成本与相应管理费利息（15%，1.375年） | 4 755 |
| | （3）融资费用（上述贷款利息×10%） | 1 096 |

续表

| 序号 | 项目或费用名称 | 金额（万美元） |
|---|---|---|
| 4 | 与转让房地产有关的税金 | 4 758 |
| 4.1 | 增值税（销售收入×5％） | 4 303 |
| 4.2 | 城市维护建设税（增值税×7％） | 300 |
| 4.3 | 教育费附加（增值税×3％） | 129 |
| 4.4 | 印花税（销售收入×0.03％） | 26 |
| 5 | 项目开发成本费用及税金总计（1～4） | 57 098 |

（3）土地增值税计算

1）其他扣除项目＝（土地费用＋建造费用）×20％＝7 237.6（万美元）

2）土地增值税扣除项目金额总计：57 098＋7 237.6＝64 335.6（万美元）

3）增值额：86 066－64 335.6＝21 730.4（万美元）

4）增值比率：21 730.4/64 335.6×100％＝33.78％

5）增值比率超过20％，低于50％，适用税率＝30％

6）应缴纳土地增值税：21 730.4×30％＝6 519.1（万美元）

（4）开发利润计算

1）土地增值税前

a）总开发价值＝86 066－4 758＝81 308（万美元）

b）总开发成本＝57 098－4 758＝52 340（万美元）

c）开发利润＝81 308－52 340＝28 968（万美元）

d）开发成本利润率＝（28 968/52 340）×100％＝55.35％

2）土地增值税后

a）总开发价值＝86 066－4 758＝81 308（万美元）

b）总开发成本＝57 098－4 758＝52 340（万美元）

c）缴纳土地增值税＝6 519.1（万美元）

d）开发利润＝81 308－52 340－6 519.1＝22 448.9（万美元）

e）开发成本利润率＝22 448.9/52 340×100％＝42.89％

开发商缴纳土地增值税前后的成本利润率分别为55.35％和42.89％。

应该指出的是，通过【例6-7】的方法计算出的开发成本利润率为项目在整个开发期内的成本利润率。而且由于开发成本利润率是一个较为粗略的评价指标，所以用这种方法对开发项目进行初步评估时，一般也不计算缴纳所得税后的成本利润率情况。

【例6-5】~【例6-7】中所使用的评价方法在评估实践中经常使用，但存在两个缺点，即成本支出和营业收入的时间分布没有弹性；计算过程主要依靠"最好的估计"这种单一的情况，没有体现开发过程中隐含的许多不确定性因素。

通过采用现金流评估法就可以弥补上述第一个缺点，因为这种方法能使资金流出和流入的时间分布与开发建设过程中实际发生的租售收入和开发费用更加接近。下面将【例6-5】用现金流评估法再进行一次评估。

【例6-8】　假定【例6-5】中各项主要开发成本的投入比例分配如下表所示，专业人员费用、其他工程费和管理费用的投入时间，可结合经验或惯例自行设定。试用现金流法对该项目进行评估。

| 费用项目 ＼ 时间 | 2004 年 | | | | 2005 年 | | | | 2006 年 | | | | 总计 |
|---|---|---|---|---|---|---|---|---|---|---|---|---|---|
| | 1季度 | 2季度 | 3季度 | 4季度 | 1季度 | 2季度 | 3季度 | 4季度 | 1季度 | 2季度 | 3季度 | 4季度 | |
| 土地费用 | 50% | 16% | 16% | 18% | | | | | | | | | 100% |
| 建造费用 | | | | | 5% | 8% | 12% | 15% | 15% | 18% | 15% | 12% | 100% |

【解】

用现金流法进行开发项目评估的过程如下表所示：

单位：万元

| 费用项目 ＼ 时间 | 2004 年 | | | | 2005 年 | | | | 2006 年 | | | | 总计 |
|---|---|---|---|---|---|---|---|---|---|---|---|---|---|
| | 1季度 | 2季度 | 3季度 | 4季度 | 1季度 | 2季度 | 3季度 | 4季度 | 1季度 | 2季度 | 3季度 | 4季度 | |
| 土地费用 | 2 500 | 800 | 800 | 900 | | | | | | | | | 5 000 |
| 建造费用 | | | | | 385 | 616 | 924 | 1 155 | 1 155 | 1 386 | 1 155 | 924 | 7 700 |
| 专业人员费用 | | | | | 30.8 | 49.3 | 73.9 | 92.4 | 92.4 | 110.9 | 92.4 | 73.9 | 616 |
| 其他工程费 | | | | 100 | | | | | | | 360 | | 460 |
| 管理费用 | 40.2 | 40.2 | 40.2 | 40.2 | 40.2 | 40.2 | 40.2 | 40.2 | 40.2 | 40.2 | 40.2 | 40.2 | 482.4 |
| 合计 | 2 540.2 | 840.2 | 840.2 | 1 040.2 | 456.0 | 705.5 | 1 038.1 | 1 287.6 | 1 287.6 | 1 537.1 | 1 287.6 | 1 397.9 | 14 258.2 |
| 季度末累计值a | 2 540.2 | 3 456.6 | 4 400.5 | 5 572.7 | 6 195.9 | 7 087.3 | 8 338.0 | 9 875.7 | 11 459.6 | 13 340.5 | 15 028.3 | 16 877.0 | |
| 利息（利率12%） | 76.2 | 103.7 | 132.0 | 167.2 | 185.9 | 212.6 | 250.1 | 296.3 | 343.8 | 400.2 | 450.8 | 506.3 | 3 125.1 |
| 季度末累计值b | 2 616.4 | 3 560.3 | 4 532.5 | 5 739.9 | 6 381.8 | 7 299.9 | 8 588.1 | 10 172.0 | 11 803.4 | 13 740.7 | 15 479.1 | 17 383.3 | |

续表

| 时间 | 2004 年 | | | | 2005 年 | | | | 2006 年 | | | | 总计 |
| 费用项目 | 1季度 | 2季度 | 3季度 | 4季度 | 1季度 | 2季度 | 3季度 | 4季度 | 1季度 | 2季度 | 3季度 | 4季度 | |
|---|---|---|---|---|---|---|---|---|---|---|---|---|---|
| 融资费用 | 120.2 | | | | 192.3 | | | | | | | | 312.5 |
| 销售费用 | | | 10 | 20 | 20 | 60 | 80 | 90 | 90 | 120 | 204 | 230 | 924 |
| 开发成本总计 | 2 736.6 | 943.9 | 982.2 | 1 227.4 | 854.2 | 978.1 | 1 368.2 | 1 673.9 | 1721.4 | 2 057.3 | 1 942.4 | 2 134.2 | 18 619.8 |

结合【例6-5】和上表中的相关计算结果，可以得出如下结论：

(1) 总开发成本：18 619.8 万元

(2) 项目总销售收入：26 400 万元

(3) 增值税和税金及附加：1 452 万元

(4) 总开发价值：24 948 万元

(5) 开发利润：24 948−18 619.8＝6 328.2（万元）

(6) 开发成本利润率：6 328.2/18 619.8×100%＝33.99%

从【例6-8】可以看出，当建设进行到2005年第4季度末时，时间正好是建设期的中点，但建设费用仅投入了40%。

经过大量的调查研究，人们发现，对于建安成本，在工程开始时其费用的增长是缓慢的。达到合同工期的60%时，这种增长达到峰值，工程造价累计曲线类似于"S"形（图6-4）。对于一个典型的项目来说，40%的建安成本发生在建设期的中部，而不是过去假设的50%，和计算开发成本利润率时假设的，工程进行到一半，建筑安装工程费的支出也达到一半，显然有较大差异。

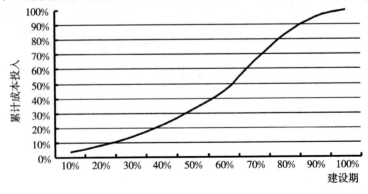

图 6-4  工程造价累计曲线

随着一些规模较大的房地产开发公司和组织的不断出现，以及开发项目的复杂程度不断提高（例如成片开发或大型房地产开发项目中，工程的一部分已经出售而另一部分还未完工），人们往往要考虑使用更为精确完善的现金流法进行评估。

【例6-8】中所使用的现金流法对于下面几种类型的开发项目评估尤其有效：

（1）居住小区综合开发项目

对于居住小区综合开发项目，开发商为保证资金的正常运转，往往先建成一部分出售，然后利用出售所获得的收益，投资后一部分项目的开发，即所谓滚动开发。这样，当一部分住宅楼建成出售时或出售前，另一部分才开始动工，所以，投入项目后一部分的现金流量收支情况相当复杂。由于现金流评估法是把每期的现金流量分别按其实际数量和发生的时间予以考虑的，因此在评估这类项目时不需作任何假设，就可较为客观地得出评估结论。

（2）商业区开发项目

随着城市现代化建设的发展，城市商业区的开发项目已不仅仅局限于建设各种大型商业零售中心了，它还要求这些商业零售中心具有完备的附属设施，如多层停车楼、写字楼、餐饮中心、文化娱乐和休闲场所等。这类项目规模大、形式多样、功能复杂、开发周期长，因此，一个商业区开发项目可能会分阶段开发，某些部分可能在其他部分建成之前投入使用。这类项目现金收支情况也很复杂，适合用现金流评估法评估。

（3）工业开发项目

一些工业开发项目，如经济开发区中的标准厂房、仓库等，也同样存在着部分厂房或仓库先期建成后出租时，另外一些厂房或仓库正处在施工阶段的情况。更复杂的是，一些厂房或仓库不是以出租形式，而是将其出售给使用者，这样就会有较大的现金收支情况出现。同时，开发项目中的另一部分场地，当其基础设施建成后，可能按租约出租，这样就会导致开发项目中的一部分现金流量较少，但比前一部分发生的时间更早一些。这类开发项目的详细评估，只能采用现金流法。

另外，新区开发和旧城改造项目，所需时间长，资金需求量大，而且来源于各种渠道，现金流量收支情况也很复杂，更需要用现金流法评估。

但有一点需要说明的是，现金流评估法的精确性依赖于评估中所涉及的有关数据的准确性。例如，当开发过程中现金流量发生的时间数量不能完全肯定时，用现金流法评估，就要作某种假定，这可能会使评估结果的准确性降低。

需要指出的是，根据房地产开发企业财务报表（利润表）计算的销售毛利润率、净利润率，是反映企业报告期内经营效果的企业盈利能力指标，与项目盈利能力指标相似但有差异。

## 二、投资利润率

投资利润率分为开发投资的投资利润率和置业投资的投资利润率。

开发投资的投资利润率是指开发项目年平均利润额占开发项目总投资的比率。

置业投资的投资利润率是指项目经营期内一个正常年份的年利润总额或项目经营期内年平均利润总额与项目总投资的比率，它是考察项目单位投资盈利能力的静态指标。对经营期内各年的利润变化幅度较大的项目，应计算经营期内年平均利润总额与项目总投资的比率。

投资利润率的计算公式为：

$$投资利润率 = \frac{年利润总额或年平均利润总额}{项目总投资} \times 100\%$$

投资利润率可以根据利润表中的有关数据计算求得。在财务评价中，将投资利润率与行业平均利润率对比，以判别项目单位投资盈利能力是否达到本行业的平均水平。

## 三、资本金利润率和资本金净利润率

### （一）资本金利润率

资本金利润率，是指项目经营期内一个正常年份的年利润总额或项目经营期内年平均利润总额与资本金的比率，它反映投入项目的资本金的盈利能力。资本金是投资者为房地产投资项目投入的权益资本。资本金利润率的计算公式为：

$$资本金利润率 = \frac{年利润总额或年平均利润总额}{资本金} \times 100\%$$

### （二）资本金净利润率

资本金净利润率，是指项目经营期内一个正常年份的年税后利润总额或项目经营期内年平均税后利润总额与资本金的比率，它反映投入项目的资本金的盈利能力。其计算公式为：

$$资本金净利润率 = \frac{年税后利润总额或年平均税后利润总额}{资本金} \times 100\%$$

【例 6-9】　已知某房地产投资项目的购买投资为 4 500 万元，流动资金为 500 万元。如果投资者投入的权益资本为 1 500 万元，经营期内年平均利润总额为 650 万元、年平均税后利润总额为 500 万元。试计算该投资项目的投资利润率、资本金利润率、资本金净利润率。

【解】

(1) 投资利润率 $= \dfrac{年利润总额或年平均利润总额}{项目总投资} \times 100\% = \dfrac{650}{4\,500+500} \times 100\%$

$= 13.0\%$

(2) 资本金利润率 $= \dfrac{年平均利润总额}{资本金} \times 100\% = \dfrac{650}{1\,500} \times 100\% = 43.3\%$

(3) 资本金净利润率 $= \dfrac{年平均税后利润总额}{资本金} \times 100\% = \dfrac{500}{1\,500} \times 100\% = 33.3\%$

### 四、静态投资回收期

静态投资回收期 ($P_b'$)，是指当不考虑现金流折现时，项目以净收益抵偿全部投资所需的时间。一般以年表示，对房地产投资项目来说，静态投资回收期自投资起始点算起。其计算公式为：

$$\sum_{t=0}^{P_b'} (CI - CO)_t = 0$$

式中　$P_b'$——静态投资回收期。

静态投资回收期可以根据财务现金流量表中累计净现金流量求得，其详细计算公式为：

$$P_b' = (累计净现金流量开始出现正值期数 - 1)$$

$$+ \frac{上期累计净现金流量的绝对值}{当期净现金流量}$$

上式得出的是以计算周期为单位的静态投资回收期，应该再把它换算成以年为单位的静态投资回收期，其中的小数部分也可以折算成月数，以年和月表示，如 3 年零 9 个月或 3.75 年。

### 五、现金回报率与投资回报率

现金回报率和投资回报率，都是房地产置业投资过程中，投资者量测投资绩效的指标，反映了置业投资项目的盈利能力。

（一）现金回报率

现金回报率是指房地产置业投资中，每年所获得的现金报酬与投资者初始投入的权益资本的比率。该指标反映了初始现金投资或首付款与年现金收入之间的关系。现金回报率有税前现金回报率和税后现金回报率。其中，税前现金回报率等于营业利润（净经营收入）扣除还本付息后的净现金流量除以投资者的初始现金投资；税后现金回报率等于税后净现金流量除以投资者的初始现金投资。

例如，某商业店铺的购买价格为 60 万元，其中 40 万元由金融机构提供抵押贷款，余款 20 万元由投资者用现金支付。如果该项投资的营业收入扣除运营费用和抵押贷款还本付息后的年净现金流量为 2.8 万元，则该项投资的税前现金回报率为：2.8/20×100％＝14％；如果该项投资年税后净现金流量为 2.2 万元，则该项投资的税后现金回报率为：2.2/20×100％＝11％。

现金回报率指标非常简单明了：它与资本化率不同，因为资本化率通常不考虑还本付息的影响；与一般意义上的回报率也不同，因为该回报率可能是税前的，也可能是税后的。

（二）投资回报率

投资回报率是指房地产置业投资中，每年所获得的净收益与投资者初始投入的权益资本的比率。相对于现金回报率来说，投资回报率中的收益包括了还本付息中投资者所获得的物业权益增加的价值，还可以考虑将物业升值所带来的收益计入投资收益。投资回报率计算过程中采用的现金收益，通常为税后现金收益。投资回报率与资本金净利润率的差异，主要在于其考虑了房地产投资的增值收益和权益增加收益。该指标反映了初始权益投资与投资者实际获得的收益之比。

在不考虑物业增值收益时，

$$投资回报率＝\frac{（税后现金流量＋投资者权益增加值）}{权益投资数额}$$

当考虑物业增值收益时，

$$投资回报率＝\frac{（税后现金流量＋投资者权益增加值＋物业增值收益）}{权益投资数额}$$

投资回报率的具体计算过程，可参见【例 6-10】。

# 第五节　清偿能力指标及其计算

房地产投资项目的清偿能力，主要是考察计算期内项目各年的财务状况及偿还到期债务的能力。

## 一、利息

按年计息时，为简化计算，假定借款发生当年均在年中支用，按半年计息，其后年份按全年计息；还款当年按年末偿还，按全年计息。每年应计利息的近似计算公式为：

$$每年应计利息 = \left(年初借款本息累计 + \frac{本年借款额}{2}\right) \times 贷款利率$$

还本付息的方式包括以下几种：

（1）一次还本利息照付：借款期间每期仅支付当期利息而不还本金，最后一期归还全部本金并支付当期利息；

（2）等额还本利息照付，规定期限内分期归还等额的本金和相应的利息；

（3）等额还本付息，在规定期限内分期等额摊还本金和利息；

（4）一次性偿付，借款期末一次偿付全部本金和利息；

（5）"气球法"，借款期内任意偿还本息，到期末全部还清。

## 二、借款偿还期

借款偿还期是指在国家规定及房地产投资项目具体财务条件下，项目开发经营期内使用可用作还款的利润、折旧、摊销及其他还款资金偿还项目借款本息所需要的时间。房地产置业投资项目和房地产开发之后进行出租经营或自营的项目，需要计算借款偿还期。房地产开发项目用于销售时，不计算借款偿还期。

借款偿还期的计算公式为：

$$I_d = \sum_{t=1}^{P_d} R_t$$

式中，$I_d$ 为项目借款还本付息数额（不包括已用资本金支付的建设期利息），$P_d$ 为借款偿还期（从借款开始期计算），$R_t$ 为第 $t$ 期可用于还款的资金（包括：利润、折旧、摊销及其他还款资金）。

借款偿还期可用资金来源与运用表或借款还本付息计算表直接计算，其详细计算公式为：

$$P_d＝（借款偿还后开始出现盈余期数－开始借款期数）$$

$$＋\left(\frac{上期偿还借款额}{当期可用于还款的资金额}\right)$$

上述计算是以计算周期为单位，实际应用中应注意将其转换成以年为单位。当借款偿还期满足贷款机构的要求期限时，即认为项目是有清偿能力的。

### 三、利息备付率

利息备付率（Interest Coverage Ratio，ICR），指项目在借款偿还期内各年用于支付利息的税息前利润与当期应付利息费用的比值，又称利息保障倍数。其计算公式为：

$$利息备付率（ICR）＝\frac{税息前利润（EBIT）}{当期应付利息费用（PI）}$$

式中：税息前利润（EBIT）为利润总额与计入总成本费用的利息费用之和，当期应付利息（PI）指计入总成本费用的全部利息。利息备付率通常按年计算，也可以按整个借款期计算。

利息备付率表示使用项目利润偿付利息的保障倍数。对于一般商用房地产投资项目，商业银行通常要求该指标值介于2～2.5之间。当利息备付率小于2时，表示项目没有足够的资金支付利息，付息能力保障程度不足，存在较大的偿债风险。

在商用房地产金融与投资中，通常不计算利息备付率指标，因为商用房地产抵押贷款通常要求借款人在各年度既付息又还本，所以主要计算偿债备付率指标以考察其还本付息的能力。当需要计算利息备付率时，通常简化为：利息备付率＝净运营收入/应付利息费用。

### 四、偿债备付率

偿债备付率（Debt Coverage Ratio，DCR），指项目在借款偿还期内各年用于还本付息的资金与当期应还本付息金额的比值，表示可用于还本付息的资金偿还借款本息的保障倍数。一般情况下偿债备付率的计算公式为：

$$偿债备付率＝\frac{可用于还本付息资金}{当期应还本付息金额}$$

可用于还本付息资金，包括可用于还款的折旧和摊销、在成本中列支的利息

费用、可用于还款的利润以及管理人员超绩效指标奖金等。当期应还本付息金额
包括当期应还贷款本金及计入成本费用的利息，国际上通常还加上应付的租金支
出。当考虑所得税因素影响时，国内计算偿债备付率的方法是：（息税前利润加
折旧和摊销（EBITDA）－所得税（Tax））/当期应还本付息金额；国际上的计算方
法是：EBITDA/（利息支出＋所得税预提）。

在商用房地产金融与投资中，偿债备付率是用于判断物业净运营收入的现金
流是否能够支撑其债务负担的重要指标。其计算公式通常简化为：

$$偿债备付率＝\frac{净运营收入}{还本付息金额}$$

偿债备付率通常按年计算。偿债备付率对于一般商用房地产投资项目而
言，商业银行一般要求的偿债备付率指标介于 1.15～1.35 之间。当指标小于
1.15 时，表示当期资金来源不足以偿付当期债务，需要通过短期借款来偿还
已到期的债务。

【例 6-10】　某小型写字楼的购买价格为 50 万元，其中投资者投入的权益资
本为 20 万元，另外 30 万元为年利率为 7.5％、期限为 30 年、按年等额还款的
抵押贷款。建筑物的价值为 40 万元，按有关规定可在 25 年内直线折旧。预计该
写字楼的年毛租金收入为 10 万元，空置和收租损失为毛租金收入的 10％，包括
房产税、保险费、维修费、管理费、设备使用费和大修基金在内的年运营费用为
毛租金收入的 30％，写字楼年增值率为 2％。试计算该写字楼投资项目第一年的
现金回报率、投资回报率和偿债备付率指标。

【解】

该写字楼项目的投资回报指标计算过程，如下表所示。

| 序号 | 项　　目 | 单位 | 数额 | 备　注 |
|---|---|---|---|---|
| 1 | 年毛租金收入 | 元 | 100 000 | |
| 2 | 空置和收租损失 | 元 | 10 000 | 毛租金收入的 10％ |
| 3 | 年运营费用 | 元 | 30 000 | 毛租金收入的 30％ |
| 4 | 营业利润 | 元 | 60 000 | |
| 5 | 年还本付息 | 元 | 25 400 | 按年等额还款 |
| 6 | 净现金流 | 元 | 34 600 | |
| 7 | 税前现金回报率 | ％ | 17.3 | 34 600/200 000 |

续表

| 序号 | 项　目 | 单位 | 数额 | 备　注 |
|---|---|---|---|---|
| 8 | 还本收益 | 元 | 2 900 | 25 400－300 000×7.5％ |
| 9 | 扣除折旧前的应纳税收入 | 元 | 37 500 | 34 600＋2 900 |
| 10 | 折旧 | 元 | 16 000 | 400 000/25 |
| 11 | 应纳税收入 | 元 | 21 500 | 37 500－16 000 |
| 12 | 所得税（税率为25％） | 元 | 5 375 | 21 500×25％ |
| 13 | 税后净现金流 | 元 | 29 225 | 34 600－5 375 |
| 14 | 税后现金回报率 | ％ | 14.6 | 29 225/200 000 |
| 15 | 投资者权益增加值 | 元 | 2 900 | 还本收益 |
| 16 | 投资回报率 | ％ | 16.1 | （29 225＋2 900）/200 000 |
| 17 | 写字楼市场价值增值额 | 元 | 10 000 | 2‰×500 000 |
| 18 | 考虑增值后的投资回报率 | ％ | 21.1 | （29 225＋2 900＋10 000）/200 000 |
| 19 | 偿债备付率（DCR） | | 2.36 | 60 000/25 400 |
| 20 | 利息备付率（ICR） | | 2.67 | 60 000/（25 400－2 900） |

## 五、资产负债率

资产负债率是反映企业或项目各年所面临的财务风险程度及偿债能力的指标，属长期偿债能力指标，反映债权人所提供的资金占全部资产的比例，即总资产中有多大比例是通过借债来筹集的，它可以用来衡量企业或项目在清算时保护债权人利益的程度。其表达式为：

$$资产负债率＝\frac{负债合计}{资产合计}×100％$$

资产负债率高，则企业或项目的资本金不足，对负债的依赖性强，在经济萎缩或信贷政策有所改变时，应变能力较差；资产负债率低则企业或项目的资本金充裕，企业应变能力强。房地产开发属于资金密集型经济活动，且普遍使用较高的财务杠杆，所以房地产开发企业或项目的资产负债率一般较高。

## 六、流动比率

流动比率是反映企业或项目各年偿付流动负债能力的指标。其表达式为：

$$流动比率=\frac{流动资产总额}{流动负债总额}\times100\%$$

流动比率越高，说明营运资本（即流动资产减流动负债的余额）越多，对债权人而言，其债权就越安全。通过这个指标可以看出百元流动负债有几百元流动资产来抵偿，故又称偿债能力比率。在国际上银行一般要求这一比率维持在200％以上，因此人们称之为"银行家比率"或"二对一比率"。

对房地产开发企业或项目来说，200％并不是最理想的流动比率。因为房地产开发项目所需开发资金较多，且本身并不拥有大量的资本金，其资金一般来源于长、短期借款。此外，房地产开发项目通常采取预售期房的方式筹集资金。这些特点使得房地产开发项目的流动负债数额较大，流动比率相对较低。

### 七、速动比率

速动比率是反映项目快速偿付流动负债能力的指标。其表达式为：

$$速动比率=\frac{流动资产总额-存货}{流动负债总额}\times100\%$$

该指标属短期偿债能力指标。它反映企业或项目流动资产总体变现或近期偿债的能力，因此它必须在流动资产中扣除存货部分，因为存货变现能力差，至少也需要经过销售和收账两个过程，且会受到价格下跌、损坏、不易销售等因素的影响。一般而言，房地产开发项目的存货占流动资产的大部分，其速动比率较低，不会达到100％。

资产负债率、流动比率、速动比率指标，通常结合房地产开发经营企业的资产负债表进行计算，反映房地产开发经营企业的清偿能力。对于大型综合性开发经营企业，通常不需要针对其具体的房地产开发项目或投资项目编制资产负债表，也就很少计算房地产开发投资项目的资产负债率、流动比率、速动比率指标。但对于仅开发或投资一个项目的房地产项目公司而言，企业和项目融为一体，此时计算企业的资产负债率、流动比率和速动比率指标，同时也就反映了房地产开发或投资项目的清偿能力。

【例6-11】　从某房地产企业（项目公司）的资产负债表上，我们可以得到如下项目信息：负债合计为3 000万元，资产合计为5 000万元，流动资产和流动负债分别为2 500万元和1 250万元，存货为1 500万元。试计算该房地产投资项目的资产负债率、流动比率和速动比率。

【解】

（1）资产负债率$=\frac{负债合计}{资产合计}\times100\%=\frac{3\ 000}{5\ 000}\times100\%=60\%$

（2）流动比率$=\dfrac{\text{流动资产总额}}{\text{流动负债总额}}\times100\%=\dfrac{2\,500}{1\,250}\times100\%=200\%$

（3）速动比率$=\dfrac{\text{流动资产总额}-\text{存货}}{\text{流动负债总额}}\times100\%=\dfrac{2\,500-1\,500}{1\,250}\times100\%=80\%$

# 第六节　房地产投资方案经济比选

## 一、方案经济比选及其作用

（一）方案经济比选

方案经济比选，是遵循一定的比选规则，选用适当的比选方法，在各种可能的开发投资方案中寻求合理的经济和技术方案的行为过程。

（二）方案经济比选的类型

各种可能方案中，主要存在着三种关系，即互斥关系、独立关系和相关关系。互斥关系，是指各个方案之间存在着互不相容、互相排斥的关系，在进行方案比选时，在各个备选方案中只能选择一个，其余必须放弃。独立关系，是指各个方案的现金流量是独立的，不具有相关性，其中任何一个方案的采用与否与自己的可行性有关，与其他方案是否被采用无关。相关关系，是指在各个方案之间，某一方案的采用与否会对其他方案的现金流量带来一定的影响，进而影响其他方案的采用或拒绝。

常见的方案比选，是互斥关系和可转化为互斥关系的多方案比选。具体的方案比选类型，包括局部比选和整体比选、综合比选和专项比选、定性比选和定量比选等。

（三）方案经济比选的作用

方案经济比选，是项目可行性研究与决策工作的重要内容。房地产开发项目可行性研究及投资决策的过程，实际就是对各种可能的方案进行方案比选和择优的过程，对各种涉及的决策要素，都应从技术和经济相结合的角度，进行多方案分析论证，对开发建设规模、规划设计方案、功能面积类型及其配比、建造标准和档次、资金来源结构、合作合资条件、开发经营模式等，进行比选优化，并根据比选结果，结合其他因素进行决策。

（四）方案比选中的决策准则

在对互斥方案进行比较选择的过程中，通常要遵循三个决策准则。这些准则是：备选方案差异原则、最低可接受收益率原则和不行动原则。

1. 备选方案差异原则

通过分析比较备选方案之间的差异，就可以判断各备选方案的优劣。因此，分析比较备选方案之间的差异，是方案比选中最核心的、最基础的准则。表 6-4 显示了备选方案差异为何重要的理由。

互斥方案的差异比较　单位：万元　　表 6-4

| 年　　末 | 备选方案 | | 现金流差异 |
| --- | --- | --- | --- |
| | $A_1$ | $A_2$ | $(A_2 - A_1)$ |
| 0 | −1 000 | −1 500 | −500 |
| 1 | 800 | 700 | −100 |
| 2 | 800 | 900 | 100 |
| 3 | 800 | 1 300 | 500 |

为了比较方案 $A_1$ 和方案 $A_2$，必须比较两个方案的现金流差异。方案 $A_2$ 的现金流可以视为方案 $A_1$ 和方案（$A_2 - A_1$）的现金流之和。为了比较 $A_1$ 和 $A_2$ 的经济性哪个更好，就可以采用如下简单的决策准则：如果（$A_2 - A_1$）的现金流满足经济性要求，则备选方案 $A_2$ 优于备选方案 $A_1$；如果（$A_2 - A_1$）的现金流不满足经济性要求，则备选方案 $A_1$ 优于备选方案 $A_2$。

从表 6-4 中可以看出，备选方案 $A_2$ 多投入了 500 万元，比备选方案 $A_1$ 也多收入了 500 万元，那是否表明 $A_2$ 多投入的 500 万元符合经济性要求呢？这显然还要结合第二个决策准则来进一步判断。

2. 最低可接受收益率原则

投资的目的是获取尽可能高的利润，因此所有备选方案的利润必须超过最低可接受收益率（MARR），该最低可接受收益率是由企业经营管理目标决定的目标收益率，有时也被视为投资的机会成本。

许多人试图找到确定最低可接受收益率的计算方法，但到目前为止仍然没有得到公认的结果。因为最低可接受收益率代表着企业的盈利目标，而这个目标通常是基于企业高级管理人员结合未来市场机会和企业财务状况所做出的人为判断。

如果最低可接受收益率定得太高，则可能损失掉很多好的投资机会。如果定得过低，则又可能给企业带来巨大经济损失。但确定最低可接受收益率时还是有规则可循，这就是要高于银行存款利率或国债投资收益率，高于资本成本，能抵御投资面临的市场风险。

3. 不行动原则

不行动原则意味着投资者将放弃投资机会，不选择备选方案中的任何项目，保持其资金可以随时投资到财务内部收益率大于最低可接受收益率的投资项目中去。不行动或不选择任何备选方案实际上也是一个方案（通常称为 $A_0$ 方案），该方案的 $IRR_{A_0}=MARR$。相应的，$A_0$ 方案下的净现值、等额年值均为零。

## 二、方案经济比选定量分析方法

（一）净现值法

净现值法是通过比较不同备选方案财务净现值大小来进行方案选择的方法。用净现值法进行方案比选时，先对各个备选方案，分别按照公式 $FNPV = \sum_{t=0}^{n}(CI-CO)_t(1+MARR)^{-t}$ 计算各方案的财务净现值，以财务净现值大的方案为优选方案。如果所有的备选方案的财务净现值均小于零，则选择不行动方案。

（二）差额投资内部收益率法

差额投资内部收益率，是两个方案各期净现金流量差额的现值之和等于零时的折现率。其表达式为：

$$\sum_{t=0}^{n}[(CI-CO)'_t-(CI-CO)''_t](1+\Delta IRR)^{-t}=0$$

式中　$(CI-CO)'_t$——投资大的方案第 $t$ 期净现金流量；

　　　　$(CI-CO)''_t$——投资小的方案第 $t$ 期净现金流量；

　　　　　　$n$——开发经营期。

在进行方案比选时，可将上述求得的差额投资内部收益率与投资者的最低可接受收益率（$MARR$）或基准收益率 $i_c$ 进行比较，当 $\Delta IRR \geqslant MARR$ 或 $i_c$ 时，以投资大的方案为优选方案；反之，以投资小的方案为优选方案。当多个方案比选时，首选按投资由小到大排序，再依次就相邻方案两两比选，从中确定优选方案。

（三）等额年值法

当不同开发经营方案的经营期不同时，应将不同方案的财务净现值换算为年值（$AW$），通过公式 $AW=NPV\dfrac{i_c(1+i_c)^n}{(1+i_c)^n-1}$ 计算各备选方案的等额年值，以等额年值大的方案为优选方案。

（四）费用现值比较法和费用年值比较法

对效益相同或基本相同的房地产项目方案进行比选时，为简化计算，可采用费用现值指标和等额年费用指标直接进行项目方案费用部分的比选。

当采用费用现值比较法时，主要是利用项目费用（$PC$）计算公式，计算不同方案的费用，以费用现值小的方案为优选方案。项目费用计算公式为：

$$PC = \sum_{t=0}^{n} (C-B)_t (1+i_c)^{-t}$$

式中　$C$——第 $t$ 期投入总额；

　　　$B$——期末余值回收。

当采用费用年值比较法时，主要是利用等额年费用公式，计算不同方案的等额年费用，等额年费用小的方案为优选方案。等额年费用的计算公式为：

$$AC = PC \frac{i_c(1+i_c)^n}{(1+i_c)^n-1}$$

（五）其他经济比选方法

对于开发经营期较短的出售型房地产项目，可直接采用利润总额、投资利润率等静态指标进行方案比选。

### 三、方案经济比选方法的选择

（一）比选方法选择规则

在方案比选过程中，应该注意选择适宜的比选方法。具体比选方法选择规则，表现在以下 3 个方面。

（1）当可供比较方案的开发经营期相同，且项目无资金约束的条件下，一般采用净现值法、等额年值法和差额投资内部收益率法。

（2）当可供比较方案的开发经营期不同时，一般宜采用等额年值法进行比选。如果要采用差额投资内部收益率法或净现值法进行方案比选，须对各可供比较方案的开发经营期，通过运用最小公倍数法和研究期法进行调整，然后再进行比选。

（3）当可供比较方案的效益相同或基本相同时，可采用费用现值比较法和费用年值比较法。

（二）方案经济比选的特殊注意事项

在进行可供比较方案比选时，应注意各方案之间的可比性，遵循费用与效益计算口径对应一致的原则，并根据项目实际情况，选择适当的经济评价指标作为比选指标。

## 复习思考题

1. 房地产开发项目总投资由哪些费用项目组成？

2. 房地产开发产品成本和营业成本有哪些区别？

3. 营业收入、利润和税金之间的关系是什么？

4. 房地产投资的经济效果有哪些表现形式？

5. 何谓投资回收与投资回报？其相互关系是什么？

6. 房地产投资项目经济评价指标体系由哪些具体指标构成？

7. 通货膨胀因素对投资分析工作有哪些影响？

8. 盈利能力指标和清偿能力指标都是如何计算的？

9. 在评价项目投资效益时，动态指标和静态指标分别有哪些优势？

10. 房地产开发项目成本利润率和销售利润率的区别是什么？

11. 投资利润率、资本金利润率和资本金净利润率的区别是什么？

12. 现金回报率和投资回报率的区别是什么？

13. 利息备付率和偿债备付率的区别是什么？

14. 在什么情况下资产负债率、流动比率、速动比率能反映具体开发或投资项目的清偿能力？为什么？

15. 方案经济比选的方法有哪些？各自的适用条件是什么？

16. 方案经济比选方法选择时应注意的问题是什么？

# 第七章 风险分析与决策

## 第一节 房地产投资项目不确定性分析

房地产开发投资是一个动态过程，具有周期长、资金投入量大等特点，很难在一开始就对整个开发投资过程中有关费用和建成后的收益情况做出精确估计。因此，有必要就上述因素或参数的变化对财务评价结果产生的影响进行深入研究，使开发投资项目财务评价的结果更加真实可靠，从而为房地产开发投资决策提供更科学的依据。

房地产投资项目不确定性分析，是分析不确定性因素对项目可能造成的影响，进而分析可能出现的风险。不确定性分析是房地产投资项目财务评价的重要组成部分，对项目的投资决策成败有着重要的影响。房地产投资项目不确定性分析，可以帮助投资者根据项目投资风险的大小和特点，确定合理的投资收益率水平，提出控制风险的方案，有重点地加强对投资风险的防范和控制。

在第六章所讲述的各评价指标的计算方法中，每个因素的取值都是以估计和预测为基础的，而在实际开发投资过程中，这些因素很容易发生变化，而且有些因素的变化对评价结果有较大的影响。因此，在评估过程中，找出这些主要影响因素，分析其变化对评估结果的影响，可以为投资者提供更多的决策支持信息，并使其在开发投资过程中得到有效的控制。

### 一、房地产开发项目的主要不确定性因素

通过第六章例题计算，我们可以看出，对于房地产开发项目而言，涉及的主要不确定性因素有：土地费用、建筑安装工程费、租售价格、开发期与租售期、规划容积率及有关设计参数、资本化率、贷款利率等。这些因素对房地产开发项目财务评价的结果影响很大。

（一）土地费用

土地费用是房地产开发项目评估中一个重要的计算参数。在进行项目评估时

如果开发商还没有购买土地使用权，土地费用往往是一个未知数。因此通常要参照近期土地成交的案例，通过市场比较或其他方法来估算土地费用。如果开发商拟从公开土地出让市场获取开发建设用地，土地费用为预期的招拍挂成交价格与相关的税金，如果开发商拟从土地转让市场通过兼并收购获取已出让的开发建设用地，则土地费用通常为转让相应开发公司股权的预期转让价格和相关债务。尽管公开出让土地的透明度日益提高，但由于土地招拍挂过程具有高度的竞争性，其所形成的土地交易价格也具有高度的不确定性。而土地转让市场由于涉及持有开发项目企业的股权变更，市场透明度较低，要准确估算土地转让费用也并非易事。

　　房地产市场的变化也会导致土地费用的迅速变化。有关统计分析表明，在我国一线城市和核心二线城市，土地费用已经占到了总开发成本的 $50\%\sim70\%$，在三、四线城市，该项费用也占到了总开发成本的 $20\%\sim40\%$。而且随着城市发展和城市可利用土地资源的减少，以及国有土地使用权招拍挂出让方式的普遍实施，土地费用在城市房地产开发项目总开发成本中所占的比例在日益增大。因此分析土地费用变化对房地产开发项目财务评价结果的影响，就显得十分重要。

　　(二) 建筑安装工程费

　　在房地产开发项目评估过程中，建筑安装工程费的估算比租金售价的估算要容易一些，但即使这样，评估时所使用的估算值与实际值也很难相符。导致建筑安装工程费发生变化的原因主要有两种：

　　(1) 开发商在决定购置某块场地进行开发之前，通常要进行或委托房地产评估机构进行整个建筑安装工程费的详细估算，并在此基础上测算能承受的最高地价。当开发商获得土地使用权后，就要选择一个合适的承包商，并在适宜的时间从该承包商处得到一个可以接受的合理报价，即标价，之后据此签订建设工程承发包合同。由于建筑安装工程费的估算时间与承包商报价时间之间经历了购买土地使用权等一系列前期准备工作，两者往往相差半年到一年甚至更长时间，这期间可能会由于建筑材料或劳动力价格水平的变化导致建筑安装工程费出现上涨或下跌的情况，使进行项目评估时估计的建筑安装工程费与签订承包合同时的标价不一致。如果合同价高于原估算值，开发利润就会减少；反之，如果合同价低于原估算值，开发利润就会增加。

　　(2) 当建筑工程开工后，建筑材料价格和人工费用也会发生变化，进而导致建筑安装工程费改变。这种改变对开发商是否有影响，要看工程承包合同的形式。如果承包合同是一种固定总价合同，则建筑安装工程费的变动风险由承包商负担，对开发商基本无影响。否则，开发商要承担项目建设阶段由于建筑材料价格和人工费用上涨所引起的建筑安装工程费增加额。

（三）租售价格

租金收入或销售收入构成了房地产开发项目的主要现金流入，因此，租金或售价对房地产开发项目收益的影响是显而易见的，而准确地估算租金和售价又非易事。在项目评估过程中，租金或售价的确定是通过与市场上近期成交的类似物业的租金或售价进行比较、修正后得出的。这种比较往往未考虑租金和售价在开发期间的上涨或下跌，而仅以"今天"的租金和售价水平估算。但同类型物业市场上供求关系的变化，开发过程中社会、经济、政治和环境等因素的变化，都会对物业租售价格水平产生影响，而这些影响是很难事先定量描述的。

（四）开发期与租售期

房地产开发项目的开发期，由准备期和建造期两个阶段组成。在准备期，开发商要委托设计院作规划设计方案和方案审批，还要办理市政基础设施的使用申请等手续。如果开发商报送的方案不能马上得到政府有关部门的批准或批准的方案开发商不满意，不仅会使项目的规模、布局发生变化，还会拖延宝贵的时间。另外，在项目的建设工程开工前，开发商还要安排工程招标工作，招标过程所需时间的长短又与项目的复杂程度、投标者的数量有关，而招标时间长短，亦会影响到开发期的长短。

建造期即建筑施工工期，一般能够较为准确地估计，但某些特殊因素的影响也可能会引起施工工期延长。例如某些建筑材料或设备短缺、恶劣气候、政治经济形势发生突变、劳资纠纷引起工人罢工，或者基础开挖中发现重要文物或未预料到的特殊地质条件等都可能会导致工程停工，使施工工期延长。施工工期延长，开发商一方面要承担更多的贷款利息，另一方面还要承担总费用上涨的风险。另外，承包合同形式选择不当也可能导致承包商有意拖延工期，致使项目开发期延长。

租售期（销售期或出租期）的长短与宏观社会经济状况、市场供求状况、市场竞争状况、预期未来房地产价格变化趋势、房地产项目的类型等有直接关系。其中，出租期是指经营性物业从开始出租至达到稳定出租状态的时间。例如，中低价位的普通商品住宅，其销售期就远远低于高档商品住宅项目；商用房地产开发项目的租售期，就远远大于住宅项目。当房地产市场出现过量供应、预期房地产价格会下降时，租售期就会延长；商品房供应减少、预期房地产价格上涨时，租售期就会缩短。租售期延长，会增加项目的融资成本和管理费用等支出，特别是在贷款利率较高的情况下，租售期的延长，将会给开发商带来沉重的财务负担。

（五）容积率及有关设计参数

当开发项目用地面积一定时，容积率的大小就决定了项目可建设建筑面积的数量，而建筑面积直接关系到项目的租金收入、销售收入和建筑安装工程费。如前所述，项目评估阶段，开发商不一定能拿到政府有关部门的规划批文，因此容积率和建筑面积是不确定的。另外，即使有关部门批准了项目的容积率或建筑面积，项目可供出租或出售的面积仍然不能完全肯定。因为大厦出售时公共面积的可分摊和不可分摊部分、大厦出租时可出租面积占总建筑面积的比例等参数，在项目评估阶段通常只能根据经验大致估算。

（六）资本化率

资本化率也是影响财务评价结果的最主要因素之一，其稍有变动，将大幅度影响项目总开发价值或物业资本价值的预测值。众所周知，项目总开发价值或物业资本价值可用项目建成后年净经营收入除以资本化率来得到。现假定某项目年净租金收入期望为 100 万元，若进行市场调查与分析后认定资本化率为 7%，与认定为 8%，两者相差 1%，但所求得的项目资本价值相差 1 428 万元－1 250 万元＝178 万元。另外，在利用折现现金流分析法进行项目评估时，行业内部收益率或目标收益率，也在很大程度上影响着项目的投资决策。

目前关于选择房地产开发项目资本化率的常用办法，是选取若干个参照项目的实际净租金收入与售价的比值，取其平均值作为评估项目的资本化率，即：

$$R = \frac{P_1/V_1 + P_2/V_2 + P_3/V_3 + \cdots + P_N/V_N}{N} = \frac{1}{N}\sum_{i=1}^{n}\frac{P_i}{V_i}$$

式中　　$P_i$ —— 第 $i$ 个参照项目的年净租金收入；

　　　　$V_i$ —— 第 $i$ 个参照项目的市场价值或售价；

　　　　$R$ —— 资本化率。

估价人员还常参照专业服务机构定期发布的资本化率调查数据来确定资本化率。表 7-1 是世邦魏理仕于 2021 年 3 月发布的部分亚太城市资本化率数据。

部分亚太地区城市的资本化率　　　　　　　　　表 7-1

| 城市 | 甲级写字楼 | | | | 购物中心 | | | |
|---|---|---|---|---|---|---|---|---|
| | 市中心 | | 郊区 | | 市中心 | | 郊区 | |
| | 2020 年 9 月 | 2021 年 3 月 | 2020 年 9 月 | 2021 年 3 月 | 2020 年 9 月 | 2021 年 3 月 | 2020 年 9 月 | 2021 年 3 月 |
| 北京 | 3.50～4.50 | 3.50～4.50 | 3.75～4.75 | 4.00～4.50 | 4.00～5.00 | 4.00～5.00 | 4.25～5.25 | 4.25～5.25 |
| 上海 | 3.50～4.50 | 3.50～4.50 | 3.75～4.75 | 4.00～4.50 | 4.00～5.00 | 4.00～4.50 | 4.25～5.25 | 4.50～5.00 |

续表

| 城市 | 甲级写字楼 | | | | 购物中心 | | | |
| --- | --- | --- | --- | --- | --- | --- | --- | --- |
| | 市中心 | | 郊区 | | 市中心 | | 郊区 | |
| | 2020 年<br>9 月 | 2021 年<br>3 月 | 2020 年<br>9 月 | 2021 年<br>3 月 | 2020 年<br>9 月 | 2021 年<br>3 月 | 2020 年<br>9 月 | 2021 年<br>3 月 |
| 广州 | 3.75～<br>4.50 | 4.00～<br>4.50 | 4.25～<br>4.75 | 4.50～<br>5.00 | 4.00～<br>4.50 | 4.00～<br>4.50 | 4.25～<br>5.25 | 4.25～<br>5.25 |
| 深圳 | 3.75～<br>4.50 | 4.00～<br>4.50 | 4.00～<br>4.75 | 4.25～<br>4.75 | 4.00～<br>5.25 | 4.00～<br>5.25 | 4.50～<br>5.50 | 4.50～<br>5.50 |
| 香港 | 2.50～<br>3.50 | 2.50～<br>3.50 | 3.00～<br>4.00 | 3.00～<br>4.00 | 3.00～<br>4.00 | 3.00～<br>4.00 | 3.50～<br>4.50 | 3.50～<br>4.50 |
| 新加坡 | 3.00～<br>3.75 | 3.25～<br>3.75 | 4.00～<br>4.50 | 3.75～<br>4.25 | 4.50～<br>5.00 | 4.50～<br>5.00 | 5.00～<br>5.50 | 4.75～<br>5.25 |

数据来源：亚太地区资本化率调查，世邦魏理仕，2021 年 3 月。

由于不同估价人员的经验、专业知识以及手中所掌握的市场资料所限，所选择的参照项目可能不同，因此会有不同的结论。另外，由于开发期内市场行情的改变，以及参照项目与评估项目之间的差异，评估时所选择的资本化率或折现率与将来实际投资收益率相比，也不可避免地会出现误差，从而使开发商要承担附加风险。

（七）贷款利率

贷款利率的变化对开发项目财务评价结果的影响也很大。由于开发商在开发建设一个项目时，资本金往往只占到投资总额的 20%～35%，其余部分都要通过金融机构借款或预售期房等方式筹措，所以，资金使用成本即利息支出对开发商最终获利大小的影响极大。有关资料表明，20 世纪 90 年代初期中国房地产开发项目的财务成本曾经占到了总开发成本的 15%～25%。进入 21 世纪以来，由于世界范围内的经济增长速度放缓，各国贷款利率水平持续下调，到 2002 年已经降低到 6% 左右，并一直持续到 2006 年。但从 2007 年开始，各国出于防止经济增长过热或抵御通货膨胀的原因，贷款利率进入了上升通道，使 2007 年末的长期贷款利率又恢复到了 8% 左右的较高水平。2008 年国际金融危机爆发后，利率再次进入下降通道。为应对新冠疫情的影响，各国进一步下调贷款利率。我国2021年3月5年期以上贷款市场报价利率（LPR）为4.65%。利率的影响，决定了开发商利用财务杠杆的有效性。

除以上7个主要不确定性因素外，开发项目总投资中资本金或借贷资金所占比例等的变动，也都会对项目评估结果产生较大的影响。

### 二、房地产置业投资项目的主要不确定性因素

对于房地产置业投资项目，影响其投资经济效果的主要不确定性因素包括：购买价格、权益投资比率、租金水平、空置率、运营费用、有效面积系数和贷款利率等。由于租金水平和贷款利率对置业投资项目影响的机理与房地产开发项目相同，因此这里重点分析其他不确定性因素。

（一）购买价格

购买价格是房地产置业投资项目的初始资本投资数额，其高低变化在很大程度上影响着房地产置业投资经营的绩效。高估或低估初始购买价格，会使财务评价指标偏低或偏高，可能导致投资者失去投资机会或承担过多的投资风险。房地产投资分析中的购买价格，应以房地产估价师估算的拟购买房地产资产的市场价值为基础确定，很显然，这种基于评估的购买价格有很大的不确定性。

（二）权益投资比率

权益投资比率指投资者所投入的权益资本或资本金占初始资本投资总额的比例。权益投资比率低，意味着投资者使用了高的财务杠杆，使投资者所承担的投资风险和风险报酬相应增加，权益投资收益率提高。通常情况下，当长期抵押贷款利率较低、资金可获得性较好时，风险承受能力较强的投资者喜欢选用较低的权益投资比率。但金融机构出于控制信贷风险的考虑，通常要求投资者权益投资的比率不得低于某一要求的比率。

（三）空置率

空置率是准备出租但还没有出租出去的建筑面积占全部可出租建筑面积的比例。对于房地产置业投资项目或建成后用于出租经营的房地产开发项目，空置率的估计对于估算房地产项目的有效毛收入非常重要。空置率提高，会导致有效毛收入减少；空置率降低，会使有效毛收入提高。空置率的变化与宏观社会经济环境、市场供求关系、业主经营管理水平、租户支付租金的能力等有关，所以准确估计某类物业的空置率，也不是一件很容易的事。

（四）运营费用

运营费用是为了维持物业正常使用或营业的必要支出。虽然可以通过与物业服务企业签署长期合约来减少物业维护管理费用的变动，但仍不能排除通货膨胀因素对这部分费用的影响。尤其是对于旧有物业的投资，其大修理费用和设备更新费用，也存在着较大的不确定性。与持有房地产资产相关的房地产税，也会依不同的年度而有所变化。

### 三、不确定性因素的相互作用

从以上分析可以看出，房地产开发过程中所涉及的这些不确定性因素，或者以独立的形式，或者以相互同步或不同步的形式发生着变化。这些变化的最终结果，是对房地产开发投资项目的成本费用和效益产生影响。假如开发项目的总收入和总费用是以同步形式发生变化的，那么开发商的净利润将基本保持不变。在这种前提下对项目进行不确定性分析的意义不大。

但在房地产开发投资过程中，总收入和总费用的变化并不同步。因此，有必要对各不确定性因素的变化情况，以及这些变化对开发商或投资者的收益有何影响、影响程度怎样，进行详细分析，为房地产开发投资决策提供充分依据。

## 第二节 盈亏平衡分析

各种不确定因素的变化会影响投资项目的经济效果，当这些因素的变化达到某一临界值时，就会影响方案的取舍。找出投资项目的这个临界点，判断投资方案对不确定因素变化的承受能力，是不确定性分析的重要任务。要找到这个临界点，就必须研究投资项目的产量、成本和利润之间的关系，找出投资项目经济效益在某一范围内的临界值，这一分析过程就是盈亏平衡分析。

### 一、盈亏平衡分析的基本原理

盈亏平衡分析是在完全竞争或垄断竞争的市场条件下，研究投资项目产品成本、产销量与盈利的平衡关系的方法。对于一个投资项目而言，随着产销量的变化，盈利与亏损之间一般至少有一个转折点，我们称这个转折点为盈亏平衡点（Break Even Point，BEP），在这一点上，销售收入和总成本费用相等，既不亏损也不盈利。盈亏平衡分析就是要找出项目方案的盈亏平衡点。

盈亏平衡分析的基本方法是建立成本与产量、销售收入与销量之间的函数关系，通过对这两个函数及其图形的分析，找出平衡点。

盈亏平衡分析包括线性盈亏平衡分析和非线性盈亏平衡分析。当产量等于销量且产销量的变化不影响市场销售价格和生产成本时，成本与产量、销售收入与销量之间呈线性关系，此时的盈亏平衡分析属于线性盈亏平衡分析。当市场上存在垄断竞争因素的影响时，产销量的变化会导致市场销售价格和生产成本的变化，此时的成本与产量、销售收入与销量之间呈非线性关系，所对应的盈亏平衡分析也就属于非线性盈亏平衡分析。实际工作中，线性盈亏平衡分析最常用，因此这里主要介绍线性盈亏平衡分析的方法。

线性盈亏平衡分析的基本公式是：

年销售收入方程：$S = P \times Q$

年总成本费用方程：$C = C_f + C_v \times Q$

其中，$S$ 为销售收入，$P$ 为销售单价，$C$ 为总成本，$C_f$ 为总固定成本，$C_v$ 为单位变动成本，$Q$ 为产销量。

当实现盈亏平衡时，有 $S = C$，即，由此可以推导出：盈亏平衡产量 $Q^* = \dfrac{C_f}{P^* - C_v}$；盈亏平衡价格 $P^* = C_v + \dfrac{C_f}{Q^*}$；盈亏平衡单位产品变动成本 $C_v^* = P^* - \dfrac{C_f}{Q^*}$。

当产销量超过平衡点数量 $Q^*$ 时，项目处于盈利区域；当产销量小于平衡点数量 $Q^*$ 时，项目处于亏损区域，如图 7-1 所示。

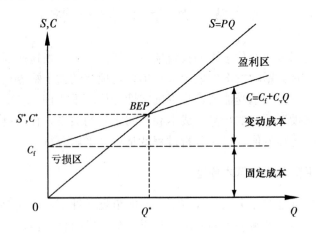

**图 7-1  盈亏平衡分析图**

【例 7-1】  某项目生产能力 3 万件/年，产品售价 3 000 元/件，总成本费用 7 800 万元，其中固定成本 3 000 万元，成本与产量呈线性关系。

## 【解】

单位产品变动成本：$C_v = (7\,800 - 3\,000)/3 = 1\,600$（元/件）

盈亏平衡产量：$Q^* = 3\,000/(3\,000 - 1\,600) = 2.14$（万件）

盈亏平衡价格：$P^* = 1\,600 + 3\,000/3 = 2\,600$（元/件）

盈亏平衡单位产品变动成本：$C_v^* = 3\,000 - 3\,000/3 = 2\,000$（元/件）

### 二、房地产开发项目盈亏平衡分析

房地产项目的盈亏平衡分析，有临界点分析和保本点分析两种，两者的主要差异在于平衡点的设置。临界点分析，是分析计算一个或多个风险因素变化而使房地产项目达到允许的最低经济效益指标的极限值，以风险因素的临界值组合显示房地产项目的风险程度。保本点分析，是分析计算一个或多个风险因素变化而使房地产项目达到利润为零时的极限值，以风险因素的临界值组合显示房地产项目的风险程度。

单个风险因素临界值的分析计算可以采用列表法和图解法，多个风险因素临界值组合的分析计算可以采用列表法。

（一）最低租售价格分析

租金和售价，是房地产项目最主要的不确定性因素，能否实现预定的租售价格，通常是房地产开发投资项目成败的关键。

最低售价是指开发项目的房屋售价下降到预定可接受最低盈利时的价格，房屋售价低于这一价格时，开发项目的盈利将不能满足预定的要求。

最低租金是指开发投资项目的房屋租金下降到预定可接受最低盈利时的水平，房屋租金低于这一水平时，开发投资项目的盈利将不能满足预定的要求。

最低租售价格与预测租售价格之间差距越大，说明房地产项目抗市场风险的能力越强。

（二）最低租售数量分析

最低销售量和最低出租率，也是房地产项目最主要的不确定性因素，能否在预定售价下销售出理想的数量，或在一定的租金水平下达到理想的出租率，通常是开发投资项目成败的关键。

最低销售量是指在预定的房屋售价条件下，要达到预定的最低盈利，所必须达到的销售量。最低出租率，是指在预定的房屋租金水平下，要达到预期的最低盈利，所必须达到的出租率水平。

最低销售量与可供销售数量之间的差距越大，最低出租率的值越低，说明房地产项目抗市场风险的能力越强。

（三）最高土地取得价格

最高土地取得价格是指开发项目销售额和其他费用不变条件下，保持满足预期收益水平，所能承受的最高土地取得价格。土地取得价格超过这一价格时，开发项目将无法获得预期的收益。最高土地取得价格与实际估测的土地取得价格之间差距越大，开发项目承受土地取得价格风险的能力越强。

（四）最高工程费用

最高工程费用是指在预定销售额下，要满足预期收益水平，所能承受的最高工程费用。最高工程费用与预测可能的工程费用之间差距越大，说明开发项目承受工程费用增加风险的能力越大。

（五）最高购买价格

对于房地产置业投资项目，初始购买价格，对能否实现预期投资收益目标非常重要。最高购买价格是指在这样的购买价格水平下，项目投资刚好满足投资者的收益目标要求。最高购买价格高出实际购买价格的数额越大，说明该置业投资项目抵抗风险的能力越强。

（六）最高运营费用比率

运营费用比率是指物业运营费用支出占毛收入的比率。该比率越高，则预示着投资项目所获得的净经营收入越低，进而影响到投资项目的投资绩效。最高运营费用比率，是指满足投资者预期收益目标时的运营费用比率。最高运营费用比率越高，说明投资项目抵抗风险的能力越强。

（七）多因素临界点组合

多个风险因素同时发生变化，引起开发项目经济效益指标的变化，达到临界点时的各因素变化值组合称为多因素临界点组合。多因素临界点组合的寻找可通过计算机完成。

### 三、房地产开发项目盈亏平衡分析示例

（一）保本点分析

某房地产开发项目选用了出售方案，图 7-2 和图 7-3 分别显示了当初始售价和总开发成本变化时，开发项目税前利润为零所对应的盈亏平衡状态。图 7-2 和图 7-3 表明，当初始售价下降 33%，或平均单位成本上升 57% 时，本开发项目的税前利润为零，表明本项目抵抗售价和成本变动风险的能力较强。

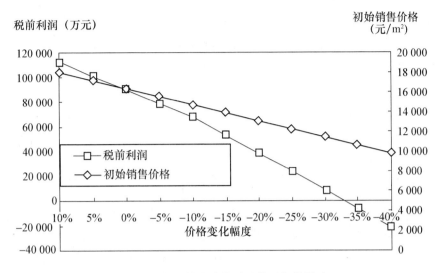

**图 7-2 初始销售价格对税前利润的影响**

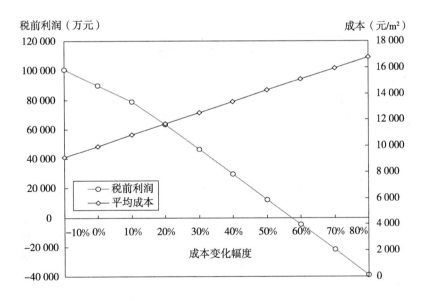

**图 7-3 成本变化对税前利润的影响**

（二）临界点分析

某房地产开发项目选用了出租方案，图 7-4 和 7-5 分别显示了租金和出租率变化对利润的影响。从中可以看出，该项目的最低租金为 26.5 美元/m²，最低出租率为 62%。因为当项目的初始月租金水平下降约 32% 即为 26.5 美元/m²，或出租率下降至 62% 时，本项目的税后财务内部收益率接近目标收益率 18%，使项目达到决策的临界点。表明本项目抵抗租金和出租率变动风险的能力也较强。

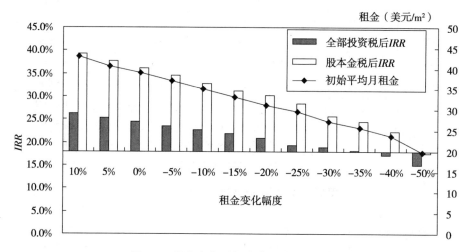

图 7-4　租金变化对投资收益水平的影响

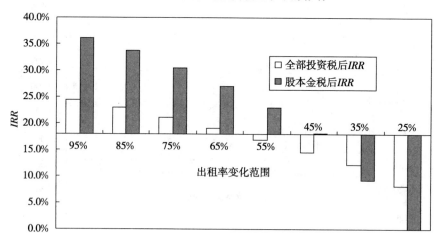

图 7-5　出租率变化对投资收益水平的影响

# 第三节　敏感性分析

房地产投资项目的不确定因素虽然多而复杂，但并不是每一个不确定因素对投资项目经济效果的影响程度都相同。如果一个不确定因素的变动引起了项目经济效果很大幅度的变化，说明投资项目经济效果的变动对这个不确定因素是敏感的，反之，是不敏感的。对不确定因素影响投资项目经济效果变化幅度的分析过程就是敏感性分析。

## 一、敏感性分析的概念

敏感性分析是指从众多不确定性因素中找出对投资项目经济效益指标有重要影响的敏感性因素，并分析、测算其对项目经济效益指标的影响程度和敏感性程度，进而判断项目承受风险能力的一种不确定性分析方法。

敏感性分析的目的在于：

（1）找出影响项目经济效益变动的敏感性因素，分析敏感性因素变动的原因，并为进一步进行不确定性分析（如概率分析）提供依据；

（2）研究不确定性因素变动引起项目经济效益值变动的范围或极限值，分析判断项目承担风险的能力；

（3）比较多方案的敏感性大小，以便在经济效益值相似的情况下，从中选出不敏感的投资方案。

根据不确定性因素每次变动数目的多少，敏感性分析可以分为单因素敏感性分析和多因素敏感性分析。

## 二、敏感性分析的步骤

房地产项目敏感性分析主要包括以下几个步骤：

（1）确定用于敏感性分析的财务评价指标。通常采用的指标为内部收益率，必要时也可以选用财务净现值、开发利润等其他经济指标。在具体选定评价指标时，应考虑分析的目的，显示的直观性、敏感性，以及计算的复杂程度。

（2）确定不确定性因素可能的变动范围。

（3）计算不确定性因素变动时，评价指标的相应变动值。

（4）通过评价指标的变动情况，找出较为敏感的不确定性因素，做出进一步的分析。

进行房地产项目敏感性分析时，可以采用列表的方法表示由不确定性因素相对变动引起的评价指标相对变动幅度，也可以采用敏感性分析表对多个不确定性因素进行比较。

### 三、单因素与多因素敏感性分析

单因素敏感性分析是敏感性分析的最基本方法。进行单因素敏感性分析时，首先假设各因素之间相互独立，然后每次只考察一项不确定性因素变化而其他不确定性因素保持不变时，项目财务评价指标的变化情况。

多因素敏感性分析是分析两个或两个以上的不确定性因素同时发生变化时，对项目财务评价指标的影响。由于项目评估过程中的参数或因素同时发生变化的情况非常普遍，所以多因素敏感性分析也有很高的实用价值。

多因素敏感性分析一般是在单因素敏感性分析基础上进行，且分析的基本原理与单因素敏感性分析大体相同。但需要注意的是，多因素敏感性分析须进一步假定同时变动的几个因素都是相互独立的，且各因素发生变化的概率相同。

下面通过两个例题，来说明敏感性分析的使用方法。

【例 7-2】　某开发商拟在其以 20 万美元购得的一块土地上开发一栋普通写字楼，规划允许建筑面积 2 000m²，建造成本为 200 美元/m²，项目的准备期为 3 个月，建造期为 12 个月，第 4 个月到第 15 个月投入的建造费用分别占扣除 5% 缺陷责任期保留金后总建造成本的 3.80%、4.70%、5.80%、6.90%、8.60%、10.30%、12.70%、13.50%、11.90%、8.50%、6.80% 和 6.50%。预计项目投入使用后年净租金收入为 6.5 万美元，贷款利率为 14%。用现金流法对该项目进行评估的结果如表 7-2 所示，试对项目进行敏感性分析。

现金流法对项目评估的结果　单位：美元　　表 7-2

| 月份 | 0 | 1 | 2 | 3 | 4 | 5 | 6 | 7 | 8 | 9 |
|---|---|---|---|---|---|---|---|---|---|---|
| 地价 | 200 000 | | | | | | | | | |
| 土地购置税费 | 7 000 | | | | | | | | | |
| 建造成本、专业人员费用投入比例 | | | | | 3.80% | 4.70% | 5.80% | 6.90% | 8.60% | 10.30% |
| 建造成本 | | | | | 14 440 | 17 860 | 22 040 | 26 220 | 32 680 | 39 140 |
| 专业人员费用（建造成本×12.5%） | | | | | 1 805 | 2 233 | 2 755 | 3 278 | 4 085 | 4 893 |
| 代理费 | | | | | | | | | | |
| 广告宣传费 | | | | | | | | | | |
| 小计 | 207 000 | 0 | 0 | 0 | 16 245 | 20 093 | 24 795 | 29 498 | 36 765 | 44 033 |
| 利息 | | 2 415 | 2 443 | 2 472 | 2 595 | 2 838 | 3 132 | 3 486 | 3 913 | 4 430 |
| 总计 | 207 000 | 209 415 | 211 858 | 214 330 | 233 170 | 256 101 | 284 028 | 317 011 | 357 689 | 406 151 |

续表

| 月份 | 10 | 11 | 12 | 13 | 14 | 15 | 16 | 17 | 18 | 合计 |
|---|---|---|---|---|---|---|---|---|---|---|
| 地价 | | | | | | | | | | 200 000 |
| 土地购置税费 | | | | | | | | | | 7 000 |
| 建造成本、专业人员费用投入比例 | 12.70% | 13.50% | 11.90% | 8.50% | 6.80% | 6.50% | | | | 100% |
| 建造成本 | 48 260 | 51 300 | 45 220 | 32 300 | 25 840 | 24 700 | | | 20 000* | 400 000 |
| 专业人员费用（建造成本×12.5%） | 6 033 | 6 413 | 5 653 | 4 038 | 3 230 | 3 088 | | | 2 500 | 50 000 |
| 代理费 | | | | | | | | | 9 750 | 9 750 |
| 广告宣传费 | | | | | | 5 250 | | | | 5 250 |
| 小计 | 54 293 | 57 713 | 50 873 | 36 338 | 29 070 | 33 038 | 0 | 0 | 32 250 | 672 000 |
| 利息 | 5 055 | 5 767 | 6 468 | 7 052 | 7 516 | 7 966 | 8 252 | 8 348 | 8 634 | 92 783 |
| 总计 | 465 499 | 528 979 | 586 319 | 629 709 | 666 296 | 707 299 | 715 551 | 723 899 | 764 783 | |

评估结论：项目总开发成本为 764 783 美元；总开发价值为 65 000/7.38%＝880 759 美元；开发商利润为 115 976 美元，开发商成本利润率为 15.2%。

注：各项数字均由计算机取整；＊表示第 18 个月的建造费用为缺陷责任期保留金，其数量为合约总额的 5%，其余额和期限一般依项目的不同而有所变化。

**【解】**

（1）单因素敏感性分析

假设各不确定性因素的变动幅度为±10%，则开发商利润的变动幅度，如表 7-3 所示。可以看出，开发商利润的主要敏感因素依次为资本化率、租金、建造成本、建筑面积和地价。

**开发商利润对不确定性因素变化的敏感性分析（%）** 表 7-3

| 不确定性因素 | 原始值 | 变动幅度 | |
|---|---|---|---|
| | | －10% | ＋10% |
| 地价 | 200 000 美元 | 21.99 | －21.99 |
| 利率 | 14% | 8.55 | －8.68 |
| 建造成本 | 200 美元/m² | 42.42 | －42.42 |
| 租金 | 32.5 美元/m² | －75.10 | 75.10 |
| 建筑面积 | 2 000m² | －32.68 | 32.68 |
| 专业人员费用 | 建造成本的 12.5% | 4.74 | －4.74 |

续表

| 不确定性因素 | 原始值 | 变动幅度 | |
|---|---|---|---|
| | | −10% | +10% |
| 资本化率 | 7.38% | 84.38 | −69.04 |
| 租售代理费 | 年净租金收入的15% | 0.85 | −0.85 |
| 广告宣传费 | 5 250 美元 | 0.47 | −0.47 |
| 土地购置附加费 | 3.5% | 0.74 | −0.74 |

上述分析方法是敏感性分析中最基本的方法，它给开发商提供了关于项目营利性的有用信息和它对变动因素的敏感性，同时指出了哪些因素是最关键的因素。但该分析方法忽视了各因素之间的相互作用关系。在实际项目开发过程中，很可能有几个因素同时发生变化，因此有必要做更进一步的敏感性分析，以弥补上述方法的不足。

（2）多因素敏感性分析

选择对开发商利润最敏感的租金和建造成本，测算这两个不确定性因素共同变化时的成本利润率水平。假设年净租金收入在 30～40 美元/m² 之间变化，建造成本在 185～250 美元/m² 之间变化，则该项目的成本利润率如表 7-4 所示。从表 7-4 的测算结果中可以看出，该项目有较强的抗风险能力。

租金和建造成本共同变化后的开发商成本利润率（%）　　　表 7-4

| 建造成本（美元）＼租金（美元） | 30.0 | 31.5 | 32.5 | 35.0 | 37.5 | 40.0 |
|---|---|---|---|---|---|---|
| 185 | 11.84 | 17.36 | 21.03 | 30.21 | 39.36 | 48.50 |
| 200 | 6.41 | 11.67 | 15.16 | 23.90 | 32.62 | 41.32 |
| 215 | 1.48 | 6.50 | 9.84 | 18.18 | 26.50 | 34.81 |
| 230 | −3.00 | 1.79 | 4.98 | 12.96 | 20.92 | 28.86 |
| 250 | −8.41 | −3.88 | −0.86 | 6.68 | 14.20 | 21.71 |

【例 7-3】　已知影响某房地产开发项目经济效益的主要不确定性因素为开发项目总投资和销售价格。试针对该项目全部投资的主要评价指标，在总投资和销售价格分别变化 ±15%、±10%、±5% 时，进行敏感性分析（为节省篇幅，略去了原始数据，只展示敏感性分析结果的表达方式）。

【解】　对该项目进行敏感性分析的结果如表 7-5 所示。从计算结果可知，租金售价降低15％对项目经济效益影响很大，使项目不能满足内部收益率、财务净现值和投资回收期的评价标准。

房地产开发项目全部投资敏感性分析结果汇总　　　　　　表 7-5

| 评价指标 | | 内部收益率（IRR） | 净现值（NPV）（万元） | 静态投资回收期（年） | 动态投资回收期（年） |
|---|---|---|---|---|---|
| 基本方案 | | 24.80％ | 10 938.09 | 4.84 | 6.35 |
| 租售价格变化 | 15％ | 37.07％ | 30 570.81 | 3.70 | 4.99 |
| | 10％ | 32.96％ | 24 026.27 | 3.90 | 5.44 |
| | 5％ | 28.87％ | 17 482.02 | 4.25 | 5.98 |
| | −5％ | 20.73％ | 4 394.54 | 5.31 | 6.73 |
| | −10％ | 16.66％ | −2 148.58 | 5.81 | 7.00 |
| | −15％ | 12.59％ | −8 691.20 | 6.16 | 7.00 |
| 开发项目总投资变化 | 15％ | 18.10％ | 170.42 | 5.62 | 6.99 |
| | 10％ | 20.21％ | 3 759.65 | 5.37 | 6.78 |
| | 5％ | 22.44％ | 7 348.87 | 5.14 | 6.56 |
| | −5％ | 27.30％ | 14 527.31 | 4.45 | 6.13 |
| | −10％ | 29.95％ | 18 116.54 | 4.12 | 5.83 |
| | −15％ | 32.78％ | 21 705.76 | 3.90 | 5.47 |

### 四、敏感性分析的"三项预测值"法

单因素敏感性分析方法忽略了各因素之间的相互作用。在一般情况下，多因素同时发生变化所造成的评估结果失真比单因素大，因此，对一些重要的、投资额大的开发项目除了要进行单因素敏感性分析外，还应进行多因素敏感性分析。"三项预测值"分析方法是多因素敏感性分析方法中的一种。"三项预测值"的基本思路是，对房地产开发项目中所涉及的变动因素，分别给出三个预测值（估计值），即最乐观预测值、最可能预测值、最悲观预测值，根据各变动因素三个预测值的相互作用来分析、判断开发利润受影响的情况。

在【例 7-2】中经过对市场的全面调查、研究后，分别给出了各变动因素的三项预测值，如表 7-6 所示。

**各变动因素的三项预测值**                      表 7-6

| 变动因素 | 最乐观情况 | 最可能情况 | 最悲观情况 |
|---|---|---|---|
| 租金增长情况（每年） | 7% | 5% | 3% |
| 资本化率（年） | 6.5% | 7% | 7.5% |
| 建造成本上涨情况（每年） | 6% | 7.5% | 9% |
| 贷款利率（年） | 10% | 13% | 16% |
| 建造期 | 12 个月 | 12 个月 | 12 个月 |
| 租售期 | 建成即租出 | 3 个月 | 6 个月 |
| 准备期 | 3 个月 | 3 个月 | 6 个月 |
| 土地成本 | 200 000 美元 | 200 000 美元 | 200 000 美元 |

当然，表 7-6 中对各因素三项预测值的估计并不是一件很简单的事情，它依赖于估测人员的专业水平和其所拥有的市场资料的完整性。

从表 7-6 中可以看出，共有 8 个不确定因素，每个因素有 3 个估计值，故共有 6 561 种组合情况。如果用人工分别计算每一种组合情况的结果是相当复杂的，在实际评估过程中估价师可采用计算机运算，工作量并不太大。

如果将表 7-6 中 8 个因素全部按最乐观情况考虑，或者全部按最可能情况和最悲观情况考虑，则可以得出开发项目三组最有用的结果，如表 7-7 所示。

**开发项目预测结果汇总**                      表 7-7

| 变动因素 | 最乐观情况 | 最可能情况 | 最悲观情况 | 原始评估值 |
|---|---|---|---|---|
| 开发商利润值 | 266 841 美元 | 199 444 美元 | 38 539 美元 | 115 976 美元 |
| 占总开发价值的百分比 | 24.5% | 20.0% | 4.2% | 13.2% |
| 占总开发成本的百分比 | 33.4% | 25.6% | 4.5% | 15.2% |
| 在原有评估结果基础上的变化 | +126% | +69% | −67% | |

表 7-7 中的结果表明，当因素发生变化时，开发利润值大约在 38 539～266 841 美元之间变化，最可能的利润值大约为 199 444 美元。

一般来说，评估中所涉及的因素全部为最乐观或最悲观的情况，在实际开发过程中是很少出现的，除非政府给予某种特别优惠的政策或者宏观经济出现全面萧条。但不管怎样，对变动因素进行全面分析，有助于开发商或投资商进行正确的决策。

敏感性分析是一种动态不确定性分析，是项目评估中不可或缺的组成部分。它用以分析项目经济效益指标对各不确定性因素的敏感程度，找出敏感性因素及其最大变动幅度，据此判断项目承担风险的能力。但是，这种分析尚不能确定各种不确定性因素发生一定幅度变动的概率，因而其分析结论的准确性就会受到一定的影响。实际生活中，可能会出现这样的情形：敏感性分析找出的某个敏感性因素在未来发生不利变动的可能性很小，引起的项目风险不大；而另一因素在敏感性分析时表现出不太敏感，但其在未来发生不利变动的可能性却很大，进而会引起较大的项目风险。为了弥补敏感性分析的不足，在进行项目评估和决策时，尚须进一步作概率分析。

# 第四节　风　险　分　析

房地产投资风险不仅存在风险损失，还存在风险报酬。风险报酬是一种可能的未来报酬，或是一种只有在风险目标实现后才能获得的报酬，但正是由于风险报酬的存在，才使得房地产投资者在风险损失与风险报酬之间进行权衡，并在决策过程中寻求到一个平衡点。

## 一、风险分析的界定

在项目财务评价中采用的基础数据（如投资、成本费用、租售价格、开发周期等）大部分来自对未来情况的预测与估算，由此得出的评价指标及做出的决策具有很大程度的风险。为了给项目投资决策提供更可靠和全面的依据，在财务评价中除了要计算和分析基本方案的经济指标外，还需要进行不确定和风险分析，并提出规避风险的对策。

不确定分析中的盈亏平衡分析和敏感性分析，是在风险因素确定发生概率未知条件下的抗风险分析，它不能代替风险分析。风险分析常用的比较成熟的方法是概率分析法，它不但考虑了风险因素在未来变动的幅度，还考虑了这种变动幅度在未来发生变动的可能性的大小及对项目主要经济效益指标的影响。

## 二、风险分析的一般过程和方法

对一个房地产项目进行风险分析的过程，可以分为风险辨识、风险估计、风险评价三个阶段（见图7-6）。

（一）风险辨识

由于每一个项目本身就是一个复杂的系统，因而影响它的因素很多，而且各风险因素所引起的后果的严重程度也不相同。

风险辨识就是从系统的观点出发，横观项目所涉及的各个方面，纵观项目建

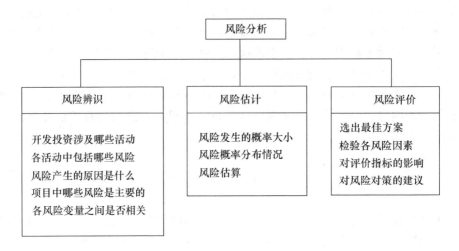

**图 7-6　风险分析的三个阶段**

设的发展过程，将引起风险的极其复杂的事物分解成比较简单的、容易被认识的基本单元。在众多的影响中抓住主要因素，并且分析它们引起投资效果变化的严重程度。常用方法有专家调查法（其中代表性的有专家个人判断法、头脑风暴法、德尔菲法）、故障树分析法、幕景分析法以及筛选—监测—诊断技术。

如本书第一章所述，房地产开发投资过程中所面临的风险包括系统风险和非系统风险两类。房地产投资项目的风险分析，主要是针对可判断其变动可能性的风险因素。这些风险因素通过直接影响项目的成本和收入，对项目的财务评价结果产生影响。

（二）风险估计与评价常用方法

风险估计与评价是指应用各种管理科学技术，采用定性与定量相结合的方式，最终定量地估计风险大小，并评价风险的可能影响，以此为依据对风险采取相应的对策。常用的风险评价的方法有以下几种。

1. 调查和专家打分法

该方法主要适用于项目决策前期，这个时期往往缺乏具体的数据资料，主要依据资深专家的经验和决策者的意向，得出的结论也只是一种大致的估计值，它只能作为进一步分析参考的基础。

2. 解析方法

解析方法是在利用德尔菲法进行风险辨识与估计的基础上，将风险分析与反映开发项目特征的收入和支出流结合起来，在综合考虑主要风险因素影响的情况下，对随机收入、支出流的概率分布进行估计，并对各个收入、支出流之间的各种关系进行探讨，用项目预期收入、成本及净效益现值的平均离散程度来度量风险，进而得到表示风险程度的净效益的概率分析。

3. 蒙特卡洛模拟法

它是一种通过对随机变量的统计试验、随机模拟求解物理、数学、工程技术问题近似解的数学方法。其特点是用数学方法在计算机上模拟实际概率过程，然后加以统计处理。

解析法和蒙特卡洛模拟法，是风险分析的两种主要方法。二者的区别主要在于：解析方法要求对影响现金流的各个现金源进行概率估计；蒙特卡洛法则要求在已知各个现金流概率分布情况下实现随机抽样。此外，解析法主要用于解决一些简单的风险问题，比如只有一个或少数因素是随机变量，一般不多于2～3个变量的情况；当项目评估中有若干个变动因素，每个因素又有多种甚至无限多种取值时，就需要采用蒙特卡洛法进行风险分析。

### 三、概率分析的步骤与概率确定方法

在风险分析中的解析法和蒙特卡洛模拟法，实际上都采用了概率分析来研究预测不确定性因素对房地产项目经济效益的影响。通过分析不确定性因素的变化情况和发生的概率，计算在不同概率条件下房地产项目的财务评价指标，就可以说明房地产项目在特定收益状况下的风险程度。

（一）概率分析的步骤

概率分析的一般步骤为：

（1）列出需要进行概率分析的不确定性因素；

（2）选择概率分析使用的财务评价指标；

（3）分析确定每个不确定性因素发生的概率；

（4）计算在规定的概率条件下财务评价指标的累积概率，并确定临界点发生的概率。

（二）概率的确定方法

在房地产项目财务评价中，确定各因素发生变化的概率是风险分析的第一步，也是十分关键的一步。概率分为客观概率和主观概率。客观概率是在某因素过去长期历史数据基础上，进行统计、归纳得出的。

例如，已知某地区房地产开发项目的工程发包价和建造成本自1985～2000年的变动情况（见表7-8），通过归纳后，预测2001～2005年间承包价的上涨率大约为每年8%，建造成本的上涨率为每年6%～7%。

<table>
<tr><td colspan="6" align="center">某地区房地产开发项目的工程发包价和建造成本变动情况　　　　　表 7-8</td></tr>
</table>

| 统计年份 | 发包价比上年增长率 | 建造成本比上年增长率 | 统计年份 | 发包价比上年增长率 | 建造成本比上年增长率 |
|---|---|---|---|---|---|
| 1985 | 12.5% | 9.0% | 1994 | 23.5% | 19.5% |
| 1986 | 27.0% | 9.0% | 1995 | 2.5% | 12.0% |
| 1987 | 37.0% | 18.0% | 1996 | −1.0% | 10.5% |
| 1988 | 10.0% | 18.5% | 1997 | 3.5% | 6.5% |
| 1989 | 2.5% | 23.5% | 1998 | 5.5% | 5.5% |
| 1990 | −0.5% | 18.5% | 1999 | 4.0% | 5.5% |
| 1991 | 7.5% | 13.0% | 2000 | 5.5% | 5.5% |
| 1992 | 15.0% | 9.0% | 2001～2005 年预测值 | 8%（每年） | 6%～7%（每年） |
| 1993 | 24.5% | 15.0% | | | |

在此基础上进一步分析了 2001～2005 年间该地区房地产开发项目发包价和建造成本上涨情况的各种可能值，以及出现的可能性（概率）。以建造成本为例，分析结果如表 7-9 所示。

<table>
<tr><td colspan="3" align="center">建造成本可能上涨率及其发生概率　　　　　表 7-9</td></tr>
</table>

| 建造成本每年可能上涨 | 发生的概率 | 概率累积值 |
|---|---|---|
| +5% | 0.10 | 0.10 |
| +6% | 0.25 | 0.35 |
| +7.5% | 0.40 | 0.75 |
| +8.5% | 0.20 | 0.95 |
| +10% | 0.05 | 1.00 |

这一分析结果还可以用频度/概率分析图表示，见图 7-7 和图 7-8。图 7-7 显示了可能遇到的每年建造成本上涨值所对应的概率；图 7-8 则显示了建造成本上涨情况的累积概率分布，同时也表明了上涨的概率可能会小于或大于某一特定的数值。

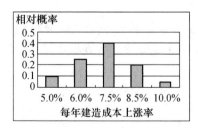

图7-7　每年建造成本上涨率的概率

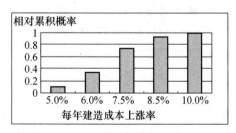

图7-8　每年建造成本上涨率的累计概率

房地产开发项目评估中的各种变动因素，常常缺乏足够的历史统计资料，因而大部分都不能完全用建立在大量统计数据基础上的客观概率来表达。在实践中，人们经常使用建立在主观估计基础上的主观概率分布。

### 四、概率分析中的期望值法

（一）期望值法的步骤

采用期望值法进行概率分析，一般需要遵循以下步骤：

（1）选用净现值作为分析对象，并分析选定与之有关的主要不确定性因素。

（2）按照穷举互斥原则，确定各不确定性因素可能发生的状态或变化范围。

（3）分别估算各不确定性因素每种情况下发生的概率。各不确定性因素在每种情况下的概率，必须小于等于1、大于等于零，且所有可能发生情况的概率之和必须等于1。这里的概率为主观概率，是在充分掌握有关资料基础之上，由专家学者依据自己的知识、经验经系统分析之后，主观判断作出的。

（4）分别计算各可能发生情况下的净现值（NPV）。包括各年净现值期望值和整个项目寿命周期净现值的期望值。各年净现值期望值的计算公式为：

$$E(NPV_t) = \sum_{r=1}^{m} X_{rt} P_{rt}$$

式中，$E(NPV_t)$ 为第 $t$ 年净现值期望值；$X_{rt}$ 为第 $t$ 年第 $r$ 种情况下的净现值；$P_{rt}$ 为第 $t$ 年第 $r$ 种情况发生的概率，$m$ 为发生的状态或变化范围数。

整个项目寿命周期净现值的期望值的计算公式为：

$$E(NPV) = \sum_{t=1}^{n} \frac{E(NPV_t)}{(1+i)^t}$$

式中，$E(NPV)$ 为整个项目寿命周期净现值的期望值；$i$ 为折现率；$n$ 为项目寿命周期长度。

项目净现值期望值大于零，则项目可行；否则，不可行。

（5）计算各年净现值标准差、整个项目寿命周期净现值标准差或标准差系数。各年净现值标准差的计算公式为：

$$\delta_t = \sqrt{\sum_{r=1}^{m} X_{rt} - E(NPV_t)^2 P_{rt}}$$

式中，$\delta_t$ 为第 $t$ 年净现值的标准差，其他符号意义同前。

整个项目寿命周期净现值的标准差计算公式为：

$$\delta = \sqrt{\sum_{t=1}^{n} \frac{\delta_t^2}{(1+i)^t}}$$

式中，$\delta$ 为整个项目寿命周期净现值的标准差。

净现值标准差反映每年各种情况下净现值的离散程度和整个项目寿命周期各年净现值的离散程度，在一定的程度上，能够说明项目风险的大小。但由于净现值标准差的大小受净现值期望值影响甚大，两者基本上呈同方向变动。因此，单纯以净现值标准差大小衡量项目风险性高低，有时会得出不正确的结论。为此需要消除净现值期望值大小的影响，计算整个项目寿命周期的标准差系数，计算公式为：

$$V = \frac{\delta}{E(NPV)} \times 100\%$$

式中，$V$ 为标准差系数。一般地，$V$ 越小，项目的相对风险就越小；反之，项目的相对风险就越大。依据净现值期望值、净现值标准差和标准差系数，可以用来选择投资方案。判断投资方案优劣的标准是：期望值相同，标准差小的方案为优；标准差相同，期望值大的方案为优；标准差系数小的方案为优。

（6）计算净现值大于或等于零时的累积概率。累积概率值越大，项目所承担的风险就越小。

（7）对以上分析结果作综合评价，说明项目是否可行及承担风险性大小。

（二）期望值法应用示例

【例 7-4】 某投资者以 25 万元购买了一个商铺单位 2 年的经营权，第一年净现金流量可能为：22 万元、18 万元和 14 万元，概率分别为 0.2、0.6 和 0.2；第二年净现金流量可能为：28 万元、22 万元和 16 万元，概率分别为 0.15、0.7 和 0.15，若折现率为 10%，问该购买商铺的投资是否可行。

【解】

$E(NPV_1) = 22 \times 0.2 + 18 \times 0.6 + 14 \times 0.2 = 18$（万元）

$E(NPV_2) = 28 \times 0.15 + 22 \times 0.7 + 16 \times 0.15 = 22$（万元）

$E(NPV) = E(NPV_1) / (1+i) + E(NPV_2) / (1+i)^2 - 25 = 9.54$（万元）

$\delta_1 = 2.530$ 万元　　$\delta_2 = 3.286$ 万元　　$\delta = 3.840$ 万元

$V = \delta / E(NPV) \times 100\% = 40.25\%$

因此，该投资项目可行，且风险较小。

【例 7-5】 某项目投资 20 万元，建设期 1 年。据预测，经营期内的年收入可能为 5、10、12.5 万元，相应的概率为 0.3、0.5 和 0.2。同时，预计受技术进步的影响，经营期可能为 2、3、4、5 年，对应的可能性为 0.2、0.2、0.5 和 0.1。如果折现率为 10%，对净现值作累积概率分析。

【解】 以年收入为 10 万元，经营期 4 年为例。该投资项目的净现值为：

$$NPV_{10,4} = -200\ 000 \times (1+10\%)^{-1} + 100\ 000\ (P/A,\ 10\%,\ 4)\ (1+10\%)^{-1} = 106\ 300\ (元)。其他各种情况下的净现值如图 7-9 所示。$$

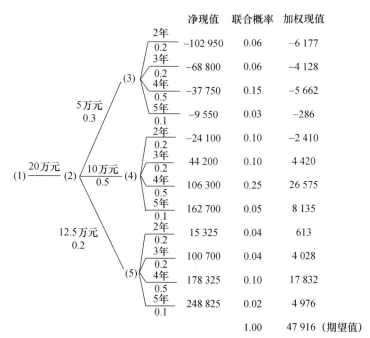

图 7-9 项目净现值及其概率分布

可以计算得出，该投资项目的净现值期望值为 47 916 元，净现值大于零的累积概率 $P\ (NPV>0)$ 为 0.6。表明该项目可行。

### 五、蒙特卡洛模拟法

不确定因素是不可避免地存在的，但是它们的变化往往又是有一定规律的，并且是可以预见的。对其进行模拟，通过大量统计试验，可以使之尽可能接近并反映出实际变化的情况。蒙特卡洛法能够随机模拟各种变量间的动态关系，解决某些具有不确定性的复杂问题，被公认为是一种经济而有效的方法。蒙特卡洛模拟法的实施步骤一般分为三步：

（1）分析每一可变因素的可能变化范围及其概率分布。这可以用一个简单的概率表来完成，如果建造成本变动的概率分布仍如前面假设的那样，则得到表 7-10。某一数值如果有 10% 的机会出现，就说明在总共 100 次机会中它有出现 10 次的可能。从表 7-10 中也可以看出，建造成本每年上涨 5% 的可能性为 10%，就定义其随机数为1～10之间的各数，如果每年上涨率为6％，其发生的概率为25％，则其对应的随机数为11～35，其余可依此类推。

可变因素变化范围及其相应概率 表7-10

| 可变因素 | 变化范围 | 相应概率 | 随机数 |
|---|---|---|---|
| 租金<br>（开发期内年增长率） | 0％ | 15％ | 1～15 |
|  | +3％ | 20％ | 16～35 |
|  | +5％ | 40％ | 36～75 |
|  | +7％ | 20％ | 76～95 |
|  | +10％ | 5％ | 96～100 |
| 资本化率 | 6.5％ | 5％ | 1～5 |
|  | 6.75％ | 15％ | 6～20 |
|  | 7％ | 50％ | 21～70 |
|  | 7.25％ | 20％ | 71～90 |
|  | 7.5％ | 10％ | 91～100 |
| 建造成本<br>（年上涨率） | +5％ | 10％ | 1～10 |
|  | +6％ | 25％ | 11～35 |
|  | +7.5％ | 40％ | 36～75 |
|  | +8.5％ | 20％ | 76～95 |
|  | +10％ | 5％ | 96～100 |
| 年贷款利率 | 12％ | 5％ | 1～5 |
|  | 13％ | 20％ | 6～25 |
|  | 14％ | 40％ | 26～65 |
|  | 15％ | 25％ | 66～90 |
|  | 16％ | 10％ | 91～100 |
| 建造期 | 15个月 | 20％ | 1～20 |
|  | 18个月 | 50％ | 21～70 |
|  | 21个月 | 20％ | 71～90 |
|  | 24个月 | 10％ | 91～100 |
| 准备期 | 3个月 | 20％ | 1～20 |
|  | 6个月 | 60％ | 21～80 |
|  | 9个月 | 20％ | 81～100 |
| 租售期 | 0 | 20％ | 1～20 |
|  | 3个月 | 20％ | 21～40 |
|  | 6个月 | 40％ | 41～80 |
|  | 9个月 | 15％ | 81～95 |
|  | 12个月 | 5％ | 96～100 |

（2）通过模拟试验随机选取各随机变量的值，并使选择的随机值符合各自的概率分布。为此可使用随机数或直接用计算机求出随机数。

例如，使用计算机求出租金增长率的随机数为 22，根据表 7-10 可知，该随机数介于 16～35 之间，对应的年租金增长率＋3％。依次对其他变动因素产生的随机数分别为 53、14、80、42、77、68，相应各因素的值如表 7-11 所示。

模拟试验随机选取的变量值　　　　　　　　　　表 7-11

| 租金增长率 | 资本化率 | 建造成本上涨率 | 贷款利率 | 施工期 | 场地准备期 | 出租期 |
| --- | --- | --- | --- | --- | --- | --- |
| ＋3％（每年） | 7％ | ＋6％（每年） | 14％ | 18 个月 | 6 个月 | 6 个月 |

表 7-11 只是模拟一次所产生的结果。

（3）反复重复以上步骤，进行多次模拟试验，即可求出开发项目各项效益指标的概率分布或其他特征值。图 7-10 即为【例 7-2】所述项目的开发利润概率分布图和获得某一利润的累积概率分布图。

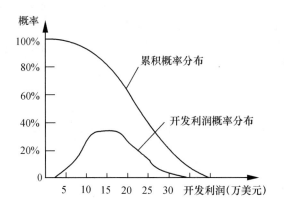

图 7-10　开发利润概率分布及累积概率分布图

根据表 7-11 所示的概率假设，对【例 7-2】模拟 1 000 次的结果如表 7-12 所示。

假设开发利润服从正态分布，则开发利润有 95％的可能（±2λ）落在 4 万～30 万美元之间。

这种风险分析的结果是否被开发商所接受，取决于开发商对待风险的态度和其接受风险的准则。与前面所述的敏感性分析比较，用蒙特卡洛法进行风险分析能为开发商决策提供更加充分、翔实的信息。

**1 000 次模拟试验下的评估结果**　　　　　表 7-12

| (1) 总开发价值<br>（万美元） | (2) 总开发成本<br>（万美元） | (3) 开发商利润<br>（万美元） | (3) / (1)<br>×100% | (3) / (2)<br>×100% | 利润变化<br>（%） |
|---|---|---|---|---|---|
| ① 92 | 84 | 6 | 6.5% | 7.1% | −48 |
| ②104 | 80 | 24 | 23.1% | 30.0% | +107 |

|  | 均值 | 标准方差 λ |
|---|---|---|
| ①总开发价值 | 98 万美元 | 6.1 万美元 |
| ②总开发成本 | 81 万美元 | 2.4 万美元 |
| ③开发商利润 | 17 万美元 | 6.5 万美元 |
| ④开发商利润占总开发价值的百分率：17% | | |
| ⑤开发商利润占总开发成本的百分率：21% | | |
| ⑥比原评估【例 7-2】利润值增加：47% | | |

蒙特卡洛风险分析法需要准确估计各因素的变化范围以及各因素变化的概率，这是保证分析结果准确的前提，而这一点在实际评估中，当市场资料不完整时又是较困难的。因此有些学者认为它虽然在理论上较完善，但是在房地产评估中实用性不强，因而对其持否定态度。但从国外近十几年房地产评估发展情况来看，由于计算机的大量使用和在房地产开发项目的信息收集、分析、处理、预测等方面所作的大量研究，使在实际评估中运用蒙特卡洛模拟技术，分析开发项目的风险已相当普遍。

# 第五节　决策的概念与方法

## 一、决策的概念

（一）决策及其特征

决策是决策者为达到某种预定目标，运用科学的理论、方法和手段，制定出若干行动方案，对此做出一种具有判断性的选择，予以实施，直到目标实现。决策的简单定义就是从两个以上的备选方案中选择一个的过程，包括识别机会或诊断问题、确定目标、拟订方案、选择方案、实施方案、监督与评估等过程。

决策可以按不同的标准划分类型。按决策的层次划分，包括战略性决策、管理性决策和业务性决策；按未来事件的自然状态的确定程度划分，包括确定型决策、风险型决策和不确定型决策；按参与决策的人数划分，包括个人决策和群体决策。房地产投资决策通常属于风险型或不确定型的群体管理决策。

决策具有四个基本特征，分别是：①决策是为了达到一个预定的目标；②决策是在某种条件下寻求优化目标和达到优化目标的手段；③决策是在若干个有价值的方案中选择一个作为行动方案；④准备实施的决策方案可能出现的后果是可以预测或估计的。

（二）决策的原则与评价标准

决策的原则包括满意原则、系统原则、信息原则、预测原则、比较选优原则和反馈原则。满意原则指决策遵循的是满意原则而不是最优原则。系统原则要求把决策对象看作一个系统并以此系统的整体目标为核心追求整体优化目的。信息原则在于强调信息是决策的基础。预测原则是指通过科学的预测，对未来事件的发展趋势和状况进行描述和分析，做出有根据的假设和判断，为决策提供科学依据和准则。比较选优原则要求在各种可能的备选方案中选择最能满足决策者目标的方案。反馈原则要求将先期决策执行过程及结果中的经验及时反馈应用于后续决策活动中。

决策的评价标准主要是评价决策的有效性程度，通常从决策的质量或合理性、决策的可接受性、决策的时效性和决策的经济性四个方面来评价。

（三）决策理论

决策理论主要包括古典决策理论和行为决策理论两大分支，古典决策理论和行为决策理论的有机结合，形成了当代决策理论。

古典决策理论是基于"经济人"假设提出的。古典决策理论认为，应该从经济的角度来看待决策问题，即决策的目的在于为组织获取最大的经济利益。古典决策理论假设，作为决策者的管理者是完全理性的，决策环境条件的稳定与否是可以被改变的。决策者在充分了解有关信息情报的情况下，可以做出完成组织目标的最佳决策。古典决策理论忽视了非经济因素在决策中的作用。

行为决策理论，则要求在决策中考虑人或组织的经济因素、动机因素、情感因素、经验因素和其他因素。行为决策理论的主要观点是：①人的理性介于完全理性和非理性之间。即人是有限理性的，这是因为在高度不确定和极其复杂的现实决策环境中，人的知识、想象力和计算力是有限的。②决策者在识别和发现问题中容易受知觉上的偏差的影响，而在对未来的状况作出判断时，直觉的运用往往多于逻辑分析方法的运用。所谓知觉上的偏差，是指由于认知能力有限，决策者仅把问题的部分信息当作认知对象。③由于受决策时间和可利用资源的限制，决策者即使充分了解和掌握有关决策环境的信息情报，也只能做到尽量了解各种备选方案的情况，而不可能做到全部了解，决策者选择的理性是相对的。④在风险型决策中，与经济利益的考虑相比，决策者对待风险的态度起着更为重要的作用。决策者往往厌恶风险，倾向于接受风险较小的方案，尽管风险较大的方案可能带来较为可观的收益。⑤决策者在决策中往往只求满意的结果，而不愿费力寻求最佳方案。

## 二、决策的方法

### （一）确定型决策方法

确定型决策是在未来自然状态已知时的决策，即每个行动方案达到的效果可以确切地计算出来，从而可以根据决策目标做出肯定抉择的决策。该决策具有反复、经常出现的特点。决策过程和方法常是固定程序和标准方法，因此又称做程序化决策。对于这类问题的决策，可以应用线性规划等运筹学方法或借助计算机进行决策。

### （二）风险型决策方法

风险型决策是指虽然未来事件的自然状态不能肯定，但是发生概率为已知的决策，又称随机性决策。风险型决策的判断特征是：存在明确的决策目标；存在多个备选方案；存在不以决策者意志为转移的多种未来事件的各自然状态；各备选方案在不同自然状态下的损益值可以计算；可推断各自然状态出现的概率。风险型决策的具体方法包括最大可能法、期望值法和决策树法。

### （三）不确定型决策方法

不确定型决策是指未来事件的自然状态是否发生不能肯定，而且未来事件发生的概率也是未知情况下的决策，即它是一种没有先例的、没有固定处理程序的决策。不确定型决策一般要依靠决策者的个人经验、分析判断能力和创造能力，并借助于经验方法进行决策。常用的不确定性决策方法包括小中取大法、大中取大法和最小最大后悔值法等。

## 三、房地产投资决策

房地产投资决策的核心，是准确估算投资收益、分析投资面临的风险，并在权衡收益和风险的基础上作出投资决策。

### （一）房地产投资决策的工作阶段与步骤

房地产投资决策过程通常有三个阶段：①策略阶段，即界定可接受的收益和风险；②分析阶段，即衡量可能的收益与风险；③决策阶段，即评估各种收益与风险。房地产投资决策的具体工作包括5个基本步骤，即：①明确投资者目的、目标和约束条件；②分析投资环境与市场条件；③进行投资项目财务分析；④应用决策准则；⑤投资决策（图7-11）。

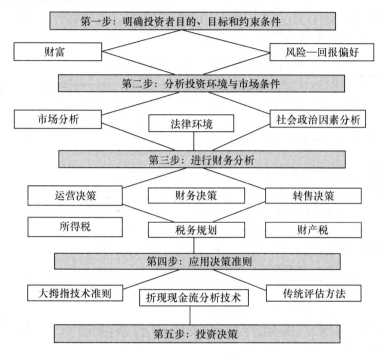

**图7-11 房地产投资决策的工作步骤**

（二）房地产投资决策的类型

房地产投资决策，即是否就某个具体的房地产项目进行投资，是一个较为笼统的提法。在房地产投资实践活动中，往往涉及一系列具体的投资决策工作。按照投资决策所要决定的问题的性质或目的，可以将房地产投资决策细分为土地开发投资决策、房地产开发投资决策和置业投资决策三种具体类型。而每一种具体类型的投资决策，又会涉及一系列投资决策问题。例如，在开发投资活动中，决策问题可以进一步细分为土地购置、合作方式、融资结构或财务杠杆与负债结构、出售与出租等决策；在房地产置业投资活动中，决策问题可以进一步细分为物业购置、合作方式、融资结构或财务杠杆与负债结构、处置与更新决策等。

（三）房地产投资决策中的投资策略与投资收益目标

不同的投资者有着不同的投资策略。中小型房地产企业更注重企业的成长性和营利性，面临的主要是单一项目的投资决策问题。大型房地产企业在决策单一项目的投资问题时，往往还要考察该项目投资对企业拥有房地产投资组合的区域分布、物业类型分布、市场所处的周期阶段等。房地产企业的业务模式，即其营业收入是来自开发投资、置业投资，还是两种投资兼而有之，也影响其目标投资收益水平和可容忍的风险水平。表 7-13 显示了 2007 年美国投资者根据各种投资策略风险大小所要求的期望投资收益水平。

**不同房地产投资策略所要求的投资收益率**    表 7-13

| 投资策略类型 | 投资策略要点 | 目标收益率（IRR） |
|---|---|---|
| 收益型策略 | 稳定的收益型房地产投资，中低水平的财务杠杆（小于 50%），长期持有 | 12% |
| 增值型策略 | 通过再开发或重新定位对物业进行用途调整或升级，中等水平的财务杠杆（30%～70%），短期持有投资 | 12%～18% |
| 机会型策略 | 房地产开发、私人增长型企业、房地产不良资产或债务投资，中高水平的财务杠杆（大于 70%），短期投资、开发或获取后转售 | 18%～20% |

# 第六节  房地产投资决策中的实物期权方法

## 一、传统投资决策方法的局限性

房地产投资决策中的传统方法，主要是房地产投资分析中常用的财务评价方法，它是从财务方面来探讨项目投资的可行性，应用的前提条件是投资项目现金流可预测。因此，采用财务评价方法进行房地产投资决策，首先必须对房地产项目的开发与经营情况做出准确的预测和推断，否则，即使计算出了项目的财务内部收益率（FIRR）或财务净现值（FNPV），也难以做出准确决策。

运用财务评价方法进行投资决策时，一般隐含两个假定：一是投资可逆性，即通过投资项目现金流入可收回投资，或在市场出现不利状况时可出售资产收回投资；二是不考虑延期投资对项目预期收益的影响，即不考虑投资的时间价值，当 $FNPV > 0$ 时现在就投资，当 $FNPV < 0$ 时就拒绝投资。

在不确定的市场环境下，财务评价方法容易造成房地产投资价值的低估，主要表现在：一是忽视了投资项目中的柔性价值，它假设未来变化是按决策时的环境发生，事实上，房地产投资的长期性和房地产市场的不确定性，要求投资者根据市场条件变化，对项目投资决策适时进行调整。二是忽视了投资机会的选择，只是对是否投资进行决策，没有考虑项目可延期性和由此可能产生的价值变化。三是忽视了房地产项目的收益成长，将净现值是否大于零或是否高于目标收益率（最低可接受收益率）作为投资评价准则。实际上，并非所有的房地产投资都能在短期内获利，而且，有些房地产项目的投资，其目的并不仅是为了获得财务上的利益，有时更多的是从企业长远发展的角度来决策，使企业获得未来成长的机会。

因此，在不确定的市场环境下，传统的投资决策方法显然较难满足科学决策的需要。

### 二、房地产投资决策的期权性质

传统投资决策方法隐含两种假定，即可逆性和不可延期性。但在不确定的市场环境里，房地产投资往往是不可逆和可延期的。

房地产投资具有不可逆性，主要是因为：一方面，房地产资产形态位置相对固定，相对于其他资产而言，资产流动性较差，投资形成的资产容易成为"沉淀"资本，造成投资不可逆（如投资不能用于其他生产项目的专用厂房，一旦投入则其产品用途就难以改变）；另一方面，房地产交易费税较高，投资形成的资产短期内往往很难通过交易获利，这在客观上阻碍了房地产资产流动，使房地产投资不可逆。

在不确定的市场条件下，房地产投资又具有可延期性，这是由房地产市场的特性所决定的。正常情况下，房地产市场效率较低（甚至是无效率的），市场信息短期内往往难以得到反映，但随着时间推移，许多信息的不确定性会发生变化，甚至可能消除。因此，选择投资的时机不同，投资收益与风险就会随之改变，延期投资可能将获得更多的信息并使投资价值发生变化。一方面，延期投资可能规避风险，使决策者有更多的时间和信息，来检验自身对市场环境变化的预期，有机会避免不利条件所造成的损失；另一方面，延期投资也可能保持了未来获利的机会。

房地产投资具有不可逆性和可延期性，也就具有了期权性质。由于投资是可延期性的，使得投资者可以收集更多与项目有关的信息，寻找更有利的投资机会，这时候延期投资的权利实际上就是一种期权（期权价格就是获得这种权利所投入的人力、物力、财力、技术；执行期权相当于在有利的投资机会下进一步投资）。由于投资是不可逆的，投资决策时就不能仅考虑项目净现值，还要考虑投资期权的价值（因为既存在风险可能使投资无法收回，又存在投资机会可能使投资收益超出预期）。

　　因此，不确定条件下房地产投资的期权特性，使其决策问题可以转换为实物期权定价问题。

### 三、实物期权方法与房地产投资决策

（一）关于实物期权方法及适用范围

实物期权方法是现代期权定价理论在具有期权性质的实物资产定价中的应用。20 世纪末，国外一些学者已经把实物期权理论应用于经济领域的投资决策分析，他们把实物期权类型归结为五大类，即等待投资型期权（Waiting-to-Invest Options）、成长型期权（Growth Options）、放弃型期权（Exit Options）、柔性期权（Flexibility Options）和学习型期权（Learning Options）。

与传统观点不同，实物期权理论认为：不确定性带来机会，不确定性的增加可以带来更高的价值；时间和不确定性对实物期权定价有直接的影响，这种影响体现于"资产价值波动率"这个指标，它反映了增长率的不确定性范围；在不确定条件下，不确定性的范围随着时间增加而增长，也就是说，价值变动的范围随着时间增长而增大。

实物期权方法偏重于解决投资决策中的一些灰色问题，包括：存在或有投资决策，但又没有其他方法对此进行评估；当不确定性很大时，为了避免产生投资失误，可以采用实物期权方法决策；投资机会价值非当前现金流所决定，而是由未来增长期权的可能性所决定；不确定性较大，需要进行方案比选时，可采用实物期权方法对灵活投资方案进行评价；需要进行项目修正和中间战略调整。

（二）实物期权方法投资决策的一般过程

应用实物期权方法进行投资决策的具体过程，一般有四个基本步骤，即：构建应用框架、完成期权定价、检查结果、再设计。

构建应用框架，是将实际的投资决策问题通过分析转化为规范的期权问题，这一步骤要对投资决策内容进行分析。如，有哪些可能的决策方式？需要什么时候决策？不确定性的形式是什么？等等。

在构建好应用框架后，要选择合理的期权定价模型进行计算，完成期权定价。在期权定价计算过程中，需要用到 6 个变量：标的资产的现值、资产的现金流或持有收益率、期限、标的资产的波动率、无风险收益率以及价值漏损（分红）。在期权定价模型的选择上，可根据具体情况加以确定，常用的期权定价模型有：二叉树期权定价模型（the Binomial Option valuation model）和布莱克—舒尔斯方程（the Black—Scholes Equation）。

实物期权方法的后两步（检查结果与再设计），主要是为了提高投资决策的

价值。完成前两步步骤后，将取得的结果与市场相比较，检查初始结果，并根据检查结果确定是否扩大备选投资方案的数目，以提高投资决策价值。

（三）房地产投资决策中常见的期权问题

1. 确定合理的开发时机（等待投资型期权）

如何确定房地产开发时机，是开发商普遍关心的决策问题。从我国目前情况看，虽然开发商的开发利润率较高，但由于房地产市场的不确定性较大，其投资风险也较大，开发商往往担心开发后市场价格下跌可能无法收回投资，因此常面临是立即开发还是等待开发的选择。如果立即开发，除了当前需要投入大量资金外，还可能失去有价值的等待期权；如果延期开发，则可能又会造成投资成本上升。这些通常可以转化为实物期权问题加以解决。

我国房地产市场发展的经验表明，在房地产市场价格持续攀升的阶段，许多开发商获得了等待或延期开发带来的丰厚利润，尽管这种等待或延期开发是出于企业开发投资能力的制约而非企业投资策略的应用。目前我国出让国有土地使用权时，已经将项目开工、竣工或销售时间要求纳入土地出让合同并作为重要合同条款，以制约开发商的延期开发行为。在对开发时限要求十分严格的香港特别行政区，政府要求开发商在递交延期开发申请时缴纳部分费用（开发商获得的等待期权价格），以此来有效防止开发商采用拖延策略。

2. 决定是否放弃投资机会或项目（放弃型期权）

开发商经常遇到一些受政策因素影响较大的开发项目，限价商品住宅项目就属于这一类。开发商原本打算通过投资限价商品住宅项目，来拓展新的市场机会，但政府对限价商品住宅的政策不够清晰，对未来可能遇到的政策调整等不确定性也难以把握，如开发项目销售对象、销售时间、市场环境变化后可能对销售对象和销售价格进行调整等，因此可对这一放弃型期权进行估价，从政策调整的损失与市场机会收益两方面进行评估，以决定该项目是开发还是放弃。

3. 决定是否开发一些成长型项目（成长型期权）

尽管政府有意识地控制单一开发项目的规模，但仍然有地方政府希望通过出让大型开发地块，吸引大型开发商参与。例如，北辰集团 2007 年以 92 亿元地价款获得的长沙开福区新河三角洲地块，出让土地面积达 78.5 万平方米，地上总建筑面积 380 万平方米，地下建筑面积 157 万平方米。该项目的开发商肯定要采用分期开发模式进行开发，因为首期开发通常很难产生理想的收益，其投入很可能与收益持平甚至大于收益，但对项目后期投资收益会有较大影响。实物期权观点认为，该类型的开发项目可能产生成长型期权，因而可以对成长型期权进行估价，以确定是否进行投资。

### 四、实物期权方法的实际应用

不确定条件下的房地产投资决策，其形式多种多样，下面以一个最简单的实物期权案例，来说明实物期权方法在不确定性下房地产投资决策中的应用。

**【例7-6】** 某企业拟购置一栋写字楼作为公司总部。该写字楼将于6个月后竣工交付使用。开发商提出的预售条件是：签署预购合同时缴纳150万元定金（该定金在签订正式购房合同时不能充抵购房款），6个月后如企业决定购买，则以8 200万元的总价成交。若目前类似写字楼的市场价格为8 000万元，类似写字楼的市场价格年平均波动率为25%，当前市场无风险收益率为6%。试问该企业该如何进行购买决策，是否可以签订该预购合同？

如果简单按传统的现金流折现法分析该问题，将投入和产出的现值进行比较分析。则该企业总购楼支出等于当前投入的定金和6个月后购房款现值之和，即为150+8 200/（1+3%）＝8 111万元，总支出现值大于写字楼当前市场价值8 000万元。因此根据传统现金流折现法，应拒绝签订该预购合同。

实际上，该例子是一个简单的实物期权问题：企业签订预售合同，即相当于持有一份6个月后购买写字楼的期权，执行价格为8 200万元。这个期权是在6个月后执行，不能提前执行，说明企业将持有的是一个欧式看涨期权。同时，由于该写字楼尚未建成，相当于资产不需支付红利。因此，可以根据布莱克—舒尔斯方程期权定价模型，求得该不支付红利的看涨期权价格。具体计算如下：

根据已知条件：当前办公楼资产价格 $S$＝8 000万元；

期权执行价格 $K$＝8 200万元；

到期日 $T$＝0.5年；

年无风险收益率 $r$＝6%；

写字楼资产平均价格波动的标准差 $\sigma$＝25%；

则根据布莱克—舒尔斯方程有：

购买该欧式看涨期权的价值，$c = SN(d_1) - Ke^{-rT}N(d_2)$

式中 $N(d_1)$，$N(d_2)$ 代表标准正态分布的累积概率分布函数（即分别代表某一服从正态分布的变量小于 $d_1$，$d_2$ 的概率）。其中：

$$d_1 = \frac{\ln(S/K) + (r + 0.5\sigma^2)T}{\sigma T^{0.5}}, \quad d_2 = \frac{\ln(S/K) + (r - 0.5\sigma^2)T}{\sigma T^{0.5}} = d_1 - \sigma T^{0.5}$$

将已知条件代入，则可求得：$d_1$＝0.1184，$d_2$＝−0.0584。

查标准正态分布表，可得：$N(0.1184)$＝0.5463；$N(-0.0584)$＝0.4767

所以有：$c = SN(d_1) - Ke^{-rT}N(d_2)$

$$= 8\,000 \times 0.5463 - 8\,200 \times e^{-6\% \times 0.5} \times 0.4767$$

$$= 4\,370.4 - 3\,793.4 = 577\,（万元）$$

由所求结果可知，该持有一份 6 个月后购买写字楼的期权价值为 577 万元，此期权价格高于定金 150 万元。说明该企业可以以定金 150 万元为代价，来签订这份写字楼的预购合同。

### 五、应用实物期权方法决策需注意的问题

**（一）注意实物期权方法与传统投资决策方法的有机结合**

实物期权方法与传统投资决策方法是相互补充的关系，都有各自的适用条件、应用特点。在不存在任何期权或存在期权但不确定性很小的市场环境下，应用传统投资决策方法效果较好。从当前我国房地产市场发展水平和市场环境看，房地产投资决策方法大多还是以传统的投资决策方法为主，该方法简单，便于理解，也便于计算。

**（二）注意实物期权方法在应用过程中的一些假设条件**

实物期权方法应用于我国房地产投资决策，还需要一个"磨合"过程，因为该方法的一些应用条件，与我国房地产市场的现实情况还不尽一致，在实际应用时要进行适当调整和推测，这就可能对实际决策效果产生一些影响。

**（三）注意实物期权方法自身存在的局限性**

应用实物期权方法进行投资决策，需要具备较高的数学和期权理论基础，加之房地产期权较一般实物期权更为复杂，因此，这将对实物期权方法在房地产投资决策中的实际应用产生较大的制约。同时，期权定价模型对期限较长、以非交易资产为标的的期权估价有一定的局限性，在计算期限较长的期权价值时，有时会产生较大的估计误差。

## 复 习 思 考 题

1. 房地产开发项目的主要不确定性因素有哪些？这些不确定性因素的变化是如何影响项目投资财务评价结果的？

2. 房地产置业投资项目的主要不确定性因素有哪些？这些不确定性因素的变化是如何影响项目投资财务评价结果的？

3. 什么是盈亏平衡分析？有哪些具体方法？

4. 房地产开发项目盈亏平衡分析通常从哪些方面进行？

5. 敏感性分析的概念和步骤是什么？

6. 单因素敏感性分析和多因素敏感性分析有哪些差别？

7. 风险分析的一般过程和方法是什么？

8. 风险分析中的期望值法和蒙特卡洛模拟方法是如何操作的？

9. 何谓决策？其特征、原则和类型有哪些？

10. 决策的一般方法有哪几类？分别包括哪些常用方法？

11. 传统房地产投资决策的局限性主要体现在哪些方面？

12. 何谓实物期权？有哪些类型？

13. 实物期权方法能解决哪些房地产决策问题？

# 第八章 房地产开发项目可行性研究

## 第一节 可行性研究概述

### 一、可行性研究的含义和目的

房地产开发项目可行性研究是在房地产开发项目（以下简称项目）投资决策前，分析论证项目目标实现可能性的科学方法。具体地讲，就是在项目投资决策前，对与项目有关的社会、经济和技术等方面情况进行深入细致的研究；对拟定的各种可能建设方案或技术方案进行认真的技术经济分析、比较和论证；对项目的经济、社会、环境效益进行科学的预测和评价。在此基础上，综合研究项目的技术先进性和适用性、经济合理性以及建设的可能性和可行性，由此确定项目是否应该投资和如何投资等结论性意见，为投资者最终决策提供可靠的、科学的依据，并作为开展下一步工作的基础。

可行性研究的根本目的是减少或避免投资决策的失误，提高项目的经济、社会和环境效益。

房地产开发是一项综合性经济活动，投资额大，建设周期长，涉及面广。要想使项目达到预期的经济效果，首先必须做好可行性研究工作，才能使项目的许多重大经济技术问题得以明确，形成解决方案，得出合理结论，使投资者的决策建立在科学而不是经验或感觉的基础上。

### 二、可行性研究的作用

#### （一）申请项目核准备案的依据

为了充分发挥市场配置资源的基础性作用，确立企业在投资活动中的主体地位，保护投资者的合法权益，营造有利于各类投资主体公平、有序竞争的市场环境，促进生产要素的合理流动和有效配置，优化投资结构，提高投资效益，推动经济协调发展和社会全面进步，政府对企业投资的管理制度改革日益深化。

按照"谁投资、谁决策、谁收益、谁承担风险"的原则，并最终建立起市场引导投资、企业自主决策、银行独立审贷、融资方式多样、中介服务规范、宏观调控有效的新型投资体制，国家改革了企业投资项目审批制度，并从 2004 年下半年开始，对于企业不使用政府投资建设的项目，一律不再实行审批制，区别不同情况实行核准制和备案制。其中，政府仅对重大项目和限制类项目从维护社会公共利益的角度进行核准。北京市政府核准的投资项目目录（2018 年本）中，与房地产投资相关的项目包括：土地一级开发及收购储备项目；保障性住房及共有产权商品房项目（包括公共租赁住房项目、安置房项目、共有产权商品房项目、历史遗留的经济适用房项目、限价房项目、危改项目等），棚户区改造和环境整治及绿化隔离地区产业项目；商品住宅项目；酒店与写字楼等大型公建项目；会展设施项目、大型仓储、商业设施项目（含大型购物中心、批发市场、超市、大卖场），物流基地、物流中心项目。主题公园项目和旅游项目也属于政府核准项目。

按照核准制的要求，开发企业应就拟开发建设项目编制项目申请报告，报送项目核准机关申请核准。项目核准批复文件，是办理土地使用、资源利用、城乡规划、安全生产、设备进口和减免税确认等手续的主要依据。而项目核准申请报告的主要内容，即项目申报单位情况、拟建项目情况、拟选建设用地与相关规划、资源利用和能源耗用分析、生态环境影响分析、经济和社会效果分析等，都是项目可行性研究工作要明确或研究解决的问题。

（二）项目投资决策的依据

一个房地产开发投资项目，需要投入大量的人力、财力和物力，很难凭经验或感觉进行投资决策。因此需要通过投资决策前的可行性研究，明确该项目的建设地址、规模、建设内容与方案等技术上是否可行，法律上是否允许。还要研究项目竣工后能否找到适当的购买者、承租人或使用者，判断项目的市场竞争力，计算项目投资的绩效或经济效果等。通过这些分析研究工作，得出项目应不应该建设、如何建设以及哪种建设方案能取得最佳的投资效果等，并以此作为项目投资决策的依据。

（三）筹集建设资金的依据

房地产开发商基本上都需要就其拟开发的房地产项目进行权益和/或债务融资。开发商要想吸引机构或个人投资者参与其拟开发项目投资，作为项目发起人和一般责任合伙人，必须要给这些潜在的有限责任合伙人提供项目可行性研究报告，以帮助其了解拟开发项目的投资收益水平和所面临的风险。银行等金融机构通常把可行性研究报告作为项目申请开发贷款的先决条件，需要对项目可行性研究报告进行全面、细致的分析评估，并据此完成房地产开发项目贷款评估报告，之后才能确定是否给予贷款。

（四）开发企业与有关各部门签订协议、合同的依据

项目所需的建筑材料、协作条件以及供电、供水、供热、通信、交通等很多方面，都需要与有关部门协作。这些供应的协议、合同都需根据可行性研究报告进行商谈。有关技术引进和建筑设备进口必须在项目核准工作完成后，才能根据核准文件同国外厂商正式签约。

（五）下阶段规划设计工作的依据

在可行性研究报告中，对项目的地址、规模、建筑设计方案构想、主要设备选型、单项工程结构形式、配套设施和公共服务设施的种类、建设速度等等都进行了分析和论证，确定了原则，推荐了建设方案。可行性研究报告完成后，规划设计工作就可据此进行，不必另作方案比较选择和重新论证。

### 三、可行性研究的依据

可行性研究的依据主要有下列方面：

（1）国家相关法律法规。

（2）国民经济和社会发展规划、国土空间规划或城乡规划与土地利用规划、住房建设规划以及行业发展规划。

（3）国家宏观调控政策、产业政策、行业准入标准。

（4）城乡规划行政主管部门出具的规划意见。

（5）《国有建设用地使用权出让合同》或国有建设用地使用权证书，自然资源行政主管部门出具的项目用地预审意见或国有土地使用权出让文件。

（6）环境保护行政主管部门出具的环境影响评价文件的审批意见。

（7）交通行政主管部门出具的交通影响评价文件的意见。

（8）自然、地理、气象、水文地质、经济、社会等基础资料。

（9）有关工程技术方面的标准、规范、指标、要求等资料。

（10）国家规定的相关经济参数和指标。

（11）项目备选方案的土地利用条件、规划设计条件以及备选规划设计方案等。

（12）可行性研究所需要的其他相关依据。

### 四、可行性研究的工作阶段

可行性研究是在投资前期所做的工作。它分为四个工作阶段，每个阶段的内容逐步由浅到深。

（一）投资机会研究

该阶段的主要任务是对项目或投资方向提出建议，即在一定的区域和市场范围内，以土地资源供给和空间市场需求的调查预测为基础，寻找最有利的投资机会。

投资机会研究分为一般投资机会研究和特定项目的投资机会研究。前者又分三种：地区研究、空间子市场研究和以利用土地资源为基础的研究，目的是指明具体的投资方向。后者是要选择确定项目的投资机遇，将项目意向变为概略的投资建议，使投资者可据以决策。

投资机会研究的主要内容有：地区情况、经济政策、资源条件、劳动力状况、社会条件、地理环境、市场情况、项目建成后对社会的影响等。

投资机会研究相当粗略，主要依靠笼统的估计而不是依靠详细的分析。该阶段投资估算的精确度为±30%，研究费用一般占总投资的 0.2%～0.8%。

如果机会研究认为是可行的，就可以进行下一阶段的工作。

（二）初步可行性研究

初步可行性研究亦称"预可行性研究"，在机会研究的基础上，进一步对项目建设的可能性与潜在效益进行论证分析。主要解决的问题包括：

（1）分析机会研究的结论，在详细资料的基础上做出是否投资的决定；

（2）是否有进行详细可行性研究的必要；

（3）有哪些关键问题需要进行辅助研究。

在初步可行性研究阶段，需对以下内容进行粗略的审查：项目所在地区的社会经济情况、项目地址及其周围环境、市场供应与需求、项目规划设计方案、项目进度、项目销售收入与投资估算、项目财务分析等。

所谓辅助研究是对项目的一个或几个重要方面进行专题研究，用作初步可行性研究和详细可行性研究的先决条件，或用以支持这两项研究。例如，开发商拟开发绿色住宅时，就可能需要对绿色住宅技术及其应用进行专题研究，包括绿色住宅技术、技术可获得性及其成本、国家相关鼓励或优惠政策、市场对绿色住宅的认可程度和支付意愿等。初步可行性研究阶段投资估算的精度可达±20%，所需费用约占总投资的 0.25%～1.5%。

（三）详细可行性研究

即通常所说的可行性研究。详细可行性研究是项目投资决策的基础，是在综合分析项目经济、技术、环境等可行性后作出投资决策的关键步骤。

这一阶段对开发建设投资估算的精度在±10%，所需费用为，小型项目约占投资的 1.0%～3.0%，大中型复杂的工程约占 0.2%～1.0%。

（四）项目评估与决策

按照国家有关规定，政府对《政府核准的投资项目目录》以内的企业投资项目实行核准制度，对《政府核准的投资项目目录》以外的企业投资项目实行备案制度。国家、省市或区县政府投资主管部门在对项目进行核准或备案时，开发建设单位必须提交《项目申请报告》。未取得政府核准文件的，不得开工建设。

政府对企业投资项目进行核准的过程，实际上是由投资管理部门组织，或授权给有资质的工程咨询或投资咨询机构或有关专家，代表国家对开发建设单位提交的项目可行性研究报告进行全面审核和再评估的过程。项目决策，通常包括国家投资管理部门组织的项目核准评估和企业内部投资决策人员的评估。

项目核准评估的工作重点，除审查项目是否具备相应的开发建设条件外，还要确保项目符合以下要求：①符合国家法律法规；②符合国家及项目所在地国民经济和社会发展规划、国土空间规划或城乡规划与土地利用规划以及行业发展规划；③符合国家宏观调控政策、产业政策、行业准入标准；④符合当地区域布局和产业结构调整的要求；⑤符合土地、水、能源的合理开发和有效利用要求，有利于促进环境保护和改善生态环境；⑥符合自然文化遗产、文物保护的有关政策，主要产品未对国内市场形成垄断，未影响国家及本市经济安全；⑦符合社会公众利益，未对项目建设地及周边地区的公众利益产生重大不利影响。而企业内部的评估工作，则主要是审查项目的经济可行性。

# 第二节 可行性研究的内容与步骤

不同的房地产开发项目，可行性研究的重点内容和研究步骤可能不完全相同，但从研究逻辑上看，房地产开发项目可行性研究在内容和步骤上有一定的共性。

## 一、可行性研究的内容

房地产开发项目的性质、规模和复杂程度不同，可行性研究的内容也不尽相同，各有侧重，一般应包括以下主要内容：

（一）项目概况

具体内容包括：项目名称、开发建设单位；项目的地理位置，如项目所在城市、区和街道，项目周围主要建筑物等；项目所在地周围的环境状况，主要从工业、商业及相关行业现状及发展潜力、项目建设的时机和自然环境等方面说明项目建设的必要性和可行性；项目的性质及主要特点；项目开发建设的社会、经济意义；可行性研究工作的目的、依据和范围。

（二）开发项目用地现状调查

具体内容包括：开发项目用地所处区位和具体位置，用地范围与四至情况，地质和土壤条件，土地面积和规划用途，包括上水管线、雨水管线、污水管线、热力管线、燃气管线、电力和电信管线等主要市政管线的现状，当前土地开发状况和地上物状况，场地平整状况等。对于政府拟出让的开发项目用地，政府相关土地出让机构通常在国有土地使用权出让文件中，对开发项目用地的现状进行了比较详细的介绍，也提供了必要的现状与规划图纸，但仍然需要可行性研究人员亲临现场进行查勘，以确保对用地现状的描述符合实际。

（三）市场分析和建设规模的确定

具体内容包括：市场供给现状分析及预测，市场需求现状分析及预测，市场交易的数量与价格分析及预测，服务对象分析，租售计划制定，项目建设规模的确定。

（四）规划设计方案的选择

（1）市政规划方案选择。市政规划方案的主要内容包括各种市政设施的布置、来源、去路和走向，大型商业房地产开发项目重点要规划安排好交通组织和共享空间等。

（2）项目构成及平面布置。

（3）建筑规划方案选择。建筑规划方案的内容主要包括各单项工程的占地面积、建筑面积、层数、层高、房间布置、各种房间的数量、建筑面积等。附规划设计方案详图。

（五）资源供给条件分析

主要内容包括：建筑材料的需要量、采购方式和供应计划，施工力量的组织计划，项目施工期间的动力、水等供应方案，项目建成投入生产或使用后的水、电、热力、煤气、交通、通信等供应条件。

（六）环境影响评价

主要内容包括：建设地区的环境现状，主要污染源和污染物，项目可能引起的周围生态变化，设计采用的环境保护标准，控制污染与生态变化的初步方案，环境保护投资估算，环境影响的评价结论和环境影响分析，存在问题及建议。

（七）项目开发组织机构和管理费用的研究

主要内容包括：拟定项目的管理体制、机构设置及管理人员的配备方案，拟定人员培训计划，估算年管理费用支出情况。

（八）开发建设计划的编制

（1）前期开发计划。包括从项目创意、可行性研究、获取土地使用权、委托规划设计、取得开工许可证直至完成开工前准备等一系列工作计划。

（2）工程建设计划。包括各个单项工程的开、竣工时间，进度安排，市政工程的配套建设计划等。

（3）建设场地的布置。

（4）施工队伍的选择。

（九）项目经济及社会效益分析

（1）项目总投资估算。包括开发建设投资和经营资金两部分。

（2）项目投资来源、筹措方式的确定。

（3）开发成本估算。

（4）销售成本、经营成本估算。

（5）销售收入、租金收入、经营收入和其他营业收入估算。

（6）财务评价。分析计算项目财务净现值、财务内部收益率、投资回收期和利润率、借款偿还期等经济效果指标，对项目进行财务评价。

（7）国民经济评价。对于工业开发区等大型房地产开发项目，还需运用国民经济评价方法计算项目经济净现值、经济内部收益率等指标，对项目进行国民经济评价。

（8）风险分析。一方面结合政治形势、国家方针政策、经济发展趋势、市场周期、自然等方面因素的可能变化，进行定性风险分析；另一方面采用盈亏平衡分析、敏感性分析、概率分析等分析方法进行定量风险分析。

（9）项目环境效益、社会效益及综合效益评价。

（十）结论及建议

（1）运用各种数据从技术、经济、财务等诸方面论述项目的可行性，并推荐最佳方案。

（2）存在的问题及相应的建议。

## 二、可行性研究的步骤

可行性研究按以下五个步骤进行。

（一）接受委托

在项目建议被批准之后，开发商即可委托咨询评估机构对项目进行可行性研究。双方签订合同协议，明确规定可行性研究的工作范围、目标意图、进度安排、费用支付办法及协作方式等内容。承担单位接受委托时，应获得项目建议书和有关项目背景介绍资料，搞清楚委托者的目的和要求，明确研究内容，制定计划，并收集有关的基础资料、指标、规范、标准等基本数据。

（二）调查研究

主要从市场调查和资源调查两方面进行。市场调查应查明和预测市场的供给和需求量、价格、竞争能力等，以便确定项目的经济规模和项目构成。资源调查包括建设地点、项目用地、交通运输条件、外围基础设施、环境保护、水文地质、气象等方面的调查，为下一步规划方案设计、技术经济分析提供准确的资料。

（三）方案选择和优化

根据项目建议书的要求，结合市场和资源调查，在收集到的资料和数据的基础上，构造若干可供选择的开发方案，进行反复的方案论证和比较，会同委托单位或部门明确方案选择的重大原则问题和优选标准，采用技术经济分析的方法，评选出合理的方案。研究论证项目在技术上的可行性，进一步确定项目规模、构成、开发进度。

（四）财务评价和综合评价

对经上述分析后所确定的最佳方案，在估算项目投资、成本、价格、收入等基础上，对方案进行详细财务评价和综合评价。研究论证项目在经济上的合理性和盈利能力，进一步提出资金筹措建议和项目实施总进度计划。

（五）编制可行性研究报告

经过上述分析与评价，即可编制详细的可行性研究报告，推荐一个以上的可行方案和实施计划，提出结论性意见、措施和建议，供决策者作为决策依据。

# 第三节    房地产开发项目策划与基础参数选择

房地产开发项目可行性研究的一个重要目的，就是在法律上允许、技术上可能的前提下，通过系统的项目策划，形成和优选出比较具体的项目开发经营方案，并获得满足投资收益目标要求的尽可能高的经济回报。在编制项目可行性研究报告的过程中，项目策划、构造可供评价比较的开发经营方案、选择相关基础参数，是可行性研究中定量分析的基础。

## 一、房地产开发项目策划

以房地产市场分析及拟开发项目分析为基础，就可以形成一个项目的策划方案，用以指导后续开发投资活动。房地产开发项目策划方案，通常包括如下内容。

（一）区位分析与选择

房地产开发项目的区位分析与选择，包括地域分析与选择和具体地点的分析与选择。地域分析与选择是战略性选择，是对项目宏观区位条件的分析与选择，主要考虑项目所在地区的政治、法律、经济、文化教育、自然条件等因素。具体地点的分析与选择，是对项目坐落地点和周围环境、基础设施条件的分析与选择，主要考虑项目所在地点的交通、城乡规划、土地取得代价、基础设施完备程度以及地质、水文、噪声、空气污染等因素。

（二）开发内容和规模的分析与选择

房地产项目开发内容和规模的分析与选择，应在符合国土空间规划或城乡规划的前提下按照最高最佳利用原则，选择最佳的用途和最合适的开发规模，包括建筑总面积、建设和装修档次、平面布置等。

（三）开发时机的分析与选择

房地产项目开发时机的分析与选择，应考虑开发完成后的市场前景，再倒推出应获取开发场地和开始建设的时机，并充分估计办理前期手续和征地拆迁的难度等因素对开发进度的影响。大型房地产开发项目可考虑分期开发（滚动开发）。

（四）合作方式的分析与选择

房地产项目开发合作方式的分析与选择，主要应考虑开发商自身在土地、资金、开发经营专长、经验和社会关系等方面的实力或优势程度，并从分散风险的角度出发，对独资、合资、合作（包括合建）、委托开发、代建等开发合作方式进行选择。

（五）融资方式与资金结构的分析与选择

房地产项目融资方式与资金结构的分析与选择，主要是结合项目开发合作方式设计资金结构，确定合作各方在项目资本金中所占的份额，并通过分析可能的资金来源和经营方式，对项目所需的短期和长期资金的筹措做出合理的安排。

（六）产品经营方式的分析与选择

房地产产品经营方式的分析与选择，主要是考虑近期利益和长远利益的兼顾、资金压力、自身的经营能力以及市场的接受程度等，对出售（包括预售）、出租（包括预租、短租或长租）、自营等经营方式进行选择。

**二、构造评价方案**

构造评价方案，就是在项目策划的基础上，构造出可供评价比较的具体开发经营方案。项目是否分期进行以及如何分期、项目拟建设的物业类型及不同物业类型的比例关系、建筑面积的规模和物业档次、合作方式与合作条件、拟投入资本金的数量和在总投资中的比例、租售与自营的选择及各自在总建筑面积中的比例等，都需要在具体的评价方案中加以明确。

如果允许上述影响评价方案构造的因素任意组合，则会出现非常多的备选方案。在实际操作过程中，通常按照项目是否分期与开发经营方式，有时还会考虑物业类型的匹配结构，构造 2~4 个基本评价方案。对于其他因素的影响规律，则可以通过敏感性分析把握。表 8-1 是某房地产开发项目评价方案构造结果。

某商业综合房地产开发项目经济评价的备选方案　　　　表 8-1

| 建设内容与经营方式 是否分期开发 | 写字楼、公寓 | 写字楼、商场 |
|---|---|---|
| | 销售 | 出租 |
| 不分期 | 评价方案一 | 评价方案三 |
| 分 2 期 | 评价方案二 | 评价方案四 |

### 三、选择基础参数

经济评价中的基础参数，包括以下几个方面的指标。

（一）时间类参数

包括开发活动的起始时间点，开发经营期、开发期、准备期、建设期、出售期、出租及经营期的起始时间点以及持续时间长度，经济评价工作的计算周期（年、半年、季度或月，视项目开发经营期的长短和研究精度的要求，灵活选择）。

（二）融资相关参数

包括房地产开发贷款的贷款利率，资本金投入比例（通常为总投资的 20%~35%），预售收入用于后续开发建设投资的比例。

（三）收益相关指标

包括出租率或空置率，运营费用占毛收入比率。

（四）评价标准类指标

包括基准收益率、目标成本利润率、目标投资利润率、目标投资回报率等指标。

## 第四节　房地产开发项目投资与收入估算

对房地产开发项目经济合理性的评价，主要是通过对开发项目的投资与收入估算，以此为基础计算出该开发项目的经济评价指标进行判断。

**一、投资估算**

房地产开发项目投资估算的范围，包括土地费用、勘察设计和前期工程费、房屋开发费、其他工程费、开发期间税费、管理费用、销售费用、财务费用、不可预见费。各项费用的构成复杂、变化因素多、不确定性大，尤其是由于不同建设项目类型的特点不同，其费用构成有较大的差异。

（一）土地费用

土地费用是指取得开发项目用地所发生的费用。开发项目取得土地使用权有多种方式，所发生的费用各不相同。主要有以下几种：划拨土地的征收补偿费、出让土地的出让价款、转让土地的土地转让费、租用土地的土地租用费、股东投资入股土地的投资折价。

1. 征收补偿费

征收补偿费分为：集体土地征收费用和城市国有土地上房屋征收补偿费用。集体土地征收费用主要包括：土地补偿费、安置补助费、农村村民住宅和其他地上附着物和青苗的补偿费、安排被征地农民的社会保障费用、耕地占用税、耕地开垦费。城市国有土地上房屋征收补偿费用主要包括：被征收房屋价值的补偿，因征收房屋造成的搬迁、临时安置的补偿，因征收房屋造成的停产停业损失的补偿等。

2. 土地出让价款

土地出让价款是国家以土地所有者的身份，将土地使用权在一定年限内让与土地使用者，并由土地使用者向国家支付的土地使用权出让价款。以出让方式取得熟地土地使用权时，土地出让价款由国有土地使用权出让金、土地开发成本和土地增值收益或溢价构成，政府出让土地时的底价通常以出让金和土地开发成本为基础确定，土地增值收益或溢价为开发商在土地出让市场竞买时所形成的交易价格与出让底价的差值；以出让方式获得城市毛地土地使用权时，土地出让价款由土地使用权出让金和城市建设配套费构成，获得此类土地使用权的开发商，需要进行房屋征收补偿和土地开发活动，并相应支付城市房屋征收补偿费用。值得说明的是，2007 年 9 月 8 日国土资源部《关于加大闲置土地处置力度的通知》（国土资电发〔2007〕36 号）明确规定实行建设用地使用权"净地"出让，出让前，应处理好土地的产权、补偿安置等经济法律关系，完成必要的通水、通电、通路、土地平整等前期开发，防止土地闲置浪费。

土地出让价款的数额由土地所在城市、地区、地段、土地用途、使用条件及房地产市场状况等多方面因素决定。由于各地已经普遍采用招标拍卖挂牌方式公开出让国有土地使用权，因此土地出让价款可以运用市场比较法，通过类似土地交易价格的比较调整来获得。对于缺少市场交易价格的区域或土地类型，可以参照相关城市制定的基准地价加以适当调整确定。

此外，政府出让经营性用地的国有土地使用权时，往往还附加一些受让条件，例如配建一定比例的政策性住房（包括共有产权住房、公共租赁住房和限价商品住房等）或其他配套用房或设施，对这种配建的房屋或设施，政府可能以事先规定的价格回购，或者由开发商无偿提供给政府或相关单位。此时开发商除了要支付土地出让价款外，还要分担配建房屋的部分或全部成本。这部分附加成本虽然可记入后续的房屋开发费，但实际上属于开发商的土地费用支出。

3. 土地转让费

土地转让费是指土地受让方向土地转让方支付的土地使用权的转让费。依法通过土地出让或转让方式取得的土地使用权在一定条件下可以转让给其他合法使用者。土地使用权转让时，地上建筑物及其他附着物的所有权随之转让。由于土地转让活动通常以转让公司股权的方式进行，被转让的土地上往往也已经进行了一定程度的开发建设活动，因此土地转让费的估算相对复杂，通常需要房地产估价人员协助。

4. 土地租用费

土地租用费是指土地租用方向土地出租方支付的费用。以租用方式取得土地使用权可以减少项目开发的初期投资，但仅在部分工业开发项目和公共租赁住房项目用地上有少量实践，在竞争性较为激烈的商品房项目开发中极为少见。

5. 土地投资折价

开发项目土地使用权可以来自开发项目的一个或多个投资者的直接投资。在这种情况下，不需要筹集现金用于支付土地使用权的获取费用，但一般需要将土地使用权评估作价。

应当注意的是，土地费用中，除了包括上述直接费用外，还应包括土地购置过程中所支付的税金和相关费用。例如：开发商通过招拍挂方式获取土地使用权时，需要缴纳契税；开发商在参与土地招拍挂出让竞投时，需要支付前期市场及竞投方案分析研究费用、竞投保证金利息、手续费用等土地竞投费用。

（二）勘察设计和前期工程费

勘察设计和前期工程费主要包括开发项目的前期规划、设计、可行性研究、水文地质勘测以及"三通一平"等土地开发工程费支出。

项目的规划、设计、可行性研究所需的费用支出一般可按项目总投资的一个百分比估算。一般情况下，规划设计费为建筑安装工程费的 3% 左右，可行性研究费占项目总投资的 1%～3%，水文地质勘探所需的费用可根据所需工作量结合有关收费标准估算，一般为设计概算的 0.5％左右。

"三通一平"等前期工程费用，主要包括地上原有建筑物、构筑物拆除费用、场地平整费用和通水、电、路的费用。因为政府新出让的土地大都具备了基本建设条件，所以这些费用的估算，可根据实际工作量，参照有关计费标准估算。

（三）房屋开发费

房屋开发费包括建筑安装工程费、基础设施建设费和公共配套设施建设费。

1. 建筑安装工程费

建筑安装工程费是指建造房屋建筑物所发生的建筑工程费用（结构、建筑、特殊装修工程费）、设备采购费用和安装工程费用（给水排水、电气照明、空调通风、弱电、电梯、其他设备的采购及安装等）等。

当房地产项目包括多个单项工程时，应对各个单项工程分别估算建筑安装工程费用。

2. 基础设施建设费

基础设施建设费是指建筑物 2m 以外和项目红线范围内的各种管线、道路工程的建设费用。主要包括：自来水、雨水、污水、燃气、热力、供电、电信、道路、绿化、环卫、室外照明等设施的建设费用，各项设施与市政设施干线、干管、干道等的接口费用。一般按实际工程量估算。

3. 公共配套设施建设费

公共配套设施建设费是指居住小区内为居民服务配套建设的各种非营利性的公共配套设施（或公建设施）的建设费用。主要包括居委会、派出所、托儿所、幼儿园、公共厕所、停车场等。一般按规划指标或实际工程量估算。

在可行性研究阶段，房屋开发费中各项费用的估算，可以采用单元估算法、单位指标估算法、工程量近似匡算法、概算指标法、概预算定额法，也可以根据类似工程经验进行估算。具体估算方法的选择，应视资料的可获得性和费用支出的情况而定。比较常用的方法有以下几种：

（1）单元估算法

单元估算法是指以基本建设单元的综合投资乘以单元数得到项目或单项工程总投资的估算方法。如以每间客房的综合投资乘以客房数估算一座酒店的总投资、以每张病床的综合投资乘以病床数估算一座医院的总投资等。

（2）单位指标估算法

单位指标估算法是指以单位工程量投资乘以工程量得到单项工程投资的估算方法。一般来说，土建工程、给水排水工程、照明工程可按建筑平方米投资计算，采暖工程按耗热量（kK/h）指标计算，变配电安装按设备容量（kVA）指标计算，集中空调安装按冷负荷量（kK/h）指标计算，供热锅炉安装按每小时产生蒸汽量（m³/h）指标计算，各类围墙、室外管线工程按长度（m）指标计算，室外道路按道路面积（m²）指标计算等。

（3）工程量近似匡算法

工程量近似匡算法采用与工程概预算类似的方法，先近似匡算工程量，配上相应的概预算定额单价和取费，近似计算项目投资。

（4）概算指标法

概算指标法采用综合的单位建筑面积和建筑体积等建筑工程概算指标计算整个工程费用。常使用的估算公式是：直接费＝每平方米造价指标×建筑面积，主要材料消耗量＝每平方米材料消耗量指标×建筑面积。

（四）其他工程费

其他工程费主要包括临时用地费和临时建设费、工程造价咨询费、总承包管理费、合同公证费、工程质量监督费、工程监理费、竣工图编制费、工程保险费等杂项费用。这些费用一般按当地有关部门规定的费率估算。

（五）开发期间税费

房地产开发项目投资估算中应考虑项目开发期间所负担的各种税金和地方政府或有关部门征收的费用。主要包括：固定资产投资方向调节税（现暂停征收）、市政支管线分摊费、城镇土地使用税、分散建设市政公用设施建设费、绿化建设费、人防工程费等。各项税费应根据当地有关法规标准估算。

（六）管理费用

管理费用是指开发商为组织和管理开发经营活动而发生的各种费用。主要包括：管理人员工资、职工福利费、办公费、差旅费、折旧费、修理费、工会经费、职工教育经费、社会保险费、董事会费、咨询费、审计费、诉讼费、排污费、技术转让费、技术开发费、无形资产摊销、开办费摊销、业务招待费、坏账损失、存货盘亏、毁损和报废损失以及其他管理费用。

管理费用可按项目总投资的3%～5%估算。如果开发商同时开发若干个房地产项目，管理费用应在各个项目间合理分摊。

（七）销售费用

销售费用是指开发商在销售房地产产品过程中发生的各项费用，以及专设销售机构或委托销售代理的各项费用。销售费用一般包括销售前期费、销售推广费、交易手续费、销售代理费和其他费用。销售前期费是与销售相关的一些前期费用，主要包括不能出售的样板房装饰费用、售楼处建造与装饰费用、样板房和售楼处的物业维护费等。销售推广费是与销售相关的媒体广告费、广告制作费、展位费及展台搭建费、户外发布费、围墙彩绘费、宣传费、灯箱制作费、展板制作费和楼书印刷费等。交易手续费是开发商出售或出租商品房时需交纳的交易手续费用，以及支付的网上备案服务费等。销售代理费是开发商委托代理公司进行销售所支付的佣金。

单独设立销售机构的销售机构的费用也计入销售费用。包括销售人员工资、奖金、福利费、差旅费，销售机构的折旧费、修理费、物料消耗费、广告宣传费、代理费、销售服务费及销售许可证申领费等。

（八）财务费用

财务费用是指企业为筹集资金而发生的各项费用，主要为借款或债券的利息，还包括金融机构手续费、融资代理费、承诺费、外汇汇兑净损失以及企业筹资发生的其他财务费用。利息的计算，可参照金融市场利率和资金分期投入的情况按复利计算；利息以外的其他融资费用，可按利息的一定比例（如 10%）估算。

（九）不可预见费

不可预见费根据项目的复杂程度和前述各项费用估算的准确程度，以上述各项费用之和的 3%～7% 估算。

当开发项目竣工后采用出租或自营方式经营时，还应估算项目经营期间的运营费用。运营费用通常包括：人工费，公共设施设备运行费、维修及保养费，绿地管理费，卫生清洁与保安费用，维修与保养费，办公费，保险费，房产税，广告宣传及市场推广费，租赁代理费，不可预见费。各项费用的估算方法，请参考本书第十章有关内容。

**二、资金使用计划**

开发项目应根据可能的建设进度和将会发生的实际付款时间和金额，编制资金使用计划表。在项目可行性研究阶段，可以年、半年、季度、月为计算期单位，按期编制资金使用计划。编制资金使用计划，应考虑各种投资款项的付款特点，要充分考虑预收款、欠付款、预付定金以及按工程进度付款的具体情况。表 8-2 为房地产开发项目资金使用计划表的示例。

房地产开发项目资金使用计划表　　（单位：万元）　　表 8-2

| 费用项目 | 时间 | 合计 | 开发经营期 | | | | | |
|---|---|---|---|---|---|---|---|---|
| | | | 1 | 2 | 3 | 4 | … | $n$ |
| 1 | 土地费用 | | | | | | | |
| 1.1 | 土地出让价款 | | | | | | | |
| 1.2 | 税金及土地竞投费用 | | | | | | | |

续表

| 费用项目 时间 | | 合计 | 开发经营期 | | | | | |
|---|---|---|---|---|---|---|---|---|
| | | | 1 | 2 | 3 | 4 | … | n |
| 2 | 勘察设计和前期工程费 | | | | | | | |
| 2.1 | 可行性研究费 | | | | | | | |
| 2.2 | 勘察设计费 | | | | | | | |
| 2.3 | 三通一平费 | | | | | | | |
| 3 | 房屋开发费 | | | | | | | |
| 3.1 | 建筑安装工程费 | | | | | | | |
| 3.2 | 基础设施建设费 | | | | | | | |
| 3.3 | 公共配套设施建设费 | | | | | | | |
| 4 | 其他工程费用 | | | | | | | |
| 5 | 开发期税费 | | | | | | | |
| 6 | 管理费用 | | | | | | | |
| 7 | 销售费用 | | | | | | | |
| 8 | 财务费用 | | | | | | | |
| 9 | 不可预见费 | | | | | | | |
| 合　计 | | | | | | | | |

### 三、收入估算与资金筹措

（一）收入估算

估算房地产开发项目的收入，首先要制定切实可行的租售计划（含销售、出租、自营等计划）。租售计划的内容通常包括：拟租售物业的类型、时间和相应的数量，租售价格，租售收入及收款方式。租售计划应遵守政府有关租售和经营的规定，并与开发商的投资策略相配合。

1. 租售方案

租售物业的类型与数量，要结合项目可提供的物业类型、数量来确定，并要考虑到租售期内房地产市场的可能变化对租售数量的影响。对于一个具体的项目而言，此时必须明确出租面积和出售面积的数量及其与建筑物的对应关系，在整个租售期内每期（年、半年、季度、月）拟销售或出租的物业类型和数量。综合用途的房地产开发项目，应按不同用途或使用功能划分。

2. 租售价格

租售价格应在房地产市场分析的基础上确定，一般可选择在位置、规模、功能和档次等方面可比的交易实例，通过对其成交价格的分析与修正，最终得到项目的合理的租售价格。也可以参照房地产开发项目产品定价的技术和方法，确定租售价格。

租售价格的确定要与开发商市场营销策略一致，在考虑政治、经济、社会等宏观环境对物业租售价格影响的同时，还应对房地产市场供求关系进行分析，考虑已建成的、正在建设的以及潜在的竞争项目对拟开发项目租售价格的影响。

开发商对租售价格有预期的，应对其预期价格与市场合理租售价格的偏离程度进行分析。偏高的预期可能导致租售进度延后，甚至难以在合理期限内完成租售计划。

3. 租售收入

房地产开发项目的租售收入等于可租售面积的数量乘以单位租售价格。对于出租的情况，还应考虑空置期（项目竣工后暂时找不到租户的时间）、空置率（未租出建筑面积占可出租的总建筑面积的百分比）和免租期（出租人给予承租人的在租赁期间内免除房租的期限）对租金收入的影响。租售收入估算，要计算出每期（年、半年、季度、月）所能获得的租售收入，并形成租售收入计划。租售收入的估算，可借助表 8-3 和表 8-4 所提供的格式进行。

**销售收入与经营税金及附加估算表**

（单位：万元）　　**表 8-3**

| 序号 | 项目 | 合计 | 开发经营期 | | | | |
|------|------|------|---|---|---|---|---|
| | | | 1 | 2 | 3 | … | $n$ |
| 1 | 销售收入 | | | | | | |
| 1.1 | 可销售面积（m²） | | | | | | |
| 1.2 | 单位售价（元/m²） | | | | | | |
| 1.3 | 销售比例（%） | | | | | | |
| 2 | 经营税金及附加 | | | | | | |
| 2.1 | 增值税 | | | | | | |
| 2.2 | 城市维护建设税 | | | | | | |
| 2.3 | 教育费附加 | | | | | | |
| … | | | | | | | |

出租收入及经营税金估算表　（单位：万元）　　表 8-4

| 序号 | 项目 | 合计 | 开发经营期 | | | | |
|---|---|---|---|---|---|---|---|
| | | | 1 | 2 | 3 | … | $n$ |
| 1 | 租金收入 | | | | | | |
| 1.1 | 出租面积（m²） | | | | | | |
| 1.2 | 单位租金（元/m²） | | | | | | |
| 1.3 | 出租率（%） | | | | | | |
| 2 | 经营税金及附加 | | | | | | |
| 2.1 | 增值税 | | | | | | |
| 2.2 | 城市维护建设税 | | | | | | |
| 2.3 | 教育费附加 | | | | | | |
| … | | | | | | | |
| 3 | 净转售收入 | | | | | | |
| 3.1 | 转售价格 | | | | | | |
| 3.2 | 转售成本 | | | | | | |
| 3.3 | 转售税金 | | | | | | |

4. 收款方式

收款方式的确定，应考虑当地房地产交易的付款习惯，确定分期付款的期数及各期付款的比例。

（二）资金筹措

资金筹措计划，要以房地产开发项目资金使用计划和销售收入计划为基础，确定资金的来源和相应的数量。项目的资金来源通常有资本金、预租售收入及借贷资金三种渠道。为了满足项目的资金需求，可优先使用资本金，之后考虑使用可投入的预租售收入，最后仍然不满足资金需求时，可安排借贷资金。图 8-1 为资金筹措计划原理示意图。

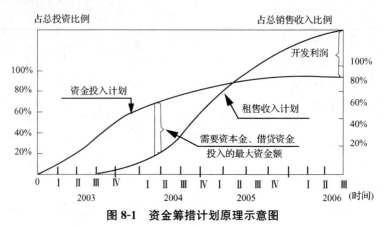

图 8-1　资金筹措计划原理示意图

在资金使用计划和资金筹措计划的基础上，可以编制投资计划与资金筹措表（表8-5）。

投资计划与资金筹措表 （单位：万元） 表8-5

| 序号 | 项目 | 开发经营期 | | | | | 合计 |
|---|---|---|---|---|---|---|---|
| | | 1 | 2 | 3 | ... | n | |
| 1 | 项目总投资 | | | | | | |
| 1.1 | 开发建设投资 | | | | | | |
| 1.2 | 经营资金 | | | | | | |
| 2 | 资金筹措 | | | | | | |
| 2.1 | 资本金 | | | | | | |
| 2.2 | 借贷资金 | | | | | | |
| 2.3 | 预售收入 | | | | | | |
| 2.4 | 预租收入 | | | | | | |
| 2.5 | 其他收入 | | | | | | |

## 第五节 房地产开发项目财务报表的编制

在完成房地产市场调查与预测、开发项目策划、开发项目投资与成本费用估算、开发项目收入估算与资金筹措计划编制等基础工作后，就可以通过编制财务报表、计算财务评价指标，对房地产开发项目的财务盈利能力、清偿能力和资金平衡情况进行财务评价。

房地产开发项目财务评价报表包括基本报表和辅助报表。一些基础性数据（如成本、收入等）都存储于辅助报表中，这些辅助报表通过某种对应关系生成基本报表。通过基本报表就可以对项目进行财务盈利能力、清偿能力及资金平衡分析。

### 一、基本报表

（一）现金流量表

现金流量表反映房地产项目开发经营期内各期（年、半年、季度、月）的现金流入和现金流出，用以计算各项动态和静态评价指标，进行项目财务盈利能力分析。按投资计算基础的不同，现金流量表分为：

1. 项目投资现金流量表

该表不分投资资金来源，以全部投资作为计算基础，用以计算全部投资财务内部收益率、财务净现值及投资回收期等评价指标，考察项目全部投资的盈利能力，为各个投资方案（不论其资金来源及利息多少）进行比较建立共同的基础。表 8-6 显示了房地产开发投资项目全部投资现金流量表的典型形式。

项目投资现金流量表　（单位：万元）　表 8-6

| 序号 | 项目 | 开发经营期 | | | | 合计 |
| --- | --- | --- | --- | --- | --- | --- |
| | | 1 | 2 | ··· | $n$ | |
| 1 | 现金流入 | | | | | |
| 1.1 | 销售收入 | | | | | |
| 1.2 | 租金收入 | | | | | |
| 1.3 | 自营收入 | | | | | |
| 1.4 | 净转售收入 | | | | | |
| 1.5 | 其他收入 | | | | | |
| 1.6 | 回收固定资产余值 | | | | | |
| 1.7 | 回收经营资金 | | | | | |
| 2 | 现金流出 | | | | | |
| 2.1 | 开发建设投资 | | | | | |
| 2.2 | 经营资金 | | | | | |
| 2.3 | 运营费用 | | | | | |
| 2.4 | 修理费用 | | | | | |
| 2.5 | 增值税 | | | | | |
| 2.6 | 土地增值税 | | | | | |
| 2.7 | 其他税金及附加 | | | | | |
| 2.8 | 所得税 | | | | | |
| 3 | 净现金流量 | | | | | |
| 4 | 累计净现金流量 | | | | | |
| 5 | 净现值（$i_c=$　　） | | | | | |
| 6 | 累计净现值 | | | | | |

　　注：（1）该表适用于独立法人的房地产开发项目（项目公司）；

　　　　（2）开发建设投资中应注意不包含财务费用；

　　　　（3）在运营费用中应扣除财务费用、折旧费和摊销费。

　　2. 资本金现金流量表

　　该表从投资者整体的角度出发，以投资者的出资额作为计算基础，把借款本金偿还和利息支付视为现金流出，用以计算资本金财务内部收益率、财务净现值等评价指标，考察项目资本金的盈利能力。表 8-7 显示了房地产开发投资项目资本金现金流量表的典型形式。

**资本金现金流量表**　（单位：万元）　表 8-7

| 序号 | 项目 | 开发经营期 | | | | 合计 |
|---|---|---|---|---|---|---|
| | | 1 | 2 | ... | $n$ | |
| 1 | 现金流入 | | | | | |
| 1.1 | 销售收入 | | | | | |
| 1.2 | 租金收入 | | | | | |
| 1.3 | 自营收入 | | | | | |
| 1.4 | 净转售收入 | | | | | |
| 1.5 | 其他收入 | | | | | |
| 1.6 | 长期借款 | | | | | |
| 1.7 | 短期借款 | | | | | |
| 1.8 | 回收固定资产余值 | | | | | |
| 1.9 | 回收经营资金 | | | | | |
| 2 | 现金流出 | | | | | |
| 2.1 | 开发建设投资 | | | | | |
| 2.2 | 经营资金 | | | | | |
| 2.3 | 运营费用 | | | | | |
| 2.4 | 修理费用 | | | | | |
| 2.5 | 增值税 | | | | | |
| 2.6 | 土地增值税 | | | | | |
| 2.7 | 其他税金及附加 | | | | | |
| 2.8 | 所得税 | | | | | |
| 2.9 | 借款本金偿还 | | | | | |
| 2.10 | 借款利息支付 | | | | | |
| 3 | 净现金流量 | | | | | |
| 4 | 累计净现金流量 | | | | | |
| 5 | 净现值（$i_c=$　） | | | | | |
| 6 | 累计净现值 | | | | | |

计算指标：财务内部收益率、财务净现值

注：该表适用于独立法人的房地产开发项目（项目公司）。

3. 投资者各方现金流量表

该表以投资者各方的出资额作为计算基础，用以计算投资者各方财务内部收益率、财务净现值等评价指标，反映投资者各方投入资本的盈利能力。表 8-8 显示了房地产开发投资项目投资者各方现金流量表的典型形式。

**投资者各方现金流量表**　（单位：万元）　表 8-8

| 序号 | 项目 | 开发经营期 | | | | 合计 |
|---|---|---|---|---|---|---|
| | | 1 | 2 | … | $n$ | |
| 1 | 现金流入 | | | | | |
| 1.1 | 应得利润 | | | | | |
| 1.2 | 资产清理分配 | | | | | |
| 1.3 | 回收固定资产余值 | | | | | |
| 1.4 | 回收经营资金 | | | | | |
| 1.5 | 净转售收入 | | | | | |
| 1.6 | 其他收入 | | | | | |
| 2 | 现金流出 | | | | | |
| 2.1 | 开发建设投资出资额 | | | | | |
| 2.2 | 经营资金出资额 | | | | | |
| 3 | 净现金流量 | | | | | |
| 4 | 累计净现金流量 | | | | | |
| 5 | 净现值（$i_c=$　　） | | | | | |
| 6 | 累计净现值 | | | | | |

计算指标：财务内部收益率、财务净现值

注：该表适用于独立法人的房地产开发项目（项目公司）。

（二）财务计划现金流量表

该表反映房地产项目开发经营期内各期的资金盈余或短缺情况，用于选择资金筹措方案，制定适宜的借款及偿还计划。表 8-9 显示了房地产开发投资项目资金来源与运用表的典型形式。

**财务计划现金流量表**　（单位：万元）　表 8-9

| 序号 | 项目 | 开发经营期 | | | | 合计 |
|---|---|---|---|---|---|---|
| | | 1 | 2 | … | $n$ | |
| 1 | 资金来源 | | | | | |
| 1.1 | 销售收入 | | | | | |
| 1.2 | 租金收入 | | | | | |
| 1.3 | 自营收入 | | | | | |
| 1.4 | 资本金 | | | | | |
| 1.5 | 长期借款 | | | | | |

续表

| 序号 | 项目 | 开发经营期 | | | | 合计 |
|---|---|---|---|---|---|---|
| | | 1 | 2 | ⋯ | $n$ | |
| 1.6 | 短期借款 | | | | | |
| 1.7 | 回收固定资产余值 | | | | | |
| 1.8 | 回收经营资金 | | | | | |
| 1.9 | 净转售收入 | | | | | |
| 2 | 资金运用 | | | | | |
| 2.1 | 开发建设投资 | | | | | |
| 2.2 | 经营资金 | | | | | |
| 2.3 | 运营费用 | | | | | |
| 2.4 | 修理费用 | | | | | |
| 2.5 | 增值税 | | | | | |
| 2.6 | 土地增值税 | | | | | |
| 2.7 | 其他税金及附加 | | | | | |
| 2.8 | 所得税 | | | | | |
| 2.9 | 税后利润 | | | | | |
| 2.10 | 借款本金偿还 | | | | | |
| 2.11 | 借款利息支付 | | | | | |
| 3 | 盈余资金 | | | | | |
| 4 | 累计盈余资金 | | | | | |

注：该表适用于独立法人的房地产开发项目。

（三）利润表

该表反映房地产项目开发经营期内各期的利润总额、所得税及各期税后利润的分配情况，用以计算投资利润率、资本金利润率及资本金净利润率等评价指标。利润总额的计算过程，参见本书第六章第一节有关内容。

在估算所得税时，应注意开发商发生的年度亏损，可以用下一年度的税前利润弥补；下一年度税前利润不足弥补的，可以在 5 年内延续弥补；5 年内不足弥补的，用税后利润弥补。在实际操作中，房地产开发项目的所得税，采用了按销售收入一定比例预征的方式，即不论项目整体上是否已经盈利，只要实现了销售收入，就按其一定比例预征收所得税。

税后利润的分配顺序，首先是弥补企业以前年度的亏损，然后是提取法定盈余公积金，之后是可向投资者分配的利润。表 8-10 显示了房地产开发投资项目损益表的典型形式。

利润表 （单位：万元）　　表 8-10

| 序号 | 项目 | 开发经营期 | | | | 合计 |
|---|---|---|---|---|---|---|
| | | 1 | 2 | ... | n | |
| 1 | 营业收入 | | | | | |
| 1.1 | 销售收入 | | | | | |
| 1.2 | 租金收入 | | | | | |
| 1.3 | 自营收入 | | | | | |
| 2 | 营业成本 | | | | | |
| 2.1 | 商品房销售成本 | | | | | |
| 2.2 | 出租房经营成本 | | | | | |
| 3 | 运营费用 | | | | | |
| 4 | 修理费用 | | | | | |
| 5 | 增值税 | | | | | |
| 6 | 土地增值税 | | | | | |
| 7 | 其他税金及附加 | | | | | |
| 8 | 利润总额 | | | | | |
| 9 | 所得税 | | | | | |
| 10 | 税后利润 | | | | | |
| 10.1 | 盈余公积金 | | | | | |
| 10.2 | 应付利润 | | | | | |
| 10.3 | 未分配利润 | | | | | |

注：该表适用于独立法人的房地产开发项目。

（四）资产负债表

资产负债表反映企业一定日期全部资产、负债和所有者权益的情况。在对房地产开发项目进行独立的财务评价时，不需要编制资产负债表。但当房地产开发经营公司开发或投资一个新的房地产项目时，通常需要编制该企业的资产负债表，以计算资产负债率、流动比率、速动比率等反映企业财务状况和清偿能力的指标。表 8-11 显示了房地产开发投资项目公司资产负债表的典型形式。

基本财务报表按照独立法人房地产项目（项目公司）的要求进行科目设置；非独立法人房地产项目基本财务报表的科目设置，可参照独立法人项目进行，但应注意费用与效益在项目上的合理分摊。

资产负债表 （单位：万元） **表 8-11**

| 序号 | 项目 | 开发经营期 | | | |
|---|---|---|---|---|---|
| | | 1 | 2 | ⋯ | $n$ |
| 1 | 资产 | | | | |
| 1.1 | 流动资产 | | | | |
| 1.1.1 | 货币资金 | | | | |
| 1.1.2 | 交易性金融资产 | | | | |
| 1.1.3 | 应收账款 | | | | |
| 1.1.4 | 预付账款 | | | | |
| 1.1.5 | 其他应收款 | | | | |
| 1.1.6 | 存货 | | | | |
| 1.2 | 非流动资产 | | | | |
| 1.2.1 | 可供出售金融资产 | | | | |
| 1.2.2 | 长期股权投资 | | | | |
| 1.2.3 | 投资性房地产 | | | | |
| 1.2.4 | 固定资产 | | | | |
| 1.2.5 | 在建建筑物 | | | | |
| 1.2.6 | 长期待摊费用 | | | | |
| 1.2.7 | 递延所得税资产 | | | | |
| 2 | 负债及所有者权益 | | | | |
| 2.1 | 流动负债 | | | | |
| 2.1.1 | 短期借款 | | | | |
| 2.1.2 | 交易性金融负债 | | | | |
| 2.1.3 | 应付账款 | | | | |
| 2.1.4 | 预收账款 | | | | |
| 2.1.5 | 应付职工薪酬 | | | | |
| 2.1.6 | 应交税费 | | | | |
| 2.1.7 | 其他应付款 | | | | |
| 2.2 | 非流动负债 | | | | |
| 2.2.1 | 长期借款 | | | | |
| 2.2.2 | 长期应付款 | | | | |
| 2.2.3 | 其他非流动负债 | | | | |
| 2.2.4 | 预计负债 | | | | |

续表

| 序号 | 项目 | 开发经营期 | | | |
|------|------|:---:|:---:|:---:|:---:|
| | | 1 | 2 | ... | $n$ |
| 2.2.5 | 递延所得税负债 | | | | |
| 2.3 | 股东权益 | | | | |
| 2.3.1 | 股本 | | | | |
| 2.3.2 | 资本公积 | | | | |
| 2.3.3 | 盈余公积 | | | | |
| 2.3.4 | 未分配利润 | | | | |
| 2.3.5 | 少数股东权益 | | | | |

### 二、辅助报表

辅助报表包括项目总投资估算表、开发建设投资估算表、经营成本估算表、土地费用估算表、前期工程费估算表、基础设施建设费估算表、建筑安装工程费用估算表、公共配套设施建设费估算表、开发期税费估算表、其他费用估算表、销售收入与增值税及附加估算表、出租收入与增值税及附加估算表、自营收入与增值税及附加估算表、投资计划与资金筹措表和借款还本付息估算表。

上述辅助报表中，项目总投资估算表、开发建设投资估算表、经营成本估算表、投资计划与资金筹措表和借款还本付息估算表为最主要的辅助报表。表 8-12～表 8-15 为这些辅助报表的典型形式。其中，投资计划与资金筹措表的典型形式见本章第四节表 8-5。

项目总投资估算表　（单位：万元）　　表 8-12

| 序号 | 项目 | 总投资 | 估算说明 |
|------|------|--------|----------|
| 1 | 开发建设投资 | | |
| 1.1 | 土地费用 | | |
| 1.2 | 前期工程费 | | |
| 1.3 | 基础设施建设费 | | |
| 1.4 | 建筑安装工程费 | | |
| 1.5 | 公共配套设施建设费 | | |
| 1.6 | 开发间接费 | | |
| 1.7 | 管理费用 | | |
| 1.8 | 财务费用 | | |
| 1.9 | 销售费用 | | |

| 序号 | 项目 | 总投资 | 估算说明 |
|------|------|--------|----------|
| 1.10 | 开发期税费 | | |
| 1.11 | 其他费用 | | |
| 1.12 | 不可预见费 | | |
| 2 | 经营资金 | | |
| 3 | 项目总投资 | | |
| 3.1 | 开发产品成本 | | |
| 3.2 | 固定资产投资 | | |
| 3.3 | 经营资金 | | |

注：项目建成开始运营时，固定资产投资将形成固定资产、无形资产与递延资产。

**开发建设投资估算表**　（单位：万元）　**表 8-13**

| 序号 | 项目 | 开发产品成本 | 固定资产投资 | 合计 |
|------|------|--------------|--------------|------|
| 1 | 土地费用 | | | |
| 2 | 前期工程费 | | | |
| 3 | 基础设施建设费 | | | |
| 4 | 建筑安装工程费 | | | |
| 5 | 公共配套设施建设费 | | | |
| 6 | 开发间接费 | | | |
| 7 | 管理费用 | | | |
| 8 | 财务费用 | | | |
| 9 | 销售费用 | | | |
| 10 | 开发期税费 | | | |
| 11 | 其他费用 | | | |
| 12 | 不可预见费 | | | |
| | 合计 | | | |

**经营成本估算表**　（单位：万元）　**表 8-14**

| 序号 | 产品名称 | 开发产品成本 | 1 | | 2 | | ⋯ | $n$ | |
|------|----------|--------------|------|------|------|------|------|------|------|
| | | | 结转比例 | 经营成本 | 结转比例 | 经营成本 | | 结转比例 | 经营成本 |
| 1 | | | | | | | | | |
| 2 | | | | | | | | | |
| 3 | | | | | | | | | |

续表

| 序号 | 产品名称 | 开发产品成本 | 1 | | 2 | | ... | n | |
|---|---|---|---|---|---|---|---|---|---|
| | | | 结转比例 | 经营成本 | 结转比例 | 经营成本 | | 结转比例 | 经营成本 |
| 4 | | | | | | | | | |
| 5 | | | | | | | | | |
| 6 | | | | | | | | | |
| 7 | | | | | | | | | |
| 8 | | | | | | | | | |
| | 合计 | | | | | | | | |

**借款还本付息估算表**　　（单位：万元）　　**表 8-15**

| 序号 | 项目 | 合计 | 1 | 2 | 3 | ... | n |
|---|---|---|---|---|---|---|---|
| 1 | 借款及还本付息 | | | | | | |
| 1.1 | 期初借款本息累计 | | | | | | |
| 1.2 | 本金 | | | | | | |
| 1.3 | 利息 | | | | | | |
| 1.4 | 本期借款 | | | | | | |
| 1.5 | 本期应计利息 | | | | | | |
| 1.6 | 本期还本 | | | | | | |
| 1.7 | 本期付息 | | | | | | |
| 2 | 借款偿还资金来源 | | | | | | |
| 2.1 | 利润 | | | | | | |
| 2.2 | 折旧费 | | | | | | |
| 2.3 | 摊销费 | | | | | | |
| 2.4 | 其他还款资金 | | | | | | |

注：本表适用于独立法人的房地产开发项目（项目公司）。非独立法人的房地产开发项目可参照本表使用，同时应注意开发企业开发建设投资、经营资金、运营费用、所得税、债务等合理分摊。

### 三、财务报表的编制

房地产开发项目财务报表之间的关系如图 8-2 所示。

财务报表的编制可以手工计算，也可以采用 Microsoft Excel 等软件进行编制。

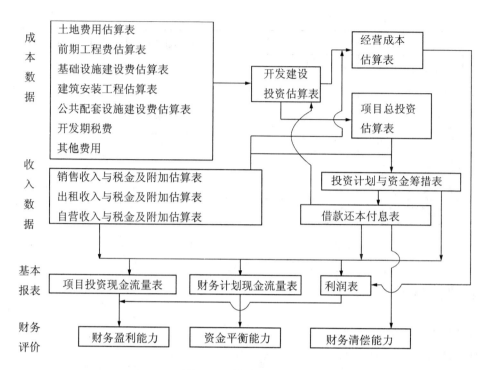

成本数据
- 土地费用估算表
- 前期工程费估算表
- 基础设施建设费估算表
- 建筑安装工程估算表
- 公共配套设施建设费估算表
- 开发期税费
- 其他费用

收入数据
- 销售收入与税金及附加估算表
- 出租收入与税金及附加估算表
- 自营收入与税金及附加估算表

开发建设投资估算表

经营成本估算表

项目总投资估算表

投资计划与资金筹措表

借款还本付息表

基本报表
- 项目投资现金流量表
- 财务计划现金流量表
- 利润表

财务评价
- 财务盈利能力
- 资金平衡能力
- 财务清偿能力

**图 8-2 财务报表关系图**

值得指出的是，房地产开发项目因为涉及较复杂的开发活动及相应的资金流动过程，因此其财务报表关系比较复杂。对于房地产置业投资项目而言，其财务评价过程通常仅用一个现金流量表就可以完成。表 8-16 是典型的房地产置业投资项目财务评价表格。

**房地产置业投资项目现金流分析与财务评价表**　　　　表 8-16

| 年末 | 计算公式 | 总计 | 第1年 | 第2年 | ～ | 第 $n$ 年 |
|---|---|---|---|---|---|---|
| 一、计算参数 | | | | | | |
| 1. 可出租面积（m²） | （1） | | | | | |
| 2. 出租率（%） | （2） | | | | | |
| 3. 实际出租面积（m²） | （3）＝（1）＊（2） | | | | | |
| 4. 月租金水平（元/m²） | （4） | | | | | |
| 二、经营收入（万元） | （5）＝（3）＊（4）＊12 | | | | | |

续表

| 年末 | 计算公式 | 总计 | 第1年 | 第2年 | ～ | 第n年 |
|---|---|---|---|---|---|---|
| 减去运营费用 | | | | | | |
| 1. 增值税（万元） | （6） | | | | | |
| 2. 税金及附加（万元） | （7） | | | | | |
| 3. 物业服务费（万元） | （8） | | | | | |
| 4. 租赁手续费（万元） | （9） | | | | | |
| 5. 大修基金（万元） | （10） | | | | | |
| 6. 保险费及其他（万元） | （11） | | | | | |
| 运营费用与小计 | （12）＝（6）～（11）之和 | | | | | |
| 三、净经营收入（万元） | （13）＝（5）－（12） | | | | | |
| 全部投资（购买价格及税金，万元） | （14） | | | | | |
| 资本金投入（万元） | （15） | | | | | |
| 抵押贷款（万元，$i$, $m$） | （16）＝（14）－（15） | | | | | |
| 贷款本金偿还（万元） | （17） | | | | | |
| 贷款利息支付（万元） | （18） | | | | | |
| 净转售收入（万元） | （19）＝（13）$n/R_n$ | | | | | |
| 四、税前现金流量 | （20）＝（13）－（17）－（18）＋（19） | | | | | |
| 减去折旧（万元） | （21）＝（14）×0.95/30 | | | | | |
| 五、应纳税所得额 | （22）＝（20）＋（10）＋（17）－（21） | | | | | |
| 所得税（万元） | （23）＝（22）×25% | | | | | |
| 六、税后现金流量 | （24）＝（20）－（23） | | | | | |
| 七、折现系数（$i_c$） | （25）＝1/（1＋$i_c$）$^t$（$t＝i$, 2,…, $n$） | | | | | |
| 八、净现金流量现值（万元） | （26）＝（24）×（25） | | | | | |

续表

| 年末 | 计算公式 | 总计 | 第 1 年 | 第 2 年 | ～ | 第 $n$ 年 |
|------|----------|------|---------|---------|-----|-----------|
| 九、累计净现值（万元） | （27） | | | | | |

税前现金流量（19）分析结果：财务净现值 $NPV$＝；财务内部收益率 $IRR$＝；投资回收期 $P_t$＝

税后现金流量（23）分析结果：财务净现值 $NPV$＝；财务内部收益率 $IRR$＝；投资回收期 $P_t$＝

注：上述计算过程中，未考虑还本收益对现金流的影响。

# 第六节 可行性研究报告的撰写

可行性研究报告作为房地产投资项目可行性研究结果的体现，是申请立项、贷款以及和有关各部门签订协议、合同时的必备资料。每个可行性研究报告必须说明研究什么、为什么研究、得出什么结论和凭什么得出这些结论。可行性研究报告通常由开发商委托房地产评估、咨询机构来撰写。

## 一、可行性研究报告的基本构成

在正式写作前，先要筹划一下可行性研究报告应包括的内容。一般来说，一份正式的可行性研究报告应包括封面、摘要、目录、正文、附表和附图 6 个部分。

（一）封面

要能反映评估项目的名称、为谁所作、谁作的研究以及报告写作的时间。

（二）摘要

用简洁的语言，介绍项目所处地区的市场情况、项目本身的情况和特点、研究的结论。摘要的读者对象是没有时间看详细报告但又对项目的决策起决定性作用的人，所以摘要的文字要字斟句酌，言必达意，避免有废词冗句。

（三）目录

如果可行性研究报告较长，最好要有目录，以使读者能方便地了解可行性研究报告所包括的具体内容以及前后关系，使之能根据自己的兴趣快速地找到其所要阅读的部分。

（四）正文

这是可行性研究报告的主体，一般要按照逻辑的顺序，从总体到细节循序进行。要注意的是，报告的正文也不要太繁琐。报告的厚度并非取得信誉的最好方法，重要的是尽可能简明地回答未来读者所关心的问题。对于一般的可行性研究报告，通常包括的具体内容有：项目总说明、项目概况、投资环境研究、市场研究、项目地理环境和附近地区竞争性发展项目、规划方案及建设条件、建设方式与进度安排、投资估算及资金筹措、项目基础数据的预测和选定、项目经济效益评价、风险与不确定性分析、结论与建议 12 个方面。项目可行性研究报告如用于向国家计划管理部门办理立项报批手续，还应包括环境分析、能源消耗及节能措施、项目公司组织机构等方面的内容。因此，报告的正文中应包括哪些内容，要视研究的目的和未来读者所关心的问题来具体确定，没有固定不变的模式。

（五）附表

对于正文中不便插入的较大型表格，为了使读者便于阅读，通常将其按顺序编号后附于正文之后。按照在研究报告中出现的顺序，附表一般包括：项目工程进度计划表、财务评价的基本报表和辅助报表、敏感性分析表。当然，有时在投资环境分析、市场研究、投资估算等部分的表格也可以附表的形式出现在报告中。

（六）附图

为了辅助文字说明，使读者很快建立起空间的概念，通常要有一些附图。这些附图一般包括：项目位置示意图、项目规划用地红线图、建筑设计方案平面图、项目所在城市国土空间规划示意图、项目用地附近的土地利用现状图和项目用地附近竞争性项目分布示意图等。有时附图中还会包括研究报告中的一些数据分析图，如直方图、饼图、曲线图等。

当然，有时报告还应包括一些附件，如国有土地使用证、建设用地规划许可证、建设工程规划许可证、建设工程施工许可证、销售（预售）许可证、审定设计方案通知书、建筑设计方案平面图、机构营业执照、经营许可证等。这些附件通常由开发商或委托评估方准备，与研究报告一同送有关读者。

**二、可行性研究报告正文的写作要点**

按照前述报告正文中应包含的内容，现将写作要点介绍如下。

（一）项目总说明

在项目总说明中，应着重就项目背景、项目主办者或参与者、项目研究的目的、项目研究报告编制的依据及有关说明等向读者予以介绍。

（二）项目概况

在这一部分内容中，应重点介绍项目的合作方式和性质、项目所处的地址、项目拟建规模和标准、项目所需市政配套设施的情况及获得市政建设条件的可能性、项目建成后的服务对象。

（三）投资环境研究

主要包括当地总体社会经济情况、城市基础设施状况、土地使用制度、当地政府的金融和税收等方面的政策、政府鼓励投资的领域等。

（四）市场研究

按照所研究项目的特点，分别就当地与项目相关的土地市场、居住物业市场、写字楼物业市场、零售商业物业市场、酒店市场、工业物业市场等进行分析研究。市场研究的关键是占有大量的第一手市场信息资料，通过列举市场交易实例，令读者信服报告对市场价格、供求关系、发展趋势等方面的理解。

（五）项目地理环境和附近地区竞争性发展项目

这一部分主要应就项目所处的地理环境（邻里关系）、项目用地的现状（熟地还是生地、需要哪些前期土地开发工作）和项目附近地区近期开工建设或筹备过程中的竞争性发展项目予以分析说明。竞争性发展项目的介绍十分重要，它能帮助开发商做到知己知彼，正确地为自己所发展的项目进行市场定位。

（六）规划方案及建设条件

主要介绍项目的规划建设方案和建设过程中市政建设条件（水、电、路等）是否满足工程建设的需要。在介绍规划建设方案的过程中，可行性研究报告撰写者最好能根据所掌握的市场情况，就项目的规模、档次、建筑物装修标准和功能面积分配等提出建议。

（七）建设方式及进度安排

项目的建设方式是指建设工程的发包方式。发包方式的差异往往会带来工程质量、工期、成本等方面的差异，因此，可行性研究报告有必要就建设工程的承发包方式提出建议。这一部分中还应就建设进度安排、物料供应（主要建筑材料的需要量）做出估计或估算，以便为投资估算做好准备。

（八）投资估算及资金筹措

这一部分的主要任务是就项目的总投资进行估算，并按项目进度安排情况做出投资使用计划和资金筹措计划。项目总投资的估算，应包括项目投资概况、估算依据、估算范围和估算结果，一般投资估算结果汇总中应包括土地费用、勘察设计和前期工程费、房屋开发费、其他工程费、开发期间税费、管理费用、销售费用、财务费用、不可预见费。投资使用计划实际是项目财务评价过程中有关现金流出的主要部分，应该分别就开发建设投资和建设投资利息分别列出。资金筹措计划主要是就项目投资的资金来源进行分析，包括资本金、贷款和预售（租）

收入三个部分。需要特别指出的是，当资金来源中包括预售（租）收入时，还要和后面的销售（出租）收入计划配合考虑。

（九）项目基础数据的预测和选定

这一部分通常包括销售收入、成本及税金和利润分配三个部分。要测算销售收入，首先要根据项目设计情况确定按功能分类的可销售或出租面积的数量；再依市场研究结果确定项目各部分功能面积的租金或售价水平；然后再根据工程建设进度安排和开发商的市场销售策略，确定项目分期的销售或出租面积及收款计划；最后汇总出分期销售收入。成本和税金部分，一是要对项目的开发建设成本、流动资金、销售费用和投入运营后的经营成本进行估算；二是对项目需要缴纳的税费种类及其征收方式和时间、税率等做出说明，以便为后面的现金流分析提供基础数据。利润分配，主要反映项目的获利能力和可分配利润的数量，属于项目营利性分析的内容。

（十）项目经济效益评价

这是可行性研究报告中最关键的部分，在这里，要充分利用前述各部分的分析研究结果，对项目的经济可行性进行分析。这部分的内容，一般包括现金流量分析、资金来源与运用分析，以及贷款偿还能力分析。现金流量分析，要从全部投资和资本金两个方面对反映项目经济效益的财务内部收益率、财务净现值和投资回收期进行分析测算。资金来源与运用分析，主要是就项目自身资金收支平衡的能力进行分析评价。贷款偿还能力分析，主要是就项目的贷款还本付息情况做出估算，用以反映项目在何时开始、从哪项收入中偿还贷款本息，以及所需的时间长度，以帮助开发商安排融资计划。

（十一）风险与不确定性分析

一般包括盈亏平衡分析和敏感性分析，有时还要进行概率分析。分析的目的，是就项目面临的主要风险因素（如建造成本、售价、租金水平、开发期、贷款利率、可建设建筑面积等）的变化对项目财务评价指标（如财务内部收益率、财务净现值和投资回收期等）的影响程度进行定量研究；对当地政治、经济、社会条件可能变化的影响进行定性分析。

其中，盈亏平衡分析主要是求取项目的盈亏平衡点，以说明项目的安全程度；敏感性分析则要说明影响项目经济效益的主要风险因素（如总开发成本、售价、开发建设周期和贷款利率等）在一定幅度内变化时，对全部投资和资本金的财务评价指标的影响情况。

敏感性分析一般分单因素敏感分析和多因素敏感分析（两种或两种以上因素同时变化）。敏感性分析的关键是找出对项目影响最大的敏感性因素和最可能、最乐观、最悲观的几种情况，以便项目实施过程中及时采取对策并进行有效的控制。

概率分析目前在我国应用尚不十分普遍，因为概率分析所需要依据的大量市场基础数据目前还很难收集。但精确的概率分析在西方发达国家的应用日渐流行，因为概率分析能通过模拟市场可能发生的情况，就项目获利的数量及其概率分布、最可能获取的收益及其可能性大小给出定量的分析结果。

（十二）可行性研究的结论

可行性研究的结论，主要是说明项目的财务评价结果，表明项目是否具有较理想的盈利能力（是否达到了同类项目的社会平均收益率标准）、较强的贷款偿还能力及自身平衡能力和抗风险能力，以及项目是否可行。

# 复习思考题

1. 可行性研究的含义和目的是什么？

2. 可行性研究的作用是什么？

3. 可行性研究需要有哪些依据？

4. 可行性研究有哪几个工作阶段？

5. 可行性研究的内容与步骤是什么？

6. 房地产开发项目策划与基础参数选择的目的是什么？基础参数包括哪些方面的指标？

7. 房地产开发项目投资与收入的构成如何？分别是如何估算的？

8. 如何编制资金使用计划？

9. 如何编制资金筹措计划？

10. 房地产开发项目财务评价的报表有哪些？分别是如何编制的？

11. 房地产开发项目财务报表之间的关系是什么？

12. 房地产开发项目和置业投资项目的现金流量表有哪些区别？

# 第九章 房地产金融与项目融资

## 第一节 房地产资本市场

房地产业是一个资金密集型行业。无论是中短期的房地产开发投资，还是长期的置业投资，都有很大的资金需求。是否拥有畅通的融资渠道，能否获得足够的资金支持，决定了一个房地产企业能否健康发展，一个项目能否顺利运作，也影响着房地产业能否持续健康稳定地发展。

### 一、房地产市场与资本市场

房地产市场和资本市场之间的关系是随着历史的发展、房地产价值的提高而逐渐演变的。在房地产价值较低的时候，房地产投资者（开发商或业主）自己就可以提供开发或获得房地产所需的全部资金，几乎没有融资需求。

随着房地产价值的逐渐提高，开始需要从金融机构贷款，房地产信贷开始流行。随着房地产信贷规模逐渐增大，传统的房地产金融机构为了规避相关贷款风险，开始实施抵押贷款证券化。同时，商用房地产价值的提高，使得单个自然人无法提供全部权益资本。大宗商用房地产逐渐变成由公司、房地产有限责任合伙企业、房地产投资信托等机构持有。这些机构通过发行股票和债券等方式为房地产开发投资活动获得融资，从而实现了房地产权益的证券化。

这时，房地产市场和资本市场之间变得密不可分。主要包括土地储备贷款、房地产开发贷款、个人住房贷款、商业用房贷款在内的房地产贷款，已经成为商业银行、储蓄机构等金融机构的资产的主要组成部分；房地产股份有限责任公司和房地产投资信托公司的股票和其他股票一样在股票交易所交易；房地产抵押贷款支持证券也逐渐成为证券市场的重要组成部分。

房地产市场与资本市场的上述联系，形成了房地产资本市场。按照房地产市场各类资金的来源渠道划分，房地产资本市场由私人权益融资、私人债务融资、公开权益融资和公开债务融资四个部分组成，具体结构如表9-1所示。

**房地产资本市场的结构分类**　　　　　　　　　　表 9-1

| 融资分类　＼　市场渠道 | 私人市场（Private） | 公众市场（Public） |
|---|---|---|
| 权益融资（Equity） | 私人投资者 | 房地产公司上市 |
| | 机构投资者（退休基金、人寿保险公司、私人财务机构、机会基金、私人股权投资基金等） | 公募基金（非交易基金）、房地产投资信托计划 |
| | 境外投资者 | 房地产投资信托（权益型、混合型） |
| 债务融资（Debt） | 银行类金融机构 | 抵押贷款支持证券（CMBS、MBS） |
| | 保险公司 | 政府信用机构 |
| | 退休基金 | 房地产投资信托（抵押型） |

　　房地产资本市场中，私人市场和公开市场的主要区别，在于这些资本投资是否可以公开交易。例如，房地产公司可以通过上市公开发行股票获得权益投资，而股票是可以在股票市场上公开交易的，因此上市融资渠道就属于公开市场融资；房地产公司也可以通过与私人投资者或机构投资者合作，通过转让部分企业股权给私人投资者或机构投资者来筹措权益投资，由于这些股权不能在市场上公开交易，因此这种权益融资渠道就属于私人市场渠道。

## 二、房地产权益融资

　　当房地产企业的资本金数量达不到启动项目所必须的资本金数量要求时，就需要进行权益融资。

### （一）房地产权益融资的特点

　　房地产权益融资主要表现为房地产企业权益融资。房地产企业也可以为特定房地产投资项目，即房地产项目公司进行权益融资。房地产权益融资的特点是资金供给方或房地产权益投资者需要与房地产企业共同承担投资风险，分享房地产投资活动形成的收益。

　　根据所有权的结构，房地产企业可以分为独资企业、一般合伙企业、有限责任合伙企业、有限责任公司、股份有限公司和房地产投资信托基金等类型，以后四种企业形式为主。不同类型的房地产企业，权益资本的融通方式有所不同。有限责任合伙企业和有限责任公司主要通过在私人市场上向私人投资者、机构投资者出售有限责任权益份额融通资金，由于该类股权投资的流动性较差、出售量有限，因此融资能力也有限。股份有限公司和房地产投资信托基金则主要通过在公开市场发行股票融通权益资本，该类股权投资面向大众投资者，流动性较好，因此融资能力较强。

房地产权益资本传统上主要在私人市场融通。但随着证券市场的发展和房地产权益证券化的流行，房地产企业从公开资本市场进行企业或房地产权益融资的比例正在逐渐提高。从来源看，房地产权益资本主要来源于机构投资者。国际上的机构投资者主要为退休基金、房地产投资信托基金、人寿保险公司以及外国投资者。由于房地产权益投资风险较高，商业银行和储蓄机构等存款性金融机构极少或者根本不参与房地产权益融资。

（二）房地产权益融资需求

目前，我国房地产企业平均规模增长速度很快，但权益资本普遍偏少，资产负债率偏高。因此，房地产企业主要从事开发业务，较少进行持有物业投资。表9-2是中国房地产百强企业的资产负债情况。

**中国房地产百强企业资产负债状况（2003～2020 年）**　　　　表 9-2

| 年度 | 平均总资产（亿元） | 平均净资产（亿元） | 平均净利润（亿元） | 资产负债率均值 | 剔除预收账款后的资产负债率均值 | 净资产收益率均值 |
|------|------|------|------|------|------|------|
| 2003 | 27.4 | 9.3 | 0.9 | 65.9% | NA | 9.7% |
| 2005 | 62.2 | 16.4 | 2.3 | 73.6% | NA | 14.0% |
| 2010 | 350.8 | 94.0 | 16.5 | 73.2% | NA | 17.6% |
| 2015 | 986.5 | 260.3 | 36.3 | 75.4% | NA | 17.7% |
| 2016 | 1 357.7 | 332.6 | 45.7 | 76.7% | 69.0% | 17.0% |
| 2017 | 1 704.2 | 363.8 | 59.3 | 78.5% | 71.7% | 14.2% |
| 2018 | 2 079.1 | 420.1 | 57.0 | 79.6% | 72.1% | 15.2% |
| 2019 | 2 051.9 | 422.7 | 65.1 | 79.4% | 71.8% | 15.4% |
| 2020 | 2 330.9 | 496.5 | 71.5 | 78.7% | 70.9% | 14.4% |

资料来源：中国房地产 Top10 研究组。

表9-3 显示了中国房地产开发投资的资金来源结构。从中可以看出，房地产企业自筹资金约为资金来源的1/3，而房地产企业自有资金投入占自筹资金的比重不到60%。例如，2011 年房地产开发投资来源中，自筹资金为 350 055 亿元，其中自有资金仅为 17 684 亿元。

中国房地产开发投资的资金来源结构　　　表 9-3

| 年份 | 国内贷款 | | 利用外资 | | 自筹资金 | | 其他资金（含定金与预收款等） | | 合计 | |
|---|---|---|---|---|---|---|---|---|---|---|
| | （亿元） | （%） | （亿元） | （%） | （亿元） | （%） | （亿元） | （%） | （亿元） | （%） |
| 2000 | 1 385 | 23.1 | 169 | 2.9 | 1 614 | 26.9 | 2 819 | 47.1 | 5 998 | 100 |
| 2005 | 3 918 | 18.3 | 258 | 1.2 | 7 000 | 32.7 | 10 222 | 47.8 | 21 398 | 100 |
| 2010 | 12 540 | 17.3 | 796 | 1.1 | 26 705 | 36.8 | 32 454 | 44.8 | 72 494 | 100 |
| 2015 | 20 214 | 16.1 | 297 | 0.2 | 49 038 | 39.2 | 55 655 | 44.5 | 125 203 | 100 |
| 2016 | 21 512 | 14.9 | 140 | 0.1 | 49 133 | 34.1 | 73 428 | 50.9 | 144 214 | 100 |
| 2017 | 25 242 | 16.2 | 168 | 0.1 | 50 872 | 32.6 | 79 770 | 51.1 | 156 053 | 100 |
| 2018 | 24 005 | 14.5 | 108 | 0.1 | 55 831 | 33.6 | 86 019 | 51.8 | 165 963 | 100 |
| 2019 | 25 229 | 14.1 | 176 | 0.1 | 58 158 | 32.6 | 95 046 | 53.2 | 178 609 | 100 |
| 2020 | 26 676 | 13.8 | 192 | 0.1 | 63 377 | 32.8 | 102 870 | 53.3 | 193 115 | 100 |

数据来源：国家统计局，各年度《中国统计年鉴》。

　　房地产企业权益资本规模过小，资产负债率偏高，过分依赖房地产预售收入和商业银行贷款，不利于房地产业的健康发展，也不利于防范系统性金融风险，因此应拓宽房地产企业直接融资渠道。

　　（三）房地产权益融资的新发展

　　为拓宽房地产直接融资渠道，国家有关部门一直在积极推动房地产投资信托基金试点。2008 年 12 月国务院办公厅《关于当前金融促进经济发展的若干意见》中，就提出了"开展房地产信托投资基金试点，拓宽房地产企业融资渠道"。2014 年 9 月中国人民银行《关于进一步做好住房金融服务工作的通知》中，要求通过"积极稳妥开展房地产投资信托基金（REITs）试点"，来"支持房地产开发企业的合理融资需求"。2016 年 5 月国务院办公厅《关于加快培育和发展住房租赁市场的若干意见》中，再次提出要"稳步推进房地产投资信托基金（RE-ITs）试点"。2020 年 4 月，中国证监会和国家发展改革委发布了《关于推进基础设施领域不动产投资信托基金（REITs）试点相关工作的通知》，决定从基础设施类资产突破，推动房地产投资信托基金试点，并迅速启动了试点项目库建设、试点项目申报和试点项目评审工作，相关部门也陆续颁布了《公开募集基础设施证券投资基金指引（试行）》《公开募集基础设施证券投资基金（REITs）业务办法（试行）》《公开募集基础设施证券投资基金登记结算业务实施细则（试行）》等操作性文件。

除了房地产投资信托基金外，来自私人资本市场的私募股权投资基金（Private Equity Investment Fund）在房地产私人权益融资领域越来越活跃。传统的私募股权投资（简称 PE）是对非上市公司进行的股权投资，广义的私募股权投资包括发展融资（Development Finance）、夹层融资（Mezzanine Finance）、基本建设权益基金（Infrastructure Equity Fund，IEF）、管理层收购或杠杆收购（MBO/LBO）、重组（Restructuring）和合伙制投资基金（PEIP）等。

私募股权投资的特点是：①资金募集和使用绝少涉及公开市场的操作，一般无需披露交易细节；②多采取权益型投资方式和普通股、可转让优先股、可转债工具形式，绝少涉及债权投资，PE 投资机构也因此对被投资企业的决策管理享有一定的表决权；③一般投资于私有公司即非上市企业，绝少投资已公开发行公司，不会涉及要约收购义务；④比较偏向于已形成一定规模和产生稳定现金流的成形企业，有较高投资回报要求；⑤投资期限较长，一般可达 3 至 5 年或更长，属于中长期投资；⑥流动性差，没有现成的市场供非上市公司的股权出让方与购买方直接达成交易；⑦资金来源广泛，如富有的个人、风险基金、杠杆并购基金、战略投资者、养老基金、保险公司等；⑧PE 投资机构多采取有限合伙制，这种企业组织形式有很好的投资管理效率，并避免了双重征税的弊端；⑨投资退出渠道多样化，有 IPO、售出、兼并收购、标的公司管理层回购等渠道。

对于房地产企业来说，进行私募股权融资比企业公开上市发行（IPO）和商业银行债务融资往往要付出更大的代价。但在银行收紧信贷、资本市场对房地产项目估值过低时，私募股权融资往往可以解决企业资金链紧张的燃眉之急。

近年私募资本发展的新趋势，是逐渐增加了与大型上市房地产开发企业在开发投资项目层面上的合作，即由作为普通合伙人（GP）房地产开发企业，与作为有限合伙人（LP）的私募基金共同投资，由房地产开发企业操盘，收取开发管理费和超额绩效分成。主权基金（如新加坡政府投资公司 GIC、中投公司）、养老基金（如加州教师退休基金 CalSTRS）、金融机构（如美国国际集团 AIG、中国民生银行）、基金管理人（如 CBRE 全球投资、鼎信长城基金、博时基金）、信托公司（如平安信托、中信信托）等是典型的私募资本投资人。为了扩大投资能力、降低公司杠杆比例、增加管理服务费用收入，房地产开发企业越来越热衷于与私募资本展开项目层面的股权合作，并通过利用资本杠杆和服务杠杆，逐步实现了"小股操盘"或"轻资产运营"模式。

### 三、房地产债务融资

债务融资就是借钱做生意。很少有房地产企业完全使用自有资金进行房地产投资，充分利用财务杠杆的作用，通过债务融资提高企业的投资能力，是房地产企业的通行做法。

#### (一) 债务融资的特点

债务融资的资金融出方不承担项目投资的风险，其所获得的报酬是融资协议中所规定的贷款利息和有关费用。此外，相对于权益融资，债务融资还具有以下几个特点：

(1) 短期性。债务融资筹集的资金具有使用上的时间性，需到期偿还。

(2) 可逆性。企业采用债务融资方式获取资金，负有到期还本付息的义务。

(3) 负担性。企业采用债务融资方式获取资金，需支付债务利息，从而形成企业的固定负担。

(4) 流通性。债券可以在流通市场上依法转让。

权益融资所得资金属于资本金，不需要还本付息，投资者的收益来自于税后盈利的分配，也就是股利；债务融资形成的是企业的负债，需要还本付息，其支付的利息进入财务费用，可以在税前扣除。

#### (二) 债务融资的类型结构

企业债务主要包括银行信贷、商业信用、企业债券、租赁融资等类型。

1. 银行信贷

银行信贷是银行将自己筹集的资金暂时借给企事业单位使用，在约定时间内收回并收取一定利息的经济活动。银行信贷可以按用途分为流动资金贷款和固定资产贷款；按期限分为短期贷款和中长期贷款；按贷款方式分为信用贷款、担保贷款和票据贴现，担保贷款又分为保证贷款、抵押贷款和质押贷款3种。

2. 商业信用

商业信用是期限较短的一类负债，而且一般是与特定的交易行为相联系，风险在事前基本上就能被"锁定"。

商业信用的工具是商业票据，是债权人为了确保自己的债权，要求债务者出据的书面债权凭证，分为期票和汇票两种。商业信用的优点是方便和及时，缺点是存在信用规模、信用方向、信用期限、授信对象等方面的局限性。

3. 企业债券

根据《中华人民共和国公司法》的规定，股份有限公司、国有独资公司和两个以上的国有企业或者其他两个以上的国有投资主体投资设立的有限责任公司，为筹集生产经营资金，可以依法发行公司债券。

企业债券代表着发债企业和投资者之间的一种债权债务关系，债券持有人是企业的债权人，债券持有人有权按期收回本息。企业债券是一种有价证券，通常存在一个广泛交易的市场，投资者可以随时予以出售转让。企业债券风险与企业本身的经营状况直接相关。企业债券由于具有较大风险，其利率通常高于国债。

4. 租赁融资

租赁融资是指实质上转移与资产所有权有关的全部或绝大部分风险和报酬的租赁。资产的所有权最终可以转移，也可以不转移。租赁融资作为一种债务融资方式，主要应用在大型设备租赁领域，因此又称为设备租赁。租赁融资在房地产领域的应用，主要是采用回租租赁或售后回租模式，即房地产企业在有融资需求、但又不希望放弃该房地产控制权的情况下，通过将房地产产权出售给投资者，再由投资者回租给房地产企业使用或出租经营的情况。售后回租模式通常有回购安排，即在约定的期限或条件下，房地产企业可以按约定的价格再购回该房地产资产。

（三）房地产债务融资来源

房地产债务融资的主要来源是商业银行和银行类金融机构。国际上与商业银行类似可提供债务融资的机构，还包括保险公司、退休基金等机构投资者。专门用于发放抵押贷款的抵押型房地产投资信托基金、商业房地产抵押支持证券也属于房地产债务融资工具。

银行信贷是房地产企业债务融资的主要资金来源。房地产企业可以用在建或者建成的房地产做抵押，从商业银行借入房地产开发贷款。房地产企业也可以和其他类型企业一样，通过公开发行企业债券进行债务融资。但房地产企业资产负债率较高，债券利率偏高，相应的债券融资成本也较高。

通常情况下，房地产企业以在建建筑物或所拥有的房地产资产做抵押物借入贷款更为有利，但这类贷款必须与特定的房地产开发项目或商用房地产投资项目相关联，银行对资金的调动和使用有比较严格的监管。因此，房地产企业更愿意向商业银行等贷款人借入信用贷款，例如商业银行发放的房地产企业流动资金贷款，这类贷款没有抵押物，不与特定的房地产开发或投资项目相关联。

对于有比较好的盈利前景的房地产投资项目，有些金融机构和机构投资者不甘心只提供债务融资而获得稳定的利息和费用收入，往往还希望分享项目投资的利润。因此，在为房地产投资者提供债务融资的同时，提供部分权益融资或允许部分债务融资在一定条件下转为权益融资，是许多金融机构和机构投资者希望选择的方式。

# 第二节 公开资本市场融资

资本市场亦称"长期金融市场"或"长期资金市场"，是期限在一年以上各种资金借贷和证券交易的场所。因为长期金融活动涉及资金期限长、风险大，具有长期较稳定收入，类似于资本投入，故称之为资本市场。国债市场、股票市场、企业中长期债券市场和中长期放款市场是资本市场的典型代表。公开资本市场特指可公开交易的证券市场，包括股票市场和债券市场。公开资本市场融资即通过证券市场融资。

## 一、证券市场概述

证券市场是证券发行和交易的场所。从广义上讲，证券市场是指一切以证券为对象的交易关系的总和。从经济学的角度可以将证券市场定义为：通过自由竞争的方式，根据供求关系来决定有价证券价格的一种交易机制。

（一）证券市场的分类

1. 证券发行市场和证券交易市场

按证券进入市场的顺序，证券市场分为证券发行市场和证券交易市场。证券发行市场又称"一级市场"或"初级市场"，是发行人以筹集资金为目的，按照一定的法律规定和发行程序，向投资者出售证券所形成的市场。在证券发行市场上，存在着由发行主体向投资者的证券流，也存在着由投资者向发行主体的货币资本流，因此证券发行市场既是发行主体筹措资金的市场，也是给投资者提供投资机会的市场。

证券交易市场是已发行的证券通过买卖交易实现流通转让的场所。相对于发行市场而言，证券交易市场又称为"二级市场"或"次级市场"。证券经过发行市场的承销后，即进入流通市场，它体现了新老投资者之间投资退出和投资进入的市场关系。因此，证券流通市场具有为证券持有者提供需要现金时按市场价格将证券出卖变现、为新的投资者提供投资机会的功能。

证券发行市场与交易市场紧密联系，互相依存，互相作用。发行市场是交易市场存在的基础，发行市场的发行条件及发行方式影响着交易市场的价格及流动性。而交易市场又能促进发行市场的发展，为发行市场所发行的证券提供了变现的场所，同时交易市场的证券价格及流动性又直接影响发行市场新证券的发行规模和发行条件。

2. 股票市场和债券市场

按有价证券品种的类型，证券市场又分为股票市场、债券市场、基金市场以及衍生证券市场等子市场。股票市场是股票发行和买卖交易的场所。股票市场的发行人为股份有限公司。股份公司在股票市场上筹集的资金是长期稳定、属于公司自有的资本。股票市场交易的对象是股票，股票的市场价格除了与股份公司的经营状况和盈利水平有关外，还受到其他诸如政治、社会、经济等多方面因素的综合影响。

债券市场是债券发行和买卖交易的场所。债券的发行人有中央政府、地方政府、政府机构、金融机构、公司和企业。债券市场交易的对象是债券。债券因有固定的票面利率和期限，其市场价格相对股票价格而言比较稳定。

基金市场是基金证券发行和流通的市场。封闭式基金在证券交易所挂牌交易，开放式基金是通过投资者向基金管理公司申购和赎回实现流通的。

衍生证券市场是以基础证券的存在和发展为前提的。其交易品种主要有金融期货与期权、可转换证券、存托凭证、认股权证等。

（二）证券市场的构成要素

证券市场的构成要素主要包括证券市场参与者、证券市场交易工具和证券交易场所三个方面。

1. 证券市场参与者

（1）证券发行人

证券发行人是指为筹措资金而发行债券、股票等证券的政府及其机构、金融机构、公司和企业。证券发行人是证券发行的主体。证券发行一般由证券发行人委托证券公司承销。按照发行风险的承担、所筹资金的划拨及手续费高低等因素划分，承销方式有包销和代销两种，包销又可分为全额包销和余额包销。

（2）证券投资者

证券投资者是证券市场的资金供给者，也是金融工具的购买者。证券投资者类型甚多，投资的目的也各不相同。证券投资者可分为机构投资者和个人投资者两大类，典型的机构投资者包括企业、商业银行、非银行金融机构（如养老基金、保险基金、证券投资基金）等。

（3）证券市场中介机构

证券市场中介机构是指为证券的发行与交易提供服务的各类机构，包括证券公司和其他证券服务机构，通常把两者合称为证券中介机构。证券公司是指依法设立可经营证券业务的、具有法人资格的金融机构。证券服务机构是指依法设立的从事证券服务业务的法人机构，主要包括证券登记结算公司、证券投资咨询公司、会计师事务所、评估机构、律师事务所、证券信用评级机构等。中介机构是连接证券投资者与筹资人的桥梁，证券市场功能的发挥，很大程度上取决于证券中介机构的活动。通过它们的经营服务活动，沟通了证券需求者与证券供应者之间的联系，不仅保证了各种证券的发行和交易，还起到维持证券市场秩序的作用。

（4）自律性组织

自律性组织包括证券交易所和证券行业协会。证券交易所是提供证券集中竞价交易场所的不以营利为目的的法人，其主要职责是提供交易场所与设施、制定交易规则、监管在该交易所上市的证券以及会员交易行为的合规性、合法性，确保市场的公开、公平和公正。证券行业协会是证券行业的自律性组织，是社会团体法人。

（5）证券监管机构

证券监管机构是指中国证券监督管理委员会及其派出机构。它是国务院直属的证券管理监督机构，依法对证券市场进行集中统一监管。其主要职责是：负责行业性法规的起草，负责监督有关法律法规的执行，负责保护投资者的合法权益，对全国的证券发行、证券交易，中介机构的行为等依法实施全面监管，维持公平而有秩序的证券市场。

2. 证券市场交易工具

证券市场活动必须借助一定的工具或手段来实现，这就是证券交易工具，也即证券交易对象。证券交易工具主要包括：股票、债券、投资基金及金融衍生工具等。

3. 证券交易场所

证券交易场所包括场内交易市场和场外交易市场两种形式。场内交易市场是指在证券交易所内进行的证券买卖活动，这是证券交易场所的规范组织形式；场外交易市场是在证券交易所之外进行证券买卖活动，它包括柜台交易市场（又称店头交易市场）、第三市场、第四市场等形式。

（三）证券市场的功能

在现代发达的市场经济中，证券市场是完整的金融体系的重要组成部分。证券市场以其独特的方式和活力对社会经济生活产生多方面影响，在筹集资本、引导投资、配置资源等方面有着不可替代的独特功能。

1. 筹资功能

证券市场的筹资功能是指证券市场为资金需求者筹集资金的功能。这一功能的另一个作用是为资金供给者提供投资对象。在证券市场上交易的任何证券，既是筹资的工具也是投资的工具。在经济运行过程中，既有资金盈余者，又有资金短缺者，资金盈余者为使自己的资金价值增值，就必须寻找投资对象。在证券市场上，资金盈余者可以通过买入证券而实现投资。而资金短缺者为了发展自己的业务，就要向社会寻找资金。为了筹集资金，资金短缺者就可以通过发行各种证券来达到筹资的目的。

2. 定价功能

证券市场的第二个基本功能是为资本决定价格。证券是资本的存在形式，所以证券的价格实际上是证券所代表的资本价格。证券的价格是证券市场上证券供求双方共同作用的结果。证券市场的运行形成了证券需求者竞争和证券供给者竞争的关系，这种竞争的结果是：能产生高投资回报的资本，市场的需求就大，其相应的证券价格就高；反之，证券价格就低。因此，证券市场提供了资本的合理定价机制。

3. 资本配置功能

证券市场的资本配置功能是指通过证券价格引导资本流动从而实现资本合理配置的功能。资本的趋利性，决定了社会资金要向经济效益最高的行业和企业集中。在证券市场上，证券价格的高低是由该证券所能提供预期报酬率的高低来决定的。证券价格的高低实际上是该证券筹资能力的反映。而能提供高报酬率的证券一般来自于那些经营好、发展潜力巨大的企业，或者来自于新兴行业的企业。由于这些证券的预期报酬率高，因而其市场价格也就相应高，从而其筹资能力就强，这样，证券市场就引导资本流向能产生高报酬的行业或企业，从而使资本产生尽可能高的效率，进而实现资本的合理配置。

（四）我国证券市场及发展概况

我国证券发行市场的恢复与起步是从 1981 年国家发行国库券开始的。此后，债券种类由国家债券扩展到金融债券、企业债券、国际债券。我国的股票发行始于 1984 年。我国股票发行涉及境内人民币普通 A 股、供境内外法人和自然人购买的人民币特种股票 B 股，还有在境外发行的 H 股（中国境内注册企业在中国香港上市）、N 股（中国境内注册企业在纽约上市）、L 股（中国境内注册企业在伦敦上市）、S 股（中国境内注册企业在新加坡上市）和红筹股（中资企业控股、在中国境外注册、在中国香港上市）等。

我国的证券交易市场始于 1986 年，1990 年全国证券场外交易市场已基本形成。1990 年末上海证券交易所和深圳证券交易所先后宣告成立并正式营业，标志着我国证券市场由分散的场外交易进入了集中的场内交易。经过多年的持续发展，上海证券市场和深圳证券市场已成为国际上有较大影响力的市场。截止到 2020 年 12 月末，上海、深圳证券交易所上市公司总数达到 4 154 家，股票市价总值达到 79.7 万亿元人民币，2020 年两市股票成交金额 206.8 万亿元。此外，

2019 年 12 月末还有境外 H 股上市公司数 1 331 家、美国中概股 286 家、其他境外中概股 121 家。表 9-4 显示了 2008—2016 年中国证券市场融资规模状况。

中国证券市场筹资统计（2008—2016 年）　　　　表 9-4

| 年份 | 境内外筹资合计（亿元） | 境内筹资合计（亿元） | 首次发行金额 | | | 再筹资金额 | | | | | | 债券市场筹资金额 | | |
|---|---|---|---|---|---|---|---|---|---|---|---|---|---|---|
| | | | A股（亿元） | B股（亿美元） | H股（亿美元） | A股（亿元） | | | | B股（亿美元） | H股（亿美元） | 可转债（亿元） | 可分离债（亿元） | 公司债（亿元） |
| | | | | | | 公开增发 | 定向增发（现金） | 配股 | 权证行权 | | | | | |
| 2008 | 3913.4 | 3596.2 | 1036.5 | 0.0 | 38.1 | 1063.3 | 361.1 | 151.6 | 7.2 | 0.0 | 7.5 | 55.6 | 632.9 | 288.0 |
| 2009 | 5682.7 | 4609.5 | 1879.0 | 0.0 | 147.1 | 255.9 | 1614.8 | 106.0 | 38.9 | 0.0 | 10.0 | 46.6 | 30.0 | 638.4 |
| 2010 | 12638.7 | 10275.2 | 4882.6 | 0.0 | 177.5 | 377.1 | 2172.7 | 1438.3 | 84.3 | 0.0 | 176.3 | 717.3 | 0.0 | 603.0 |
| 2011 | 7506.2 | 6780.5 | 2825.1 | 0.0 | 67.8 | 132.1 | 1664.5 | 421.96 | 29.5 | 0.0 | 47.8 | 413.2 | 32.0 | 1262.2 |
| 2012 | 6852.9 | 5850.3 | 1034.3 | 0.0 | 82.5 | 104.7 | 1867.5 | 121.0 | 0.0 | 0.0 | 77.1 | 157.1 | 0.0 | 2472.0 |
| 2013 | 7948.7 | 6884.8 | 0.0 | 0.0 | 113.2 | 80.4 | 2246.6 | 475.6 | 0.0 | 0.0 | 59.5 | 551.3 | 0.0 | 3219.9 |
| 2014 | 10630.2 | 8412.4 | 668.9 | 0.0 | 128.7 | 18.3 | 4031.3 | 138.0 | 0.0 | 0.0 | 212.9 | 311.2 | 0.0 | 2482.3 |
| 2015 | 28692.6 | 29493.6 | 1578.1 | 0.0 | 236.2 | 0.0 | 6709.5 | 42.3 | 0.0 | 0.0 | 227.1 | 98.0 | 0.0 | 21181.2 |
| 2016 | 47927.4 | 46236.5 | 1633.6 | 0.0 | 1078.8 | 0.0 | 16978.3 | 298.5 | 0.0 | 0.0 | 529.0 | 195.4 | 0.0 | 28802.2 |

注：（1）2012 年境内外筹资合计数中，包括中小企业私募债 93.7 亿元。
　　（2）数据来源：中国证监会网站（http：//www.csrc.gov.cn）。

证券市场的发展，对中国经济和社会产生了日益深刻的影响。一大批国民经济支柱企业、重点企业、基础行业企业和高新科技企业通过上市，既筹集了发展资金，又转换了经营机制，使上市公司日益成为中国经济的重要组成部分。证券市场的发展也推动了中国金融结构的转型，提高了直接融资的比重，增强了金融体系的抗风险能力，改善了金融机构的盈利模式，提高了其运作水平。截至 2014 年 11 月末，企业通过国内沪深股市共筹集资金 59 799.4 亿元，极大改变了上市公司的负债率和单纯依靠银行贷款的局面。证券市场的发展还带动了股份制公司在中国的普及，推动了现代企业管理制度在中国经济体系中的确立，完善了相关的法律制度和会计制度，并促进了中国社会信用体系的建立。未来中国证券市场发展的重点，是进一步扩大规模，完善结构；进一步健全市场机制，提高效率；提高上市公司整体实力，加强上市公司内部治理和外部约束机制建设；改善投资者结构，提高机构投资者的作用；完善法律和诚信环境，提高监管有效性和执法效率。

## 二、房地产企业公开资本市场融资方式

房地产上市公司是指房地产相关业务收入或者利润占整体比重超过 50% 的上市公司。截至 2019 年末，中国房地产上市公司总数已超过 200 家。其中上海、深圳两大交易所上市的共有 130 家，在境外市场上市的中国房地产企业约 100 家，包括中国香港 83 家、新加坡 7 家、美国 5 家和欧洲 3 家。房地产公司在公开资本市场的融资方式可以分为股票市场融资、债券市场融资两大类。

（一）股票市场融资

股票市场融资所筹措的是股本金，股本金增加可以有效改善企业的资产负债率、优化资本结构、提高投资能力、降低财务风险，因此虽然股票市场融资存在着发行费用高、容易分散股权等缺点，但仍然是房地产企业首选的重要融资方式。股票市场融资包括首次公开发行、配发、增发和认股权证四种融资方式，以下主要介绍前三种。

1. 首次公开发行

首次公开发行又称首次公开募股（Initial public offering，IPO），是指股份有限公司（或经批准可采用募集设立方式的有限责任公司）首次向社会公众公开招股的发行方式。根据中国证监会《首次公开发行股票并上市管理办法》的规定，发行人在满足主体资格、独立性、规范运行、财务状况与会计制度、募集资金运用等相关要求的基础上，就发行股票的种类和数量、发行对象、价格区间或者定价方式、募集资金用途等做出具体事项，形成公司股东大会决议，并在此基础上编制符合中国证监会有关规定的申请文件，由保荐人保荐并向中国证监会申报。中国证监会受理申请文件并依照法定条件对发行人的发行申请予以核准并出具相关文件后，发行人可自核准发行之日起 6 个月内发行股票。发行人应当在申请文件受理后、发行审核委员会审核前将招股说明书（申报稿）在中国证监会网站预先披露。

首次公开发行股票须通过向特定机构投资者（以下称询价对象）询价的方式确定股票发行价格。询价对象是符合相关规定条件的证券投资基金管理公司、证券公司、信托投资公司、财务公司、保险机构投资者、合格境外机构投资者，以及经中国证监会认可的其他机构投资者。主承销商应当在询价时向询价对象提供投资价值研究报告。投资价值研究报告由承销商的研究人员在独立、审慎、客观原则下独立撰写，对影响发行人投资价值的因素进行全面分析，运用行业公认的估值方法对发行人股票的合理投资价值进行预测。发行人及其主承销商在发行价格区间和发行价格确定后，可以通过向战略投资者、参与网下配售的询价对象和

参与网上发行的投资者配售股票。股票公开发行后，经相关证券交易所的上市委员会批准，即可在证券交易所公开交易。

通过首次公开发行促进企业发展，是很多中国房地产公司的梦想。通过 IPO 融资，房地产企业可以筹集大量资金，缓解资金压力，并形成一个持续再融资平台；可以提高股权的变现能力；可以改善资本结构，促进公司治理结构调整，提高管理水平，降低经营风险；可以增强品牌影响力，促进业务发展。

2. 配股和增发

配股和增发是上市公司在证券市场上进行再融资的重要手段。再融资对上市公司的发展起到了较大的推动作用，证券市场的再融资功能越来越受到有关方面的重视。

（1）配股

配股是上市公司根据公司发展的需要，依据有关规定和相应程序，向原股东配售股票、筹集资金的行为。上市公司配股有拟配售股份数量不超过本次配售股份前股本总额的 30%、控股股东应当前公开承诺认配股份数量等特殊要求。按照惯例，公司配股时新股的认购权按照原有股权比例在原股东之间分配，即原股东拥有优先认购权。配股具有限制条件较多、融资规模受限、股本加大使得业绩指标被稀释等缺点，但由于配股融资具有实施时间短、操作较简单、成本较低、不需要还本付息、有利于改善资本结构等优点，因此已经成为上市公司最为熟悉和得心应手的融资方式。

（2）增发

增发是指上市公司为了再融资而向不特定对象公开募集股份、发行股票的行为。上市公司增发股票，要求其最近 3 个会计年度加权平均净资产收益率不低于 6%、发行价格不低于公告招股意向书前 20 个交易日公司股票均价或前 1 个交易日均价等特殊要求。

非公开发行股票俗称定向增发，是指上市公司采用非公开方式，向特定对象发行股票的行为。定向增发股票，要求其发行价格不低于定价基准日前 20 个交易日公司股票均价的 90%，发行股份有限售规定。上市公司定向增发的目的，包括资产并购、财务重组、资产收购、企业并购等。定向增发方式对提升公司盈利、改善公司治理有显著效果。

增发与配股在本质上没有大的区别，但增发融资与配股相比具有限制条件少、融资规模大的优点，而且定向增发在一定程度上还可以有效解决控制权和业绩指标被稀释的问题，因而越来越多地被房地产公司利用。

### （二）债券市场融资

#### 1. 公司债券

公司债券是指公司依照法定程序发行、约定在一年以上期限内还本付息的有价证券。2007 年 8 月 14 日，中国证监会正式颁布实施《公司债券发行试点办法》，标志着中国公司债发行工作的正式启动。2007 年 9 月 30 日，中国人民银行颁布《公司债券在银行间债券市场发行、交易流通和登记托管有关事宜公告》，规定公司债可在银行间债券市场发行流通和托管，公司债融资细则得到进一步完善。公司债券不是仅仅针对上市公司，满足发行公司债券要求的企业均可以申请，通过中国证券监督管理委员会发行审核委员会的审核批准后发行。因为上市公司治理相对规范、信息相对透明，所以在发行公司债券的过程中具有较大优势。

相对于股权融资和其他类型债券融资，公司债券融资具有面向对象广泛、融资成本较低、不改变原股东对公司的控制权、可优化企业债务结构、降低流动性风险等优点。据统计，2019 年房地产企业发行公司债 220 只，发行规模合计 2 686.55 亿元。发行人主体信用等级集中在 $AA^+$ 和 AAA，期限多为 3～5 年，AA、$AA^+$ 和 AAA 非国企加权利率分别为 7.27％、7.31％和 5.33％，国企加权利率分别为 7.5％、4.65％和 3.98％。

另外，近年房企海外债发行规模持续增长。据统计，2019 年中资房企美元债券、港币债券和人民币债券发行规模分别为 769.6 亿美元、31 亿港币和 33 亿人民币。美元债期限主要集中在 2～3 年和 3～5 年，按规模加权的利率为 8.15％。

#### 2. 可转换债券

可转换债券是可转换公司债券的简称，是指上市公司依法发行、在一定期间内依据约定的条件可以转换成股份的公司债券。发行可转换公司债券，要求上市公司符合最近 3 个会计年度加权平均净资产收益率不低于 6％、本次发行后累计公司债券余额不超过最近一期末净资产额的 40％、最近 3 个会计年度实现的年均可分配利润不少于公司债券 1 年的利息、应提供全额担保等条件。债券持有人对转换股票或者不转换股票有选择权，转股价格应不低于募集说明书公告日前 20 个交易日该公司股票交易均价和前 1 个交易日的均价。上市公司可按事先约定的条件和价格赎回尚未转股的可转换公司债券。债券持有人也可按事先约定的条件和价格将所持债券回售给上市公司。

可转换债券兼具债券和股票的特征。转换前，它是债券，具有确定的期限和利率，投资者为债权人，凭券获得本金和利息；转换后，它成了股票，持有人也变为股东，参与企业管理，分享股息。对于上市公司而言，可转换债券主要具有低成本融资、稳定上市公司的股票价格、降低代理成本、完善公司治理结构、优化资本结构等优点，但也存在增加管理层经营压力、存在回购风险、减少筹资数量等缺陷。近年来，不少房地产公司利用可转换债券进行融资，尤其是零息可转换债券更是受到青睐。

### 3. 分离交易的可转换公司债券

分离交易的可转换公司债券简称分离交易可转债，是认股权和债券分离交易的可转换公司债券的简称。与传统的可转换公司债券相比，对上市公司发行分离交易可转债的最大优点是"二次融资"。在分离交易债发行时，投资者需要出资认购债券，同时获得认股权证；而如果投资者行权（权证到期时公司股价高于行权价时），会再次出资以行权价格认购股票。而且由于有权证部分，分离交易债的债券部分票面利率可以远低于普通可转换公司债券，亦即其整体的融资成本相当低廉。

从法律角度分析，认股权证本质上为一权利契约，投资人支付权利金购得权证后，有权于某一特定期间或到期日，按约定的价格（行使价），认购或沽出一定数量的标的资产（如股票等）。权证的交易实属一种期权的买卖。与所有期权一样，权证持有人在支付权利金后获得的是一种权利，而非义务，行使与否由权证持有人自主决定；而权证的发行人在权证持有人按规定提出履约要求之时，负有提供履约的义务，不得拒绝。认股权证可为公司筹集额外的资金，对公司发行新债券或优先股股票等具有促销作用，可以促进其他筹资方式的运用。

### 三、公开资本市场融资中的定价问题

企业公开资本市场融资尤其是首次公开发行和增发的过程中，无一例外的要涉及企业拟发行股票的价值判断或定价问题。股票对应着股权、股权对应着资产，股票定价与资产定价和资产价值评估密切相关。

（一）企业或资产估值模型

不同的行业属性、成长性、财务特性决定了上市公司适用不同的估值模型。目前较为常用的估值方式可以分为两大类，即收益折现法和类比法。

收益折现法是通过合理的方式估计出拟上市公司未来的经营状况，并选择恰当的贴现率与贴现模型，计算出拟上市公司价值。最常用的模型包括股利折现模型（DDM）和现金流贴现（DCF）模型。贴现模型并不复杂，关键在于如何确定公司未来的现金流和折现率，这里体现着财务顾问或承销商真正的专业价值。

类比法是通过选择同类上市公司的一些比率，如最常用的市盈率（$P/E$，即

股价/每股收益)、市净率（$P/B$，即股价/每股净资产），再结合拟上市公司或资产的财务指标如每股收益、每股净资产来确定拟上市公司价值，一般都采用预测的指标。市盈率法的适用具有许多局限性，例如要求拟上市公司经营业绩稳定，不能出现亏损等，而市净率法则没有这些问题，但同样也有缺陷，主要是过分依赖公司账面价值而不是最新的市场价值。因此对于那些流动资产比例高的公司如银行、保险公司比较适用此方法。除上述指标，还可以通过市值/销售收入（$P/S$）、市值/现金流（$P/C$）等指标来进行估值。

对于拟上市房地产开发经营企业而言，也可以采用净资产折扣方式定价。采用这种方式定价时，首先通过对其房地产、土地使用权和企业商誉等有形和无形资产价值的评估，得到企业净资产评估价值。再结合证券市场上类似可比公司股权交易过程中的净资产溢价或折让状况，确定溢价或折扣比率，之后就可以确定最终股权价值。

例如，某财务顾问公司对拟上市房地产公司按收益折现法得到的估值为97亿元，按市净率方法得到的估值为120亿元，按市盈率法估值为104亿元（该公司2009年预测净利润为6.5亿元，可比公司2009年市盈率平均水平16～17倍），资产评估公司给出的净资产评估值为132亿元。专业人员通过对资本市场上同类可比房地产公司净资产交易溢价或折让情况分析，决定采用的折让率为17%，由此得到采用净资产折扣方式确定的估值为110亿元。经过财务顾问、投资银行及拟上市公司董事会讨论，最终确定的股权价值为110亿元。对应20亿股，每股发行价格区间范围确定为4.5～5.5元。

（二）股票发行价格定价

通过估值模型，可以合理估计公司的理论价值，但是要最终确定发行价格，还需要选择合理的发行方式，以充分发现市场需求。目前常用的发行方式有累计投标方式、固定价格方式、竞价方式。

累计投标是目前国际上最常用的新股发行方式之一，是指发行人通过询价机制确定发行价格，并自主分配股份。所谓"询价机制"，是指主承销商先确定新股发行价格区间，召开路演推介会，根据需求量和需求价格信息对发行价格反复修正，并最终确定发行价格的过程。

在询价机制下，新股发行价格并不事先确定，而在固定价格方式下，主承销商根据估值结果及对投资者需求的预计，直接确定一个发行价格。固定价格方式相对较为简单，但效率较低。过去我国一直采用固定价格发行方式，2004年12月7日证监会推出了新股询价机制，迈出了市场化的关键一步。

# 第三节　银行信贷融资

与房地产开发投资相关的银行信贷融资，主要包括房地产开发贷款和房地产抵押贷款。这些贷款的共同特征，是以所开发的房地产项目（土地或在建建筑物）或所购买的房地产资产作为贷款的抵押物，为贷款的偿还提供担保。

## 一、房地产开发贷款

### （一）房地产开发贷款的种类

房地产开发贷款是指向借款人发放的用于开发、建造向市场销售、出租等用途的房地产项目的贷款。房地产开发包括土地开发和房屋开发两类。相应地，房地产开发贷款也分为地产开发贷款和房产开发贷款两类。其中，房产开发贷款通常按照开发项目的类型，进一步划分为住房开发贷款、商业用房开发贷款、经济适用住房开发贷款和其他房地产开发贷款。

### 1. 地产开发贷款

地产开发贷款又称城市土地开发贷款，是指商业银行向政府授权或委托、合法的城市土地开发主体发放的，用于对城市规划区内的城市国有土地、农村集体土地进行统一的征地、拆迁、安置、补偿及相应市政配套设施建设的贷款。按贷款对象划分，城市土地开发贷款可分为政府土地储备贷款、园区土地开发贷款和企业土地一级开发贷款。

政府土地储备贷款是指商业银行向政府土地储备机构发放的，用于所在城市规划区内规划用途为住宅、商业、旅游及综合等经营性用地的依法收购（或征用）、前期开发、储存的贷款。园区土地开发贷款是指商业银行向园区土地开发企业（机构）发放的，用于园区内规划用途为工业、综合等用地的依法收购（或征用）、整理及配套基础设施开发的贷款。企业土地一级开发贷款是指商业银行向土地一级开发企业发放的，用于所在城市规划区内规划用途为住宅、商业、旅游及综合等经营性用地依法开发的贷款。

根据 2016 年财政部等四部门《关于规范土地储备和资金管理等相关问题的通知》要求，土地储备机构新增土地储备项目所需资金，须严格按规定纳入政府性基金预算，从国有土地收益基金、土地出让收入和其他财政资金中统筹安排，不足部分在国家核定的债务限额内通过省级政府代发地方政府债券筹集资金解决。同时要求，自 2016 年 1 月 1 日起，各地不得再向银行业金融机构举借土地储备贷款。与此同时，新增政府授权或委托的城市土地开发主体越来越少，所以地产开发贷款余额，自 2016 年开始就逐步进入只还不贷逐步减少的状态，已经从 2015 年末的 1.52 万亿元减少到 2019 年末的 1.28 万亿元。

2. 房产开发贷款

商业银行通常在房地产开发项目建设阶段的融资中扮演关键角色。房产开发贷款可用于支付建设阶段的人工、材料、设备、管理费和其他相关成本。处于开发建设中的房地产项目即相关土地使用权和在建建筑物，是房产开发贷款的主要抵押物。金融机构有时候还要求借款人提供其他形式的担保，例如用其他房地产做抵押，或者提供质押或第三方保证。

房产开发贷款随工程建设的进度分阶段拨付，同时要确保建设贷款被用于既定的目的，从而确保房地产价值随着贷款拨付额的增加同步增长，以保障贷款人的利益。贷款人还必须确保施工单位的工程款已经按期支付，因为在大多数国家，工程款的偿还优先顺序都在作为抵押权人的贷款人之前。初始贷款费用和利息是开发商为使用房产开发贷款而付出的代价。

房产开发贷款的还款资金来源，通常是销售收入或房地产抵押贷款。为了避免出现竣工时无法获得抵押贷款的情况，发放房产开发贷款的金融机构有时会要求开发商事先获得抵押贷款承诺，即另一贷款人承诺在项目按照约定的计划和规范竣工时，同意发放抵押贷款。开发商是否可以获得抵押贷款承诺，越来越成为金融机构发放房产开发贷款的重要条件之一。

（二）房地产开发贷款的风险

1. 政策风险

政策风险是指由于国家或地方政府有关房地产行业的各种政策、法律、法规的变化或行业发展、管理不规范而给投资乃至最终给贷款者带来损失的可能性。房地产投资受到多种政策因素的影响和制约，例如产业政策、投资政策、金融政策、土地政策、税费政策、住房政策和房地产市场管理政策等。这些都会对房地产开发投资收益目标的实现产生巨大影响，从而给投资者带来风险，并最终波及银行的信贷资产质量。

2. 市场风险

市场风险是指由于房地产市场状况变化的不确定性给房地产开发投资、贷款带来的风险。由于房地产具有不可移动的特征，一旦投资开发就难以调整或改变，且单位价值较高、流动性风险较大，因此，投资者和银行需要对市场的供求现状和趋势做认真分析，尤其要对房地产乃至经济发展的周期做出预测和判断，并采取相应的调整策略，以减少由于对市场状况把握不准造成的损失。

3. 经营风险

经营风险是指由于房地产投资经营上的失误，造成实际经营成果偏离期望值并最终产生难以归还贷款的可能性。由于房地产贷款的项目特征非常明显，使得具体的项目风险在房地产贷款的经营性风险中占有非常显著的位置。对于房地产开发企业来说，一个项目的好坏对其经营与发展有着至关重要的影响，若企业超过自身经济实力进行大规模项目建设和扩张圈地，必会导致企业的资金链非常脆弱，并潜存着较大的银行风险。

4. 财务风险

财务风险是指由于房地产投资者运用财务杠杆，即使用债务融资而导致现金收益不足以偿还债务的可能性。由于房地产项目投资额较大，建设期和投资回收期均较长，开发企业的自有资金通常不足以满足投资所需，其投资所需的部分资金，甚至大部分资金，需要通过银行贷款来满足，因此，高负债率就成了房地产开发企业的普遍特征。据统计，房地产开发企业的资产负债率很高，近几年一直在76%左右，有些企业超过80%，自有资金普遍不足，主要依靠负债经营。

5. 完工风险

完工风险是指房地产开发项目超支和未按期竣工的可能性。由于房地产项目开发期长，投入的人力、物力巨大，涉及管理部门众多，易产生完工风险。完工风险的来源主要表现在政府批文未如期取得、不可抗力因素的影响、不可控因素的影响及开发建设投资超支等方面。

6. 抵押物估价风险

抵押物估价风险是指银行在发放贷款之前由于对抵押物的估价不当而造成损失的可能性。资产抵押是开发贷款风险防范的重要手段，因此抵押资产价值评估的准确性至关重要。

7. 贷款保证风险

贷款保证风险是指发放贷款时对保证人的错误判断所造成的贷款难以归还的可能性。目前，商业银行发放的房地产开发贷款基本上以贷款项目所对应的土地及在建建筑物作为抵押物，但也有一部分是企业担保形式的保证贷款。对担保企业的担保能力的评价，往往只是根据该担保人为借款人作担保之前的财务报表数据及其他相关指标测算，而在房地产企业较长时期的贷款期间，银行并不是时刻关注担保企业是否还具备担保能力，并采取相应的有效措施。当担保企业的经营状况出现较大的不利变化时，就会引发贷款保证风险。

（三）房地产开发贷款的风险管理

从降低房地产开发贷款风险的角度出发，中国人民银行和中国银行业监督管理委员会要求商业银行对房地产开发贷款进行风险管理，主要措施是：

（1）对未取得国有土地使用证件、《建设用地规划许可证》《建设工程规划许可证》和《建筑工程施工许可证》的项目，不得发放任何形式贷款。

（2）对申请贷款的房地产开发企业，应要求其权益投资不低于开发项目总投资的35%。严格落实房地产开发企业贷款的担保、抵押，确保其真实、合法、有效。

（3）房地产开发项目，应符合国家房地产发展总体方向，有效满足当地城市规划和房地产市场的需求，保证项目的合法性和可行性。

（4）对申请贷款的房地产开发企业进行深入调查审核，对成立不满3年且开发项目较少的专业性、集团性的房地产开发企业的贷款应审慎发放，对经营管理存在问题、不具备相应资金实力或有不良经营记录的房地产开发企业的贷款发放应严格限制。

（5）在房地产开发企业的自筹资金得到保证后，可根据项目的进度和进展状况，分期发放贷款，并对其资金使用情况进行监控，以防止其挪用贷款转作其他项目或其他用途。

（6）对房地产开发企业的销售款进行监控，防止其挪用该销售款开发其他项目或作其他用途。

（7）密切关注房地产开发企业的开发情况，以确保商业银行对购买主体结构已封顶住房的个人发放个人住房贷款后，该房屋能够在合理期限内正式交付使用。

（8）严格执行"商业银行不得向房地产企业发放用于缴交土地出让金贷款"的监管规定，防止房地产开发企业通过关联企业统一贷款后再周转用于房产项目。

（9）对房地产开发贷款实施封闭管理，即为每一个房地产开发项目设置银行专户，要求项目贷款、销售收入等资金均进入该专户，银行负责对该专户的监管，并督促借款人将项目收入优先用于项目建设或偿还贷款，防范项目收入挪用风险，并及时按照项目销售进度逐步收回贷款，确保该行对于有效还款来源的实际控制。

## 二、房地产抵押贷款

### （一）房地产抵押贷款的概念与发展现状

房地产抵押贷款，是指抵押人以其合法拥有的房地产，在不转移占有方式的前提下，向抵押权人提供债务履行担保，获得贷款的行为。债务人不履行债务时，抵押权人有权依法以抵押的房地产拍卖所得的价款优先受偿。房地产抵押贷款，包括个人住房抵押贷款、商用房地产抵押贷款和在建建筑物抵押贷款。

西方发达国家房地产抵押贷款的资金来源已经实现了多元化，有效地分散了房地产金融的长期系统风险。据美国联邦储备局统计，2018 年末的 15.42 万亿美元房地产抵押贷款余额（住宅抵押贷款占 80.0%，商用房地产抵押贷款占 18.4%，乡村房地产抵押贷款占 1.6%）中，银行存款类金融机构的市场份额只占 32.4%（表 9-5）。

**美国房地产抵押贷款的结构构成**（单位：亿美元）　　表 9-5

| 年份 | 年末抵押贷款余额 | 按物业类型分 | | | | 按持有者类型分 | | | | | | |
|---|---|---|---|---|---|---|---|---|---|---|---|---|
| | | 1～4 户住宅 | 多户住宅 | 商用房地产 | 乡村房地产 | 储蓄机构 | 人寿保险公司 | 吉利美 | 房地美 | 房利美 | 其他联邦政府机构 | 个人和其他 |
| 1950 | 823 | 446 | 118 | 173 | 85 | 353 | 161 | 0 | 0 | 0 | 12 | 283 |
| 1955 | 1 416 | 861 | 173 | 259 | 123 | 690 | 294 | 0 | 0 | 0 | 24 | 378 |
| 1960 | 2 271 | 1 378 | 280 | 439 | 174 | 1 146 | 418 | 0 | 0 | 0 | 49 | 592 |
| 1965 | 3 495 | 2 120 | 442 | 652 | 282 | 2 024 | 600 | 0 | 0 | 0 | 78 | 736 |
| 1970 | 4 985 | 2 922 | 681 | 973 | 408 | 2 785 | 744 | 56 | 4 | 155 | 125 | 1 073 |
| 1975 | 8 302 | 4 830 | 1 055 | 1 728 | 689 | 4 869 | 892 | 257 | 66 | 318 | 359 | 1 399 |
| 1980 | 15 282 | 9 773 | 1 464 | 2 718 | 1 327 | 8 570 | 1 311 | 985 | 219 | 573 | 756 | 2 553 |
| 1985 | 24 399 | 15 489 | 2 139 | 5 518 | 1 253 | 11 969 | 1 718 | 2 126 | 1 144 | 1 532 | 999 | 4 435 |
| 1990 | 37 900 | 26 068 | 2 874 | 8 183 | 776 | 16 510 | 2 679 | 4 036 | 3 382 | 4 047 | 797 | 6 123 |
| 1995 | 45 207 | 34 457 | 2 739 | 7 294 | 717 | 16 870 | 2 131 | 4 723 | 5 588 | 7 612 | 800 | 7 424 |
| 2000 | 67 609 | 51 221 | 4 022 | 11 519 | 847 | 23 830 | 2 362 | 6 116 | 8 816 | 12 103 | 1 119 | 13 102 |
| 2005 | 120 821 | 94 208 | 6 701 | 18 865 | 1 048 | 41 108 | 2 855 | 4 053 | 13 705 | 22 000 | 1 312 | 34 728 |
| 2010 | 138 629 | 105 021 | 8 578 | 23 489 | 1 541 | 42 661 | 3 175 | 10 950 | 19 096 | 30 189 | 1 791 | 30 087 |
| 2015 | 138 080 | 100 310 | 10 806 | 24 876 | 2 088 | 43 742 | 4 247 | 16 477 | 18 609 | 30 266 | 2 266 | 21 993 |
| 2016 | 142 332 | 102 775 | 11 185 | 24 771 | 2 260 | 46 312 | 4 665 | 17 714 | 19 404 | 32 139 | 2 884 | 21 559 |
| 2017 | 148 887 | 105 803 | 13 575 | 27 147 | 2 362 | 48 013 | 5 067 | 19 166 | 20 538 | 33 559 | 3 024 | 21 390 |
| 2018 | 154 250 | 108 668 | 14 738 | 28 377 | 2 457 | 49 198 | 5 681 | 20 450 | 21 509 | 34 648 | 3 219 | 21 852 |

注：（1）其他联邦政府机构包括：联邦土地银行、联邦住房管理局和退伍军人管理局、农民住房管理局、联邦住房银行体系和联邦存款保险公司。

（2）数据来源：美国联邦储备局，https：//www. federalreserve. gov/econresdata/releases/。

2020 年末我国主要金融机构房地产贷款金额 49.6 万亿元，其中房地产开发贷款余额 10.4 万亿元、个人住房抵押贷款余额 34.5 万亿元。这些房地产贷款全部由商业银行提供，房地产贷款的债权也几乎全部由商业银行持有。表 9-6 显示了中国四大商业银行房地产贷款规模及不良状况。商业银行个人住房贷款的资产质量优于全部贷款，也优于房地产开发贷款。例如，建设银行 2012 年个人住房贷款的不良率为 0.18%，总体贷款和房地产开发贷款不良率则分别为 0.99% 和 0.98%。

中国四大国有商业银行房地产贷款余额与不良率　　　　　表 9-6

| 年份 | 项目 | | 工商银行 | 农业银行 | 中国银行 | 建设银行 | 合计 |
|---|---|---|---|---|---|---|---|
| 2004 | 余额（亿元） | 全部 | 5 810.3 | 4 099.1 | 3 783.7 | 5 708.9 | 19 402.0 |
| | | 开发贷款 | 1 685.0 | 1 723.4 | 1 017.7 | 2 278.0 | 6 704.1 |
| | | 个人住房贷款 | 4 124.0 | 2 375.7 | 2 766.0 | 3 430.9 | 12 696.6 |
| | 不良率（%） | 全部 | 3.0 | 8.1 | 4.8 | 3.7 | 4.6 |
| | | 开发贷款 | 7.4 | 16.6 | 12.8 | 7.3 | 10.5 |
| | | 个人住房贷款 | 1.2 | 2.1 | 1.8 | 1.2 | 1.5 |
| 2005 | 余额（亿元） | 全部 | 5 717.2 | 4 727.8 | 4 191.3 | 6 447.6 | 21 083.93 |
| | | 开发贷款 | 1 940.2 | 2 181.8 | 963.7 | 2 586.3 | 7 671.99 |
| | | 个人住房贷款 | 3 777.0 | 2 546.0 | 3 227.6 | 3 861.3 | 14 092.7 |
| | 不良率（%） | 全部 | 2.8 | 8.2 | 4.2 | 3.3 | 4.4 |
| | | 开发贷款 | 5.1 | 13.2 | 12.4 | 6.4 | 8.8 |
| | | 个人住房贷款 | 1.6 | 3.9 | 1.8 | 1.3 | 2.0 |
| 2006 | 余额（亿元） | 全部 | 6 402.9 | 5 690.8 | 4 884.9 | 7 164.8 | 24 143.4 |
| | | 开发贷款 | 2 300.6 | 2 950.2 | 976.3 | 2 327.3 | 8 554.4 |
| | | 个人住房贷款 | 4 102.3 | 2 740.6 | 3 749.3 | 4 837.5 | 15 429.7 |
| | 不良率（%） | 全部 | 2.3 | 6.5 | 4.0 | 2.2 | 3.6 |
| | | 开发贷款 | 4.3 | 9.1 | 9.9 | 3.9 | 6.5 |
| | | 个人住房贷款 | 1.1 | 3.7 | 1.7 | 1.4 | 1.8 |

注：（1）按贷款五级分类标准编制，不良贷款包括"次级""可疑""损失"三类贷款。

（2）资料来源：中国房地产金融报告（2005 年、2006 年），中国金融出版社。

（二）房地产抵押贷款的种类

1. 个人住房抵押贷款

个人住房抵押贷款，是指个人购买住房时，以所购买住房作为抵押担保，向金融机构申请贷款的行为。个人住房贷款包括商业性住房抵押贷款和政策性（住房公积金）住房抵押贷款两种类型。政策性住房抵押贷款利率较低，通常只面向参与缴纳住房公积金、购买自住房屋的家庭，且贷款额度有一定限制。当政策性抵押贷款不足以满足借款人的资金需求时，还可同时申请商业性住房抵押贷款，从而形成个人住房抵押贷款中的组合贷款。金融机构发放个人住房抵押贷款的过程，构成了抵押贷款一级市场。

个人住房抵押贷款的利率，有固定利率和可调利率两种类型。我国银行对贷款期限超过 1 年的个人住房抵押贷款通常采用可调利率方式，即在法定利率或贷款市场报价利率（LPR）调整时，于下年初开始，按新的利率计算利息。还本付息方式，有按月等额还本付息、按月递增还本付息、按月递减还本付息、期间按月付息期末还本和期间按固定还款常数还款期末一次结清等方式。目前，我国个人住房抵押贷款额度的上限为所购住房价值的 80%，贷款期限最长不超过 30年。商业性个人住房抵押贷款的操作流程，包括受理申请、贷前调查、贷款审批、贷款发放、贷后管理和贷款回收 6 个阶段。

个人住房抵押贷款属于购房者的消费性贷款，通常与开发商没有直接的关系，但由于开发项目销售或预售的情况，直接影响到开发商的还贷能力和需借贷资金的数量。尤其在项目预售阶段，购房者申请的个人住房抵押贷款是项目预售收入的重要组成部分，也是开发商后续开发建设资金投入的重要来源。由于预售房屋还没有建成，所以金融机构发放个人住房抵押贷款的风险一方面来自申请贷款的购房者，另一方面则来自开发商。购房者的个人信用评价不准或开发商的项目由于各种原因不能按期竣工，都会给金融机构带来风险。

2. 商用房地产抵押贷款

商用房地产抵押贷款，是指购买商用房地产的机构或个人，以所购买的房地产作为抵押担保，向金融机构申请贷款的行为。商用房地产同时也是收益性或投资性房地产，购买商用房地产属于置业投资行为。

由于商用房地产抵押贷款的还款来源主要是商用房地产的净经营收入，而净经营收入的高低又受到租金水平、出租率、运营成本等市场因素的影响，导致商用房地产抵押贷款相对于个人住房抵押贷款来说，承担了更高的风险。因此，国内商业银行发放商用房地产抵押贷款时，贷款价值比率（LTV）通常不超过60%，贷款期限最长不超过 10 年，贷款利率也通常高于个人住房抵押贷款，而且仅对已经通过竣工验收的商用房地产发放。

对于商用房地产开发项目，开发商不能像住宅开发项目那样通过预售筹措部分建设资金，但如果开发商能够获得商用房地产抵押贷款承诺，即有金融机构承诺，当开发项目竣工或达到某一出租率水平时，可发放长期商用房地产抵押贷款，则开发商就比较容易凭此长期贷款承诺，获得短期建设贷款。这样，开发商就可以利用建设贷款进行开发建设，建成后用借入的长期抵押贷款偿还建设贷款，再用出租经营收入来偿还长期抵押贷款。

3. 在建建筑物抵押贷款

在建建筑物抵押，是指抵押人以其合法方式取得的土地使用权连同在建建筑物，以不转移占有的方式抵押给贷款银行作为偿还贷款履行担保的行为。在建建筑物抵押债权通常是获得在建建筑物后续改造资金的重要方式，它将项目完工部分抵押与建筑工程承包合同的房屋期权抵押相结合，是银行与开发商设定房地产抵押，办理房地产开发贷款的一种较好的方式。采取这种方式进行房地产项目融资时，既有利于满足开发商对续建资金的需求，又有利于银行对抵押物的监控，对降低贷款风险、促进开发商提高经营管理水平都有积极意义。

在建建筑物已完工部分的抵押与建筑工程承包合同的房屋期权抵押相结合，就是以开发商（抵押人）与施工单位签订的依法生效的房屋期权设定抵押权，按其在建建筑物已完工部分（即工程形象进度）分次发放贷款。通常的做法是：一次确定贷款额度，一次办理承包工程合同的房屋期权抵押登记，按工程形象进度（折算为货币工作量）和约定的贷款价值比率，分次发放贷款。

将承包合同的房屋期权设定为抵押权时，银行要对承包合同的预算造价进行审查，以确定其抵押价值和贷款价值比率，同时按约定的各个工程部位的形象进度，确定其分阶段的抵押价值。在工程进度达到约定的某个工程部位时，经银行现场查勘核实后，发放该时段的贷款。

银行在现场查勘时，除核实其已完成的工作量外，还要求工程监理机构、工程质量监督部门对工程质量进行确认，以确保其具有的价值。按《不动产登记暂行条例实施细则》的规定，以建设用地使用权以及全部或部分在建建筑物设定抵押的，应当并申请建设用地使用权以及在建建筑物抵押权的首次登记。当在建建筑物抵押价值包含土地使用权的价值时，该土地使用权必须是有偿获得，并领有国有土地使用证件。

对于已设定抵押的在建商品房屋，在抵押期内，开发商可以在银行的监管下预售。对已办理在建建筑物抵押的房地产开发项目的预售收入，由银行代收，专户存储（作为抵充抵押物的不足部分），在还贷期内由银行进行监管，以使开发商的还贷资金确有保证，降低银行的贷款风险。

（三）个人住房贷款的风险

个人住房贷款的风险主要表现为操作风险、信用风险、市场风险、管理风险和法律风险。

### 1. 操作风险

由于个人住房贷款的客户数量多，在实际操作中银行无法像对公司客户那样进行深入的调查，而且个贷市场竞争日趋激烈，一些基层银行重营销轻管理，有的规章制度落实不到位，也给个人住房贷款业务带来了重大隐患，容易出现"假按揭"，导致贷款被骗，同时也容易被内部人员浑水摸鱼，盗取资金，因此，个人住房贷款业务存在较大的操作风险。

### 2. 信用风险

由于目前我国个人资信体系不完善、贷款期限长等因素，个人住房贷款业务存在较多的不确定性，面临较大的信用风险。个人住房贷款业务信用风险涉及开发商、购房人两方面。与开发商相关的信用风险，主要涉及开发商欺诈、项目延期、质量纠纷、违法预售等问题。来源于购房人的信用风险，则包括自然原因、社会原因导致借款人失去还款能力，以及由于主观原因、信用意识差等导致的拖延还款或赖账不还。

### 3. 市场风险

在个人住房贷款业务中，贷款一般都提供房地产抵押，贷款的第二还款来源受房地产市场影响，因此也面临着较大的市场风险，特别是主要依赖未来预期收益支撑高房价的商业用房，以及期房按揭，更面临着巨大的市场风险。市场风险主要来自：市场供求风险、市场周期风险、政策性风险、变现风险和利率风险。

### 4. 管理风险

目前，银行的个人住房贷款仍处于起步阶段，还没有经历过房地产市场严重恶化的考验，对个人住房贷款的决策管理尚缺乏成熟的经验和有效的手段，容易形成管理和决策风险。如对借款人资质审查不严、手续不完整、放松贷款条件、向借款人发放了超过其支付能力的款项等。管理风险主要表现为：资金来源和资金运用期限结构不匹配导致的流动性风险，以及抵押物保管不善和贷后管理工作薄弱所带来的风险。

### 5. 法律风险

法律风险是由于现行法制环境的限制给银行贷款带来的潜在风险。由于我国现有立法、司法、执法等制度及相关配套措施的缺位，也给银行个人住房贷款带来了一定的法律风险。例如，商品房买卖合同被认定无效或者被撤销、解除，银行与借款人签订的抵押合同也将随之解除，而此时银行的贷款已经发放，银行原本享有的优先受偿权（债权）将沦为一般的返还请求权，贷款安全性因此大大降低。此外，由于我国目前还没有建立个人破产制度，也给个人住房逾期贷款的追偿带来了很大困难。

（四）金融机构对房地产抵押物的要求

不论是何种类型的抵押贷款，金融机构在设定房地产抵押权时，通常要对抵押物的情况，按以下几个方面的要求进行审查：

1. 合法设定房地产抵押权

即设押的房地产的实物或者权益，是真实存在并为抵押人合法拥有的，权属清晰，可以转让，是依法可以设定抵押的房地产。

2. 择优选择设押的房地产

即选择市场前景看好的房地产。将周围环境良好、交通方便、房屋设计建造质量高、配套设施齐全、价格适中的商品房设定为抵押物，易于销售变现，银行因感到有安全保障而愿意接受。

3. 处置抵押物的渠道畅通

即选择处置渠道畅通的房地产作为抵押物。这就要求抵押物的变现性较强、价格比较稳定、市场广阔。

4. 合理确定抵押率

抵押率是贷款金额与抵押物价值之比，又称贷款价值比率。抵押率的确定，受许多因素的影响，如抵押物的流动性、所处的市场条件、抵押物价值取得的情况、贷款期限长短和通货膨胀预期等。对房地产抵押来说，如设定抵押的房地产变现能力较强、市场条件较好、抵押估价中对抵押物的价值判断合理、贷款期限适中，则抵押率可定得高一些，一般为70%；反之，应定得低一些（如60%或50%）。抵押率的高低也反映银行对这笔抵押贷款风险所进行的基本判断。抵押率低，说明银行对这笔抵押贷款持审慎的态度，反之，则说明银行对其持较为乐观的态度。

（五）个人住房抵押贷款的风险管理

商业银行对个人住房抵押贷款的风险管理，包括贷款发放管理和贷后对还款过程的管理。贷款发放前的管理，主要有以下措施：

（1）遵照个人住房贷款的相关政策，严格遵守贷款年限、贷款价值比率等方面的规定。抵押物价值的确定，以该物业在该次买卖交易中的成交价格或评估价格的较低者为准。

（2）详细审查借款人的相关信息，包括借款人基本情况、借款人收支情况、借款人资产表、借款人现住房情况、借款人购房贷款资料、担保方式、借款人声明等要素。

（3）通过借款人的年龄、学历、工作年限、职业、在职年限等信息判断借款人目前收入的合理性及未来发展前景；通过借款人的收入水平、财务情况和负债情况判断其贷款偿付能力；通过了解借款人目前居住情况及此次购房的首付支出判断其对于所购房产的拥有意愿等因素，并据此对贷款申请做整体分析。

（4）考核借款人还款能力。通常将每笔住房贷款的月房产支出与收入比控制在50％以下，月所有债务支出与收入比控制在55％以下。房产支出与收入比＝（本次贷款的月还款额＋月物业管理费）/月均收入。所有债务与收入比＝（本次贷款的月还款额＋月物业管理费＋其他债务月偿付额）/月均收入。

（5）在发放个人住房贷款前应对新建房进行整体性估价，可根据实际情况，选择内部估价或委托独立估价机构进行，但要出具由具备估价资格的专业人士签署的估价报告；对于精装修楼盘以及售价明显高出周边地区售价的楼盘要进行重新估价。对再交易房，应对每个用作贷款抵押的房屋进行独立估价。

### 三、房地产抵押贷款二级市场

房地产抵押贷款二级市场与房地产抵押贷款一级市场相对应。在一级市场中，商业银行和储蓄机构等利用间接融资渠道发放抵押贷款。而二级市场是利用类似资本市场的机构、工具，通过购买一级市场发放的抵押贷款，将其转化为房地产抵押支持证券，并在证券市场上交易这些证券，实现了房地产抵押贷款市场与资本市场的融合。

（一）抵押贷款二级市场的发展

抵押贷款业务中包含着众多的职能：第一，抵押贷款产品的设计。第二，贷款的销售或营销，即使潜在的借款人知晓所销售的特定产品的优点并完成产品的销售（即贷款的发放）。第三，贷款的管理或者运作，主要是到期本金和利息的收取。第四，贷款的融资，即筹集发放贷款所需的资金。第五，贷款风险的承担，包括违约风险和价格风险等。第六，违约或者拖欠贷款的管理。抵押贷款业务中的这些职能可以由一个机构完成。但是，在贷款业务规模较大时，多个机构分别承担其中的一种或者几种职能，更能发挥这些机构的竞争优势。抵押贷款二级市场的发展，促进了这种专业化分工的产生和完善。

（二）抵押贷款二级市场发展的条件

发展抵押贷款二级市场，首先需要有一个健全的房地产抵押贷款一级市场。在这个一级市场上，有商业银行愿意提供贷款，产权保护与产权登记体系完备，房地产资产本身有较好的变现能力，具备有效的法律制度来处理借款人还款违约，抵押贷款品种是标准化的产品。

其次，还要有支撑抵押贷款二级市场发展的市场条件。这些条件包括：商业银行为了控制金融风险希望尽快收回资金，制定了有利于证券化的优惠的税收和会计法规；构建出了法律框架为证券化提供法律支持，不需借款人同意就可以转让抵押贷款权益；有一个稳定的经济环境。

（三）抵押贷款支持证券的类型

抵押贷款二级市场上交易的抵押贷款支持证券（Mortgage Backed Securities，MBS），主要有四种类型：抵押贷款支持债券（Mortgage-backed bonds）、抵押贷款传递证券（Mortgage pass-through securities）、抵押贷款直付债券（Mortgage pay-through bonds）和抵押贷款担保债务（Collateralized mortgage obligations）。

在传递证券中，抵押贷款组合的所有权随着证券的出售而从发行人转移给证券投资者。证券的投资者对抵押贷款组合拥有"不可分割的"权益，将收到借款人偿付的全部金额，包括按约定的本金和利息以及提前偿付的本金。在抵押贷款担保债务中，抵押贷款组合产生的现金流重新分配给不同类别的债券。在传递证券和房地产抵押贷款投资渠道中，抵押贷款组合都不再属于原来的二级市场机构或者企业，不属于其资产负债表内的资产。

在抵押贷款支持债券和抵押贷款直付债券中，发行人仍持有抵押贷款组合，所发行的债券则属于发行人的债务。抵押贷款组合和所发行的债券同时出现于发行人的资产负债表中，因而这属于资产负债表内证券化。抵押贷款支持债券的现金流和公司债券一样。抵押贷款直付债券的现金流类似于传递证券，摊销和提前偿付的本金会直接转移给债券的投资者。

2014 年 9 月 29 日中国人民银行《关于进一步做好住房金融服务工作的通知》中，提出要"鼓励银行业金融机构通过发行住房抵押贷款支持证券（MBS）"筹集资金，以"增强金融机构个人住房贷款投放能力"。2014 年 10 月 9 日住房和城乡建设部等《关于发展住房公积金个人住房贷款业务的通知》中，也提出"要积极探索发展住房公积金个人住房贷款资产证券化业务"，以"盘活存量贷款资产"，提高支持居民家庭合理住房消费的能力。

在上述政策的支持和鼓励下，住房公积金贷款证券化在 2015 年迈出了实质的步伐。据统计，在 2015 年 6 月到 2016 年 6 月的 1 年时间内，先后有上海、武汉、杭州等 12 个城市的公积金中心发行了 18 支住房公积金贷款证券化产品，发行总额 494.23 亿元，其中上海市住房公积金中心以 381.22 亿元的规模占到了总发行额的 77%。住房公积金贷款支持证券按照发行方式的不同主要分为两种类型：一种在上海证券交易所挂牌交易、由中国证监会监管；另外一种在银行间市场公开发行、由中国人民银行监管。值得关注的是，出于风险管控和业务模式存在缺陷等原因，住房和城乡建设部于 2016 年 6 月暂停了住房公积金证券化业务试点工作。

# 第四节　房地产投资信托基金

中国房地产开发投资过于依赖商业银行体系的房地产融资模式，需要通过金融创新拓宽房地产融资渠道，发展房地产投资信托是其中的重要工作内容。

## 一、房地产投资信托基金概述

### （一）房地产投资信托基金的概念

房地产投资信托基金（Real Estate Investment Trusts，REITs）是指通过制定信托投资计划，信托公司与投资者（委托人）签订信托投资合同，通过发行信托受益凭证或股票等方式受托投资者的资金，用于房地产投资或房地产抵押贷款投资，并委托或聘请专业机构和专业人员实施经营管理的一种资金信托投资方式。

在众多投资工具中，房地产投资收益丰厚，价值性较好，一直是资金投向的热点领域。REITs为广大的个人投资者提供了投资房地产的良好渠道，在市场经济发达国家和地区已经广为通行。但同时，房地产投资所具有的资金量大、回收期长的特点，使众多社会闲散资金或个人投资者无法进入。

作为购买、开发、管理和出售房地产的产业基金，REITs的投资领域非常广泛，涉及各种不同类型的房地产（公寓、超市、商业中心、写字楼、零售中心、工业物业和酒店等），相应投资的净收益主要分配给投资者，本身仅起到投资代理作用。REITs一般以股份公司或信托基金的形式出现，资金来源有两种：①发行股票，由机构投资者（如退休基金、保险公司和共同基金）和个人投资者认购；②从金融市场融资，如银行信贷、发行债券或商业票据等。REITs股票可在证券交易所进行交易或采取场外直接交易方式，具有较高的流通性。

REITs通常聘请专业顾问公司和经理人负责公司的日常事务与投资运作，与共同基金一样可实行投资组合策略，利用不同地区和不同类型的房地产项目及业务来分散风险。中小投资者通过REITs在承担有限责任的同时，可以间接获得大规模房地产投资的利益。

REITs具有广泛的公众基础，在享有税收优惠（REITs不属于应税财产，且免除公司税项）的同时，也受到严格的法律规范与监管。如美国的REITs有股东人数与持股份额方面的限制，以防止股份过于集中；所筹集资金的大部分须投向房地产方面的业务；75%以上的资产由房地产、抵押票据、现金和政府债券组成；至少有75%的毛收入来自租金、抵押收入和房地产销售所得等。

（二）房地产投资信托基金的功能

1. 提供了收益较高的投资工具

REITs 为投资者特别是广大中小投资者，提供了投资于房地产的渠道。REITs 主要以发行股票的形式来筹集资金，将投资于房地产所需的资金化整为零，投资者可以根据自己的资金能力选择一定的投资数量。此外 REITs 对于购买数额没有硬性的下限规定，从这点来说要优于其他普通股票形式。另外，与 REITs 配套的法律也充分维护投资者的权益。例如，相关法律规定 REITs 收入中至少有 75％来自房地产；REITs 净收益的 90％以上都必须以分红的形式返还给投资者，这样确保投资者可以获得更多的现金流。

2. 提高了房地产投资的流动性

由于房地产作为不动产，属于非货币性资产，投资者很难在短时间内将其兑换成现金，因此直接投资房地产要承担较大的变现风险，即当投资者由于偿债或其他原因要将房地产兑现时，由于房地产市场的不完备会使投资者遭受损失。相比之下，REITs 以股票的形式来筹集资金，具有股票流动性强的特点，能够随时在股票市场上变现，便于投资者控制投资数额和投资范围。

3. 为投资者有效规避风险

REITs 较高的流动性也使得其波动性减小，这一点可以利用 $\beta$ 系数的值来衡量。$\beta$ 系数是将投资工具的市场价值波动性与某一标准指数（例如标准普尔 500 股价指数）波动性的相对值。从美国市场来看，1987 年到 1996 年的 10 年中，REITs 的 $\beta$ 系数是 0.59，即 REITs 的波动性是标准普尔 500 股价指数的 0.59，充分反映了其波动性小，抗风险能力很强。此外，REITs 能抵御通货膨胀的不利影响，通货膨胀率的提高会使 REITs 拥有的物业增值，租金水平上升，促使投资者收入的增长。

4. 给房地产企业提供了直接融资渠道

REITs 可以促使房地产开发商和物业所有者融资渠道的多元化，将单一的银行贷款融资形式向机构投资者、个人投资者融资转变，吸引资本市场的资金不断流入房地产市场。

REITs 的发行将优化公司的资本结构，降低债务比例，增强公司资产的流动性。

在美国，REITs 的采用还可以在一定程度上享受税收优惠。同时由于税收优惠是法律规定的，因此房地产企业不需要在避税问题上花太多的研究代理费用，从而降低了成本。

（三）房地产投资信托基金的特征

1. 流动性好

直接投资房地产存在很大的变现风险，房地产作为不动产，销售过程复杂，属于非货币性资产，资产拥有者很难在短时期内将其兑换成现金。而 REITs 可以在证券交易所或场外进行交易，马上变现，流动性仅次于现金。

2. 市场价值稳定

由于 REITs 的波动性较小，其价格水平、资产总量及价值本身的变动不会有很大变化，这对于保守的投资者而言，是一种理想的选择。

3. 高现金回报

REITs 房地产投资信托基金采购物业的价格通常低于重置成本，如低价收购尚未完工但由于各种原因急于变现的物业，继续加以运作，以此赢得更高收益。同时，按照有关法律规定，REITs 净收益的 90% 以上必须以分红形式返还投资者。

4. 有效分散投资风险

REITs 的投资物业类型多样化，保证了投资者资产组合的效益。股票市场上的 REITs 所拥有的物业遍布各地，购买多个 REITs 股票，会使投资涵盖多种物业，分布各个地区，从而保证投资更加安全。

5. 抵御通货膨胀

作为 REITs 价值基础的房地产，具有很强的保值功能，可以很好地抵御通货膨胀。通货膨胀来临时，物价上扬，房地产物业的价值更是升值迅速，以房地产物业为基础的 REITs 的收益水平和股票价格也会随之上升，能够在一定程度上抵消通货膨胀的影响。

（四）房地产投资信托基金发展概况

房地产投资信托源于 19 世纪中叶美国马萨诸塞州波士顿市设立的马萨诸塞信托（Massachusetts trust），这是第一种被允许投资房地产的合法实体。这一实体拥有与公司同样的权利：股权可转让、有限责任以及专业人员集中管理，因此一般认为是 REITs 诞生的起点。

美国国会在 1960 年通过《房地产投资信托法》。该法的用意是为小投资者提供机会，让他们可投资于能产生收入的大型房地产项目。1961 年，由于美国的税法补充条款赋予房地产投资信托与封闭式共同基金一样的税收政策，为小型投资者提供了一种通过低成本、低风险以及最低投资额度最小化的专业化工具投资房地产的机会，第一家 REITs 进入市场开始交易。到 20 世纪 60 年代末期，作为一种投资工具的 REITs 被美国市场广泛接受。

到 20 世纪 60 年代末，美国的 REITs 得到了迅速发展，其数量和资产额得到了快速增长。其中房地产投资信托的资产额增长了三倍多，从 10 亿美元增加到 47 亿美元；而同期新发行的房地产投资信托基金的数目也从 61 家增加到 161 家。到了 20 世纪 70 年代 REITs 在美国受到了重创，REITs 资产、回报绩效指数和普通股市值大幅度下降。20 世纪 80 年代美国 REITs 开始复苏渐进，进入 90 年代后则进入迅猛发展阶段，并在 2006 年总产值达到了 4 380.7 亿美元的新高。受次贷危机导致的金融危机影响，2007 年和 2008 年美国房地产投资基金又出现大幅度萎缩。从 2009 年开始，美国房地产投资信托基金规模开始恢复增长，到 2019 年末，共有 226 支 REITs，总市值达到了创纪录的 13 288 亿美元。且权益型 REITs 的主体地位越来越稳定（表 9-7）。

美国房地产投资信托基金的发展规模

表 9-7

| 年份 | 合计 | | 权益型 REITs | | 抵押型 REITs | | 混合型 REITs | |
|---|---|---|---|---|---|---|---|---|
| | 数量（支） | 市值（百万美元） | 数量（支） | 市值（百万美元） | 数量（支） | 市值（百万美元） | 数量（支） | 市值（百万美元） |
| 1971 | 34 | 1 494.3 | 12 | 332.0 | 12 | 570.8 | 10 | 591.6 |
| 1980 | 75 | 2 298.6 | 35 | 942.2 | 21 | 509.5 | 19 | 846.8 |
| 1985 | 82 | 7 674.0 | 37 | 3 270.3 | 32 | 3 162.4 | 13 | 1 241.2 |
| 1990 | 119 | 8 737.1 | 58 | 5 551.6 | 43 | 2 549.2 | 18 | 636.3 |
| 1995 | 219 | 57 541.3 | 178 | 49 913.0 | 24 | 3 395.4 | 17 | 4 232.9 |
| 2000 | 189 | 138 715.4 | 158 | 134 431.0 | 22 | 1 632.0 | 9 | 2 652.4 |
| 2005 | 197 | 330 691.3 | 152 | 301 491.0 | 37 | 23 393.7 | 8 | 5 806.6 |
| 2006 | 183 | 438 071.1 | 138 | 400 741.4 | 38 | 29 195.3 | 7 | 8 134.3 |
| 2007 | 152 | 312 009.0 | 118 | 288 694.6 | 29 | 19 054.1 | 5 | 4 260.3 |
| 2008 | 136 | 191 651.0 | 113 | 176 237.7 | 20 | 14 280.5 | 3 | 1 132.9 |
| 2009 | 142 | 271 199.2 | 115 | 248 355.2 | 23 | 22 103.2 | 4 | 740.8 |
| 2010 | 153 | 389 295.4 | 126 | 358 908.2 | 27 | 30 387.2 | — | — |
| 2015 | 223 | 938 852.0 | 182 | 886 487.5 | 41 | 52 364.6 | — | — |
| 2016 | 224 | 1 018 729.9 | 184 | 960 192.8 | 40 | 58 537.1 | — | — |
| 2017 | 222 | 1 133 697.6 | 181 | 1 065 947.7 | 41 | 67 749.9 | — | — |
| 2018 | 226 | 1 047 641.3 | 186 | 980 314.9 | 40 | 67 326.4 | — | — |
| 2019 | 226 | 1 328 806.2 | 186 | 1 245 878.3 | 40 | 82 927.8 | — | — |

数据来源：美国全国房地产投资信托基金协会网站，http://www.reit.com。

除美国外，日本、韩国、新加坡、澳大利亚、中国香港等国家和地区也已有 REITs 上市，与普通股票一样交易。近年来欧洲、亚洲、南美洲的一些国家都针对 REITs 制定专门的立法，推进 REITs 的发展，截至 2019 年底，已有 35 个国家和地区制定了 REITs 的法规（表 9-8），预计会有更多的国家加入这个行列。

**各国家和地区推出 REITs 的时间**　　表 9-8

| 年份 | 推出 REITs 的国家和地区 |
|---|---|
| 1960—1964 | 美国 |
| 1965—1969 | 荷兰 |
| 1990—1994 | 比利时，巴西，加拿大 |
| 1995—1999 | 土耳其，新加坡，希腊 |
| 2000—2004 | 日本，韩国，马来西亚，法国，中国台湾，中国香港，保加利亚，墨西哥 |
| 2005—2009 | 英国，意大利，阿联酋，以色列，泰国，德国，巴基斯坦，哥斯达黎加，芬兰，菲律宾，西班牙 |
| 2010—2014 | 匈牙利，爱尔兰，肯尼亚，南非，印度 |
| 2015—2019 | 越南，巴林，沙特阿拉伯 |

资料来源：彭博资讯，中金公司研究部。

表 9-9 显示了美国、中国香港、新加坡和日本房地产投资信托基金的基本特点。

**各国（地区）房地产投资信托基金特点比较**　　表 9-9

| 规定/要求 | 美国 | 中国香港 | 新加坡 | 日本 |
|---|---|---|---|---|
| 法定结构形式 | 公司 | 单位信托 | 单位信托或共同基金（契约型开放基金或公司型开放基金） | 投资信托/投资公司（公司型开放式基金或股份有限公司、合伙公司、有限责任公司、契约式封闭基金） |
| 发行方式 | 上市 | 上市 | 上市或者不上市，定期定量赎回 | 上市或者不上市 |
| 上市规定 | 对 3 年以下经营历史的 REITs，要求股东权益不低于 6 千万美元 | 须是经香港证监会批准的 REITs；符合主板上市准则中对集体投资计划的上市规定（上市规则第二十章） | 须是经 MAS 批准的 REITs；无专门针对 REITs 上市规定，股票的上市条件参照上市 | 房地产占总管理的资产比例不得低于 75%；每手交易的股份所含净资产不得低于 50 000 日元；净资产不得低于 20 亿日元；流通股不得低于 4 000 股 |
| 物业地点 | 没有限制 | 中国香港及中国内地 | 没有限制 | 没有限制 |

续表

| 规定/要求 | 美国 | 中国香港 | 新加坡 | 日本 |
|---|---|---|---|---|
| 最低期限 | 没有限制 | 2年 | 没有限制 | 没有限制 |
| 持股限制 | 最大5个持股人不得超过50% | 没有特殊要求（如果上市则需满足最低公开要求） | 持有超过5%的股份必须通知REITs的管理者 | 主要持股人不得超过75% |
| 投资房地产的最低比例 | 75% | 90% | 70% | 75% |
| 最低盈利分配比例 | 95%,2001年后变为90% | 90% | 90% | 90% |
| 财务杠杆 | 没有限制 | 净资产的35% | 总资产的35% | 没有限制 |
| 税收优惠 | 免征公司所得税和投资者资本利得税 | 无需交所得税 | 无需交所得税；免个体投资者的红利分配税 | 免交公司所得税；物业购买税和登记税上的优惠 |

## 二、房地产投资信托基金分类与组织形式和结构

### （一）房地产投资信托基金的分类

房地产投资信托基金按其投资业务和信托性质的不同可以分为不同类别。按投资业务不同，REITs可分为权益型REITs、抵押型REITs和混合型REITs三种。权益型REITs是以收益性物业的出租、经营管理和开发为主营业务，主要收入是房地产出租收入；抵押型REITs主要为房地产开发商和置业投资者提供抵押贷款服务，或经营抵押贷款支持证券（MBS）业务，主要收入来源是抵押贷款的利息收入；混合型REITs则同时经营上述两种形式的业务。据美国全美房地产投资信托基金协会（NAREIT）统计，2019年底美国权益型REITs的支数占总量的82.3%，市值占总量的93.8%。

按信托性质分类，REITs可以分为伞型合伙REITs和多重合伙REITs。伞型合伙REITs最早出现于1992年，指REITs不直接拥有房地产，而是通过一个经营合伙制企业控制房地产。伞型合伙REITs流行的原因是，一个非上市的房地产企业可以在不转让房地产的情况下用已有的房地产组成REITs，或者用房地产资产与REITs交换受益凭证（如股票），从而套现资金，这样可以避免支付因出售物业获得资本收益的所得税。多重合伙REITs是REITs直接拥有房地产的同时，还通过经营合伙制企业的方式拥有部分房地产。这种灵活的股权交换，不但使REITs的投资者获得了经营权股份，而且会给原物业所有者带来资产组合多元化和合理避税效应。

（二）房地产投资信托基金的组织形式

REITs按照组织形式可以分成契约型和公司型两种，具体比较如表9-10所示。

**契约型与公司型信托比较**　　　　　表9-10

| 区　　别 | 契约型 | 公司型 |
|---|---|---|
| 资金属性 | 信托财产 | 构成公司的财产 |
| 资金的使用 | 按信托契约规定 | 按公司的章程使用 |
| 税收 | 不是法人，不需缴纳所得税 | 需要缴纳公司所得税 |
| 与投资人的关系 | 信托契约关系 | 股东与公司的关系 |
| 与受托人的关系 | 以受托人存在为前提 | 本身即受托人身份 |
| 利益分配 | 分配信托利益 | 分配股利 |
| 管理经理 | 股份有限公司，信托，协会 | 股份有限公司，信托，协会 |

（三）房地产投资信托基金的组织结构

各国的法律制度不同，REITs的结构形式也有一定差异。图9-1显示了REITs的典型组织运作形式。

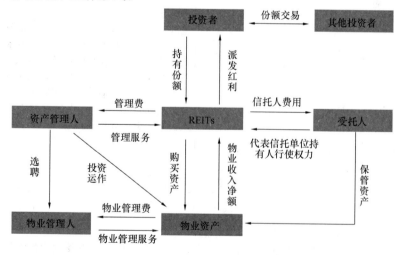

**图9-1　REITs的典型结构运作形式**

REITs组织结构中各相关主体的定义和权责，如表9-11所示。

REITs 组织结构中各主体的权责 表 9-11

| 主体 | 说明 | 利益 | 责任 |
|---|---|---|---|
| 投资者 | 指在登记册上获注明为该 REITs 单元持有人的投资者 | 获取红利和资本收益 | 依靠受托人监督 REITs 的运作 |
| REITs 董事会（受托人） | | 股息和管理费 | 设计公司战略和发展方向；<br>采取合理审慎的措施，确保该 REITs 在出售、发行、购回、赎回及注销其单位时，均依照组成文件的规定行事；<br>委任物业估价方，替该 REITs 的房地产项目估价，并采取合理审慎的措施，确保有关物业估价方采用的估价方法是合理和公平的；<br>采取合理审慎的措施，确保该 REITs 遵守组成文件内的投资及借款限制及该 REITs 获给予认可的条件；<br>若终止该 REITs，受托人必须在切实可行的范围内，在该 REITs 符合清盘资格后，将 REITs 持有的物业尽快变现，及在利用有关款项适当地支付应付的债务或在保留足够拨备以适当地支付应付的债务，以及保留拨备以支付清盘费用后，将变现物业的收益，按持有人在该 REITs 终止当日持有该 REITs 权益的比例，分派予持有人 |
| 托管人 | | 托管费 | 资产托管 |
| 资产管理人 | 维持、管理及增加基金的投资组合内的房地产项目 | 管理费 | 制订 REITs 投资策略及政策，聘任物业管理人 |

| 主体 | 说明 | 利益 | 责任 |
|---|---|---|---|
| 物业管理人 | 受资产管理人委托提供物业管理服务 | 物业管理费 | 财务管理：厘定该计划的借款限额；投资于符合该计划的投资目标的房地产项目；管理该计划的现金流量；管理该计划的财务安排；制订该计划的股息支付时间表<br>租约管理：策划租户的组合及物色潜在租户；制订及落实租约策略；执行租约条件；履行租约管理工作，例如管理租户租用物业的情况及附属康乐设施，就出租、退租、租金检讨、终止租约及续订租约与租户磋商；进行租约评估、制订租约条款、拟备租约、收取租金、进行会计、追收欠租及收回物业<br>物业管理：确保所管理的物业遵守政府规例；执行例行的管理服务，包括保安监控、防火设施、通信系统及紧急事故管理；制订及落实有关楼宇管理、维修及改善的政策及计划；提出翻修及监察有关活动 |
| 证券公司 | | 发行费和服务费 | REITs 的 IPO 和买卖交易 |
| 估价方 | | 收取估价费用 | 就赎回或发行新单位及为购入或出售物业的目的，全面评估该计划持有的所有房地产项目的价值 |
| 会计师 | | 服务费 | 制作会计报表、审计等相关服务 |
| 律师 | | 服务费 | 法律咨询和相关服务 |

　　2020 年正在试点中的中国基础设施 REITs 的产品结构有其特殊性。根据现有证券和基金相关法律的规定，公募基金不允许直接投资非上市公司股权，因此需要多一层 ABS 来嫁接，采用以"公募基金＋ABS"的方式持有项目公司股份。即先通过 ABS 持有项目公司 100％股权（和债权），然后公募基金持有 ABS 全部产品份额，最后再由投资人持有公募基金份额，就完成了整个产品结构搭建

（图 9-2）。而境外 REITs 通常由顶层基金主体直接或通过特殊目的载体持有项目公司股权。

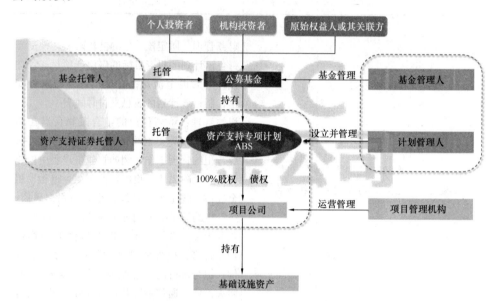

**图 9-2　中国基础设施 REITs 的基础产品架构**
资料来源：中国证监会、中金公司研究部

（四）估价在房地产投资信托基金中的作用

在 REITs 首次发行（IPO）和运营过程中，评估 REITs 所持有的房地产价值，是一项非常重要的工作。因为首次发行过程中的估价服务，是 REITs 股票或证券的定价基础；REITs 运营过程中的估价服务，是评价 REITs 经营管理绩效、投资者进行买卖 REITs 股票或证券决策的基础。表 9-12 是部分国家和地区的估价服务在 REITs 运作过程中的利益与责任。

中国香港证券及期货事务监察委员会 2005 年发布的《房地产投资信托基金守则》专设第 6 章，对物业估值师的委任、应承担的一般责任、获委任条件、估值报告的最低要求和退任等作出了详细规定。要求：①每个 REITs 计划，必须委任独立的物业估值师；②物业估值师必须每年一次，以及在 REITs 发行新投资单位、购入或售出房地产项目等情况发生时，对 REITs 所涉及的房地产项目，提交满足香港测量师学会《物业估值标准》或国际估价标准委员会《国际估价标准》要求的物业估值报告；③物业估值师必须是定期提供物业估值服务、从事香港房地产项目估值业务、主要人员为香港测量师学会资深会员或会员且符合资格进行物业估值、资信状况优良的估价机构，且必须独立于 REITs 计划及其主要持有人、受托人及管理公司；④估值报告至少应包括估值基础与假设、估值思路与方法、市场分析、物业描述、有购买选择权的任何房地产项目介绍、估值独立性说明、所采用估值方法及假设的深度分析等内容；⑤物业估值师连续为同一REITs 提供估值服务不能超过 3 年。

估价服务在 REITs 运作过程中的利益与责任　　　　　　　　表 9-12

| 国家或地区 | 说明 | 利益 | 责任 |
|---|---|---|---|
| 美国 | 房地产估价师 | 收取估价费用 | 就赎回或发行新单位及为购入或出售物业的目的，全面评估该 REITs 持有的所有房地产项目的价值 |
| 新加坡 | 受托人认为的估价方不能与管理者、顾问或者其他房地产信托方存在关系，以免影响估价方作出独立且专业的判断 | 收取估价费用；除估价费用外，估价方不能在一个财政年度从同管理者、顾问或者房地产信托的相关各方手中领取超过 200 000 美元 | 每年最少估价一次并就赎回或发行新单位及为购入或出售物业的目的，通过实地视察有关房地产项目的所在地及巡视其中建成的建筑物及设施，全面评估该 REITs 持有的所有房地产项目的价值 |
| 日本 | 不动产鉴定士 | 收取估价费用 | |
| 中国香港 | 在香港从事房地产项目估值服务的香港注册测量师，必须独立于 REITs 计划 | 收取估价费用 | |
| 中国台湾 | 不动产估价师或其他依法律可从事不动产估价的业务者 | 收取估价费用和相关服务费用 | 应至少每三个月评审不动产投资信托基金信托财产一次，并于报告董事会后，于本机构所在地之日报或依主管机关规定方式公告 |

### 三、房地产投资信托基金发行流程

REITs 首次公开发行（IPO）的工作内容包括：确定 IPO 方式与地点，组织包括发起人、受托人、管理公司等在内的 IPO 内部团队和上市代理人、会计师、房地产估价师、财务顾问及律师等在内的 IPO 外部团队，确定进入 REITs 的房地产资产范围，房地产估价师对物业进行估价，会计师准备财务报告，起草送审材料，向证监会、证交所、相关政府部门提交送审材料，证监会、证交所、相关政府部门审核批准，路演和定价发行。

### 四、房地产投资信托基金风险及其管理

#### （一）房地产投资信托基金的风险

1. 经营风险

该风险是指由于 REITs 公司的经营获利能力大小不同导致投资者的收益差别。产生经营风险的主要因素包括经理人的投资和管理能力、外部经济环境和投资项目的盈利能力等。

2. 市场风险

该风险是指由于 REITs 证券价格在交易场所的变化而给投资者带来的风险。因为多数股票价格的变动都和整个市场大趋势存在相当程度的正相关，这就会造成公司本身的经营状况无法完全决定其股票价格的变化。如果投资者在市场不景气时谋求变现，无疑会因证券价格的下跌而蒙受损失。这就是市场所造成的投资风险。

3. 利率风险

利率的变化会给 REITs 的实际收益带来损失，特别是抵押债权型房地产投资信托，因为它的资产主要是由一些长期固定利率的抵押贷款组成。如果利率上升，就会引起债权组合价值相对下降。为避免利率风险，美国 REITs 通常采用浮动利率。一般对于一些短期贷款来说，利率风险非常小。

#### （二）房地产投资信托基金的风险管理

1. 提升专业化经营水平

REITs 公司专门从事投资某一类型物业（如住宅、办公和工业物业、商业中心等），或者在某些熟悉的区域进行房地产投资，能有效提高 REITs 的管理效率和盈利能力，降低经营风险。

2. 提升规模经营水平

REITs 公司规模经营的优势非常明显。规模扩展的优势主要表现在：①提高经营效率，提高了经营资金流动性；②实现规模经济，能够降低资本费用；③金融分析师关注程度日益提高，增加了对资本的吸引力；④提高了股份流动性，吸引了机构投资者的关注；⑤有助于 REITs 获得较大的市场份额。

3. 吸引机构投资者参与

初始设立 REITs 的目的之一是为小型投资者投资房地产提供方便。大量实

证分析结果表明，在 REITs 股票市场中，随着机构投资者参与程度的提高，REITs 的经营业绩不断提升，REITs 股票市场的表现也越来越好。具体表现在：①促进了 REITs 股票价格的形成；②提高了 REITs 管理决策的质量；③提高了 REITs 的社会知名度和认可程度；④提高了 REITs 股票的绩效，减少了反常的价格波动；⑤提高了市场的透明度和效率。

4. 制定积极稳妥的经营战略

良好的经营战略能有效提高 REITs 公司的经营绩效。包括：①积极调整所持有的房地产资产结构，注重资产的流动性；②积极调整债务结构，使用较低的财务杠杆；③规避风险，实施稳妥的投资策略等。

5. 建立优秀的管理队伍

熟悉房地产自身特点、公开市场运作程序和方法的专业化管理队伍，不仅为投资者提供了高质量的专业管理服务，也推动了房地产投资信托业的规范发展和壮大。

# 第五节　房地产项目融资

## 一、房地产项目融资的概念

### （一）房地产投资项目使用资金特性

房地产投资项目所需的资金除具有"货币－生产－商品－货币"这样一个一般的循环往复、连续不断的资金运动过程外，还具有资金垫付量大、占用周期长、投资的固定性和增值性以及风险大、回报率高等特性。从这些特性出发，房地产开发投资企业的资金在周转过程中必然存在着：资金投入的集中性和来源分散性的矛盾、资金投入量大和每笔收入来源小的矛盾、投资回收周期长和再生产过程连续性的矛盾。对于房地产投资者来说，解决这些矛盾，是项目投资得以顺利进行的基本前提。

### （二）房地产项目融资的含义

房地产项目融资，是整个社会融资系统中的一个重要组成部分，是房地产投资者为确保投资项目的顺利进行而进行的融通资金的活动。与其他融资活动一样，房地产项目融资同样包括资金筹措和资金供应两个方面，没有资金筹措，资金供应就成了无源之水、无本之木。

房地产项目融资的实质，是充分发挥房地产的财产功能，为房地产投资融通资金，以达到尽快开发、提高投资效益的目的。房地产投资项目融资的特点，是在融资过程中的存储、信贷关系，都是以房地产项目为核心。通过为房地产投资项目融资，投资者通常可将固着在土地上的资产变成可流动的资金，使其进入社会生产流通领域，达到扩充社会资金来源、缓解企业资金压力的目的。

（三）房地产项目融资的意义

资金问题历来都是房地产投资者最为关切和颇费心机的问题。任何一个房地产投资者，能否在竞争激烈的房地产市场中获得成功，除了取决于其技术能力、管理经验以及其在以往的房地产投资中赢得的信誉外，还取决于其筹集资金的能力和使用资金的本领。就房地产开发投资而言，即使开发商已经获取了开发建设用地的土地使用权，如果该开发商缺乏筹集资金的实际能力，不能事先把建设资金安排妥当，其结果很可能由于流动资金拮据、周转困难而以失败告终；对于置业投资来说，如果找不到金融机构提供长期抵押贷款，投资者的投资能力就会受到极大的制约。所以，尽管人人都知道房地产投资具有获得高额利润的可能，但这种高额利润对绝大多数人来说，是可望而不可及的。

从金融机构的角度来说，其拥有的资金如果不能及时融出，就会由于通货膨胀的影响而贬值，如果这些资金是通过吸收储蓄存款而汇集的，则还要垫付资金的利息。所以金融机构只有设法及时将资金融出，才能避免由于资金闲置而造成的损失。当然，金融机构在融出资金时，要遵循流动性、安全性和盈利性原则。世界各国的实践表明，房地产业是吸纳金融机构信贷资金最多的行业，房地产开发商和投资者，是金融机构最大的客户群之一，也是金融机构之间的竞争中最重要的争夺对象。

## 二、房地产项目融资方案

（一）融资组织形式选择

研究融资方案，首先应该明确融资主体，由融资主体进行融资活动，并承担融资责任和风险。项目融资主体的组织形式主要有：既有项目法人融资和新设项目法人融资。

既有项目法人融资形式是依托现有法人进行的融资活动，其特点是：不组建新的项目法人，由既有法人统一组织融资活动并承担融资责任和风险；拟建项目一般在既有法人资产和信用基础上进行，并形成其增量资产；从既有法人的财务整体状况考察融资后的偿债能力。

新设项目法人融资形式是指新建项目法人进行的融资活动，其特点是：项目投资由新设项目法人筹集的资本金和债务资金构成；新设项目法人承担相应的融资责任和风险；从项目投产后的经济效益来考察偿债能力。

（二）资金来源选择

在估算出房地产投资项目所需要的资金数量后，根据资金的可行性、供应的充足性、融资成本的高低，在房地产项目融资的可能资金来源中，选定项目融资的资金来源。

常用的融资渠道包括：自有资金、信贷资金、证券市场资金、非银行金融机构（信托投资公司、投资基金公司、风险投资公司、保险公司、租赁公司等）的资金、其他机构和个人的资金、预售或预租收入等。

（三）资本金筹措

资本金作为项目投资中由投资者提供的资金，是获得债务资金的基础。国家对房地产开发项目资本金比例的要求是35%。对房地产置业投资，资本金比例通常为购置物业时所须支付的首付款比例。

资本金出资形态可以是现金，也可以是实物、土地使用权等，实物出资必须经过有资格的评估机构评估作价，并在资本金中不能超过一定比例。新设项目法人项目资本金筹措渠道，包括政府政策性资金、国家授权投资机构入股的资金、国内外企业入股的资金、社会团体和个人入股的资金。既有项目法人项目资本金筹措渠道，包括项目法人可用于项目的现金、资产变现资金、发行股票筹集的资金、政府政策性资金和国内外企业法人入股资金。

当既有项目法人是上市公司时，可以通过公开或定向增发新股，为特定的房地产开发投资项目筹措资本金。房地产上市公司可根据企业资金需要，选择发行不同种类的房地产股票，包括普通股和优先股。

以资金或土地使用权作价入股的合作开发模式，也是筹措资本金、分散资本金筹措压力的有效方式。通过充分发挥合作伙伴的各自优势，并由各合作伙伴分别承担或筹集各自需要投入的资本金，可以有效提高房地产企业的投资能力。目前，国内许多房地产开发项目采用了合作开发的模式，使有房地产开发投资管理能力但资金短缺的开发商和拥有资本金投资能力但没有房地产投资管理经验的企业优势互补，收到了很好的效果。合作开发还包括与当前的土地使用者合作，通过将土地费用的部分或全部作价入股，可以大大减少资本金投入和开发前期的财务压力。近年来在政府土地出让市场上出现的若干联合竞买，也是一种合作开发的形式，可以有效减轻单一企业竞买时的资本金压力。

（四）债务资金筹措

债务资金是项目投资中除资本金外，需要从金融市场中借入的资金。债务资金筹措的主要渠道有信贷融资和债券融资。

### 1. 信贷融资

房地产开发商的发展离不开银行及其他金融机构的支持。如果开发商不会利用银行信贷资金，完全靠自有资金周转，就很难扩大投资项目的规模及提高资本金的投资收益水平，还会由于投资能力的不足而失去许多良好的投资机会。利用信贷资金经营，实际上就是"借钱赚钱"或"借鸡生蛋"，充分利用财务杠杆的作用。

信贷融资方案要明确拟提供贷款的机构及其贷款条件，包括支付方式、贷款期限、贷款利率、还本付息方式和附加条件等。

### 2. 债券融资

企业债券泛指各种所有制形式企业，为了特定的目的所发行的债务凭证。债券融资是指项目法人以自身的财务状况和信用条件为基础，通过发行企业债券筹集资金，用于项目建设的融资方式。

企业债券作为一种有价证券，其还本付息的期限一般应根据房地产企业筹集资金的目的、金融市场的规律、有关法规和房地产开发经营周期而定，通常为3～5年。债券偿付方式有三种：第一种是偿还，通常是到期一次偿还本息；第二种是转期，即用一种到期较晚的债券来替换到期较早的在发债券，也可以说是以旧换新；第三种是转换，即债券在有效期内，只需支付利息，债券持有人有权按照约定将债券转化成公司的普通股。可转换债券的发行，不需要以项目资产和公司的其他资产作为担保。

### （五）预售或预租

由于房地产开发项目可以通过预售和预租在开发过程中获得收入，而这部分收入又可以用作后续开发过程所需要的投资，所以大大减轻了房地产开发商为开发项目进行权益融资和债务融资的压力。

在房地产市场前景看好的情况下，大部分投资置业人士和机构，对预售楼宇感兴趣，因为他们只需先期支付少量定金或预付款，就可以享受到未来一段时间内的房地产增值收益。例如，某单位以现时楼价15％的预付款订购了开发商开发建设过程中的楼宇，如果一年后楼宇竣工交付使用时楼价上涨了12％，则其预付款的收益率高达 $12\% \div 15\% \times 100\% = 80\%$。

预售楼宇对于买家来说，由于可以降低购楼费用（如果楼宇建成后，买家再将所预定的楼宇转卖，则可获得很高的投资收益），所以有很高的积极性；对于开发商来说，预售一部分楼面面积，既可以筹集到必要的建设资金，又可将部分市场风险分担给买家，因此开发商的积极性也是不言而喻的。当然，预售楼宇通常是有条件的，一般规定，开发商投入的建设资金（不含土地费用）达到或超过工程建设总投资的 25% 以后，方可获得政府房地产管理部门颁发的预售许可证。

（六）融资方案分析

在初步确定项目的资金筹措方式和资金来源后，接下来的工作就是进行融资方案分析，比较并挑选资金来源可靠、资金结构分析、融资成本低、融资风险小的方案。

1. 资金来源可靠性分析

主要是分析项目所需总投资和分期所需投资能否得到足够的、持续的资金供应，即资本金和债务资金供应是否落实可靠。应力求使筹措的资金、币种及投入时序与项目开发建设进度和投资使用计划相匹配，确保项目开发建设活动顺利进行。

2. 资金结构分析

主要分析项目融资方案中的资本金与债务资金比例、股本结构比例和债务结构比例，并分析其实现条件。在一般情况下，项目资本金比例过低，将给项目带来潜在的财务风险，因此应根据项目的特点和开发经营方案，合理确定资本金与债务资金的比例。股本结构反映项目股东各方出资额和相应的权益，应根据项目特点和主要股东方的参股意愿，合理确定参股各方的出资比例。债务结构反映项目债权各方为项目提供的债务资金的比例，应根据债权人提供债务资金的方式、附加条件以及利率、汇率、还款方式的不同，合理确定内债与外债的比例、政策性银行与商业性银行的贷款比例、信贷资金与债券资金的比例等。

3. 融资成本分析

融资成本是指项目为筹集和使用资金而支付的费用。融资成本高低是判断项目融资方案是否合理的重要因素之一。融资成本包括债务融资成本和资本金融资成本。债务融资成本包括资金筹集费（承诺费、手续费、担保费、代理费等）和资金占用费（利息），一般通过计算债务资金的综合利率，来判断债务融资成本的高低；资本金融资成本中的资金筹集费同样包括承诺费、手续费、担保费、代理费等费用，但其资金占用费则需要按机会成本原则计算，当机会成本难以计算时，可参照银行存款利率计算。

4. 融资风险分析

融资方案的实施经常受到各种风险的影响。为了使融资方案稳妥可靠，需要分析融资方案实施中可能遇到的各种风险因素，及其对资金来源可靠性和融资成本的影响。通常需要分析的风险因素包括资金供应风险、利率风险和汇率风险。资金供应风险是指融资方案在实施过程中，可能出现资金不落实，导致开发期拖长、成本增加、原收益目标难以实现的风险。利率风险则指融资方案采用浮动利率计息时，贷款利率的可能变动给项目带来的风险和损失。汇率风险是指国际金融市场外汇交易结算产生的风险，包括人民币对外币的比价变动风险和外币之间的比价变动风险，利用外资数额较大的项目必须估测汇率变动对项目造成的风险和损失。

### 三、金融机构对房地产项目贷款的审查

金融机构进行项目贷款审查时，要进行客户评价、项目评估、担保方式评价和贷款综合评价四个方面的工作。

（一）企业资信等级评价

金融机构在向申请贷款的项目贷款前，首先要审查企业的资信等级，即客户评价。通常情况下，金融机构主要根据企业素质、资金实力、企业偿债能力、企业经营管理能力、企业获利能力、企业信誉、企业在贷款银行的资金流量和其他辅助指标，确定房地产开发企业的资信等级。企业资信等级评价的过程，实际上是按照一定的评价标准分别给上述每项评价指标打分，再根据各项指标的相对重要性确定每一指标或每一类指标的权重，然后加权平均计算出每个企业的资信评价分值，最后再按照企业得分的多少，将其划分为AAA、AA、A、BBB、BB和B级。通常情况下，BBB及以上资信等级的企业才能获得银行贷款。

（二）贷款项目评估

对开发商所开发的项目进行详细的审查，目的是确保开发商能够凭借项目本身的正常运行，具备充分的还款能力。

金融机构对项目的审查主要包括三个大的方面，即：项目基本情况、市场分析结果和财务评价指标。各方面的具体指标如表9-13所示。

房地产开发项目贷款评价的指标体系　　　　　　　　　　　　　　表 9-13

| 序号 | 指标名称 | 内容及计算公式 |
| --- | --- | --- |
| 一 | | 项目基本情况指标 |
| 1 | 四证落实情况 | 四证指国有土地使用证件及《建设用地规划许可证》、《建设工程规划许可证》和《建筑工程施工许可证》 |
| 2 | 权益资金占总投资比率 | 权益资金/总投资 |
| 3 | 资金落实情况 | 权益资金和其他资金落实情况 |

续表

| 序号 | 指标名称 | 内容及计算公式 |
|---|---|---|
| 4 | 地理与交通位置 | 项目所处位置的区域条件和交通条件 |
| 5 | 基础设施落实情况 | 指项目的上下水、电力、煤气、热力、通信、交通等配套条件的落实情况 |
| 6 | 项目品质 | 指项目自身的产品品质，包括规划和设计风格、容积率、小区环境、户型设计等是否合理，新材料、新技术、新设计、新理念的应用以及这些应用所带来的效益和风险 |
| 二 | | 市场分析指标 |
| 7 | 市场定位 | 项目是否有明确的市场定位，是否面向明确的细分市场及这种定位的合理性 |
| 8 | 供需形势分析 | 项目所在细分市场的供应量与有效需求量之间的关系、市场吸纳率、市场交易的活跃程度等 |
| 9 | 竞争形势分析 | 项目所在地区人口聚集度、项目所处细分市场的饱和程度、项目与竞争楼盘的优势比较次序等内容 |
| 10 | 市场营销能力 | 项目的营销推广计划是否合理有效、销售策划人员能力、是否有中介顾问公司的配合等 |
| 11 | 认购或预售/预租能力 | 项目是否已有认购或已经开始预售、预租及认购或预售/预租的比例如何 |
| 三 | | 财务评价指标 |
| 12 | 内部收益率 | 使项目在计算期内各年净现金流量现值累计之和等于零时的折现率 |
| 13 | 销售利润率 | 利润总额/销售收入 |
| 14 | 贷款偿还期 | 项目用规定的还款资金（利润及其他还款来源）偿还贷款本息所需要的时间 |
| 15 | 敏感性评价 | 分析和预测主要指标（如收益率、净现值、贷款偿还期等）对由于通货膨胀、市场竞争等客观原因所引起的成本、利润率等因素变化而发生变动的敏感程度 |

从金融机构的立场来说，拟开发建设的项目不仅要满足开发商的投资目标，更重要的是还需满足金融机构自己的目标。总的来说，项目应具有适当的经济规模，最好能满足金融机构地区分布均衡的原则。银行这样要求，主要目的是为了

分散融资风险。

在项目融资金额较大或某些其他特殊情况下，金融机构还很可能亲自去了解有关开发项目的详情，如果开发商是自己的新客户，更需要这样做。调查的内容包括项目所在的确切地点、当地对各类物业的需求情况、项目改变用途以适应市场需要的可能性、市场上的主要竞争项目等。金融机构批准贷款时通常还会考虑建筑设计质量和建筑师的水平情况。此外，有时金融机构还会对未来租户的选择进行干预，尤其是大宗承租的租户，这也是金融机构控制项目和开发商的重要措施。很有必要记住这样一句话，即在开发商看来是机会的时候，银行家看到的往往是风险。

在咨询业日益发达的今天，金融机构还会要求开发商向其提供由房地产咨询机构出具的项目评估报告，这也是金融机构化解和分散融资风险的有效途径。在咨询机构提供的项目评估报告中，咨询机构会就项目的建设条件、项目所在地的房地产市场供求情况、预期租金和售价水平、总开发成本、项目自身的收益能力和还贷能力、财务评价的有关技术经济指标、不确定性分析的结果等提供专业意见，供银行或其他金融机构参考。

（三）房地产贷款担保方式评价

贷款担保是指为提高贷款偿还能力，降低银行资金损失的风险，由借款人或第三人对贷款本息的偿还提供的一种保证。当银行与借款人及其他第三人签订担保协议后，如借款人财务状况恶化、违反借款合同或无法偿还贷款时，银行可以通过执行担保来收回贷款本息。需要指出的是，贷款的担保不能取代借款人的信用状况，仅仅是为已经发生的贷款提供了一个额外的安全保障，银行在发放贷款时，首先应考查借款人的第一还款来源是否充足；贷款的担保并不一定能确保贷款得以足额偿还。房地产贷款担保通常有以下三种形式：

1. 保证

即由贷款银行、借款人与第三方签订一个保证协议，当借款人违约或无力归还贷款时，由第三方保证人按照约定履行债务或承担相应的责任。保证通常是由第三方保证人以自身的财产提供的一种可选择的还款来源。而且，只有当保证人有能力和意愿代替借款人偿还贷款，这项保证才是可靠的，为此贷款银行将在充分审核保证人的财务实力和信誉程度后，方可做出是否接受其保证的决策。一般来说，银行金融机构提供的担保风险最低，然后依次是省级非银行金融机构、AAA 级企业、AA 级企业、AA 级以下企业。

2. 抵押

是指借款人或第三人在不转移财产占有权的情况下，将财产抵押给债权人作为贷款的担保。银行持有抵押财产的担保权益，当借款人不履行到期债务或者发生当事人约定的实现抵押权的情形时，银行有权以该财产折价或以拍卖、变卖该财产的价款优先受偿。在房地产贷款中以土地房屋等设定贷款抵押，是最常见的担保形式。从抵押担保的质量来看，商品房优于其他房屋，建成后的房地产优于纯粹的土地，商品住宅优于商用房地产。

3. 质押

贷款质押是指借款人或第三人以其动产或权利（包括商标权、专利权等）移交银行占有，将该动产或权利作为债权的担保。当借款人不履行到期债务或者发生当事人约定的实现质权的情形时，银行有权将该动产或权利折价出售收回贷款，或者以拍卖、变卖该动产或权利的价款优先受偿。

（四）贷款综合评价

金融机构考察完开发商的资信状况和房地产开发项目以后，还要结合对企业和项目考察的结果，综合企业信用等级、项目风险等级、贷款担保方式、贷款期限等因素，对项目贷款进行综合评价。贷款综合评价的主要工作是计算贷款综合风险度。

某笔贷款的综合风险度＝（某笔贷款风险额/某笔贷款额）×100％＝信用等级系数×贷款方式系数×期限系数×项目等级系数

某笔贷款风险额＝某笔贷款额×信用等级系数×贷款方式系数×期限系数×项目风险等级系数

其中：

（1）信用等级系数的取值规则是：AAA 级企业为 30％，AA 级企业为 50％，A 级企业为 70％，BBB 级企业为 90％。

（2）贷款方式系数的取值规则是：信用贷款为 100％；由银行金融机构提供担保的为 10％～20％，由省级非银行金融机构担保的为 50％，AA 级以下企业担保的为 100％；用商品房抵押的为 50％，由其他房屋及建筑物抵押的为 100％（如参加保险，保险期长于贷款到期日的，系数取值为 50％）。

（3）贷款期限系数的取值规则是：中短期贷款期限在半年以内的为 100％，期限在半年以上不满 1 年的为 120％；中长期贷款期限在 1 年以上不满 3 年的为 120％；期限在 3 年以上不满 5 年的为 130％，期限在 5 年以上的为 140％。

（4）项目风险等级系数的确定：先按照项目建设条件、市场和产品分析以及财务评价的结果，将项目划分成 AAA、AA、A 和 BBB 四个风险等级，其对应的风险系数分别为 80％、70％、60％和 50％。

按照上述公式计算，凡综合风险度超过 60％的，即为高风险贷款，对高风险贷款，银行一般不予发放贷款。例如，某开发企业申请贷款 5 000 万元，该企业的信用等级为 AA 级，以商品房做抵押，期限 2 年，项目风险等级为 A 级，代入上述公式得：贷款综合风险度＝50％×50％×120％×60％＝18％，银行可以发放贷款。

## 复习思考题

1. 为什么说房地产业与金融业息息相关？

2. 房地产资本市场的结构是如何划分的？

3. 权益融资和债务融资的主要区别是什么？

4. 房地产企业权益融资方式有哪些新发展？

5. 何谓房地产企业公开资本市场融资？具体有哪些融资渠道？

6. 房地产企业公开资本市场融资中股权定价的方法有哪些？

7. 房地产开发贷款都包括哪些具体类型？

8. 何谓房地产抵押贷款？银行在设定房地产抵押权时，通常要审查确定抵押物的哪些情况？

9. 在建建筑物抵押有哪些特殊性？

10. 何谓房地产抵押贷款一级市场和二级市场？它们之间的关系如何？

11. 抵押贷款支持证券有哪些类型？

12. 房地产投资信托基金有哪些特征？

13. 房地产投资信托基金有哪些类型？其区别是什么？

14. 房地产投资信托基金的组织形式和结构特点是什么？

15. 房地产投资信托基金的风险有哪些？如何有效管理这些风险？

16. 房地产开发贷款的风险和风险管理手段分别有哪些？

17. 个人住房抵押贷款的风险和风险管理手段分别有哪些？

18. 房地产开发企业的资金在周转过程中存在哪些矛盾？

19. 房地产开发项目融资的资金来源通常包括哪些方面？

20. 为什么说合作开发也是房地产项目融资的有效手段？

21. 制定房地产项目融资方案时，都包括哪些工作？

22. 融资方案分析中分别要进行哪些分析工作？如何进行这些分析工作？

23. 我国房地产开发投资资金来源的特点是什么？

24. 预售收入在房地产开发项目融资中的作用是什么？

25. 房地产贷款担保的形式有哪些？

26. 金融机构在衡量是否提供融资时，通常需要考虑哪些问题？

# 第十章 物业资产管理

## 第一节 物业资产管理的内涵

物业资产管理是房地产开发过程的延续。随着房地产市场的发展，尤其是以收益性房地产为对象的房地产投资活动的增加，物业资产管理服务需求日益增加。熟悉房地产使用过程尤其是该过程中的物业资产管理工作，有助于房地产估价师把握物业使用过程的特点、收益与费用的类型及其确定方式，以及物业资产管理服务对房地产价值的影响。

物业资产管理是指为了满足置业投资者的目标，综合利用物业管理（Property Management）、设施管理（Facilities Management）、房地产资产管理（Real Estate Assets Management）、房地产组合投资管理（Real Estate Portfolio Management）的技术、手段和模式，以收益性物业为对象，为投资者提供的贯穿于物业整个寿命周期的综合性管理服务。

物业管理、设施管理、房地产资产管理和房地产组合投资管理的关系如图10-1所示。其中，物业管理和设施管理以运行管理为主，房地产资产管理和房地产投资组合管理以策略性管理为主。

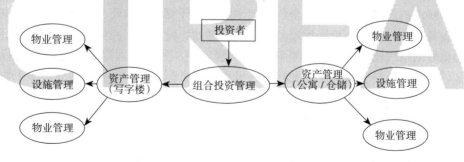

**图 10-1　房地产资产管理的内容及其相互关系**

## 一、物业管理

物业管理是一种专业行业，它综合运用多学科的知识，通过人员、场所、流程和技术的整合，来确保建筑环境的正常运行。

物业管理的核心工作是对房地产资产进行日常的维护与维修，以保障其始终处在正常的运行状态，并向入住的客户或业主提供服务。对于普通住宅小区，物业管理就是房地产资产管理的全部内容。然而，对于收益性物业或大型非房地产公司拥有的自用物业，除物业管理外，还要进行相应的资产管理和组合投资管理工作。此时的物业管理除进行物业的日常管理外，还要执行资产管理所确定的战略方针，以满足组合投资管理的目标。

物业管理关注的重点是租用建筑物的租户对其所使用物业的环境是否满意，并希望继续租用本物业。所以，物业管理中的每一部分工作，都应以满足当前租户的需要并吸引未来的新租户为中心。国际上物业管理行业的专业资格，是注册物业管理经理（CPM）。

## 二、设施管理

设施管理是一种新型房地产服务业务，其主要功能是通过对人和工作的协调，为某一单位或机构创造一个良好的工作环境。设施管理是融合了企业管理、建筑学、行为科学和工程学的交叉学科。商业企业越来越强烈地认识到，拥有一个管理有序、高效率的办公环境，对企业的成功非常重要；新技术、环境意识和对健康的日益关注，也导致了对设施管理专业服务需求的日益增加。

设施管理的传统服务主要集中在设施的运行管理与维护，但目前已扩展到为写字楼内的雇员提供一个安全、有效率的工作环境，为医院、高科技产业提供设施设备维护、空间环境维护服务等方面。例如，设施管理人员要负责保持写字楼内良好的空气质量，为楼宇更新安全控制系统，为残疾人提供无障碍的通行设施，保证设施符合政府法规和环境、健康、安全标准等。设施管理的具体工作内容通常包括：制定长期财务规划和年度财务计划，设备更新财务预测，为业主提供购买和处置房地产资产的建议，室内布局与空间规划，建筑设计与工程规划，建造与维修工程，设施维护和运营管理，电信整合、安全和综合管理服务，信息管理与设施管理报告等。国际上，设施管理领域的专业资格，通常称为注册设施管理经理（CFM）。

### 三、房地产资产管理

房地产资产管理所涉及的范围比物业管理和设施管理大得多，因此，资产管理公司通常聘请若干物业服务企业和设施管理公司为其提供服务。资产管理经理领导物业经理和设施经理，监督考核他们的管理绩效，指导他们制定物业管理、设施管理的策略计划，以满足组合投资管理者对资产价值最大化的要求。

资产管理的主要工作包括：制定物业策略计划，持有或出售分析，检讨物业重新定位的机会，审批主要的费用支出，监控物业运行绩效，根据物业在同类物业竞争市场上的绩效表现，管理并评估物业服务企业的工作，协调物业服务企业与租户的关系，定期进行资产的投资分析和运营状况分析。

### 四、房地产组合投资管理

房地产组合投资管理所涉及的范围更广，包括确定物业投资者或业主的投资目标，评估资产管理公司的绩效，审批资产管理公司提出的物业更新改造计划以保持资产的良好运行状态和市场竞争力，管理资产以实现组合投资收益的最大化，就新购置物业或处置物业做出决策等。

组合投资管理的主要工作包括：与投资者沟通并制定组合投资的目标和投资准则，制定并执行组合投资策略，设计和调整房地产资产的资本结构，负责策略资产的配置和衍生工具的应用，监督物业购买、处置、资产管理和再投资决策，评估投资组合绩效，客户报告与现金管理。

## 第二节　物业管理的内容

根据物业的类型和特点不同，可以将物业管理分为居住物业管理、公共物业管理和收益性物业管理。每一种类型的物业管理，又可以进一步划分为许多更专业化的领域。例如，在收益性物业管理中，就可以进一步分为写字楼物业管理、零售商业物业管理、工业及仓储物业管理、酒店物业管理等。物业类型不同，物业管理的侧重点和工作程序也有差异。对最为复杂的收益性物业管理而言，其工作内容主要包括以下几个方面。

### 一、制定物业管理计划

在接管一宗物业后，首先要制定一份管理计划并获委托方认可。该计划应详细说明物业管理所提供的服务内容以及所采用的方法。一般包括六个方面的内容：

（一）确立目标

物业所有者（业主）的目标是制定管理计划的基础。有时业主除了最大限度地获取利润以外，没有具体的目标。物业管理人员就要通过调查、分析有关投资信息，来确定较为具体的目标。此外，业主授予物业管理者的权力范围也有很大差别，有些业主只对重大决策问题发表意见，但也有些业主可能希望对有关细节问题亦予过问。物业管理人员常常需要就业主提出的相互矛盾的目标作解释工作，例如有业主同时提出了最小维护费用和最大增值两个不相容的目标。一旦物业服务企业接受了委托，就要在物业管理目标上与业主达成共识，并尽自己的可能来维护业主的利益。

（二）检查物业质量状况

检查物业质量状况是物业管理工作的重要内容，这种检查通常包括建筑物外部和内部墙体、基础和屋顶、建筑设备和装修等所有方面，还要针对租户经常指出的一些特殊问题进行检查。物业管理人员要根据质量状况检查的结果，确定实现业主提出的目标所需的时间、需要进行的修缮工作及其费用。

（三）形成租金方案和出租策略

出租实际上是出售一定期限（月或年）的物业使用权，只有在业主和租户均满意的情况下租约才会得以维持，从这种意义上来讲，为物业出租而进行的努力是永无止境的。

租金方案十分重要。从理论上来说，租金要根据物业出租经营成本、税费和业主希望的投资回报率来确定，但市场经济条件下，物业租金水平的高低主要取决于同类型物业的市场供求关系。维护较好的旧有建筑，由于其建造成本和融资费用较低，往往限制了新建筑的租金水平，因此对旧有建筑而言，租金收入常常使回报率超出预期的水平，且建造成本和融资费用上升越快，这种情况就越明显。

从总体上说，物业租金收益必须能抵偿所有投资成本，并能为投资者带来一个合理的投资回报。否则就不会有人再来进行开发建设投资。物业管理人员还必须了解市场，过高或过低的租金都有可能导致业主利益的损失，因为若某宗待出租物业确定的租金高于市场租金水平，则意味着物业的空置率会上升；而低于市场租金水平，虽然可能使出租率达到100％，但可获得的总租金收入并不一定理想。

对于大型物业服务企业来说，一般较容易确定租金水平或方案，因为他们往往拥有大量类似物业出租的租金数据，使得物业管理人员很容易确定物业合适的市场租金水平。当然，为准确判断物业的市场租金水平，需要比较已出租的类似物业和待出租物业的差异，并对已知的租金进行相应的修正，进而求取待出租物业的市场租金水平。例如，对于出租写字楼，其租金水平可能会依下述情况的不同而不同：单元面积大小、楼层、朝向；大厦坐落地点；距商业中心区的距离；装修档次；建筑设备状况；所提供服务的内容；有效使用面积系数；康乐设施完备情况；物业维护措施。

租金方案还会受到出租策略的影响。仍然举出租写字楼的例子，租金水平受下列情况的影响：租期长短和承租面积的大小；租户的资信状况；为租户提供服务的水平；附属设施的收费水平；是否带家具等。

这里所列的情况并不完全，仅仅是为了说明出租策略的不同会带来物业租金水平的差异。

对出租期限内租金水平的调整，没有数学公式可循，物业价格、租金指数对租金定期调整虽有参考价值，但直接意义也不大，所以恰如其分地调整租金和形成初始租金方案一样困难。如果投资者购买的物业本来就有人租用，这种租金的调整就更加困难，因为先前的业主确定的租金可能低于市场租金水平，所以当新业主或物业管理人员决定将租金提高至市场租金水平时，可能会受到抵制。正是由于制定租金方案、调整租金水平非常复杂，才需要物业管理人员提供专业的服务。

（四）提出预算（包括管理费）

预算是物业管理中经营计划的核心，预算中包括详细的预期收益估算、允许的空置率水平和运营费用，且这些指标构成了物业管理的量化目标。要根据实际经营情况对预算进行定期调整，因为租金收益可能由于空置率的增加而较预期收益减少，此时物业管理人员往往要就空置率增加的原因进行认真的分析。维护费用超过预算一般预示着建筑物内的某些设备需要予以更新。

预算是物业管理中财务控制和财务计划的重要工具。其计划特性则表现在当物业管理人员编制预算时能就未来一年的经营计划做出比较现实的安排。而其控制特性表现在当收入低于预算或费用超过预算时就会引起物业管理人员的注意。此外，检查上年度预算执行情况，也有助于物业管理人员发现问题，并在新年度预算中进行适当的调整。

预算还可以使业主较容易地对物业管理的财务情况进行检查。当业主发现物业经营收入和费用大大超过预计的水平时，通常会要求物业管理人员予以解释，物业管理人员则必须负责对实际执行结果背离预算的原因进行说明，并告之业主这种未预计到的情况的发展趋势。所以，一旦提出了一个预算，物业管理人员和业主之间的经济关系也就确立了，但在双方共同制定预算的过程中，物业管理人员要努力为业主提出更为完美并切合实际的目标。

（五）签订物业服务合同

业主与物业服务企业签订的服务合同必须明确物业管理人员的权利和义务，以免物业管理人员事无巨细都要请示业主。

一般的服务合同应包括物业管理人员需定期向业主呈送的文件和报告、物业管理人员的主要工作、物业管理的责任和物业管理的费用。当然，物业的规模越大、租户的数量越多、对物业管理所提供的服务内容越多，则合同越要详细。

（六）物业管理记录和控制

当物业服务合同签订后，物业管理人员必须及时收集整理有关数据，以便编制有关报告。例如一份月财务报告应包括上月结余、本月收入（包括租金、保证金和其他收入等）、本月支出（包括人员工资、维护费、修理费、水及能源使用费、税费、保险费、抵押贷款还本付息、管理费、宣传广告费、折旧提取等）和月末结余。通过阅读月财务报告，业主和物业服务企业就会发现哪些费用超出了预算。

## 二、加强市场宣传

为使物业达到一个较为理想的租金水平，物业管理人员还要进行市场宣传工作。这种宣传一般围绕物业的特性来进行，如宣传物业所处的位置、周围景观、通达性和方便性等。一般很少通过强调租金低廉来吸引租户，因为对于某些物业如收益性物业、工业物业等来说，租金水平相对于物业的其他特性可能并不十分重要。所以一般认为，只要租金相对于其他竞争性物业来说相差不大，则物业的特性和质量才是吸引租户的主要因素。通过对大量承租人的调查表明，他们选择物业时所考虑的众多因素中，租金是否便宜只占第五或第六位。

物业管理人员选定了进行物业宣传的主题后，还要选择适当的宣传媒介。一般来说，对于中低档写字楼物业，选择报纸上的分类广告或物业顾问机构的期刊比较合适；对于大规模的收益性物业，还可选择电视、广播来进行宣传。

目前流行的作法还包括物业管理人员带领有兴趣的人士前往"看楼"，所以通常要将拟出租部分整理好以供参观。物业本身及物业管理人员的工作情况和服务效率给租户留下的第一印象也非常重要。

展示物业是一种艺术，它取决于物业管理人员对未来租户需求的了解程度，而这种需求可通过与租户非正式的接触、问卷调查等形式来获取。租户是否租用物业，一般取决于其对目前和未来所提供空间的满足感和所需支付费用的承受能力。

当然，加强市场宣传的最终目的是能签署租赁合约，达不到这个目的，物业管理人员的一切努力都是徒劳的。经验丰富的物业管理人员在向潜在的租户展示、介绍物业的过程中，能清楚地从顾客的反应中知晓，他是否已经初步决定承租物业，并及时进行引导，尽可能用大众化的语言回答顾客的提问。

### 三、制定租金收取办法

制定租金收取办法的目的，是尽量减少由于迟付或拖欠租金而给业主带来的损失。"物业管理人员应尽量体谅和考虑租户的特殊困难，并想办法为其解决这些困难，以达到按期足额收取租金的目的"。这句话说明，租金收取办法要尽量考虑到租户的方便，在物业管理人员和租户间要建立起良好的信任关系，尤其是在经济不景气或租户的业务发生困难时，这种弹性策略尤为重要。当然，这并不排除必要时诉诸法律的可能。

在制定租金收取办法的过程中，物业管理人员通常对按时支付租金的租户实行一定额度的优惠，而不是对迟交者予以罚款。经验表明，激励比惩罚更为有效。此外，租金收取方式和时间的选择亦很重要，要根据租户的收入特点灵活选择收租方式，合理确定收租时间。此外，物业管理还提倡主动的收租服务，通过电话、信件甚至亲临访问来提醒租户按时缴纳租金，并让租户了解租金收取的程序。对于租户主动缴纳租金的行动，要表示感谢和鼓励。

### 四、物业的维修养护

良好的物业维修养护管理不仅是租户要求的，也是物业本身和物业管理目的所要求的。物业维修常起源于租户对建筑物状况的抱怨，物业管理人员在抓紧维修的同时，还要对承租人的合作表示感谢，对建筑物缺陷可能给租户造成的不便表示歉意。这种及时应租户要求而进行的维修，不仅能树立物业服务企业的信誉，而且还有助于避免由于物业缺陷而导致的重大经济损失。

除应租户要求而进行的维修外，还要按时对物业进行定期的检查、维修与养护。每次检查维修都要依建筑物各部位和其附属设备的情况有所侧重。检查结果要详细记录并及时报告给业主。

物业管理人员虽然被授权负责物业的维修，但必须以不突破维修预算为原则。对于建筑物内主要设备的更新工作如供热或空调系统的更新，物业管理人员必须征得业主的同意。此外，对租户就建筑物尤其是内部设备的使用提供指导，也是物业维修计划的重要内容，这样就可以使租户、物业管理人员以及业主共同承担物业维护的责任，并使各方的利益得到应有的保护。

### 五、安全保卫

当前，物业管理人员越来越重视为物业及租户提供安全保卫服务。一方面，建筑物的毁损可能导致租户生命财产的损失；另一方面，社会犯罪活动亦会导致租户的利益受到伤害。

安全保卫方面的考虑，从建筑物的结构设计就开始了。政府的公共安全部门在设计审批中对建筑物的保安措施尤其是防火设计都有明显的要求。物业管理人员通常还要对建筑物内容易造成人身伤害的部位做出明确标志，以提醒人们注意安全。为了防止犯罪活动，一般要设置大厦保安人员，锁上人们不经常使用的出入口，对经常使用的出入口派保安人员值班。

房屋出租人应保证租赁物不能危及承租人的安全或健康，对房屋内设施负有维修的责任，应保证房屋设施安全、正常地使用。因此，业主对租户的人身和财产安全负有保障义务。物业管理人员应就物业的安全保卫计划向业主提供专业意见，并代表业主实施该计划。

### 六、协调与业主和租户的关系

及时对话和沟通是建立业主、物业管理人员和租户三方之间良好关系的关键。作为专业人士的物业管理人员，必须设法建立三方经常沟通的渠道。通过物业管理人员这个中间媒介，使某方的希望、需要、抱怨能及时地让其他各方了解。业主与租户也可以建立起直接的联系渠道。

### 七、进行物业管理组织与控制

从业主的角度来说，能否实现预期的物业管理目标，是物业管理工作有效与否的标志。业主如果能够定期对物业进行视察，物业维修计划、保安计划的实施情况就很容易识别。物业收入和费用支出的差异大小，也能体现物业管理组织与控制的有效性。此外，如果业主能不过问物业服务企业的具体工作，而又对物业管理人员能及时处理所遇到的问题抱有信心的话，那么，物业管理的组织与控制就是有效的。

## 第三节　写字楼物业管理

广义的写字楼是指国家机关、社会团体、企事业单位用于办理行政事务或从事业务活动的建筑物。但投资性物业中的写字楼，则是指公司或企业从事各种业务经营活动的建筑物及其附属设施和相关的场地。自 19 世纪末以来，建筑技术的飞速发展使得世界各地的高层和超高层建筑大量涌现，这就使得集中大量办公人员于一起成为可能。例如 1972 年投入经营的美国纽约世界贸易中心高 378m（110 层），能同时容纳 5 万人在其中工作。我国自 20 世纪 70 年代末期开始，尤其是最近十几年，大量高层和超高层建筑纷纷落成，并在这些建筑集中的地区形成了城市的"中心商务区"，如北京建国门至大北窑附近地区等。这些坐落在中心商务区的高楼大厦，有许多是写字楼物业。业主或投资者投资这类物业的主要目的，是希望通过该项投资，达到资本保值、增值和获取周期性收益的目的。而完善的物业管理服务，对业主投资目标的实现至关重要。

写字楼物业管理和其他类型出租物业的管理一样，也需要通过签订物业服务合同明确物业服务企业和业主的权利、义务；根据物业的产权形式、业主投资目标、物业所在地区房地产市场的状况和对物业本身状况的分析，制定物业本身的发展目标和物业管理目标；进行市场推广工作，选择租户，签订租约，实施租赁期间的租户与租约管理，适时收取并调整租金；制定物业维护和建筑物维修计划，以确保写字楼建筑的结构安全性、内部设备始终处于良好的运行状态、物业周围有一个良好的环境；通过制定成本预算和定期的现金流分析进行财务管理；以及物业服务企业内部人员管理。除此之外，写字楼物业管理还有其自身的特点。对写字楼物业进行分类，并对影响写字楼分类级别的因素进行分析，就是写字楼物业管理的基本特色之一。

**一、写字楼物业的分类**

进行写字楼物业管理的第一步，就是通过对写字楼市场的调查分析，并结合所管理的写字楼物业本身的状况，对写字楼进行市场定位。为了做到这一点，写字楼物业管理人员通常先将写字楼物业进行分类。我国 2020 年颁布了第一部写字楼分类标准《商务楼宇等级划分要求》GB/T 39069—2020，根据写字楼的区位与交通、产权状态、硬件设施（建筑规模、建筑设计、设施设备）、运营服务（客户质量、物业服务、客户关系、安全管理、健康服务、绿色环保）等，将写字楼分为超甲级、甲级和乙级三个等级。

（一）超甲级写字楼

具有优越的地理位置和交通环境，建筑物的物理状况优良，建筑质量达到或超过有关建筑条例或规范的要求；其收益能力能与新建成的写字楼建筑媲美。通常有完善的物业管理服务，包括 24 小时的维护维修及安保服务。

（二）甲级写字楼

具有良好的地理位置，建筑物的物理状况良好，建筑质量达到有关建筑条例或规范的要求；但建筑物的功能不是最先进的（有功能陈旧因素影响），有自然磨损存在，收益能力低于新落成的同类建筑物。

（三）乙级写字楼

物业已使用的年限较长，建筑物在某些方面不能满足新的建筑条例或规范的要求；建筑物存在较明显的物理磨损和功能陈旧，但仍能满足低收入租户的需求并与其租金支付能力相适应；相对于甲级写字楼，虽然租金较低，但仍能保持一个合理的出租率。

## 二、写字楼分类应考虑的因素

写字楼物业分类在很大程度上依赖于专业人员的主观判断。区别甲级写字楼和丙级写字楼通常较容易，而区别甲级写字楼和乙级写字楼则比较困难。实践中，人们常从承租人寻租或续租写字楼时考虑的因素出发，通过判别写字楼的吸引力，来对写字楼进行分类。从这个角度出发，对写字楼分类一般要考虑以下因素：写字楼物业所处的位置、交通方便性、声望或形象、建筑形式、大堂、电梯、走廊、写字楼室内空间布置、为租户提供的服务、建筑设备系统、物业管理水平和租户类型。下面就这些因素对写字楼物业分类的影响进行简要分析。

（一）位置

写字楼建筑的吸引力，很大程度上取决于它与另外的商业设施接近的程度，这种吸引力，也会由于城市建设的发展而经常发生变化。例如，随着北京建国门地区至大北窑及东北三环附近"中心商务区"的形成与发展，使得许多早期建成的沿街写字楼建筑变为甲级写字楼，同时也使得某些写字楼建筑变得不再对租户具有很强的吸引力。写字楼的级别，往往还受其周围建筑物及环境的影响，如果写字楼建筑所处的位置周围环境恶劣，会大大降低该写字楼物业的吸引力。写字楼建筑的位置还可能由于其邻近某大公司或金融机构的办公大楼而增加对租户的吸引力。良好的位置常常可以掩盖写字楼建筑的许多缺陷，如果某写字楼物业与主要商业金融区或政府办公大楼邻近，则维护良好的百年老建筑与新落成的建筑在租金水平上可能不会有很大的差异。

（二）交通方便性

大型写字楼建筑往往能容纳成千上万的人在里面办公，有没有快捷有效的道路进出写字楼，会极大地影响到写字楼的分类。写字楼建筑周围如有多种交通方式（公共汽车、地铁、高速公路等）可供选择，能极大地方便在写字楼工作的人。是否有足够的停车位也会影响到写字楼的易接近性。一般来说，中心商贸区的写字楼不能像郊区写字楼那样提供足够的停车位，但位于大城市中心商贸区的写字楼周围往往有方便快捷的公共交通。

（三）声望或形象

声望或形象在商业活动中非常重要，而位置能强化物业的形象。一个雄心勃勃的年轻律师，肯定希望他新成立的事务所与城市中最有声望的律师事务所在同一个大楼内或者至少是在同一个地区内办公。金融机构，肯定希望其办公地点处在金融区中最有吸引力的建筑内或与该区域尽可能地接近。基于这些原因，有良好声望或形象的写字楼建筑，会大大增加其吸引力。当然，写字楼建筑的位置、业主的实力和声望、物业建造的标准以及为租户提供的服务内容，会强化这个大厦的整体形象。建筑物的规模，对其形象也有很大的影响，如果一个写字楼建筑始终保持着一个城市中标志性建筑的地位，其租金就会很高。

（四）建筑形式

一栋建筑物的建筑设计形式和物业外立面维护的水平，是影响物业吸引力的两个重要物理因素，在建筑形式上缺乏特点以至于难与其他建筑物区别或建筑物外立面维护状况不好，肯定会大大影响写字楼建筑的吸引力。

（五）大堂

建筑物大堂的外观、平面设计和灯光布置等往往构成了一栋写字楼建筑的特色。大厦内的租户经常在写字楼的大堂与其客户接洽，如果大堂显得过时、陈旧或维护不良，就会大大降低写字楼物业的吸引力。应该对租户及其雇员、参观者在大堂所需得到的初步服务给予足够的重视，及时更新大厦指引牌（大厦指南等），以便令进入大厦的人员能无障碍地到达电梯或楼梯间。

（六）电梯

垂直交通对于高层或超高层建筑来说非常重要，而且楼层越高对快速有效的垂直交通服务的需求就越大。在影响电梯服务质量的因素中，电梯的位置是重要因素之一，如果进入大厦的人员（租户及其雇员、参观者）从主入口进入后需走很长的距离才能到达电梯间，走出电梯后又需要走很长的路才能到达他想去的地方，就会给人们留下一个很不好的印象，从而影响到大厦的吸引力。

电梯间入口和电梯内部的状况，也会从总体上影响到写字楼的吸引力。一部电梯，需要有足够的照明、适当的吊顶装修、容易识别的电梯控制符号和维护良好的电梯内地面。为了使电梯内的空间感开阔一些，在电梯内的后墙上安装镜子或其他反光材料非常有帮助。电梯的维护状况不良，常会令电梯内的客户怀疑大厦内租户的信誉，甚至担心在电梯内的安全问题。

电梯服务最重要的标准是安全和快速，但电梯乘客并不是仅仅计算电梯每分钟能上多少层，而是计算上电梯前的等待时间以及乘上电梯后在中间各楼层停留的次数。因此，要合理配置电梯的数量，并根据建筑物的层数来确定每部电梯所停留的层数范围，以提高电梯运行的效率。

（七）走廊

建筑物内所有的通道都要进行认真的装饰，并尽可能使走廊成为租户办公室空间的延展。走廊需要有充足的照明，宜用自然色调装饰。如果在走廊两侧的墙壁上悬挂一些艺术品或指引牌，则应保持其清洁和及时更新。

（八）写字楼室内空间布置

从满足新租户的需求和选择意愿出发，写字楼室内空间布置比室内当前的装修水平要重要得多。许多室内空间因素，如租用面积范围内窗户的数量及其相对位置、现有照明情况、房间的进深和开间以及楼外的景观等，都会影响到室内空间的灵活使用。一些老式建筑的承重柱较多，使室内有效使用面积较小且灵活调整非常困难。新写字楼建筑的柱间距（开间）一般较大，为空间灵活布置和更有效地使用提供了可能。此外，室内空间的质量还与装修、墙体质量、灯具布置、照明和顶棚的高度等有关。

（九）建筑设备系统

现代写字楼对动力、通信线路的布置以及空调通风系统的要求越来越高。写字楼的寻租者对写字楼建筑内的建筑设备系统非常重视。新落成的甲级写字楼建筑常以智能化为目标，安装了很先进的建筑设备系统，并能很好地满足租户的需要。在智能化写字楼建筑中，计算机管理系统可以统一管理空调通风系统、电梯或扶梯等垂直运输系统、大厦保安系统、火警自动警报和自动喷淋消防系统、电信系统（数字式交换机、卫星通信网络、电子邮递、电子会议或视讯会议系统、公共卫星电视天线系统）、自动化电力管理系统和自动照明设备系统等。缺乏这些现代化管理系统，就会降低大厦的吸引力。然而，许多现存的写字楼建筑物，甚至是一些建成不久的建筑很难满足安装上述系统的要求。缺乏现代化建筑设备系统的写字楼物业可能会降低等级，尽管其位置和管理状况可能很好。在对这些建筑进行现代化改造的过程中，有一个成本效益分析的问题，如果大厦进行现代化建筑设备系统改造所需支付的成本不能通过大厦租金收入的提高而收回，则进行改造就没有投资价值。

（十）租户类型

形象和声誉在商业经营活动中至关重要。入住同一写字楼的租户间的相互影响，会增加或减低他们各自的形象和声誉。由于这个原因，租户和物业服务企业对写字楼内租户的类型都非常重视。

大厦内的主要租户往往决定了一栋写字楼内的租户类型。例如，某写字楼内的主要租户是一家大银行，其他金融或与金融密切相关的企业（投资信托公司、保险公司、财务公司、顾问代理公司、会计师或审计事务所等）就会争相入住该大厦，因为银行的声誉往往比较好。有时主要租户的名字还会用于为写字楼物业命名，这可能会进一步吸引某一特定类型的租户来租住本物业。有些名声不佳的公司入住，可能会影响到写字楼内其他租户和写字楼物业本身的声誉，因此，对租户类型的选择，要引起业主和物业管理人员的高度重视。

（十一）物业管理水平

写字楼物业管理的质量会影响到其租金水平和市场价值。租户非常重视物业管理的品质和所提供服务的有效性，尤其重要的是物业维护的水平。窗明几净的卫生管理和井井有条的写字楼维护管理，对当前的租户和潜在的租户都会产生极大的吸引。写字楼建筑内建筑设备系统运转是否良好以及建筑物的保安情况，也是评价物业管理质量的重要指标。物业管理的有效性，还会影响到对写字楼空间的使用需求，对提高大厦内租户的信誉也很有意义。

（十二）为租户提供的服务

寻租者在选择写字楼时，通常还要看物业服务企业所提供服务的质量与内容，这些服务的费用可能包含在租金之内，也可能是另行收费。这些服务中最重要的是办公室内管理（看管）服务、安保服务、现场物业管理人员对租户服务请求的反应速度、下班后进入写字楼人员的管理以及空调通风设备的维护管理。

有些写字楼还为租户提供一些特殊的服务，如提供具有良好声像设备的会议中心、健身设施等。一些小型的购物服务（小型商店）有时也会给写字楼内的人员提供很多方便。这些特殊服务所直接或间接地增加的成本支出，要事先向租户说明并有可能影响其决策。

### 三、写字楼租户的选择

正像租户选择写字楼非常慎重一样，物业服务企业或业主对于选择什么样的租户，并长久与之保持友好关系也很重视。考虑的主要准则，是潜在租户所经营业务的类型及其声誉、财务稳定性和长期盈利的能力、所需的面积大小及其需要提供的特殊物业管理服务的内容。虽然相对于居住物业的租户来说，写字楼租户的这些信息比较容易获得（公开的年度财务报告），但如果对这些信息研究不够，也可能会给业主或物业服务企业带来损害。

（一）商业信誉和财务状况

一宗写字楼物业的价值，在某种程度上，取决于写字楼的使用者即租户的商业信誉。物业管理经理，必须认真分析每个租户的信誉对写字楼物业的影响。潜在租户的经营内容，应该与写字楼中已有租户所经营的内容相协调，其信誉应能加强或强化大厦的整体形象。

物业服务企业还应当分析潜在租户在从事商业经营过程中的财务稳定性，因为这关系到潜在的租户在租赁期限内能否履行合约中规定的按期支付租金的义务。为了达到这个目的，物业服务企业常先请申请入住的租户填写一个申请表，以了解其经营内容、当前的办公地址及其承租的时间、从事业务经营活动的地区范围、如果是某公司的分支机构那他的总公司在什么地方、开户银行的名称、信誉担保人或推荐人情况、对承租面积的具体要求等。物业服务企业还可以从税务机构、工商管理机构、往来银行、经纪人及租户提供的财务报表来判断其信誉和财务状况。对每一个潜在的租户，不管其规模或过去的信誉情况如何都应进行仔细的审查，因为某些大型的跨国企业也可能会像一些小公司那样面临着转手或破产的厄运。

（二）所需面积大小

选择租户过程中最复杂的工作之一，就是确定建筑物内是否有足够的空间来满足某一特定租户的需求，这往往决定了潜在的租户能否成为现实的租户。在考察是否有合适的面积空间可以供寻租者使用时，常常要考虑以下三个方面的因素。

1. 可能面积的组合

同样大小的面积，在不同的建筑物内其使用的有效性是可能不一样的。外墙、柱子、电梯井、楼梯间不可能为适合某一个租户的需要而移动或改变，所以这些建筑结构因素常常决定了能否组合出一个独立的出租单元，以满足某一特定寻租者的需要。

2. 寻租者经营业务的性质

一些机构需要许多分隔的办公室，而且常常希望这些办公室都能沿建筑物的外墙布置，以便能够获得充裕的自然光和开阔的视野。但也有些公司可能不希望有太多的房间靠近外墙。

3. 寻租者将来扩展办公面积的计划

如果一个公司在将来期望有较大规模的扩展，必须要考虑在建筑物内是否或如何满足其未来业务发展的需要，尤其是当寻租者希望其办公室集中布置时。

一般来说，为每个办公室工作人员提供 15～20m² 的单元内建筑面积比较合适，虽然每个工作人员封闭的办公面积一般只需要 5～6m²，但接待室、会议室、交通面积、储藏面积、办公设备所占的面积以及公共活动所需的面积等应给予足够的考虑。此外，如果出租单元的平面设计中私人办公室数量较多，则人均办公面积的指标可适当提高一些。

（三）需要提供的物业管理服务

在挑选租户的过程中，有些寻租者为了顺利地开展其业务，可能需要物业服务企业提供特殊服务。例如，寻租者可能要求物业服务企业提供更高标准的保安服务、对电力或空调通风系统有更高的要求、办公时间与大楼内其他租户有较大的差异、要求提供的服务与物业服务企业已提供的标准服务有较大差异。如果物业服务企业没有适当的考虑这些问题，在将来的物业管理过程中就可能会出现许多矛盾。然而，在接受或拒绝潜在租户的特殊要求之前，物业服务企业及业主应该考虑整个租赁期限内的实际费用支出以及费用效益比率，以便在日后签订租约时确定由谁来承担特殊服务的费用。

**四、写字楼租金的确定**

出租的写字楼常常是一个由外墙、隔墙、屋顶、楼面隔离出来的空壳子，当然里面可能会有一些设备或设施。其地面、屋顶、墙面、灯具等常常由租户根据自己的喜好进行设计和装修，即使前面的租户已经装修过，新租户往往还要根据自己的意愿进行改造。

租金常常以每平方米可出租面积为计费基础。如果租户初次装修其承租部分面积时的费用由业主垫付，租金内还可能包括业主垫支资金的还本付息。物业的一些运营费用（如房产税、保险费、公共面积和公共设施的维护与维修）可以包括在租金内，也可以根据事先的协议另收。租户的电费，可以根据其用电量由供电部门直接收取或由物业服务企业代收代缴。物业服务企业在确定写字楼租金时，一般要认真考虑以下三个方面的因素。

（一）计算可出租或可使用面积

准确地量测面积非常重要，它关系到能否确保物业的租金收入和物业市场价值的最大化。如果一栋写字楼的可出租面积为 20 000m²，1% 的误差就是 200m²，而如果租金水平是 3 000 元/（年·m²），则年租金收入就会减少 60 万元。如果资本化率为 10%，则物业的价值损失就是 600 万元。

在量测写字楼面积时，有三个概念非常重要，即建筑面积、可出租面积和出租单元内建筑面积。建筑面积按《房产测量规范》GB/T 17986—2000 计算，出租单元内建筑面积包括单元内使用面积和外墙、单元间分隔墙及单元与公用建筑空间之间的分隔墙水平投影面积的一半；可出租面积是出租单元内建筑面积加上分摊公用建筑面积。

应该注意的是，不同国家对上述各类面积的计算方法是有差别的，但区别主要在可分摊公用建筑面积的范围上。例如，美国大厦业主及物业管理经理协会（BOMA）的规定与我国的规定不同的是：垂直穿越各层楼面的电梯井、楼梯间、通风竖井和建筑物外墙水平投影面积的一半不计入可分摊公用建筑面积，更不计入出租单元内建筑面积。

在写字楼出租过程中，物业管理人员常要计算可出租面积和出租单元内建筑面积比例系数（$R/U$ 系数），实际划归租户独立使用的面积是单元内建筑面积，但在计算租金时要将该单元内建筑面积再乘以 $R/U$ 系数。

（二）基础租金与市场租金

租金一般是指租户租用每平方米可出租面积需按月或年支付的金额。写字楼的租金水平，主要取决于当地房地产市场的状况（即市场供求关系和在房地产周期中处于过量建设、调整、稳定、发展中的哪一个阶段）。在确定租金时，一般应首先根据业主希望达到的投资收益率目标和其可接受的最低租金水平（即能够抵偿抵押贷款还本付息、运营费用和空置损失的租金）确定一个基础租金。当算出的基础租金高于市场租金时，物业服务企业就要考虑降低运营费用以使基础租金向下调整到市场租金的水平。在写字楼市场比较理想的情况下，市场租金一般高于基础租金。物业服务企业还可根据市场竞争状况来决定哪些运营费用可以计入租金，哪些运营费用可以单独收取。

在一定的市场条件下，某宗写字楼物业的整体租金水平，主要取决于物业本身的状况及其所处的位置。但写字楼建筑内某一具体出租单元的租金，则依其在整栋建筑内所处的位置有一定差异，尤其是对高层建筑而言。在许多城市的写字楼市场上，楼层高、视野或景观好的写字楼，出租单元租金也较高。物业管理人员在确定各写字楼出租单元的租金时，常用位置较好的出租单元的超额租金收入来平衡位置不好的出租单元的租金收入，使整栋写字楼建筑的平均租金保持在稍高于基础租金的水平上。

（三）出租单元的面积规划和室内装修

租户选择写字楼时非常关心其承租部分的有效使用和能否为其雇员提供一个舒适的工作环境。如果租户不能充分使用其承租的单元建筑面积，就会白白浪费金钱；但如果为了少支付房租而使办公空间过分拥挤，则会大大降低雇员的工作效率，这同样也是在浪费金钱。物业服务企业可以通过对出租单元进行面积规划，来帮助租户确定最佳的承租面积大小。

出租单元的面积规划，实际上就是通过综合考虑租户的规模、组织架构、偏好与品位、需要安装的设备和财务支付能力等，确定其所需承租的单元内建筑面积的大小，并在其承租的出租单元内就房间布置、办公设备布置、内部通道的安排等进行设计。室内装饰设计师或建筑师根据租户的需要，借助于建筑CAD技术，可以很方便地做出若干可供选择的规划方案供租户决策参考。

室内装修的费用由谁来支付，经常是租约谈判过程中的焦点问题。通常业主要就某些标准化的装修项目支付一些费用，例如每 $15m^2$ 安装一个电话插孔的费用、每 $30m^2$ 安装一个门的费用等。也可能由业主笼统地提供一笔按每平方米单元内建筑面积计算的资金，来补贴租户初次装修需支付的费用。

除标准化装修项目的费用外，其他装修费用由谁来支付，一般视市场条件和写字楼内入住率水平而定。一般有四种选择：由业主支付、由租户支付、业主和租户分担、业主支付后由租户在租约期限内按月等额偿还本息（作为租金的一部分）。在市场状况有利于承租人而非业主的情况下，为租户提供装修补贴，常常被业主或其物业服务企业用来作为吸引租户的手段。

不论如何安排装修费用的支付，业主和其委托的物业服务企业保留对整栋写字楼建筑进行统一装修或进行建筑物内部功能调整的权利，这有利于提高工作效率、降低装修成本，也有利于保持整栋建筑的特色，保证租户的入住按计划进行。

### 五、写字楼的租约与租约谈判

租赁合约中对租户与业主的权利和义务都有具体规定。由于租约是租赁双方共同签署的法律文件，所以租赁双方都应严格遵守。鉴于租约条款的谈判相当复杂，所以在租约签署前常常有一个很长的谈判期。物业服务企业也常常参与到租约谈判的过程中来。虽然物业服务企业一般代表业主的利益，但可以利用其特殊身份，向业主阐明租户的意见，协助租赁双方寻找一些折中方案。

通常情况下，业主事先要准备好一个适用于写字楼物业内所有出租单元的标准租赁合约，业主和潜在的租户可在这个基础上，针对某一特定的出租单元就各标准条款和特殊条款进行谈判，以便在业主和租户间就某一特定的出租单元形成一份单独的租约。标准租约中的许多条款只需要稍加讨论即可，但有些重要问题就需要进行认真的谈判。谈判中双方关注的问题主要包括租金及其调整、所提供的服务及服务收费、公共设施如空调、电梯等使用费用的分担方式等。

（一）租赁合约中的标准条款

在编制标准租赁合约的过程中，业主的主要目标之一是在其所收取的租金中，尽可能少地支付相关的运营费用；而对于潜在的租户来说，则希望在支付一定租金的前提下，获得尽可能大的权利，得到尽可能多的服务。为了调和租赁双方意愿的差异，就形成了在写字楼物业出租时须共同遵守的一系列特定条款。

由于写字楼物业的租约一般都要持续几年的时间，在租约中一般都要包括规定租金定期增加方式的租金调整条款。这一条款，可能规定要参考一个标准指数（如消费者价格指数或商业零售价格指数），来确定租金定期增长的数量或幅度。显然，各城市的消费者价格指数能比较准确地反映当地通货膨胀的水平，但由于消费者价格指数有时变化幅度非常大，尤其是在经济高速发展的地区或政治经济不稳定的地区，这就使得租户很难接受用消费者价格指数作为租金向上调整的基础这样一个条件。因此，租户和物业服务企业更愿意商定一个固定的年租金增长率或增长量，该增长率或增长量在整个租赁期间内有效，例如月租金在整个租期内每年增长 10 元/m² 或每年上调 8％；当租期很长时，也可规定每 2 年或 3 年将租金调整一次。为了令租赁双方共同承担通货膨胀带来的风险，有时规定，租金可以按消费者价格指数调整，但同时又规定一个上调比例的最高限，以便由租户承担最高限以内的风险，由业主承担最高限以外的风险。

在写字楼物业租约中，并非所有的物业运营费用都必须包含在租金中。在"毛租"的情况下，由于业主要支付物业经营过程中的所有费用，因此要在所收取的租金中包括进这些费用，但这种租赁安排在大型写字楼出租中并不多见。通常的做法是，一些运营费用如能源费用，可由写字楼内的租户以某种方式按比例分摊，由物业服务企业向租户单独收取后直接交给供电部门，这种代收代缴的方式很受业主或租户欢迎。因为物业服务企业通常是按租金的一定比例收取物业服务费，如果将运营费用加到租金里面去，业主或租户多少会有一种多支出了物业服务费的感觉。

当所有的运营费用均由租户直接承担时，则称这种出租方式叫"净租"，由物业服务企业代收代缴的费用可按租赁面积基础租金的一个固定比例计算。常用的"净租"方式，根据代收代缴费用所包括的项目多少还可以再进行细分。但一般情况下，代收代缴的费用越多，基础租金就越低。换句话说，写字楼物业"毛租"时的租金很高，因为业主要从所收租金中支付所有的运营费用；采用"净租"方式时，代收代缴费用覆盖的内容越多，基础租金就越低，因为租户直接承担了写字楼经营过程中的部分或全部费用。

具体的租约中，要规定代收代缴费用所包括的费用项目名称，以及每项费用在租户间分摊的计算方法。最常见的代收代缴费用是水、电、煤气等资源的使用费。此外，设备使用费和写字楼公共空间的维护维修费用，也常常单独缴纳。设备和公共空间的更新改造投资，也要在租户间进行分摊，但要注意处理好更新改造投资周期与每一个租约的租赁期间的关系。租约中还可能包括一些条款，在这些条款中，规定了业主所需承担的最大运营费用额，例如每年每平方米40元或每年总计20万元，而超过这个数额的运营费用就要由租户分担。

（二）折让优惠和租户权利的授予

折让优惠是业主给租户提供的一种优惠，用以吸引潜在的租户。折让优惠虽然能使租户节省写字楼的租金开支，但租约中规定的租金水平不会变化。折让优惠的具体做法很多，如给新入住的租户一个免租期、为租户从原来租住的写字楼迁至本写字楼提供一定的资金帮助、替租户支付由于提前终止与原租约而需缴纳的罚金、对租户入住前的装修投资提供资金帮助等。折让优惠可能是由业主先提供一笔资金，供租户用于装修投资或支付其他费用，但在租赁期间内，这笔资金仍要通过各种方式归还业主。这样做的一个好处，就是能保证租约中所规定的租金水平与市场所能承受的水平相当。

另外的折让优惠，可能会体现在租约续期的有关条款上。如果租户预计由于自己业务的发展可能会在未来增加承租面积，则一般希望业主在将来（一般是租约期满）能满足其扩展办公空间的要求。除非写字楼市场很不景气，否则业主很难接受这一做法，因为有时为了满足当前租户的这一要求，可能会使其腾空的写字楼面积的空置时间增加，从而减少租金收入。作为一种替代的办法，业主通常可以给租户一个优先权，即如果租户想扩大其所承租的写字楼面积，而其原租用的写字楼单元之相邻单元又处于空置状态的话，则该租户在同等条件下有优先承租权。有时租户还会要求在租约中加上于原租约条件下续租的条款。

然而，业主不愿在租约期满时赋予租户过多的权利。这里主要有两个方面的原因：首先，期限较长的租约所规定的租金，在租赁期间内很难赶上市场租金水平的可能变化，尽管有租金定期调整的条款在发挥作用，但实际租金常常低于市场租金；另外，在租约期满时赋予租户一定的权利，也并不能保证其继续承租。在某些时候，租约中还会包括有关提前终止租约的条款，规定租户只要提前一定的时间通知业主并按规定缴纳罚金，租户就可以提前终止租约。赋予租户一定的权利，在大多数情况下是业主不情愿的事，但业主为了保持物业的市场竞争力，有时不得不这样做。

## 第四节　零售商业物业管理

用于出租经营的零售商业物业所包括的范围相当广泛，从小型店铺、百货商场到大型现代化购物中心，面积规模从十几平方米到十余万平方米，其服务的地域范围从邻里、居住区到整个城市甚至全国。

传统的零售商业区域，主要坐落在城市中心商业区，但随着城市道路交通设施、交通工具的发展和郊区人口的快速增长，位于城市郊区和城郊接合部的大型零售商业设施不断涌现，使传统中心商业区的客流得以分散。为此，从城市中心商业区发展起来的大型零售商，开始在城市更广泛的范围内开设其分支机构，从而大大方便了城市居民购物，使居民在城市的任何一个地方都能以几乎相同的价格买到相同的商品。

超级市场的出现，大大降低了人工成本，使商品的价格更加具有竞争力；各零售商对商业聚集效应的认同，为更大规模的零售购物中心的发展提供了条件。近十年来，随着我国国民经济的飞速发展和人民生活水平的迅速提高，全国各主要城市的零售商业营业额大都以每年 20％以上的速度增长。在消费者购物支出大幅度增长的同时，人们不再仅仅关注商品的质量和价格，还对购物环境提出了越来越高的要求，这就为适应这种需要而发展起来的零售商业物业管理提供了广阔的前景。

### 一、零售商业物业分析

大型零售商业物业可以出租给一个百货公司经营，也可以出租给若干个百货公司。某零售商业物业在市场上的影响力，取决于其位置、规模、服务水准和商品类型、规格、数量、质量与价格。零售商业物业的出租，一般以可出租面积计算，可出租面积包括营业面积和分摊的公用面积。大型零售商业物业一般至少有一个主要租户，占用面积很大的百货商或超级市场连锁店经常是商场内的主要租户；租用面积不大的珠宝店或其他专营商，由于能吸引数量可观的消费者，因此也常常在大型零售商业物业中占有一席之地；快餐店、影剧院、娱乐中心也经常被安排在大型零售商业物业中，以便为顾客提供与购物相辅相成的餐饮、娱乐服务。对于负责大型零售商业物业管理的物业服务企业来说，对物业的分类、物业所处商业区域的竞争条件分析、商场位置及借助私人或公共交通工具到达物业的方便程度，都是要考虑的重要问题。

（一）零售商业物业的分类

零售商业物业的分类主要依据其建筑规模、经营商品的特点及商业辐射区域的范围等三个方面。零售商业物业通常有五种类型：

（1）市级购物中心：建筑规模一般都在 3 万 m² 以上，其商业辐射区域可覆盖整个城市，服务人口在 30 万人以上，年营业额在 5 亿元以上。在市级购物中心中，通常由一家或数家大型百货公司为主要租户；男女时装店、家用电器设备商店、眼镜店、珠宝店、摄影器材商店、男女鞋店、体育健身用品商店等，通常也可作为次要租户进入中心经营；银行分支机构、餐饮店、影剧院、汽车服务中心等，也常常成为这些市级购物中心的租户。按其所服务的对象不同，市级购物中心有高档和中档之分。

（2）地区购物商场：建筑规模一般在 1 万～3 万 m² 之间，商业服务区域以城市中的某一部分为主，服务人口 10 万～30 万人，年营业额在 1 亿～5 亿元之间。地区购物商场中，中型百货公司往往是主要租户，家具店、超级市场、图书及音像制品店、礼品店、快餐店、男女服装店、玩具店等，常常是这类商场的次要租户。

（3）居住区商场：建筑规模一般在 3 000～10 000m² 之间，商业服务区域以城市中的某一居住小区为主，服务人口 1 万～5 万人，年营业额在 3 000 万～10 000 万元之间。居住区商场内，日用百货商店和超级市场通常是主要租户，自行车行、装饰材料商店、普通礼品店、音像制品出租屋、药店等，常常是这类购物中心的次要租户。

（4）邻里服务性商店：建筑规模一般在 3 000m² 以下，且以 500～1 000m² 建筑面积者居多，服务人口在 1 万人以下，年营业额在 3 000 万元以下。方便食品、瓜果蔬菜、日用五金、烟酒糖茶及软饮料、服装干洗、家用电器维修等的经营者通常是这些商店的承租人。

（5）特色商店：通常以其经营的特殊商品或服务及灵活的经营方式构成自己的特色。如专为旅游者提供购物服务的旅游用品商店、精品店商场、物美价廉的直销店或仓储商店、有较大价格折扣的换季名牌商品店等。这类商店的建筑规模、商业服务半径、服务人口、年营业额等差异较大。

除了上述区分零售商业物业的方法外，人们还常从另一个角度来区分，即不管商场的规模有多大，零售商业物业基本上有两种存在形式，一是只经营零售业的独立的建筑物或建筑群；二是某综合用途物业内的一部分。目前国内外以办公、酒店、住宅或文化娱乐设施为主的综合用途开发通常将零售商店包括在内，成为整体开发的一部分。例如一栋办公大楼，也许将其中的一层或若干层作为商场之用，北京中国国际贸易中心写字楼、广州国际贸易中心就是典型的例子。这种做法的优点是，整体开发的各种使用用途为这些零售商店提供了现成的市场。当然，综合用途物业内零售商场的规模往往受到一定程度的限制。

（二）零售商业物业的商业辐射区域分析

商业辐射区域是指某一零售商业物业主要消费者的分布范围。商业辐射区域分析包括可能的顾客流量、消费者行为、喜好和偏爱及购买能力分析。这方面的分析研究，决定了一宗零售商业物业在其特定的市场范围内获得成功的潜力。新零售商业物业的落成，并不能创造出新的购买力，它必须从其他的零售商业物业那里吸引或争取消费者，因此，对处于同一供需圈内其他竞争性物业的竞争条件分析也非常重要。

通常把商业辐射区域分为主要区域、次要区域和边界区域三个部分。主要区域是与物业所处地点直接相邻的区域，其营业额的 $60\% \sim 75\%$ 都来自该区域；次要区域是距离物业所处地点 $5 \sim 15km$ 的区域（对市级购物中心而言），物业营业额的 $15\% \sim 20\%$ 来自该区域；边界区域是距物业所处地点 15km 以外的区域，占营业额的 $5\% \sim 15\%$。对于每一个零售商业物业来说，不管其规模大小如何，都有其辐射区域和影响范围，但这些辐射区域和影响范围的大小，则随每一宗具体零售商业物业的规模、类型、位置不同而有较大差异。人们购买食品一般只愿意走 $1 \sim 2km$，购买服装和家庭生活用品的出行距离可达到 $5 \sim 8km$，出行 10km以上往往是为了大宗综合性购物。

（三）特色、位置和停车

除了物业的规模和影响范围外，零售商业物业的经营特色，在吸引潜在的顾客方面也发挥着重要的作用，尤其是对市级购物中心而言。人们经常在居住区购物中心和便利商店购物，主要原因是方便快捷，因此，小型购物商场一般并不依赖于吸引距离较远的消费者，也就是说特色对小型商场并不很重要；较大型的购物中心，就需要认真考虑逐渐树立起自己的经营特色，不仅以种类繁多且富于变化的商品、新颖别致的购物服务，还要营造一个高品质的购物环境，以吸引广大的顾客并使他们愿意一再光顾，并逐渐形成一个长期稳定的客户群。另外，零售商业物业的特色，还可以从其独具匠心的建筑物及内外环境设计、公司招牌、建筑物内所提供的服务设施、店面设计、商店和商品种类组合的协调性等得以体现。

在商业辐射区域内，各商场间位置的优劣，主要取决于消费者到达该地点是否方便，即物业的易接近性或交通的通达程度。由于大型商场的购物者越来越多地使用小汽车等私人交通工具，所以，汽车出入的方便性和是否有足够的停车位，对大型商场来说至关重要。显然，邻近快速交通主干道并不一定能保证方便地进入物业，尤其是禁止左转弯或虽允许左转弯但没有信号灯控制使路口通行条件很差时。商场标志的易识别程度、进出口标志的醒目程度、物业内部交通组织的有效程度等，也影响着物业的易接近性。

　　停车方便与否越来越为消费者所重视，因此，地面停车位或地下停车库的设计必须令司机视野开阔，容易发现空位，停车方向和内部通道的合理设计，也可以做到有限空间的合理使用。过去我国大型商场建筑一般是每 $200\sim250m^2$ 的地上建筑面积设置一个停车位，且许多商场没有达到该指标的要求，商场前停车难几乎成为非常普遍的现象。在"汽车轮子上生活"的美国，停车空间的大小常用两个指标来衡量：一是在 20 世纪 60 年代前使用的停车系数，即停车位面积与零售商业物业建筑面积的比率，该系数约为 1/3；二是 20 世纪 60 年代后期逐渐使用的停车指数，即每 $100m^2$ 营业面积应设置的车位个数，美国城市土地研究所建议的指数，依商场的规模不同在 $4\sim5$ 之间。当然，由于商场经营内容和经营方式不同，其顾客的数量、平均停留时间及商场内工作人员数量也会有很大的差别，对所有商场都适用的一个统一标准是不存在的。在城市中心商业区，单独设置的停车楼，往往为邻近的商场和写字楼顾客提供停车服务。例如北京王府井商业区建设了拥有 2 000 个停车位的六幢停车楼，大大地缓解了该区域停车难的问题。因此停车位数量是否足够，有时还要放到一个区域的范围内来衡量。在解决停车方便性问题时，处理好顾客的短时停车和员工长时间停车的关系也很重要，通常的原则是短时停车优先。

**二、零售商业物业租户的选择**

　　在选择零售商业物业的租户时，物业服务企业要对许多因素进行权衡。除了消费者的自然习惯外，物业服务企业必须预计有哪些因素可以主动地吸引消费者的光顾。理想的租户，要能提供货真价实的商品和服务，且与其他零售商业物业中的同类商家相比具有竞争力。此外，理想租户所经营的商品种类应该符合整个物业的统一协调规划，避免在同一零售商业物业内部出现多个经营同类型商品的商家而引起不必要的竞争。还要对零售商的信誉和财务状况进行了解和分析，因为除了租户所提供的商品与服务的质量及其对消费者所承担的责任外，还要看他是否有支付租金的能力。物业服务企业还要了解潜在租户欲承租的面积大小、经营商品或服务的类型及其对物业的特殊要求，因为这将影响到能否在本物业内安置该零售商以及在哪个具体位置安置更合适。

（一）声誉

声誉是选择零售商作为零售商业物业租户时首先要考虑的因素。由于声誉是对商家公众形象的评估，所以物业服务企业要注意了解零售商对待消费者的态度如何。对于一些大型百货公司、连锁店或准备改变经营地点的零售商来说，很容易对其声誉做出评估。例如，一个购买了某商家商品的消费者，能否方便地享受退货或更换服务，就反映出该商家的顾客服务质量。观察零售商的售货员对待消费者的态度和服务水准，了解消费者对商家的评价，也能帮助物业服务企业认识潜在租户是如何做生意的。

除了顾客服务质量外，柜台中商品更迭频率也是考察零售商的一个方面，如果商品包装陈旧或表面积满了灰尘，说明该商家的销售状况很差；如果柜台内或货架上的商品总在不断地更新，说明该商家销售状况良好。此外，售货员对所销售的商品了如指掌且着装整洁、服务规范，也可以视为整个商场的一笔无形财富。零售商在多大程度上进行广告宣传也表明了其在建立和保持声誉方面所做出的努力的大小。

经营业务新则意味着商家所面临的风险较大，但其收益可能会超过其所承担的风险。一个新建立的充满活力和创造力的企业，只要它与当前的零售商或连锁店有与众不同之处，很快就可以建立起自己的客户群。一个新的发展中的企业可能缺乏有关声誉的记录，但物业服务企业可以评估其经营思想和策略，一个企业如果有一套清晰的发展新业务的计划，且经过对所处商业影响区域内消费者的研究，确定了合理的商品种类和适应当地消费者支付能力的价格结构，肯定会好于那些没有认真进行市场策划的商家。

（二）财务能力

除了租户的声誉外，物业服务企业还要认真分析可能租户的财务状况。大型零售商在某一个连锁店经营的成功，并不表明其母公司、其母公司的母公司或其相关权益人的成功。母公司可能会通过转让其下属的某一连锁店，来解决整个企业对资金的需求，而在商店经营权更迭的过程中，虽然可能对母公司所经营的业务影响较小，但对某一个具体连锁店的经营业务影响较大，从而加大了整个购物中心空置的风险。

低于预期的资本回报水平，是商业经营失败的最大原因，物业服务企业要对承租人开展的每一项新的商业经营项目进行认真的分析研究。经营零售业的经营成本不仅包括租金、公共设备设施使用费和建筑物内营业空间的维护费用，还包括存货和流动资金占用利息、职员工资、货架及收款设备折旧、商店设计和广告费用等支出，对于转移经营地点的零售商，迁移成本和迁移过程中的停业损失也考虑在经营成本之中。潜在租户是否有足够的储备基金来应付开业初期营业额较低的压力，也是衡量租户财务能力的一个方面。

（三）组合与位置分配

一宗零售商业物业内经营不同商品和服务的出租空间组合，构成了该物业的租户组合。零售商业物业的租户组合一定程度上决定了其消费者特征，以一个大型百货公司为主要租户的购物中心将以其商品品种齐全、货真价实吸引购物者，以仓储商店或折扣百货商店为主要租户的商场将吸引那些想买便宜货的消费者。主要承租人的类型决定了每一个零售商业物业最好的租户组合形式。换句话说，次要租户所经营的商品和服务种类不能与主要租户所提供的商品和服务的种类相冲突，两者应该是互补的关系。

与租户组合相关的另外一个问题，是在考虑零售商业物业内所经营的商品和服务的种类时，要同时满足有目的性的购物和冲动性购物的需求。消费者进入购物中心的眼镜店或珠宝店时，往往有很明确的目的，也就是说消费者来到该购物中心的目的就是寻找某项特定的商品或服务。如果消费者在到达或离开其目标商店的过程中随手买了一支蛋卷冰淇淋，则属于冲动性购物。良好的租户组合应该很好地同时满足目的性和冲动性购物的需要，以提高整个零售商业物业的总营业额。

当购物中心内有两个或两个以上的主要租户时，应该注意他们各自提供的商品种类是否搭配合理，且与次要租户所提供的商品类型互为补充。将每一个独立的零售商都作为整个购物中心内的一部分来对待，是使租户组合最优化的有效方法。

合理确定各租户在整个购物中心中的相对位置非常重要，位置分配的目标是，在综合考虑各零售业务之间的效益外溢、效益转移、比较、多目标和冲动性购物行为等因素的前提下，实现购物中心整体利润的最大化。鞋店往往是男女服装店很自然的一种补充，冰淇淋等冷饮店一般设置在商场的入口或与快餐店为邻；较小的、较高销售密度的零售业务，例如食品和珠宝，趋向于位于距离购物商场中心较近的地方；较大的、较低销售密度的零售业务，例如家用器皿和妇女服饰，趋向于位于离中心较远的地方。当一个新的购物中心落成时，合理地为每个租户确定位置，对于提高该租户乃至整个物业吸引消费者的潜力大有益处。

（四）需要的服务

零售商作为零售商业物业内的租户，非常关心是否有足够的楼面面积来开展其经营活动、其所承租部分在整个物业内的位置是否容易识别、整个购物中心的客流量有多大。除此之外，某些租户还有一些特殊的要求，例如餐饮店需要解决营业中的垃圾处理和有害物排放问题，家具店需要特殊的装卸服务，超级市场需要大面积的临时停车场，银行需要提供特殊的安保服务等。是否提供以及在多大程度上提供这些特殊服务，是租赁双方进行租约谈判时要解决的重要问题。

尽管获得某些特殊服务的租户要为此支付额外的费用，但仍会引起其他租户的关注，解决这一问题的最好办法，是由物业服务企业向全体租户做出公开的说明。例如购物中心内的餐饮娱乐部分如果在商店关门后继续营业，通向餐饮娱乐部分的公共空间就需保持开启，以方便顾客通行。但即使通向商场的大门采用坚固的钢质卷帘门并上锁，商场内的承租人也会担心酒后的食客会对其商品构成威胁。物业服务企业应该理解租户的这些疑虑，并给予必要的解释，采取必要的措施。例如可由物业服务企业聘请专门的保安人员（由餐饮娱乐的经营者提供费用），负责商场营业时间之外而餐饮娱乐部分营业时的保安工作，同时限制进入购物中心入口的开启数量（例如仅留一个出入口）。物业服务企业还可以向购物中心内的租户说明，餐饮娱乐部分晚间营业，也可能会在商场关门前给他们带来额外的生意。

### 三、零售商业物业的租金

零售商业物业的租金是以每一个独立出租单元的总出租面积（GRA）为基础计算的。像写字楼一样，商场的出租常根据租户要求分割成若干个相对独立的开放空间，零售商业物业租约中载明的租金，通常为基本租金；此外，租户常常还需支付一些代收代缴费用，以支付整个物业的经营成本（包括税和保险费）和公用面积的维护费用；租户可能还要按营业额的一定比例支付百分比租金。有些零售商可能更愿意仅按营业额的某一个百分比支付租金，但由于业主的利益得不到有效的保障，因而业主通常不喜欢这种做法，除非整个购物中心的营业额较高且很稳定。

（一）基础租金

基础租金又称最低租金，常以每月每平方米为基础计算。基础租金是业主获取的、与租户经营业绩（营业额）不相关的一个最低收入。

（二）百分比租金

当收取百分比租金时，业主分享了在零售商业物业内作为租户的零售商的部分经营成果。百分比租金通常以年总营业额为基础计算，但具体可以按月或季度支付。由于该类租金以零售商的营业额为基数，其数量可能在每个月之间有较大的波动，所以百分比租金常常作为基础租金的附加部分。

收取百分比租金时，没有统一的百分比标准，因为租户经营的商品种类和经营方式不同，使其经营毛利润率水平有很大的差异，但不论经营什么内容，都存在一个可接受的百分比范围。例如，超级市场的营业额很高，但其毛利水平非常低，因此其1％的营业额就可以产生一个非常大的百分比租金；相反，男女时装店的营业额相对来说很小，但其毛利水平非常高，也许其10％的营业额作为百分比租金才比较合适。在实践中，具体的百分比是可以协商确定的，而且通常仅对超出某一营业额以外的部分才收取此项超额租金。例如，某承租人的基础租金为10万元/月，如果营业额的5％作为百分比租金，则只有当月营业额超过200万元（10万元/5％＝200万元）时，才对超过部分的营业额收取百分比租金。当然，如果零售商的月营业额低于200万元，则仍按10万元/月的基本租金收租。

在前面的案例中，每月200万元的营业额为自然平衡点，如果零售商在一个月内的营业额为250万元，则其应支付的租金为10万元加上超出自然平衡点的营业额乘以5％（在本案例中，50万元的5％为2.5万元），故该月应缴纳的租金总额为12.5万元。然而，租户和业主之间可能要协商一个人为平衡点作为计算百分比租金的基础，人为平衡点可以高于或低于自然平衡点，而如果人为平衡点低于自然平衡点，在百分比不变时，会令业主的收入增加。

值得指出的是，随着电子商务的崛起，传统的购物中心越来越多的成为产品的展示和体验中心，此时商家的租金支付能力，已经不仅仅取决于线下营业额，甚至线下营业额已经不再起主导作用。此时决定某一店铺租金的，已经变为顾客人流量及平均停留时间，具有了典型的流量经济特征。为此，基于现代通信技术和人工智能等技术的客流统计、顾客洞察与画像、顾客消费行为分析等，成为零售商业物业租金确定与调整的重要技术支撑。

（三）代收代缴费用和净租约

像写字楼出租时一样，当使用毛租的形式出租零售商业物业时，所有的运营费用都应由业主从其所收取的租金中全额支付。然而，许多租户喜欢净租的形式，也就是说一些物业的运营费用由租户直接支付。而业主提供的净租的形式，决定了业主要支付哪些费用，哪些费用是属于代收代缴费用，哪些费用是按租户所承租的面积占整个物业总可出租面积的比例来收取，哪些费用主要取决于租户对设备设施和能源使用的程度。净租的形式一般有以下几种：

（1）租户仅按比例分摊与物业有关的税项。

（2）租户要按比例分摊与物业有关的税项和保险费。

（3）包括与物业有关的税项、保险费、公共设施设备使用费、物业维护维修费用、公用面积维护费、物业服务费等所有运营费用，都由租户直接支付，而业主一般只负责建筑物结构部分的维修费用。

当然，在不同的城市可能还有许多其他的分类方法。但不论是哪种情况，租户在租金外，还需支付的费用项目都要在租约中详细规定。租户为了保护自己的利益，有时还会和业主就租金外的一些主要费用项目（如公用面积维护费用）协商出一个上限，以使租户对自己应支付的全部承租费用有一个准确的数量概念。

（四）租金的调整

由于零售商业物业的租约期限很长（对于主要租户来说，通常是 10～20 年；次要承租人的租期也达到 3～10 年），因此在租约中必须对租金调整做出明确的规定，以便使租约有效地发挥作用。像写字楼物业的租约一样，租金调整可以基于消费者价格指数、零售物价指数或其他租赁双方商定的定期调整比率。租金调整条款一般仅对基本租金有效，经营过程中的费用可根据每年的实际情况确定。对于主要租户一般每 5 年调整一次，次要承租人可每年调整一次。

**四、零售商业物业的租约**

零售商业物业的标准租约，是根据该类物业的特点制定的，目的在于就容易引起租赁双方矛盾的问题和今后若干年中可能出现的不可预见因素做出具体的约定。租约中，除了对租金及其他费用的数量和支付方式、支付时间等做出具体规定外，还要对下述的几个特殊问题做出具体规定。

（一）每一独立承租单元的用途

某零售商业物业在开发建设过程中是针对一个特定服务区域内的一个特定市场设计的，如果物业内的某一租户想改变其经营商品与服务的种类或对其经营方式做出重大的调整，必须事先告知业主或物业内的其他租户并获认可。制定该项条款主要目的，是为了防止某一个租户随意改变其所承租物业的使用方式，保持整个购物中心或商场的统一协调。

（二）限制经营内容相似的租户

设置该项条款的目的，是防止购物中心内的租户经营类似的商品，尽可能减少来自购物中心内的竞争。但人们一般认为，在一个购物中心内允许存在某些竞争通常是利大于弊，而限制经营内容相似的租户同时出现在一个购物中心，可能不利于提高经营效果。由于在对购物中心进行整体规划时，就统筹考虑了各租户间所经营的商品种类的协调互补性，且保护当前租户的利益能有助于其履行支付租金的义务，因此业主一般不会同意新的租户经营与原租户雷同的商品；从租户的角度来说，除非是那些特别抢手的旺铺，否则也不愿以咄咄逼人的架势进行公开的竞争。所以该条款发挥作用的机会并不多。

（三）限制租户在一定地域范围内重复设店

该条款旨在防止某一租户于购物中心的一定距离范围内（通常为 4～8km），重复设立经营内容相似的商店或发展相似的连锁店。业主做出这一规定的目的，是为了确保百分比租金收入不受影响，因为允许租户在一定地域范围内重复设立连锁分支店，会分散前往购物中心购物的顾客，影响其在购物中心的营业额。当然，如果租户同意在该范围内连锁分支店的营业额之全部或部分，亦纳入缴纳百分比租金的范畴，业主也可能同意与其协商。

（四）营业时间

同一个购物中心的租户之间，营业时间的安排应协调一致。制定该条款目的在于授权物业服务企业确定整个购物中心统一的营业时间，以方便物业管理工作。统一的营业时间一般以购物中心内的主要租户为准，次要租户可以适当缩短营业时间但不能超过统一营业时间。有关营业时间的条款可能还包括随季节变化对营业时间的调整、节假日营业时间的具体规定等。

（五）公用面积的维护

该条款应准确地界定购物中心内公用面积的组成，说明租户为此应支付哪些费用。该条款往往还授权业主增加、减少或调整公用面积分布的权利。大型购物中心内的公用面积，一般包括大堂入口、电梯和自动扶梯、顾客休息处、走廊及其他公用的面积。公用面积的维护费用，通常按租户独立承租的面积与购物中心可出租总面积的比例分摊。例如，某租户承租了 3 000m² 的面积，占整个购物中心可出租总面积 30 000m² 的 10%，该租户就要分担 10% 的公用面积维护费用。

（六）广告、标志和图形

为了增强物业的形象和感染力，大型零售商业物业都为自己设计了一套统一的图形符号，并以此作为物业的统一标志。业主保留对购物中心内所有招牌和标志的尺寸大小、悬挂位置、语言文字的使用等进行限制的权力。由于这项工作是物业整体广告宣传与促销活动的一部分，因此，租户通常要拿出其毛利润的一定比例，来支付旨在推广其商店和整个物业的广告费用。

（七）折让优惠

同写字楼租约一样，业主为了能够签订新的租约或保持现有租户到期后续租，常常给予租户一定的折让优惠。在理想的情况下，给予租户的任何优惠尽量不要使租约中所载明的租金水平降低，因为，任何形式的折让优惠，尤其是租金折扣，会导致物业价值的下降。折让优惠的具体方式，包括向租户提供装修补贴、为租户支付搬家费用或提供一段时间的免租期等。

（八）其他条款

除上述条款外，零售商业物业的租约中，还经常包括中止条款和持续经营条款（保持商业经营活动的连续性和稳定性），有时还有对租户承租面积的变更、承租人经营风险投保作出规定的条款。对租户使用停车位的权利和限制条件的规定、租户为整个物业统一的市场推广计划承担财务义务的规定、租期延展、租约终止的处理等，也常常出现在租约的条款中。

**五、零售商业物业的其他管理工作**

零售商业物业的管理工作量大，需要大量忠于职守的工作人员。除了保持物业与时代发展的步伐同步，维护清洁卫生、安全保卫和公共空间外，物业服务企业还必须与租户打交道，处理与之相关的问题。租户的经营表现，取决于光顾整个物业的顾客数量和惠顾其经营的商店的顾客数量，租户间的竞争有时十分激烈，且可能导致他们之间的关系紧张，物业服务企业要以其公平和耐心，协调好租户的关系，避免矛盾的激化。

物业服务企业除了对物业的硬件设施和整个物业财务进行有效的管理外，还要花费很大的力量进行整个物业的市场宣传与促销活动，并协助物业内的每一个租户进行市场推广工作。一般来说，从事零售商业的物业服务企业，要花费很多的时间和精力来关注其租户正在进行的商业活动，这是与从事写字楼或居住物业管理的企业的最大差别。零售商业物业的管理就像零售业本身一样具有动态性，所以，零售商业物业服务企业除了具备一般物业管理的经验外，还必须有足够的零售商业的经验，才能够保证其管理获得成功。

大型零售商业物业每天要接待成千上万的顾客，能否享受到购物的乐趣、买到称心如意的商品、得到耐心周到的服务，决定了其对整个物业的印象和是否愿意经常惠顾。然而，购物中心内大量的人流，往往也为一些犯罪分子提供了方便条件，因此物业内要有应付各种犯罪行为的防范措施。除了由物业服务企业统一与保安公司签订合同，以保障物业的安全外，物业管理人员应采取适当方式时常提醒租户及顾客保持一定的警惕性，向租户及其职员传授一些预防犯罪的措施，也是减少犯罪活动出现机会的有效手段。

## 第五节　收益性物业的运营费用与财务报告

在物业管理中，会涉及各种类型的经营收入和费用支出项目，这些收支项目，要按照有关合同的规定及时支付或收取。对于收益性物业来说，业主的主要目标，就是使其所持有物业的净经营收益最大化。为此，对于受业主委托承担物业管理工作的物业服务企业来说，要通过科学的财务管理工作，及时收取有关应收取的收入，严格控制物业服务费用的支出，并准确记录与物业管理有关的各项经营收入和费用支出，以使业主的利益得到最大限度的保障。对于大多数用于出租经营的收益性物业，各项经营收入和费用支出主要与日常经营、大修基金或保证基金相关。财务管理要求物业服务企业按照会计制度的要求，准确记录各项应收或应支款项，并将其作为物业服务企业定期向业主呈交有关报告的依据，作为以预算方式对物业未来收支做出预测和安排的基础。

有效的财务管理还要求不断地对物业的收支状况进行分析。一般说来，物业在经营过程中的收入水平必须高于费用支出的水平，这样才能获得一个正的净现金流。如果费用支出超过了收入，就要分析其原因，及时采取有关措施，以使这种状况尽快得到改观。使收益性物业净经营收入最大化的关键，是对物业经营收入和费用支出状况做出准确合理的评估。

## 一、收益性物业经营状况的评估

对于收益性物业投资而言，衡量其获利能力大小的标准只有一个，即为投资者所带来的净经营收入的大小。而对于收租物业，该净经营收入的大小，主要取决于物业经营过程中所产生的现金流。

（一）现金流

对于收租物业，从事物业管理工作的专业人员，通常使用其特定的专业术语，来描述与现金流相关的各种类型的收入和费用项目，这些术语包括：

1. 潜在毛租金收入

物业可以获取的最大租金收入称为潜在毛租金收入。它等于物业内全部可出租面积与最大可能租金水平的乘积。一旦建立起这个潜在毛租金收入水平，该数字就在每个月的报告中保持相对稳定。能够改变潜在毛租金收入的唯一因素，是租金水平的变化或可出租面积的变化。潜在毛租金收入并不代表物业实际获取的收入；它只是在建筑物全部出租且所有的租户均按时全额缴纳租金时，可以获得的租金收入。

2. 空置和收租损失

实际租金收入很少与潜在毛租金收入相等。潜在毛租金收入的减少可能由两方面原因造成：一是空置的面积不能产生租金收入，二是租出的面积没有收到租金。在物业收入的现金流中，从潜在毛租金收入中扣除空置和收租损失后，就能得到某一报告期（通常为一个月）实际的租金收入。欠缴的租金和由于空置导致的租金损失一般分开记录，当欠缴的租金最终获得支付时，仍可以计入收入项目下，只有最终不予支付的租金才是实际的租金损失。此外，空置虽然减少收入，但不是损失。物业服务企业有责任催收欠缴的租金。如果拖欠租金的租户拒绝缴纳租金，物业服务企业可以委托专业代理机构催收此项租金，或通过必要的法律程序强制租户履行缴纳租金的义务。

3. 其他收入

物业中设置的自动售货机、投币电话等获得的收入称为其他收入。这部分收入是租金以外的收入，又称计划外收入。此外，一般将通过专业代理机构或法律程序催缴拖欠租金所获得的收入亦列入其他收入项目内。

4. 有效毛收入

从潜在毛租金收入中扣除空置和收租损失后，再加上其他收入，就得到了物业的有效毛收入。即：

$$有效毛收入＝潜在毛租金收入－空置和收租损失＋其他收入$$

5. 收益性物业的运营费用

收益性物业的运营费用是除抵押贷款还本付息外物业发生的所有费用，包括人员工资及办公费用、保持物业正常运转的成本（建筑物及相关场地的维护、维修费）、为租户提供服务的费用（公共设施的维护维修、清洁、保安等），保险费、增值税及附加、城镇土地使用税、房产税和法律费用等也属于运营费用的范畴。跟踪运营费用的目的主要是为了制定成本支出预算，控制运营费用支出的数量。

6. 净经营收入

从有效毛收入中扣除运营费用后就可得到物业的净经营收入，即：

$$净经营收入＝有效毛收入－运营费用$$

净经营收入的最大化，才是业主最关心的问题，也是考察物业服务企业的物业管理工作成功与否的主要方面。因此，物业服务企业要尽可能增加物业的有效毛收入，降低运营费用，以使交给业主的净经营收入尽可能大。

7. 抵押贷款还本付息

业主对于物业经营情况的评价，并不仅仅停留在获取的净经营收入的多少，物业还本付息的责任即抵押贷款还本付息，还要从净经营收入中扣除。当然，该项还本付息不是运营费用，它可以逐渐转入业主对物业拥有的权益的价值中去。业主非常关心的问题是，物业所产生的净经营收入是否能够支付抵押贷款的本息，同时满足其投资回报的目标。有些情况下，物业服务企业负责为业主办理还本付息事宜，但也有些业主宁愿自己去处理这一事宜，这主要取决于业主和物业服务企业的服务合同是如何规定的。

8. 现金流计算

从净经营收入中扣除抵押贷款还本付息之后，就得到了物业的税前现金流。这是业主的税前收入或投资回报（当净经营收入不足以支付抵押贷款还本付息金额时，该现金流是负值）。从税前现金流中再扣除所得税，便得到税后现金流，税前现金流和税后现金流的计算方法，分别如表 10-1 和表 10-2 所示。

**收益性物业税前现金流的计算**　　　　　　表 10-1

| | |
|---|---|
| 潜在毛租金收入 | 基础租金<br>百分比租金<br>租金调整 |
| －空置和收租损失<br>＋其他收入<br>＝有效毛收入 | |
| －运营费用 | 增值税和税金及附加<br>保险费和公共设施使用费<br>物业服务费<br>大修基金<br>其他费用 |
| ＝运营现金流（净经营收入） | |
| －抵押贷款还本付息 | 抵押贷款利息支付<br>抵押贷款本金偿还<br>土地租金支出（如土地使用权<br>以租赁方式获得） |
| ＝税前现金或还本付息后现金流 | |

**收益性物业税后现金流的计算**　　　　　　表 10-2

| 方法一：运营现金流（净经营收入） | 方法二：还本付息后现金流 |
|---|---|
| ＋大修基金<br>－抵押贷款利息支付<br>－折旧<br>＝应纳税收入<br>×所得税税率<br>＝所得税 | ＋大修基金<br>＋抵押贷款本金偿还<br>－折旧<br>＝应纳税收入<br>×所得税税率<br>＝所得税 |

续表

| 运营现金流 | 税前净收入 |
|---|---|
| －抵押贷款利息支付<br>－抵押贷款本金偿还<br>＝还本付息后现金流<br>－所得税<br>＝税后现金流 | －所得税<br>＝净收入<br>＋折旧<br>－大修基金<br>－抵押贷款本金偿还<br>＝税后现金流 |

　　物业服务企业所涉及的财务管理，一般到产生净经营收入为止。业主对物业价值的估计，通常基于税前或税后现金流。虽然物业服务企业对这些支出没有控制的权力，但也应了解其计算方法，以及业主如何根据这些信息对物业的经营状况作出判断。

　　大修基金通常由物业服务企业直接管理，应缴纳的所得税通常由业主负责支付。应该指出的是，如果物业没有抵押贷款安排，亦无大修基金项目扣除，业主应纳税所得额就等于物业的净经营收入。

　　（二）相关问题分析

　　还本付息的数量，取决于业主购置物业时所用抵押贷款的数量和期限。物业服务企业可以就物业的重新融资为业主提供咨询意见，在许多情况下，通过再融资安排，可以提前还清物业当前的抵押贷款余额，且在新的融资安排下，使业主的周期性还本付息数量更加适合当前的房地产市场状况，并提高业主股本金的收益水平。

　　1. 物业估价

　　收益性物业年净经营收入的稳定性，对物业价值的大小有很大影响。从物业服务企业的角度来说，尽可能使年净经营收入最大化的重要性是显而易见的：如果一宗物业能够获取足够的年净经营收入，那么业主就可以支付抵押贷款的本息、获取满意的投资回报。净经营收入的水平不仅仅表明了业主的投资回报，而且还直接影响到物业的价值。为了估算收益性物业的价值（$V$），可以用物业年净经营收入（$NOI$）除以资本化率（$R$），即 $V=NOI/R$。例如，某物业的年净经营收入为 10 万元，其资本化率为 10%，则该物业的价值估计为 100 万元。某一特定物业的资本化率取决于该物业的类型、当地近期成交的类似物业的资本化率、市场情况及利息率等。资本化率的变化对物业的价值影响很大，因为资本化率上升会导致物业价值下降。采用当地类似物业的资本化率计算时，如果物业的年净经营收入是最好的估计，则该物业的价值也是最高的估计值。如果物业的年净经营收入下降而资本化率不变，则物业的价值也会下降。所以，任何使物业提高净经营收入的因素，也会提高物业的价值。

2. 大修基金和保证金基金

不仅物业经营过程中的各项收支需要认真对待，大修基金和保证金基金也需要妥善的管理，以保证该基金本金的稳定增长和利息收入的合理化。

（1）大修基金

大修基金，是指定期存入的用于支付未来费用的资金，通常用于支付物业经营过程中的资本性支出（例如设备或屋面的更新），而日常的运营费用则在每月的经营收入中支出。如果这部分资金来自物业的收益，就应该从物业现金流中扣除。

用于物业更新改造的大修基金，可以取有效毛收入或年净经营收入的一个百分比。由于大修基金是用来支付预计要发生的用途（如每 5 年更新一次地毯、根据市场需求的变化改变室内空间布置等），因此可以根据物业大、中修计划事先做出预算，定期向该账户注入一定数量的资金。这里很重要的一点是，建立大修基金会减少业主从物业收益中获取的净经营收入，有些业主可能要求不建立此项基金，而在物业资本支出发生时再临时筹措。业主和物业服务企业在该基金数量的大小上可能也会有意见分歧。但该项基金的存在，对于保证物业正常的大、中修计划的执行来说至关重要，因此，物业服务企业在与业主签署委托管理合同时，应非常重视有关大修基金条款的谈判。

建立用于物业资本支出的大修基金，常需要专门的报告和分类账目，大修基金账目下的费用支出，一般用支票支付。大修基金经常保存在一个名为"有息银行存款"的账目下，由于大修基金通常赚取利息收入，一些物业服务企业将这些利息收入积累成一个基金，用于支付那些不是每个月都要支付的运营费用。如房产税和保险费通常每年支付一次，但如果每个月都从经营收入中提取一部分，则能够保持物业每个月间现金流的平稳。如果这些非经常性费用支出来源于大修基金，则物业管理人员要注意将这些费用列为运营费用。

（2）保证金基金

租户常常需要缴纳租赁保证金，以保证其在租约有效期间内能够很好地履行租赁合约（按期缴纳租金、履行对物业保护的责任）。租赁保证金基金的建立和管理，要遵循国家和地方政府的有关规定，一般要单列银行账户进行管理。保证金基金的利息收入可以作为物业的其他收入，也可以部分或全部归租户所有。如果租户在租赁期间内完全履行了租约中所规定的责任，则该项保证金在租约到期时要如数退还租户。否则就要扣除部分甚至全部保证金，用于支付物业损毁或由于拖欠租金给业主带来的损失。

3. 所得税

收益性物业出租过程中的所得税计算比较复杂，如果业主的收入只来自于物业出租所获取的利润，则按该利润的 25% 缴纳企业所得税；如果业主除了该项物业投资外还有其他投资项目，就有可能分别或合并计算所得税。由于每个业主的纳税责任有差别，物业服务企业通常只能较准确地估算税前现金流，而较为准确的税后现金流通常要在咨询专业税务会计、审计人员后才能得到。

**二、收益性物业管理服务费用**

对收益性物业服务费用的测算，目前国家尚无统一的规定。物业服务企业在具体测算时，可参考国家发改委、原建设部发布的《物业服务收费管理办法》的基本原则与要求、当地政府的有关规定以及现行的会计核算办法执行。

收益性物业服务费用通常以收益性物业运营费用为基础测算。由于大多数收益性物业都有其自身的特点，其费用项目还可能由于物业类型、规模以及物业服务合同的不同而有所差别，可根据实际需要将有关收支项目进一步细化或合并。但所有项目的收支情况都应记录得清清楚楚。

收益性物业管理中的收入包括租金收入和其他收入（不含保证金和大修基金）。而运营费用的数量和类型，依物业类型和规模及所处地区的不同而有所不同，但还是存在着房地产管理行业公认的通用费用项目。在与国家规定的运营费用构成不矛盾的前提下，每一个物业服务企业都可以用自己的方式来定义费用，某些费用项目还可能要进一步细分，以适应特定物业在管理过程中运营费用管理的需要。此外，有时业主也会要求采用一种特定的费用分类方式。物业服务企业必须清楚本企业习惯的费用分类和业主要求的费用分类，并使二者有机地结合起来。

收益性物业管理中运营费用的具体费用项目包括：

（一）人工费

物业管理的人工费包括工资、补贴、福利和国家或地方政府要求缴纳的社会保险费（如医疗、养老、失业保险）、统筹费、公积金（如住房公积金）等。人工费一般在每月的月中支付一次（也可以按每周、每两周或每半个月支付一次），租金收入一般是在每月的月初收取。所以，从财务管理的角度来说，月初可集中精力进行租金的收缴工作，月中就可以从本月收取的租金中支付人工费和其他费用，月末就可以得到可交给业主的物业净经营收入。在需要加班工作时，还要计算并向员工支付加班费。

（二）公共设施设备日常运行、维修及保养费

该项费用在物业运营费用中占较大比例，且分项较多。主要包括：

1. 维修和保养费

指用于物业外部和内部的总体维修和保养费用支出。建筑物立面的清洗、电梯维修与保养、锅炉检查和维修、空调维修与保养、小型手动工具和防火设备购置等，通常都列在维修和保养费科目下。其他相关的费用，包括管件、供电设备、地面修补和地毯洗涤费等，支付给负责物业维修和保养工作的承包商的费用，应该在物业维修和保养费科目下分列。

2. 室内装修费

室内装修是一项开支较大的经常性费用，所以，经常与维修和保养费分列子科目。此外，该工作可能与物业维修保养工作无关，而仅仅是为了改善物业的形象。室内装修费科目一般包括材料费（墙纸、涂料等）、工器具和设备使用费（摊销）、人工费、管理费和承包商利润（如果将该工作发包给承包商的话）。

3. 生活用水和污水排放

该项费用随季节变化而有所变化。大多数物业同时收取生活用水和污水排放费用，因为在一宗物业中污水排放的数量和生活用水的使用量有关。随着城市用水数量的迅速增加，供水和污水处理的成本也在逐渐增长，采取一些节约用水的措施（如采用喷淋方式浇灌绿地、使用节水型卫生洁具、及时更新漏水的供水管道），不仅可以减少水费支出，还可以保护宝贵的水资源。应当注意的是，更新供水管道的费用，应记在物业保养费或管件费子科目中。

4. 能源费

该费用科目，通常要根据物业所消耗能源的类型，进一步划分为水、电、气、油料等详细科目。能源费一般每月支付一次，各种能源的价格可能经常调整，所以，尽管每月各类能源的使用量相对变化不大，但每月应支付的能源费也会有所差别。如果能源费由租户承担，则物业服务企业还要增加一个细目，以便按租金比例计算和收取每个租户应缴纳的能源费。对于公用部位的能源费，要视每个租户使用物业的时间和方式不同，进行合理分摊。

5. 康乐设施费

健身设备主要设在写字楼物业中，供租户的员工使用。健身设备、游泳池和其他康乐设施的维修、保养和日常使用费，属于康乐设施费范畴。康乐设施中每一项具体的服务内容，还可单独分列费用细目，以便使物业服务企业可以通过汇

总各单项设施的费用支出情况，得出所有康乐设施运营成本。救生员、器械使用指导员和其他康乐服务人员的工资，可以在这里计入，也可以在人工费项目中记录。

6. 杂项费用

指那些为保持物业正常运转而需支出的非经常性的、零星的费用项目。停车位划线、配钥匙、修理或重新油漆物业内外的标志或符号等所支付的费用，常列在该科目下。还要考虑地区性和季节性的问题，例如，在我国北方地区，清扫积雪的费用可能要单列费用细目，但在我国的南方地区，就可以列入杂项费用；在南方防止虫害就要分列细目，但在北方就可列入杂项费用。

（三）绿化养护费

该项费用主要取决于物业环境绿化面积的大小和美化大堂、楼道等公共部位而支付的花卉等费用支出。

（四）清洁卫生费

该项费用主要取决于清洁卫生工作所负责的楼面面积大小。列入清洁卫生费用的详细科目，包括建筑物内外地面的清扫、大堂和走道地面打蜡、洗手间的清扫和消毒、垃圾清运以及化粪池清掏费用。对单元内部使用空间的清洁卫生工作，要视租赁合约的情况而定，如物业服务企业负责单元内部使用空间的清洁卫生，则应单独列项，与公共部位的清洁卫生费用分开管理。

大型物业一般要和城市的环卫公司签署合约，请其负责垃圾清运和化粪池清掏工作。垃圾清运费用的数量，主要取决于物业每月需清运的垃圾的数量（重量和体积），或需设置的垃圾筒的数量以及需要垃圾清运车的数量。由于城市垃圾数量的增加和垃圾处理能力的限制，国家和当地政府都在鼓励使用可再生的纸张、玻璃、塑料和金属，并将其分类存放，以减少垃圾处理时的工作量，减少资源的浪费。

（五）保安费用

出于对物业公共安全的考虑，大多数物业服务企业都与保安公司签署保安合同，请保安公司提供保安服务。其他与安全有关的费用支出，常列在相应的直接费用中。例如，停车位和公共部位的夜间照明费用，应计入能源费中的电费细目中；如果是保安人员负责出入登记工作，则其工资、福利等支出，就计入人工费科目中。

（六）办公费

办公费是一个宏观的概念，包括零星办公用品、低值易耗品支出、邮寄费和其他与现场办公室运作相关的费用，如聘请法律顾问的费用等。此外，广告宣传及市场推广费，也可列入办公费或单列科目。有时一些非标准的收费（如报税准备费等），也在办公费支出。

（七）固定资产折旧费

该项费用指物业服务企业拥有的交通、通讯、办公、工程修理、各类设备、机械等固定资产的折旧支出。其折旧年限通常按 5 年计算。按固定资产总额分摊到每月逐月提取，单独设立科目。

（八）不可预见费

收益性物业管理中常有一些预计不到的费用支出，如短期内物价的上涨，意外事件的发生等。为此，在运营费用的测算过程中，通常列入一项不可预见费，可按前七项费用之和的 5% 计算。不可预见费应单独设账，其支出应严格控制。

（九）保险费

虽然保险费是每半年或每年支付一次，但保险费的实际支出还要受保险计划安排的影响。保险费项目通常只包括物业本身的保险，员工医疗保险和失业保险在人工费中开支。在保险费中开支的保险项目一般包括：①火险。指对由于火灾导致的投保物业的所有直接损失或损毁为保单持有人提供保障。②火险附加险。为火灾保险的附加险种，包括了在火灾扑救过程中由于风暴、冰雹、爆炸、空难、交通工具、水毁、烟雾、人员伤亡等可能导致的相关损失。③全损险。包括了保单中没有特别排除的其他任何损失。④锅炉保险。由于锅炉事故导致的所有损毁的保险。⑤财产毁损责任保险。投保物业对其他财产毁损应承担的责任。⑥租金损失保险。由于物业损毁而使部分或全部物业不能正常出租而引起的业主收入损失。⑦职工信用保险。由于其他人的非礼行为导致的某人财务收入损失。该险种常由物业服务企业为其职员购买。⑧业主和租户责任保险。物业内某人或某些人受伤而对业主或租户的索赔。⑨交通工具保险。该项保险主要是为驾驶物业所拥有的各种交通工具的雇员购买，当这些交通运输工具在使用过程中出现责任问题时，可以保护业主的利益。

（十）物业管理企业的服务费和利润

物业管理企业的服务费和利润，通常是物业有效毛收入的一个百分比，有效毛收入低于预计的某一数值时，还可以确定物业服务费和利润的一个最低值，或者采用固定比例费用加绩效奖励的方式。其具体比例，可根据政府有关规定和当地物业管理市场情况确定。通常，从事收益性物业的物业服务企业，其企业管理费和利润的提取比例，高于从事居住物业的物业管理。

（十一）法定税费

法定税费包括增值税及附加，物业服务企业取得物业服务收入，应缴纳增值税。属于增值税一般纳税人的，增值税率为 6%；属于小规模纳税人或选择简易征收办法的一般纳税人，增值税征收率为 3%。物业服务企业代有关部门或业主收取水费、电费、燃（煤）气费、维修基金、租金，以委托方名义开具发票的，代收费用不计入销售额中计算缴纳增值税。物业服务费一般按月收取，并计算缴纳增值税。同时随增值税一同缴纳城市维护建设税、教育费附加和地方教育费附加，税率分别为增值税额的 7%、3% 和 2%。

（十二）房产税

对收益性物业来说，业主应缴纳房产税。我国房产税的征收分为按租金征收和按房产原值征收两种情况，按年计征，分期缴纳。该税有些地方每月征收一次，有些地方半年或一年征收一次。但物业服务企业在确定该项费用的预算时，一般是以月为基础的，也就是说用每月留出来的房产税供需要缴纳该税项时使用。对于商场和写字楼等商业物业，有些租约规定缴纳房产税的义务由租户来承担，或以租金的一定比例向租户另外收取（即租金中不含房产税）作为物业服务企业的代收代缴费用。该项代收代缴费用，可以按月估算和收取，由物业服务企业存入专项账户，以便在需要缴纳房产税时使用。

### 三、收益性物业管理中的预算

预算不是一门很精确的科学，物业的实际收支，很少与预算中的估计完全一致。预算只是一个工具，利用这个工具，物业服务企业可以根据事先估计的物业收支数量，做出费用支出计划。预算可以帮助物业服务企业努力减少物业净经营收入的变动，估算在某一时间上物业现金流的状况。当一项未预计到的费用支出导致现金短缺时，预算可以帮助物业服务企业找到妥善的处理方法，以满足这项费用的支出。

预算有许多种类型，在物业管理中经常用到的主要有三种：年度运营预算、资本支出预算和长期预算。

（一）年度运营预算

年度运营预算是最常用的预算。该预算中，列出了物业的主要收入来源和费用支出项目。在物业收支报告中列出的有效毛收入的数量，在每个月间应保持基本稳定，有效毛收入加上物业其他收入再扣除物业运营费用后，就可得到物业的净经营收入。由此可以看出，即便有效毛收入是一个固定的数值，物业运营费用中有关项目费用的变化，也会令业主的净经营收入有较大的变化。为了保持物业净经营收入的稳定性，物业服务企业就必须通过预算这一有效的财务工具，准确地预测和控制物业的收入与支出。

　　预算不仅能令物业各项收入与支出的原因一目了然，还能告诉人们这些收入或支出将发生在什么时间。能源费用支出随季节变动，也就是说在一年中每个月份的燃料、煤气和电力费用支出数量存在差异。广告宣传及市场推广费用在许多月份的开支可能很少，但在物业出租的市场推广工作集中的月份，该项费用支出就很大。一宗新投入使用的物业或刚刚经过大规模改造的物业，可能就需要投入大量的市场宣传费用，这些费用可在每个月中平均分摊，以示在整个年度均要开展大量的广告宣传工作。

　　预算中要为不可预见费用的支出预留空间。如果冬季的天气特别寒冷，就会使供暖的强度加大、时间延长，而对燃料需求的增加往往会导致燃料价格上涨，从而会进一步增加燃料费用支出的负担，进而使物业的燃料费预算超支。其他与季节相关的费用增长，如扫雪费用增加，也会影响到物业的净经营收入。当这些额外费用支出与预算中预计的相关费用支出不相匹配时，物业服务企业就要对其他预期的费用支出进行分析，看是否可以从其他预算费用中挪用一部分来支付与季节相关的额外费用支出的部分或全部，否则就要动用大修基金。

　　为了编制年度运营预算，物业服务企业常常需要对以前若干年的物业收支状况进行认真的分析，对于在来年可能要出现的情况（如由于大规模装修改造，临时降低了入住率），要予以认真考虑，并在预算中尽量体现这些可能的变化。年度运营预算除了令业主了解未来一年中物业的收支估算外，也为物业服务企业提供了一个分析物业过去经营表现和根据对来年的有关估计对个别预算项目做出适当调整的机会。通过分析预算中的每一个收支项目，物业服务企业就可以对各项预计的收入和费用项目对物业表现的影响程度做出判断，找出主要影响因素，以便在日后的物业管理过程中实施有效的控制。通过预算的编制，还可以在业主和物业服务企业之间就来年有关物业的收支安排达成共识，以避免双方在预算实施的过程中产生矛盾。在预算中，如果收入和费用较上年度有较大的变化，就要做出合理的说明。

　　当物业服务企业按月向业主提供运营报告时，在预算中就要按月安排各项收支计划，这就涉及如何将年度预算收支在各个月间合理分配的问题。在大多数情况下，如果某些费用支出在每个月之间变化不大，则可以分成十二等份；有些季节性发生的费用，在月和月之间有较大的差异，所以，在编制预算的过程中，需要在业主和物业服务企业之间就这些季节性费用的分配达成共识。

　　年度运营预算是物业服务企业和业主的重要参考资料，然而实际的经营收入和费用支出，可能会随着时间的进展与预算数据有很大的出入。为了弥补这些差异，物业服务企业有时还会随着时间的进展准备季度预算，并从中反映出对原年度预算中某些初始估计的调整过程。季度预算一般比年度预算更为准确，因为预测的内容从时间上讲是更近了，所以更容易把握。此外，季度预算大致是一个季节的时间长度，所以对季节性收支的估计就会更加准确。为了更好地发挥预算在物业管理过程中的指导作用，物业服务企业有时还会进一步将预算分解为月预算，以便更加贴近实际、更具操作性。

（二）资本支出预算

物业大规模的维修或更新改造，实际上是业主向物业再次进行资本投入的过程。与此有关的支出，一般称为资本支出。很显然，物业的大规模维修或更新改造的时间间隔比较长，但每次需投入的资金数量却很大，为了使物业的资本支出有一个稳定的来源，且不对物业经营过程中的现金流产生过大的影响，就需要在日常的经营过程中逐渐积累这项资金。

建立大修基金，是为物业资本支出准备资金的惯例作法。资本支出预算的目的，就是要对每月应向大修基金存入多少资金做出科学合理的估计。从原则上来说，物业服务企业将未来大修或更新改造所需的投资额（资本支出额）除以月份数，就可得到每月应向大修基金存入资金的数量。然而，基金通常是在数年的时间内逐渐积累起来的，因此，必须考虑通货膨胀对基金支付能力的影响。如果所积累的大修基金赚取的利息收入不能抵消通货膨胀带来的影响，则预计的大修基金总量将不足以支付未来实际的大修或更新改造过程中所需的投资。此外，材料价格的上涨幅度，可能还会高于通货膨胀率，所以每月向大修基金投放的资金数量应适当增加，以使该基金的余额与未来的实际需要额相匹配。

（三）长期预算

使用资本支出预算，常常需要物业服务企业和业主制定一个长期的预算，以说明未来5年甚至更长时间内（物业经济寿命年限内），物业的经营收入与费用的关系。由于对未来若干年所进行的长期预测，很难像对一年后的短期预测那样准确，这种长期预算的详细与准确程度低于年度运营预算。

长期预算可以显示在业主持有物业期间，物业的现金流将会有哪些变化；它可以阐明业主整个物业投资计划中预计的财务收益、市场策略和预计的可能市场变化。长期预算表明预计的经营收入、费用支出和大修基金的来源。对于大型的长期投资项目，由于财务安排的原因，业主往往在物业持有期的初始阶段对物业的净运营收入有特殊的要求。通常的情况是，物业持有期间的前若干年主要是收回投资，后面年份中所获得的收益才是业主的投资收益。

## 四、收益性物业财务收支报告

编制财务收支报告是物业服务企业的一项重要工作内容。除了在财务收支发生时计入分类账（分户账）或计算机文件外，物业服务企业还要保留所有的收据、银行月结单和注销支票、购货订单复印件和物业服务企业就物业付款的收据存根。有关这些记录必须定期向物业业主报告，一般是每月一次。此外，可能还要向租户以清单的方式报告物业管理过程中支出的费用情况、保证金储存利息收入明细、损失估计和其他与物业已出租空间相关的财务事项。物业服务企业必须保留这些记录并就物业的整体或部分编制有关报告。当物业服务企业为一个业主管理多项物业时，可能还要向业主提供有关这些物业的综合报告。

对出租物业来说，最主要的收入记录是租金清单，也是物业服务企业应定期向业主提供的一系列报告之一。该租金清单一般要记录租户名称、承租单元或面积数量、租金标准和租期等，租金清单上还要注明每个租户是否已支付了当月的租金。如果某些运营费用是按租金的一定比例代收的，拖欠或已经缴纳的数量也要在租金清单上体现出来。如果与租金清单有关的信息是计算机化的信息，那么其基础信息的记录也可以采用不同的参数模式，以便能方便地编写向业主定期提供的"空置分析报告""毁约或拖欠租金报告"和"租约期满报告"等。

物业服务企业对每一个物业出租单元都还有一个分类账，该分类账一般要记录租户名称或姓名、电话号码、出租单元的具体位置、租金标准、每月的最后收租期限、缴纳保证金数量、承租起始日期、租期、经常（发生）收费、代收代缴费用和其他在租约条款中规定的费用。分类账的形式既可以采用行业通行的做法，也可以自行设计。

物业服务企业一般每月要给租户一个租金账单，在上面说明要缴纳的租金数量和按租金比例计算的代收代缴费用。但如果每个月的租金不变，也可不给租户租金账单。收到租户的租金后，要给租户一个收款凭证。

在物业服务企业向业主提供的报告中，应首先有一个包括租金清单、空置情况和拖欠或收租损失报告等内容的经营概况介绍，这是物业在报告期有关经营收入和费用支出的概要性报告，重点说明业主可获得的净经营收入。

还要向业主提交有关经营情况的分析报告，这是物业服务企业和业主相互沟通的重要方式，对于物业服务企业和业主之间更好地配合工作，尤其是在物业经营出现困难时双方能同舟共济很有帮助。该报告主要用来解释实际收支与初期预算中有关数字的差异或变化情况以及产生这些变化的原因，如果实际收入或支出较预算中有关数字的变化较大，物业服务企业还要向业主当面做出解释。但如果变化很小，也可以不提供分析报告，但物业服务企业要向业主就当前物业经营状况进行口头介绍，对物业经营的未来发展进行简要分析。

物业管理过程中有关租户、租金、租约、物业和管理等方面的原始信息是相当庞杂的，准确地保持、记录这些信息并及时向业主提供有关报告是一项相当复杂的工作，但如果用计算机来管理这些信息，尤其是使用通用的物业管理软件，可以使各种计算、数据分析和报表变得简单。利用这些软件，除了可以随时查看物业经营状况外，还可以方便地将实际经营状况与年度预算目标进行比较分析，也可以将本年度经营状况与上年度或过去的其他年度进行比较分析，为将来修订年度预算、预测未来物业发展情况提供依据。

## 复 习 思 考 题

1. 什么是物业管理？

2. 熟悉物业管理工作对房地产估价师有什么意义？

3. 物业管理的内容主要包括哪些方面？是如何具体体现的？

4. 在制定收益性物业的租金方案时，应考虑哪些因素对租金的影响？

5. 收益性物业市场营销工作中，市场营销人员通常从哪些方面来宣传其所推广的物业？

6. 写字楼物业是如何分类的？哪些因素对其分类有影响？

7. 如何选择写字楼物业的租户？

8. 写字楼物业的租金是如何确定的？

9. 写字楼物业的租约都包括哪些内容？

10. 零售商业物业是如何分类的？

11. 何谓零售商业物业的商业辐射区域？

12. 确定零售商业物业租金时有何特殊性？

13. 收益性物业的经营收入和运营费用主要包括哪些内容？

14. 收益性物业经营过程中的现金流是如何计算的？

15. 物业管理的三种预算形式是什么？分别是如何编制的？